Siegfried Kasper
Hans-Jürgen Möller (Hrsg.)

Herbst-/Winterdepression
und Lichttherapie

SpringerWienNewYork

O. Univ.-Prof. Dr. Dr. h.c. Siegfried Kasper
Klinische Abteilung für Allgemeine Psychiatrie, Universitätsklinik, AKH,
Währinger Gürtel 18–20, A-1090 Wien

Univ.-Prof. Dr. H.-J. Möller
Psychiatrische Klinik – Klinikum Innenstadt, Universität München,
Nußbaumstraße 7, D-80336 München

Das Werk ist urheberrechtlich geschützt.
Die dadurch begründeten Rechte, insbesondere die der Übersetzung, des Nachdruckes, der Entnahme von Abbildungen, der Funksendung, der Wiedergabe auf fotomechanischem oder ähnlichem Wege und der Speicherung in Datenverarbeitungsanlagen, bleiben, auch bei nur auszugsweiser Verwertung, vorbehalten.

© 2004 Springer-Verlag/Wien

Springer-Verlag Wien New York ist ein Unternehmen von
Springer Science+Business Media
springer.at

Die Wiedergabe von Gebrauchsnamen, Handelsnamen, Warenbezeichnungen usw. in diesem Buch berechtigt auch ohne besondere Kennzeichnung nicht zu der Annahme, dass solche Namen im Sinne der Warenzeichen- und Markenschutz-Gesetzgebung als frei zu betrachten wären und daher von jedermann benutzt werden dürften. Produkthaftung: Sämtliche Angaben in diesem Fachbuch/wissenschaftlichen Werk erfolgen trotz sorgfältiger Bearbeitung und Kontrolle ohne Gewähr. Insbesondere Angaben über Dosierungsanweisungen und Applikationsformen müssen vom jeweiligen Anwender im Einzelfall anhand anderer Literaturstellen auf ihre Richtigkeit überprüft werden. Eine Haftung des Autors oder des Verlages aus dem Inhalt dieses Werkes ist ausgeschlossen.

Datenkonvertierung und Umbruch: Grafik Rödl, A-2486 Pottendorf

Umschlagabbildung: Klara Zwick, o. T. (Konzentrische Kreise), 1988,
Ölfarbe und Collage auf Papier
Gedruckt auf säurefreiem, chlorfrei gebleichtem Papier – TCF
SPIN: 10909942

Bibliografische Information Der Deutschen Bibliothek
Die Deutsche Bibliothek verzeichnet diese Publikation in der
Deutschen Nationalbibliografie; detaillierte bibliografische Daten sind im Internet
über <http://dnb.ddb.de> abrufbar.

Mit zahlreichen Abbildungen

ISBN 3-211-40481-3 Springer-Verlag Wien New York

Vorwort

Herbst-/Winterdepressionen werden seit der Antike beschrieben, und das Wissen um den Einfluss des Lichtes auf die seelische Gesundheit ist wahrscheinlich ebenso alt, wie z.B. aus dem Zitat des Alten Testaments entnommen werden kann: „... süß aber ist das Licht, und für die Augen ist es gut, die Sonne zu schauen." (Kohelet, Kapitel 11, Vers 7). Anfang des 19. Jahrhunderts finden sich bereits erste systematische Beschreibungen über Herbst-/Winterdepressionen und deren mögliche Beeinflussung durch Lichttherapie, wie z.B. aus Empfehlungen von Psychiatern abgelesen werden kann, die ihre PatientInnen in südlichere Gefilde schicken, sofern sich diese solch eine Reise leisten können. Interessanterweise finden sich jedoch in den klassischen Lehrbüchern, mit Ausnahme von Kraepelin, der die Dimensionalität der jahreszeitlichen Schwankungen beschreibt, keine ausführlichen Beschreibungen der Saisonalität. Systematische Untersuchungen zu den jahreszeitlichen Befindlichkeitsschwankungen wurden erst Anfang der 80er Jahre durchgeführt, nachdem ein Patient, Herbert Kern, der gerne damit einverstanden ist, dass man seinen Namen nennt, Forschern am National Institute of Mental Health in den USA mit seiner Theorie keine Ruhe ließ, dass seine Verstimmungen mit den Jahreszeiten zusammenhängen. Dies war zum damaligen Zeitpunkt insofern nicht so selbstverständlich, da das berühmte Messinstrument, die Hamilton Depressions Skala, in Item 17 festhält, dass der Patient krankheitsuneinsichtig ist, wenn er seine Verstimmungen im Zusammenhang mit dem Klima sieht. Nachdem es jedoch zum selben Zeitpunkt erstmals möglich war, das lichtsensitive Hormon Melatonin zu bestimmen, waren die Forscher um Rosenthal, Wehr und Lewy bald bereit, Herbert Kern mit Licht zu beleuchten und den damit in Zusammenhang stehenden Stoffwechsel zu untersuchen. Durch den Patienten wurde daher die moderne Lichttherapieforschung initiiert, die, von den USA ausgehend, auch weite Kreise in Europa und in Asien gezogen hat.

Die Erforschung der Herbst-/Winterdepression, Seasonal Affective Disorder oder Saisonal Abhängige Depression (SAD) genannt, hat sich in zahlreichen Publikationen niedergeschlagen. In jüngster Zeit scheint jedoch die Abkürzung SAD durch ein anderes Krankheitsbild strittig gemacht zu werden, da dieses Akronym auch für die soziale Angsterkrankung (Social Anxiety Disorder) verwendet wird. Die bedauerliche Verwirrung der Forscher und Leserschaft durch diese neue Verwendung der Abkürzung SAD lässt sich wahrscheinlich nur schwer vermeiden, da große Forschungsinteressen dahinterstehen, obwohl sich die Abkürzung für Social Anxiety Disorders (SOAD) anbieten würde. Interessanterweise begann die Lichttherapie mit dem Terminus Phototherapie, so dass sich ältere Arbeiten noch auf die Phototherapie beziehen, was jedoch bald, etwa ab Publikationen von 1986 auf Lichttherapie umgestellt wurde, da die Phototherapie in der Dermatologie für die PUVA-Therapie der Schuppenflechte bereits etabliert war. Es wäre wünschenswert, wenn die Angstforscher, ähnlich wie die damaligen SAD-Forscher, eine Sensibilität aufweisen würden, den bereits in der Wissenschaft etablierten Terminus im Sinne der Klarheit der Wissenschaft nicht doppelt zu verwenden.

In dem vorliegenden Buch wird sowohl die Theorie, Biologie, als auch die Praxis der Lichttherapie und der Herbst-/Winterdepressionen aufgezeigt. Im Anhang finden sich Skalen, die dazu stimulieren sollten, dass die Forschung auf diesem Gebiet standardisiert und reproduzierbar eingesetzt wird. Nicht zuletzt sollen die Adressen der Lampenhersteller und der Behandlungszentren dazu dienen, dass möglichst vielen PatientInnen diese effektive und nebenwirkungsarme Form der psychiatrischen Therapie verfügbar wird.

Wien und München im Herbst 2003   **S. Kasper** und **H. J. Möller**

Inhaltsverzeichnis

Herbst-/Winterdepression

Lehofer, M., Czermak, Ch.: Geschichte und Forschungsgeschichte der SAD und deren Therapie durch Licht 3

Winkler, D., Konstantinidis, A.: Klinisches Erscheinungsbild der Herbst-Winterdepression 13

Pjrek, E., Kasper, S.: Epidemiologie der saisonal abhängigen Depression (SAD) und ihrer subsyndromalen Form (S-SAD) 23

Kasper, S., Pjrek, E.: Diagnose und Behandlung der subsyndromalen SAD 33

Bailer, U.: Sommer-SAD 41

Kamo, T.: Vergleich zwischen SAD und nicht saisonal abhängigen Depressionen 45

Konstantinidis, A., Stastny, J., Neumeister, A.: Rating-Skalen bei SAD   53

Lichttherapie

Hilger, E.: Lichttherapie bei SAD und S-SAD 65

Groß, A., Möller, H. J.: Lichttherapie bei nicht saisonal abhängiger Depression und anderen Erkrankungen 79

Fey, P., Pflug, B.: Lichttherapie bei Jet-Lag 95

Köhler, W.: Lichttherapie bei Schichtarbeit 99

Steinberger, K., Griesser, B.: Lichttherapie bei Kindern und Jugendlichen 111

Groß, A., Möller, H. J.: Problem des Placebo Effektes bei Lichttherapie 119

Remé, C. E., Grimm, C., Wenzel, A.: Sicherheit und Lampenstandards für Lichttherapie aus der Sicht von Ophthalmologen und Zellbiologen 125

Konstantinidis, A., Winkler, D.: Lichttherapie: Parameter und praktische Hinweise zur Anwendung 133

Roth, G.-D.: Lichttherapie in der Praxis des niedergelassenen Arztes 145

Krupka-Matuszczyk, I., Krzystanek, M.: Die Lichttherapie in der polnischen Medizin 151

Eastwood, J.: Die SAD Association in Großbritannien und die Rolle von Selbsthilfegruppen 159

Andere Therapieverfahren bei SAD

Stastny, J., Konstantinidis, A., Neumeister, A.: Lichttherapie und therapeutischer Schlafentzug bei depressiven Störungen 167

Hilger, E.: Die Pharmakotherapie der Saisonal Abhängigen Depression 179

Schläpfer, Th. E.: Transkranielle Magnetstimulation 191

Ergebnisse zur Psychobiologie der SAD

Wirz-Justice, A., Roenneberg, T.: Circadiane und saisonale Rhythmen 203

Kunz, D., Zulley, J.: Zirkadiane und zirkannuale Rhythmen der Befindlichkeit 213

Wedrich, A.: Rhythmologische Veränderungen bei Blindheit 223

Stastny, J., Konstantinidis, A., Neumeister, A.: Hormonelle Untersuchungen und Challenge Tests bei der Saisonal Affektiven Störung 233

Konstantinidis, A., Stastny, J., Neumeister, A.: Neurochemie und Depletionsuntersuchungen 253

Praschak-Rieder, N., Willeit, M.: Neuroimaging bei SAD 273

Hemmeter, U., Holsboer-Trachsler, E.: Ergebnisse zur Psychobiologie der SAD: Untersuchungen im Schlaflabor (inkl. Temperatur) – Baseline und Effekte der Lichttherapie 287

Willeit, M., Praschak-Rieder, N.: Molekularbiologische Befunde bei saisonal abhängiger Depression 301

Kräuchi, K., Wirz-Justice, A.: Kohlenhydrate und SAD 321

Appendices

Konstantinidis, A.: Appendix A: Skalen zur SAD 329

Winkler, D.: Appendix B: Hersteller und Vertrieb von Lichttherapiegeräten 337

Winkler, D.: Appendix C: Behandlungszentren für Lichttherapie . . . 339

Autorenverzeichnis 347

Sachverzeichnis 349

Herbst-/Winterdepression

Geschichte und Forschungsgeschichte der SAD und deren Therapie durch Licht

M. Lehofer und **Ch. Czermak**

Allgemeinpsychiatrische Abteilung I, Sigmund Freud Klinik, Graz, Österreich

Die Bedeutung von Licht für Stimmung und Gesundheit im Allgemeinen sowie für die Pathogenese und mögliche Therapie affektiver Erkrankungen wurde schon in der Antike bemerkt. So empfahl der Arzt Aretaios im 2. Jahrhundert v. Chr., dass „Lethargiker in das Licht gelegt werden sollen und den Strahlen der Sonne exponiert werden sollen (weil Krankheit die Düsternis ist)" (zitiert bei Wehr 1989). Der griechische Arzt Herodotus (2. Jhdt. vor Chr.) gilt als der Vater der Heliotherapie, indem er zur allgemeinen Wiedererlangung von Gesundheit und zur Gewichtszunahme empfahl, sich besonders im Herbst, Winter und Frühling der Sonne auszusetzen (zitiert in Licht 1959). Auch der Sonnenkult der präkolumbianischen Völker Amerikas kennt die therapeutische Anwendung von Licht.

Während man im Mittelalter vom Glauben an die Verursachung von psychiatrischer Erkrankungen durch Besessenheit dominiert war, was oft zu Verfolgung und Einkerkerung der Patienten führte, empfahl mit dem aufkommenden Humanismus des 16. Jahrhunderts der französische Arzt Du Laurens, Melancholiker mit „Luft, Licht und Frohsinn" zu behandeln (Sournet et al. 1980). 1815 beschrieb der französische Arzt J. Cauvin (zitiert in Licht 1959) die ärztliche Verschreibung von (Sonnen)licht für die „Traurigen und Kranken". Im gleichen Jahr verschrieb der deutsche Arzt L. Loebel in Jena für „Erkrankungen der Nerven" ein morgendliches Sonnenbad in einem speziellen Raum mit Glaswänden und einem Glasdach, der „Heliothermos" genannt wurde (zitiert in Licht 1959). Der französische Arzt A. Hautrive (zitiert in Licht 1959) hielt 1828 die Sonne für das stärkste natürlich vorkommende Therapeutikum für Melancholie; in diesem Kontext empfahl er auch, die Wände dunkler Wohnungen und enger Gassen mit weißer, reflektierender Ölfarbe anzustreichen. Mit der Entwicklung der „Chromotherapie" in der zweiten Hälfte des 19. Jahrhunderts wurden von verschiedenen Therapeuten spezielle Spektralbereiche künstlichem Lichts zur Therapie verschiedener geistiger Erkrankungen, insbesondere Melancholie, Manie, Hysterie, Hypochondrie und Neurasthenie eingesetzt und verschiedentlich über entsprechende therapeutische Erfolge berichtet (zusammengefasst in Cleaves 1904). Die Ärztin Margaret Cleaves spekulierte 1904 über eine ursächliche Rolle von Licht in der Pathophysiologie der Neurasthenie (Cleaves 1904). Der Arzt Frank Krusen berichtete 1937, dass die Neurasthenie das erste Symptom war, das verschwand, wenn man rachitische Kinder mit künstlichem Licht behandelte; weiters hielt er ebenso Lichtmangel für eine mögliche Ursache von Neurasthenie (Krusen 1937).

In den 20er Jahren des 20. Jahrhunderts wurden Experimente an Tier und Mensch zur Wirkung von Licht auf das Vegetativum durchgeführt (Spitler 1941).

Während also Licht schon sehr lange als Therapeutikum (im Besonderen für die Psyche) eingesetzt wird, ist interessanterweise die Saisonalität psychopathologischen Geschehens im (wissenschaftlichen) Schrifttum noch kaum hundert Jahre alt. Erst mit dem Beginn der modernen Psychiatrie wurde die saisonale Abhängigkeit im Auftreten von Krankheitszeichen, speziell von depressiven und manischen Episoden, Suizid und Suizidversuchen beschrieben. Hellpach beschrieb als erster saisonal zyklische Gemütsschwankungen in seinem 1911 erschienen Buch „Die geopsychischen Erscheinungen". Es war einmal mehr Kraepelin, der 1921 bei einigen manisch-depressiven Patienten ein Auftreten von „Verdrossenheit" im Herbst, die den Winter überdauerte und von einer „Aufregung" im Frühling abgelöst wurde, notierte (Hellpach und Kraepelin, zitiert bei Rosenthal 1984).

Schließlich münden die geschichtlichen Entwicklungen von saisonaler affektiver Störung und Lichttherapie in der Psychiatrie gleichsam in einen gemeinsamen Weg. Die nosologische Bestimmung einer affektiven Erkrankung mit saisonalem Auftreten und die Entwicklung einer standardisierten Lichttherapie als therapeutischer Ansatz für dieselbe fand zu Beginn der achtziger Jahre des 20. Jahrhunderts statt. Zu dieser Zeit bemerkte der amerikanische Psychiater Alfred J. Lewy von der Oregon Health Sciences University bei seinem Patienten Herbert Kern ein saisonales Muster im Auftreten depressiver Episoden, die sich regelmäßig im Herbst zeigten und im Frühling wieder verschwanden. Ausgehend von Forschungsergebnissen über die Bedeutung von Licht in der Regulierung chronobiologischer Rhythmen (bei Tieren wurden saisonale Steuerungen mittels Tageslängen nachgewiesen; dazu z.B. Lewy 1982 und Blehar und Rosenthal 1989), zu der sich die Forschung ab den siebziger Jahren besonders intensiviert hatte, unternahm Lewy bei seinem Patienten einen erfolgreichen Therapieversuch mit künstlichem Licht und publizierte seine Ergebnisse 1982 im American Journal of Psychiatry. Innerhalb von vier Tagen hatte sich die Symptomatik mittels Lichttherapie gebessert und die nächtliche Melatonin-Sekretion um 88% reduziert. Letzteres wies auf ein biologische Komponente der Wirkung von Licht zur Behandlung der Symptomatik hin und ermutigte dazu, die Wirkung nicht nur auf psychologische (autosuggestive) Effekte zurückführen zu müssen. Diese und weitere Einzelbeobachtungen – z.B. bei einer Patientin mit regelmäßigem Auftreten depressiver Episoden im Herbst, deren Auftreten zusätzlich von der nördlichen Breite des Aufenthaltsortes der Patientin abhängig war und die wiederholt innerhalb von wenigen Tagen bei Urlaubsaufenthalten in der Karibik verschwanden – veranlassten Norman E. Rosenthal vom National Institute of Health in Bethesda, USA, und seine Gruppe zur klinischen Beschreibung einer Affektiven Erkrankung mit saisonalem Auftreten, der Seasonal Affective Disorder (SAD), bei 29 ausgewählten Patienten (Rosenthal et al. 1984).

Im Besonderen wurden von Rosenthal die Symptome vermehrten Schlafbedürfnisses, übermäßigen Essens und Kohlenhydratheißhunger notiert. Diese Symptome sind nicht typisch für depressive Patienten, die gewöhnlich unter Appetitlosigkeit und Insomnie leiden, hingegen konstitutionierender Teil des Syndroms der atypischen Depression, deren Beschreibung auf West und Dally (1959) zurückgeht.

Als diagnostische Kriterien für die SAD wurde von Rosenthal et al. das Vorhandensein einer Major Depression und das saisonale Auftreten depressiver Episoden im Herbst (mit Remission im Frühling/Sommer) vorgeschlagen. Diese Kriterien wurden später im DSM III-R und im DSM IV in Bezug auf die notwendige Anzahl abgelaufener depressiver Episoden und deren Verhältnis zu nicht saisonal auftretenden depressiven Episoden ergänzt bzw.

Tabelle 1. Krankheitskonzepte der SAD seit 1984; modifiziert nach Lam et al. (1999)

Kriterien	Rosenthal	DSM III-R	DSM IV
Episodenfolge	• mindestens eine Episode im Leben, die die Kriterien einer Major Depression erfüllen • mindestens zwei Episoden müssen aufeinanderfolgen	• mindestens drei Episoden einer Major Depression, wobei die letzten zwei Episoden aufeinanderfolgen müssen	• mindestens zwei abgelaufene Episoden einer Major Depression, die aufeinanderfolgen
Auftretenszeitpunkt	• der Beginn und das Ende von Episoden sollen regelmäßig in derselben Jahreszeit auftreten	• der Beginn und das Ende einer Episode sollen regelmäßig im selben 90-Tage-Bereich liegen	• der Beginn und das Ende einer Episode müssen regelmäßig in dieselbe Jahreszeit fallen
Saisonalität		• die jahreszeitlich abhängigen Episoden müssen gegenüber nicht jahreszeitlich abhängigen in einem Verhältnis größer als 3:1 stehen	• die jahreszeitlich abhängigen Episoden müssen bei weitem überwiegen • keine nicht jahreszeitlich abhängigen Episoden in den letzten zwei Episoden
Ausschlusskriterium	• Ausschluss von jahreszeitlich abhängigen psychosozialen Belastungen	• Ausschluss von jahreszeitlich abhängigen psychosozialen Belastungen	• Ausschluss von jahreszeitlich abhängigen psychosozialen Belastungen

modifiziert (zur Entwicklung des Konzepts siehe auch Tabelle 1). Darüber hinaus wurde zur Beschreibung von SAD-Patienten mit geringer ausgeprägten Symptomen, die nicht die Kriterien einer Major Depression erfüllen, die subsyndromale SAD (S-SAD) (Kasper et al. 1989), auch „winter blues" genannt, eingeführt. Während die von Rosenthal beschriebenen Patienten hauptsächlich ein Auftreten depressiver Symptome zwischen Oktober und Dezember zeigten, beschrieben Wehr et al. (1989) eine periodisch im Sommer auftretende Depression, deren Symptome häufigst im Mai beginnen. Das ICD 10 sieht für Patienten mit saisonalem Depressionsmuster keine eigene diagnostische Kategorie vor.

Bei einer Untergruppe von 11 Patienten wurde von Rosenthal et al. (1984) ein erfolgreicher Therapieversuch mit künstlichem Licht (2500 Lux je 3 Stunden vor bzw. nach Sonnenuntergang für 2 Wochen) unternommen. Lewy (1982) hatte bei Herrn Kern ein Therapiesetting mit 2000 Lux gewählt. Mittlerweile (siehe unten) hat sich die empfohlene Lichtstärke für die Lichttherapie auf maximal 10000 Lux verfünffacht.

Ein Jahr später haben Rosenthal et al. eine crossover Studie mit 13 Patienten und drei Versuchsbedingungen (5, 300 und 2500 Lux) publiziert (Rosenthal et al. 1985). In dieser Studie wurde auch die Wirkung der Lichtexposition des morgens im Gegensatz zur abendlichen untersucht. Als Ergebnis erwies sich helles Licht als therapeutisch vorteilhafter als Dämmerlicht. Das morgendliche Lichtbad erwies sich tendenziell, allerdings nicht signifikant als vorteilhafter als die abendliche Exposition.

Mit der nosologischen Festlegung der SAD und der Anwendung von künstlichem Licht als Therapie derselben wurde ein neues Forschungsfeld eröffnet. Für den Zeitraum 1984 bis 2002 finden sich in der medizinischen Publikationsdatenbank MEDLINE ca. 300 Publikationen zum Thema

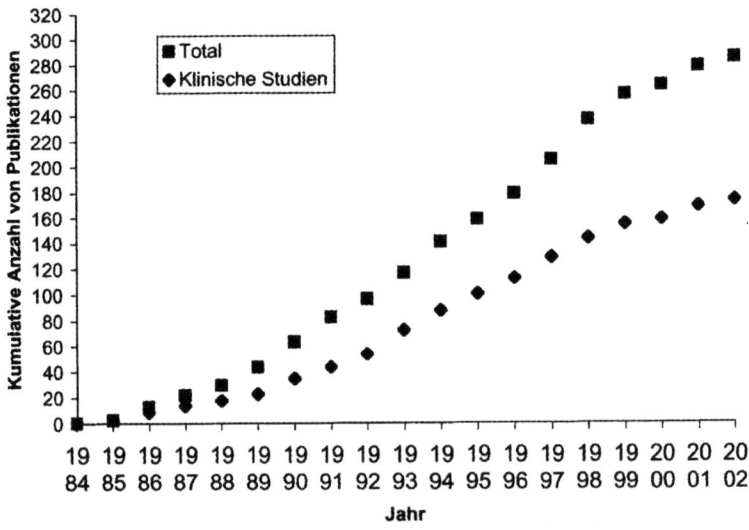

Abb. 1. Kumulative Anzahl von Publikationen zum Thema „Lichttherapie bei SAD" 1984–2002

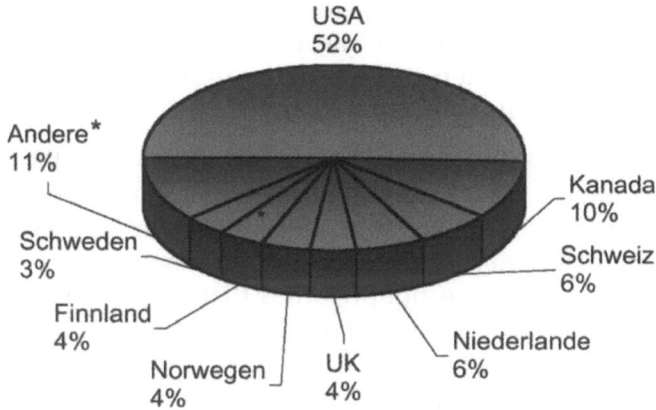

Abb. 2. Anteil verschiedener Staaten an den publizierten klinischen Studien zu „Lichttherapie bei SAD" 1984–2002. *Andere (je weniger als 5 publizierte klinische Studien): Deutschland, Russland, Frankreich, Österreich, Island, Italien, Japan, Ungarn, Dänemark, Israel, Taiwan, Australien

„Lichttherapie bei SAD", davon ca. 180 klinische Studien (die übrigen Publikationen sind Fallberichte, Briefe und Kommentare, sowie Reviews und Meta-Analysen). Der Anteil verschiedener Staaten an der Anzahl der publizierten klinischer Studien zeigt Abb. 2.

In Deutschland leistete eine Gruppe von Psychiatern an der Klinik Frankfurt Pionierarbeit, auch in Ostdeutschland gab es bald nach der Zeit der Beschreibung der Störung Forschungsansätze. Der atypische Charakter der SAD mit Hypersomnie wurde von Erkwoh (1986) nach Michaelis (1964, 1967) *schlafende Depression* genannt. Siegfried Kasper etablierte die Forschung zum Thema nachhaltig, nachdem er sich bis 1988 mehr als zwei Jahre lang im Rahmen eines Stipendiums am NIMH unter anderem mit SAD und Lichttherapie beschäftigt hatte. Im Rahmen dieser Forschungsbemühungen wurde auch erstmals die *recurrent brief depression* mit einem Herbst/Winter Muster beschrieben (Kasper et al. 1992), die sich ebenfalls auf Licht besserte. Die Untersuchungen bezogen sich weiters auf die Kombination von Lichttherapie mit medikamentöser antidepressiver Therapie, wobei teilweise ein additiver Effekt nachgewiesen werden konnte. Die Herbst/Winter-Depression wurde schließlich als serotonerge Erkrankung erkannt und untersucht (Rosenthal und Kasper 1993). Der Zusammenhang zwischen Veränderungen des Immunsystems und Befindlichkeitsparametern bei betroffenen PatientInnen wurde dargestellt (Kasper 1991). In Österreich geht die SAD Forschung auf die 80er Jahre zurück, wobei Margot Schmitz in Wien eine Pionierin war. Mit der Übernahme des Lehrstuhls für Psychiatrie in Wien durch Siegfried Kasper, kam es dort Anfang der 90er Jahre zu einer starken Impulsgebung für Therapie (Einführung einer frequentierten Ambulanz) und Forschung. In der Schweiz, in der bereits eine sehr effektive chronobiologische Forschung bzw. Schlafforschung betrieben wurde, erweiterten die neuen Perspektiven den Horizont. Besonders die beiden Wissenschafterinnen Wirz-Justice und Holsboer-Trachsler entwickelten neue Ansätze (Rosenthal und Kasper 1993).

In den klinischen Studien zu Lichttherapie bei SAD wurden hauptsächlich folgende Fragestellungen untersucht:

- Veränderung peripher messbarer neurohormonaler Parameter, Stoffwechselparameter und Parameter zerebraler Funktionen unter Lichttherapie (untersucht bei ca. 45% aller klinischen Studien)
- Einfluss verschiedener Parameter im therapeutischen Protokoll der Lichtexposition auf die antidepressive Effizienz (40%)
- Prädiktiver Wert und Veränderung neuropsychologischer Parameter bei Lichttherapie (ca. 10%)
- Vergleich und/oder Kombination mit pharmakologischer Therapie (ca. 5%)

Besondere Aufmerksamkeit in der Erforschung einer möglichen Veränderung peripher messbarer neurohormonaler Parameter – als angenommene periphere Marker für zerebrale Vorgänge – unter Lichttherapie fand der Plasmaspiegel des Hormons Melatonin, das in verschiedenen Hypothesen als ursächlich in der Pathophysiologie der SAD angenommen wird. Daneben wurden besonders auch mögliche Einflüsse von Lichttherapie auf die thrombozytäre Serotoninbindungskapazität sowie auf die Plasmaspiegel von Stresshormonen und Schilddrüsenhormonen untersucht. Unter den Stoffwechselparametern fanden mögliche Einflüsse von Lichttherapie auf Körpertemperatur und Schlaf besondere Aufmerksamkeit, während man sich bei zerebralen Parametern auf mögliche Veränderungen im EEG und in der Hirndurchblutung konzentrierte.

Im Bezug auf den möglichen Einfluss verschiedener Aspekte im therapeutischen Protokoll der Lichtexposition wurden besonders die antidepressive Effizienz verschiedener Lichtquellen (neben den gebräuchlichen Schirmen auch Dämmerungssimulatoren, am Kopf befestigbare Lichtquellen und natürliches Licht), sowie die Abhängigkeit von Lichtstärke, Spektralbereich, Expositionszeitpunkt, -dauer und -abstand untersucht.

Im Vergleich und in Kombination mit pharmakologischer Therapie wurden hauptsächlich SSRIs, Tryptophan und Hypericum untersucht.

Eine besondere Herausforderung für klinische Studien über die Wirksamkeit von Lichttherapie stellt die Konstruktion geeigneter Kontrollbedingungen dar. Während man in den Studien der 80er Jahre als Placebo gewöhnlich eine Lichtquelle mit verminderter Lichtintensität, oft auch mit unterschiedlichem Lichtspektrum, verwendete, wurde Anfang der 90er Jahre ein sogenannter Negativ-Ionen Generator entwickelt, der in unterschiedlichen Emissionsintensitäten als Placebo verwendet wurde. Allerdings wurde die Placebofunktion dieses Generators in einer Studie von Eastman et al. (1992) in Frage gestellt, indem die Exposition mit dem Generator selbst zu einer signifikanten Reduktion depressiver Symptome, mit keinen Unterschied zu Lichttherapie mit 7000 Lux, führte.

Als wichtiger Durchbruch im Nachweis der Wirksamkeit von Lichttherapie bei SAD wurden die Ergebnisse dreier klinischer Studien, die 1998 in

Tabelle 2. Fragestellungen klinischer Studien zu Lichttherapie bei SAD 1984–2002

Veränderung peripher messbarer neurohormonaler Parameter, Stoffwechselparameter und Parameter zerebraler Funktionen unter Lichttherapie (untersucht bei ca. 45% aller klinischen Studien)	Einfluss verschiedener Parameter im therapeutischen Protokoll der Lichtexposition auf die antidepressive Effizienz (40%)	Prädiktiver Wert und Veränderung neuropsychologischer Parameter bei Lichttherapie (ca. 10%)	Vergleich und/oder Kombination mit pharmakologischer Therapie (ca. 5%)
• Plasmaspiegel von: Melatonin Stresshormonen Schilddrüsenhormone • thrombozytäre Serotoninbindungskapazität • Körpertemperatur • Schlaf • EEG • Hirndurchblutung	• Lichtstärke • verschiedene Lichtquellen (Schirm, Dämmerungssimulator, am Kopf befestigbare Lichtquellen, natürliches Licht) • Spektralbereiche • Expositionszeitpunkt • Expositionsdauer • Expositionsabstand	• neuropsychologische Symptome der SAD • neuropsychologische Symptome komorbider psychiatrischer Störungen • Persönlichkeitsparameter	• SSRIs • Tryptophan • Hypericum

den Archives of General Psychiatry publiziert wurden, gefeiert (Wirz-Justice 1998). Diese wurden in New York, Chicago und Portland (aller auf ähnlicher geographischer Breite, die USA von Ost nach West umfassend) an insgesamt über 300 Personen durchgeführt und zeigten in unterschiedlichen experimentellen Anordnungen (10000 Lux für 0,5 Stunden und 2 Wochen, 6000 Lux für 1,5 Stunden und 4 Wochen, 2500 Lux für 2 Stunden und 2 Wochen) eine Überlegenheit von sowohl morgendlicher als auch abendlicher Lichttherapie gegenüber Placebo bzw. eine signifikante klinische Verbesserung für alle Bedingungen gleichermaßen im crossover design (Terman et al. 1998, Eastman et al. 1998, Lewy et al. 1998).

Obwohl primär auf die Therapie der SAD ausgerichtet, wurde die Effizienz von Lichttherapie inzwischen auch bei anderen Krankheitsbildern untersucht. Besondere Aufmerksamkeit fanden dabei u.a. nichtsaisonale Depressionsformen, Essstörungen, prämenstruelle Störungen im Alkoholentzug, als antidepressive Erhaltungstherapie im Rahmen von Schlafentzugstherapien und Angststörungen. Trotz einiger nicht unermutigender Ergebnisse konnte sich die Lichttherapie auf der Basis einer evidence based medicine eindeutig nur zur Therapie der SAD empfehlen. Nichtsdestotrotz wurde 1995 Lichttherapie von der Society for Light Treatment and Biological Rhyhms Task Force neben SAD indiziert für circadian-related Schlafstörungen, Alterssymptome (aging), M. Alzheimer, Jet Lag und Schichtarbeit (Terman et al. 1995).

Während die therapeutische Wirksamkeit von Lichttherapie bei SAD in den letzten 20 Jahren in einer Vielzahl von Studien auf empirischem Weg gezeigt wurde, sind die physiologischen Grundlagen für die festgestellte Wirkung sowie die pathogenetische Ursache der SAD immer noch weitgehend unklar. Zu den verschiedenen Hypothesen gibt es widersprüchliche Forschungsergebnisse und keine konnte sich bisher durchsetzen bzw. überzeugend bestätigt werden (Überblick z.B. in Wirz-Justice et al. 1999). Im Mittelpunkt der Aufmerksamkeit stand dabei von Anfang an das Hormon Melatonin. In entsprechenden Theorien geht man von einer zu geringen Suppression der Melatoninsekretion durch Licht bei SAD Patienten im Winter, von einer zu geringen Amplitude oder von einer Phasenverschiebung der nächtlichen Melatoninsekretion aus, die durch Lichttherapie korrigiert werden soll. Eine andere Theorie postuliert bei SAD Patienten eine veränderte retinale Sensitivität mit verminderter oder vermehrter Lichtempfindlichkeit, die durch Lichttherapie gegenläufig kompensiert wird. Entsprechend den allgemeinen neurobiologischen Theorien zur Pathophysiologie der Depression wurde auch ein reduzierter Stoffwechsel der monoaminergen Neurotransmitter, insbesondere von Serotonin, postuliert. In diesem Zusammenhang fokussierte man im besonderen eine mögliche Störung im medialen Hypothalamus, der als Steuerungsorgan vegetativer Funktionen und insbesondere der Nahrungsaufnahme gilt. Eine weiter Theorie stützt sich auf eine erhöhte Stimmungsvariabilität bei SAD Patienten während der depressiven Phase, die durch Lichttherapie reduziert werden soll.

Das Forschungsfeld „Lichttherapie bei SAD" zeigte bis 1997 ein exponentielles Wachstum, das sich aber in den darauf folgenden Jahren merklich abgeflacht hat (Abb. 1). Mit den ungelösten Fragen nach weiteren Indikationen, der pathogenetischen Ursache der SAD und dem entsprechenden Wirkmechanismus der Lichttherapie kann dieses Kapitel aber sicherlich noch nicht als abgeschlossen betrachten werden und lässt auf immer noch auf viele wichtige Antworten warten.

Danksagung

Die Autoren bedanken sich bei Brian Breiling, Kalifornien, USA, für die umfangreiche Bereitstellung historischer Quellen.

Literatur

Blehar MC, Rosenthal NE (1989) Seasonal affective disorders and phototherapy. Report of a National Institute of Mental Health sponsored Workshop. Arch Gen Psychiatry 46: 469–474

Cleaves MA (1904) Light energy: its physics, physiological action and therapeutic applications. Rebman Limited, London

Eastman CI, Lahmeyer HW, Watell LG, Good GD, Young MA (1992) A placebo-controlled trial of light treatment for winter depression. J Affect Disord 26 (4): 211–221

Eastman CI, Young MA, Fogg LF, Liu L, Meaden PM (1998) Bright light treatment of winter depression: a placebo-controlled trial. Arch Gen Psychiatry 55 (10): 883–889

Erkwoh R (1986) Schlafende Depression. Psychopathologische und biochemische Befunde einer Einzelfallanalyse. Nervenarzt 57: 538–541

Kasper S (1991) Jahreszeit und Befindlichkeit in der Allgemeinbevölkerung. Springer, Berlin Heidelberg New York Tokyo, S 66

Kasper S, Rogers LBS, Yancey A, Schulz PM, Skwerer RG, Rosenthal NE (1989) Phototherapy in individuals with and without subsyndromal seasonal affective disorder. Arch Gen Psychiatry 46: 837–844

Kasper S, Ruhrmann S, Haase T, Möller HJ (1992) Recurrent brief depression and ist relationship to seasonal affective disorder. Eur Arch Psychiatry Clin Neurosci 242: 20–26

Krusen FH (1937) Light therapy. Paul Haber, New York

Lam RW, Terman M, Wirz-Justice A (1999) Lichttherapie für depressive Erkrankungen, Indikationen und Effektivität. In: Zulley J, Wirz-Justice A (Hrsg) Lichttherapie. Roderer, Regensburg

Lewy AJ, Bauer VK, Cutler NL, Sack RL, Ahmed S, Thomas KH, Blood ML, Jackson JM (1998) Morning vs evening light treatment of patients with winter depression. Arch Gen Psychiatry 55 (10): 890–896

Licht S (1959) Therapeutical electricity and ultraviolet radiation. Elisabeth Licht, New Haven, Connecticut

Michaelis R (1964) Depressive Verstimmung und Schlafsucht. Arch Psychiatry Z Neurol 206: 345–355

Michaelis R (1967) Schlafsucht bei phasischen Depressionen. Nervenarzt 38: 301–305

Rosenthal NE, Kasper S (1993) Licht-Therapie. Das Programm gegen Winterdepressionen. Heyne, München

Rosenthal NE, Sack DA, Gillin JC, Lewy AJ, Goodwin FK, Davenport Y, Mueller PS, Newsome DA, Wehr TA (1984) Seasonal affective disorder. A description of the syndrome and preliminary findings with light therapy. Arch Gen Psychiatry 41: 72–80

Rosenthal NE, Sack DA Carpenter CJ, Parry BL, Mendelson WB, Wehr TA (1985) Antidepressant effects of light in seasonal affective disorder. Am J Psychiatry 142: 606–608

Sournet JC, Poulet J, Martiny M (1980) Illustruierte Geschichte der Medizin. Andreas & Andreas, Salzburg

Spitler HR (1941) The syntonic principle: its relation to health and ocular problems. College of Syntonic Optometry Publishers, Eaton Ohio

Terman M, Lewy AJ, Dijk DJ, Boulos Z, Eastman CI, Campbell SS (1995) Light treatment for sleep disorders: consensus report. IV. Sleep phase and duration disturbances. J Biol Rhythms 10 (2): 135–147

Terman M, Terman JS, Ross DC (1998) A controlled trial of timed bright light and negative air ionization for treatment of winter depression. Arch Gen Psychiatry 55 (10): 875–882

Wehr TA, Rosenthal NE (1989) Seasonality and affective illness. Am J Psychiatry 146: 829–839

Wehr TA, Giesen HA, Schulz PM (1989) Summer depression: description of syndrome and comparison with winter depression. In: Rosenthal NE, Blehar M (eds) Seasonal affective disorder and phototherapy. Guilford Press, New York

West ED, Dally PJ (1959) Effects of iproniazid in depressive syndromes. Br Med J 1: 1491–1494

Wirz-Justice A (1998) Beginning to see the light. Arch Gen Psychiatry 55 (10): 861–862

Wirz-Justice A, Haug HJ, Graw P, Kräuchi K (1999) Zur Theorie der SAD und der Wirkung von Licht. In: Zulley J, Wirz-Justice A (Hrsg) Lichttherapie. Roderer, Regensburg

Korrespondenz: Prim. Univ.-Doz. DDr. M. Lehofer, Allgemeine Psychiatrische Abteilung I, LSF Graz, Wagner-Jauregg-Platz 1, A-8053 Graz, Österreich, E-mail: michael.lehofer@lsf-graz.at

Kasper S (1991) Jahreszeit und Befindlichkeit in der Allgemeinbevölkerung. Springer, Berlin Heidelberg New York Tokyo

Klinisches Erscheinungsbild der Herbst-Winterdepression

D. Winkler und A. Konstantinidis

Klinische Abteilung für Allgemeine Psychiatrie, Universitätsklinik für Psychiatrie, Wien, Österreich

Seit der Beschreibung einer affektiven Störung mit jahreszeitlicher Gebundenheit der Symptomatik durch Lewy et al. (1982) und Rosenthal et al. (1983) wurde die in unseren Breiten häufigste Form einer SAD (seasonal affective disorder), die Herbst-Winter-Depression, von mehreren Arbeitsgruppen intensiv in Bezug auf das klinische Erscheinungsbild erforscht. Die sogenannte Sommerdepression (SAD, summer-type; Wehr et al. 1987) scheint eine innerhalb des Spektrums der SAD differente nosologische Spezies zu sein, ist in Mitteleuropa relativ selten, und soll an dieser Stelle nicht besprochen werden.

Jahreszeitliche Schwankungen von Befindlichkeit und anderen psychopathologischen Variablen stellen in der Bevölkerung eher die Regel als die Ausnahme dar (Kasper et al. 1989b). Nur ein geringer Teil der befragten Probanden gibt an, keinerlei Veränderungen im Verlauf der Jahreszeiten zu bemerken. Saisonalität als klinisch relevantes Problem setzt aber ein bestimmtes Ausmaß an Symptomatik voraus. Verschiedene psychiatrische Rating-Skalen, wie z.B. der Seasonal Pattern Assessment Questionnaire (SPAQ; Rosenthal et al. 1987, deutsche Übersetzung, SPAQ-D, von Kasper et al. 1991) können herangezogen werden, um das Ausmaß saisonaler Veränderungen abzuschätzen. Von dem Vollbild der saisonal abhängigen Depression kann somit eine subsyndromale SAD (S-SAD; Kasper et al. 1989a) abgegrenzt werden. Zur Diagnose einer SAD liegen diagnostische Kriterien der WHO (Weltgesundheitsorganisation) und der APA (American Psychiatric Association) vor, die sich an den ursprünglichen Kriterien von Rosenthal (1984) orientieren (Tabelle 1).

Im Folgenden soll das klinische Erscheinungsbild der Herbst-Winterdepression anhand der demographischen und klinischen Charakteristika der bisher größten europäischen Stichprobe von SAD-Patienten (n=610), die an den Universitätskliniken in Bonn und Wien erhoben wurde (Winkler et al. 2002a), beschrieben werden. Weiters sollen die Ergebnisse aus dieser Studie den Resultaten anderer Forschungsgruppen gegenübergestellt werden.

Tabelle 1. Diagnostische Kriterien der saisonal abhängigen Depression (SAD)

ICD-10 Forschungskriterien für SAD (WHO 1994)
- Drei oder mehr affektive Episoden in drei oder mehr darauffolgenden Jahren
- Beginn und Remission fallen in eine bestimmte 90-Tage-Periode im Jahr
- Saisonale Episoden kommen substantiell häufiger vor als nicht-saisonale
- Diagnostisch unter *F31* (bipolare affektive Störung) oder *F33* (rezidivierende depressive Störung) zu klassifizieren

DSM-IV Kriterien – saisonaler Verlaufstyp (APA 1994)
- Regelmäßige zeitliche Beziehung zwischen dem Beginn der depressiven Episoden einer bipolar-I- (*296.0/4–7*) oder bipolar-II-Störung (*296.89*) oder einer Major Depressive Disorder, Recurrent (*296.3*) und einer bestimmten Jahreszeit (z. B. im Herbst oder Winter)
  Beachte: Fälle, in denen ein offensichtlicher Einfluss eines saisonalen psychosozialen Stressors vorliegt, sind auszuschließen (z.B. saisonale Arbeitslosigkeit)
- Die Vollremission (oder ein Wechsel zu einer Hypomanie/Manie) vollzieht sich ebenfalls zu einer charakteristischen Jahreszeit (z.B. Frühling oder Sommer)
- In den letzten 2 Jahren sind 2 Episoden einer Major Depression nach den ersten beiden Kriterien vorgekommen aber keine nicht-saisonalen depressiven Episoden

SAD Kriterien nach Rosenthal et al. (1984)
- Vorliegen einer Major Depression nach Research Diagnostic Criteria (RDC, Spitzer et al. 1978)
- Keine andere Achse-I-Diagnose nach DSM-III (APA 1980)
- Mindestens zwei depressive Episoden, die im Herbst/Winter aufgetreten sind und im Frühling/Sommer remittierten
- Fehlen von deutlichen psychosozialen Variablen, die für die jahreszeitlichen Veränderungen der Stimmung und Befindlichkeit verantwortlich gemacht werden können

---

Demographische Charakteristika (Tabelle 2)

Wie bei nicht saisonalen depressiven Störungen liegt auch bei der Herbst-Winterdepression ein ausgeprägter Geschlechtsunterschied bezüglich der Prävalenz vor. Das Verhältnis von Frauen zu Männern beträgt im deutschsprachigen Raum ungefähr 3,5:1, bei Patienten mit unipolarem Verlauf etwa 5:1, bei Patienten mit bipolarer Störung jedoch nur 1,5:1. In der Literatur sind hierfür Werte von 3,5:1 bis 9:1 angegeben (Booker und Hellekson 1992, Boyce und Parker 1988, Terman et al. 1989, Thompson und Isaacs 1988, Wirz-Justice et al. 1989). Lediglich in Asien scheint das Geschlechtsverhältnis mit 1,2:1 bis 1,9:1 niedriger zu sein (Okawa 1996, Sakamoto et al. 1993, Takahashi et al. 1991).

Bei unseren Patienten war im Durchschnitt ein Ersterkrankungsalter von 29,8 Jahren zu erheben, bei Diagnosestellung (11,3 Jahre später) waren sie durchschnittlich 41,1 Jahre alt und hatten 9,0 depressive Episoden durchgemacht. Die Wahrscheinlichkeit für einen SAD-Patienten im Folgewinter eine depressive Episode zu entwickeln liegt damit bei rund 0,8 (errechnet aus dem Quotienten zwischen bisheriger Episodenzahl und diagnostischer Latenz). Diese Ergebnisse sind in Übereinstimmung mit anderen SAD-Samples, bei denen das Ersterkrankungsalter ebenso in der 3. oder am Beginn

Tabelle 2. Demographische Charakteristika von 3 SAD-Patientenkollektiven in Wien und Bonn (Winkler et al. 2002a) sowie am NIMH (National Institute of Mental Health, Bethesda, USA; Oren und Rosenthal 1992)

	Wien[1]	Bonn[2]	NIMH[3]
Stichprobengröße	420	190	366
Alter (Jahre)	40	44	38
Geschlechtsverhältnis			
Männer	78%	77%	78%
Frauen	22%	23%	22%
Krankheitsbeginn (Jahre)	29	30	23
Episodendauer (Monate)	5	5	5
Polarität			
Unipolar	76%	80%	33%
Bipolar-II	23%	19%	59%
Bipolar-I	1%	1%	8%
Familienanamnese (1. Grad)			
Depression	43%	37%	52%
Alkohol	7%	7%	37%

Untersuchungszeitraum von [1] 1994–2001, [2] 1989–1992, [3] 1981–1991

der 4. Dekade (Boyce und Parker 1988: 21, Rosenthal et al. 1984: 27, Rosenthal et al. 1987: 22, Takahashi et al. 1991: 23, Thompson und Isaacs 1988: 24, Wirz-Justice et al. 1986: 27, Wirz-Justice et al. 1989: 32) und das Alter bei Diagnosestellung 10–18 Jahre später in der 4. oder am Beginn der 5. Dekade lag (Boyce und Parker 1988: 39, Rosenthal et al. 1984: 37, Rosenthal et al. 1987: 38, Takahashi et al. 1991: 36, Thompson und Isaacs 1988: 42, Wirz-Justice et al. 1986: 42, Wirz-Justice et al. 1989: 44). Es hat sich gezeigt, dass die Zeit von der Ersterkrankung bis zur Diagnosestellung seit dem Ende der 80er Jahre um rund zwei bis drei Jahre gesunken ist (Winkler et al. 2002b) und jetzt im deutschsprachigen Raum bei etwa 10 Jahren liegt. Dennoch ist die diagnostische Latenz damit noch immer inakzeptabel hoch und kann als Kennzahl für die geringe Kenntnis des Krankheitsbildes sowohl bei Ärzten als auch bei Patienten fungieren.

Klinische Charakteristika (Tabelle 3)

In Bonn und Wien wurden 77,0% der SAD-Patienten als unipolar depressiv und 21,7% als bipolar-II eingestuft. Patienten mit einer bipolar-I-affektiven Störung waren mit 1,3% relativ selten. Frühe Studien fanden weit höhere Raten von bipolaren Patienten (Rosenthal et al. 1984, Rosenthal und Wehr 1987, Thompson und Isaacs 1988, Wirz-Justice et al. 1986), jedoch bei Anwendung der DSM-IV-Kriterien konnten in neueren Untersuchungen niedrigere Raten mit einem Überwiegen unipolarer Depressionen zur Darstel-

Tabelle 3. Psychopathologische Charakteristika von 3 SAD-Patientenkollektiven in Wien und Bonn (Winkler et al. 2002a) sowie am NIMH (National Institute of Mental Health, Bethesda, USA; Oren und Rosenthal 1992)

	Wien[1]	Bonn[2]	NIMH[3]
Verminderte Aktivität	99%	97%	95%
Affekt			
depressiv	95%	86%	96%
irritabel	74%	79%	86%
ängstlich	55%	92%	86%
Appetit			
vermehrt	67%	60%	67%
vermindert	16%	24%	16%
keine Veränderung	17%	16%	17%
Carbohydrate-Craving	70%	58%	71%
Schlaf			
Hypersomnie	76%	59%	79%
Tagesmüdigkeit	95%	90%	81%
Libidoverlust	75%	72%	65%
Schwierigkeiten im Beruf	68%	75%	86%

Untersuchungszeitraum von [1] 1994–2001, [2] 1989–1992, [3] 1981–1991

lung gebracht werden (Allen et al. 1993, Lam et al. 1997, Lingjaerde und Reichborn-Kjennerud 1993, Sakamoto et al. 1995, Thalen et al. 1995). Auffällig ist, dass wesentlich mehr Männer an einer SAD mit bipolarem Verlauf leiden als Frauen (Abb. 1).
Der durchschnittliche GSS (globaler Saisonalitätsscore), gemessen mit dem SPAQ (Seasonal Pattern Assessment Questionnaire) betrug in unserer Stichprobe mitteleuropäischer SAD-Patienten 15,4±3,5 in Konkordanz mit anderen Studien (Lingjaerde und Reichborn-Kjennerud 1993: 14,3±3,8; Wehr et al. 1987: 15,8±3,9). Der GSS ist ein globales Maß für saisonale Variationen bestimmter psychopathologischer Variablen. In einer Stichprobe der Allgemeinbevölkerung betrug der SPAQ im Mittel 5,4±3,9 (Kasper et al. 1989b). Eine Häufigkeitsverteilung des GSS bei SAD-Patienten und Gesunden im Vergleich zeigt Abb. 2. In unserem SAD-Kollektiv wiesen Frauen mit 15,6±3,6 einen deutlich höheren GSS auf als Männer (14,8±3,5). Diese Geschlechtsdifferenz ist in der Literatur bekannt (Kasper et al. 1989b). Ein direkter Vergleich mit unserer Studienpopulation ist aber nur bedingt möglich, da Kasper et al. (1989b) eine repräsentative Stichprobe der Allgemeinbevölkerung und wir eine Inanspruchnahmepopulation untersuchten. Die Jahreszeit, in der SAD-Patienten ihr Befindlichkeitspessimum empfinden, scheint regionalen Unterschieden zu unterliegen. In Mitteleuropa geben SAD-Patienten die Monate November und Dezember an, in denen es ihnen am schlechtesten geht (gemessen mit Item 13H des SPAQ); Studien aus den USA (Terman et al. 1986) weisen die Monate Jän-

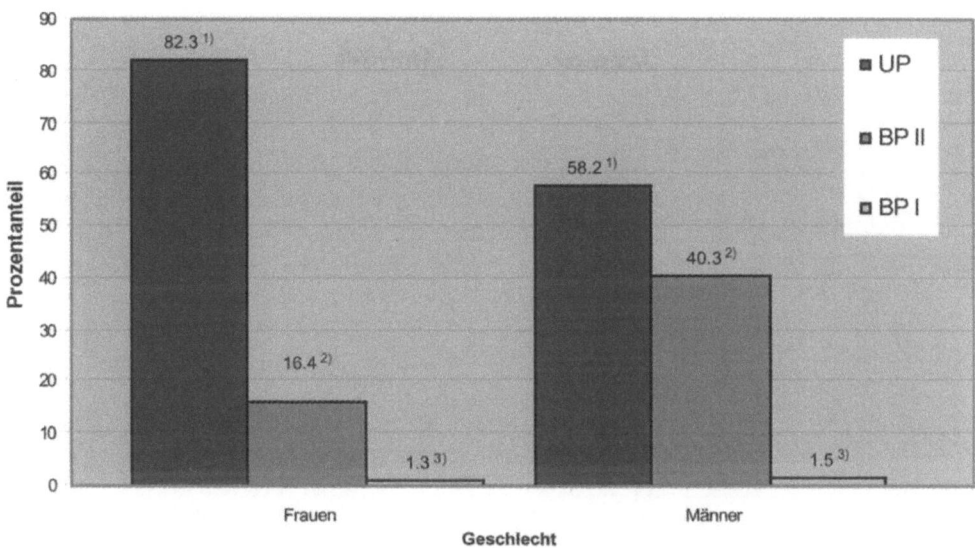

Abb. 1. Geschlechtsspezifische Verteilung unipolarer (UP) und bipolarer (BP-I, BP-II) Patienten mit SAD. Statistischer Unterschied der diagnostizierten Kategorien zwischen Frauen und Männern berechnet mit Chi-Square-Tests nach Pearson: Signifikanz für das Gesamtmodell $p < 0{,}001$. Signifikanz der einzelnen Gruppen: 1) $p < 0{,}001$, 2) $p < 0{,}001$, 3) $p = 0{,}847$ (n.s.) (aus: Winkler et al. 2002a)

ner und Februar als die Monate mit einem Befindlichkeitspessimum für Patienten mit Herbst-Winterdepression aus (Abb. 3). Diese Unterschiede sind wahrscheinlich durch klimatologische Differenzen bedingt.

Betrachtet man die psychiatrische Familienanamnese, erscheint der Anteil an Patienten, deren erstgradig Verwandte an einer Störung aus dem depressiven Formenkreis leiden (40,0%) sehr hoch zu sein. Ob aber SAD-Patienten häufiger eine positive Familienanamnese für affektive Störungen aufweisen als Patienten mit einer depressiven Störung ohne saisonale Gebundenheit, was ein Hinweis auf einen genetischen Hintergrund als biologischen Vulnerabilitätsfaktor für die SAD sein könnte, wird in der Literatur kontrovers diskutiert (Kasper und Kamo 1990, Stamenkovic et al. 2001).

Die häufigsten bei SAD-Patienten vorkommenden Symptome sind eine subjektiv erlebte *Energielosigkeit* (98,4% aller Patienten) und eine *depressive Stimmungslage* (93,0%), wobei das Ausmaß der Depressivität sich oft im Verlauf der Herbst-Winter-Monate sukzessiv steigert. Rund zwei Drittel der Patienten (65,5%) leiden unter verstärkter *Angst* während ihrer depressiven Episoden. *Hypersomnie* und *Tagesmüdigkeit* waren bei 72,2% bzw. 93,7% aller Patienten explorierbar. Bei einem großen Teil der SAD-Patienten ließen sich Veränderungen des Essverhaltens während der Wintermonate nachweisen: 64,6% zeigten *vermehrten Appetit*, 18,4% *verminderten Appetit*; 66,5% berichten über einen Heißhunger auf kohlenhydratreiche Nahrung wie Cerealien, Nudelgerichte oder Süßigkeiten (*Carbohydrate-Craving*, CH-Craving). Rund dreiviertel der Patienten gaben eine *erhöhte Irritabilität* (75,1%)

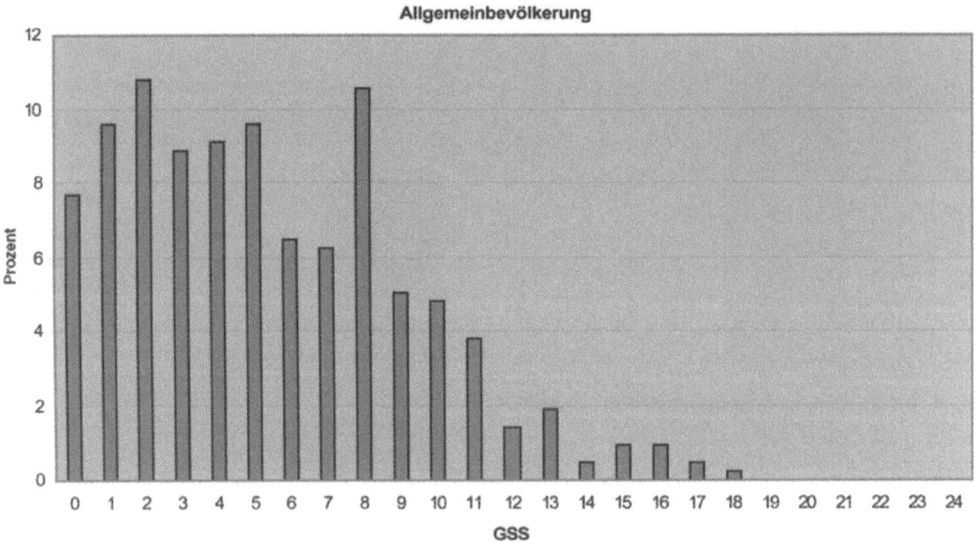

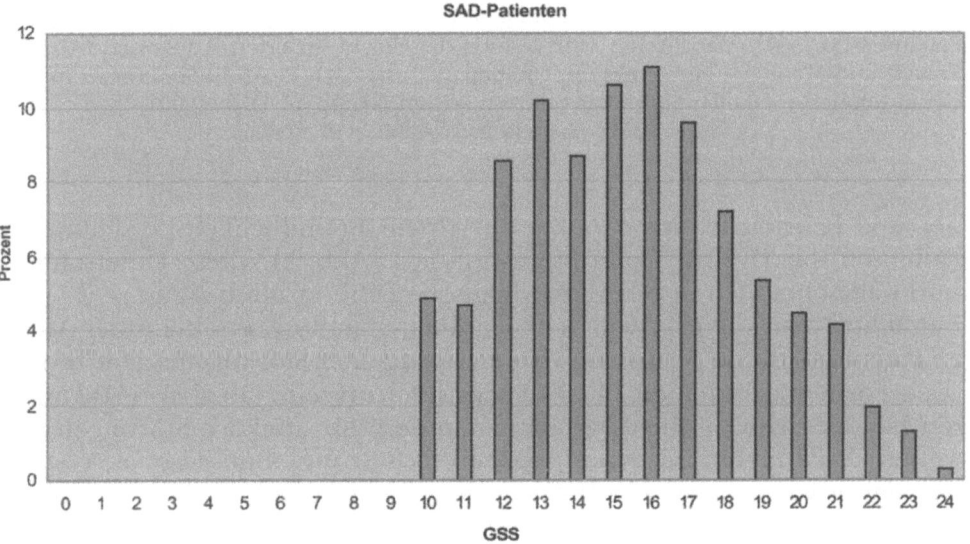

Abb. 2. Häufigkeitsverteilung des GSS (Global Seasonality Score) in einer Stichprobe der gesunden Allgemeinbevölkerung und einer Stichprobe von SAD-Patienten. Der obere Teil der Abbildung ist einer Untersuchung von Kasper et al. (1989b) entnommen; der untere wurde aus den Daten der Stichprobe von Winkler et al. (2002a) erstellt. Das Kriterium für die Diagnose einer SAD ist ein GSS ≥ 10

bzw. eine *Reduktion ihrer Libido* (74,3%) in der dunklen Jahreszeit an. 69,2% aller Patienten registrierten eine durch ihre Erkrankung hervorgerufene *Einschränkung ihrer Leistungsfähigkeit bei der Arbeit*. Häufig wird von den Betroffenen auch ein *sozialer Rückzug* in der Zeit ihrer Depression geschildert. Weiters leidet ein hoher Anteil von weiblichen SAD-Patienten (rund 40–

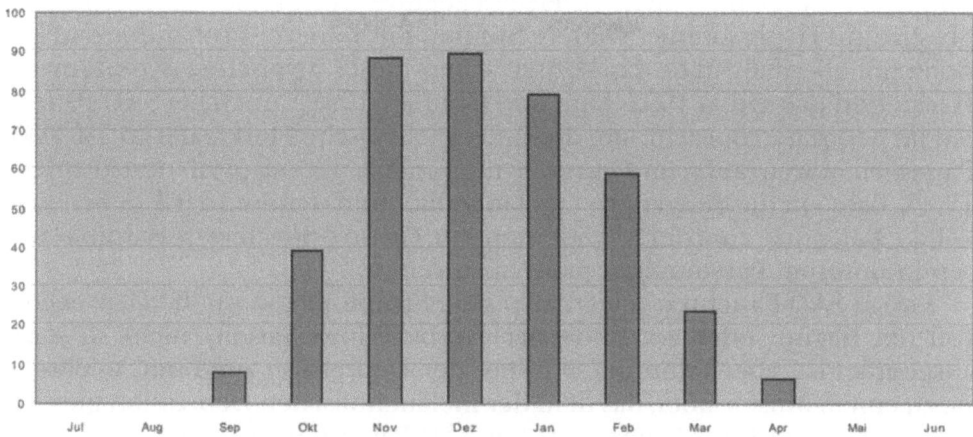
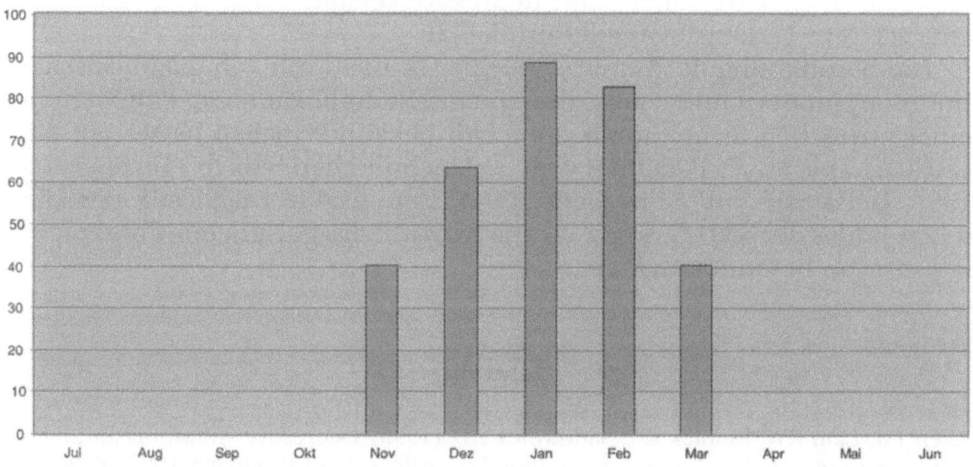

Abb. 3. Prozentsatz der SAD-Patienten in Bonn/Wien (n = 505) und New York (n = 86), die angeben, in welchen Monaten es ihnen am schlechtesten geht. Erhoben mit Punkt 13H des SPAQ (Seasonal Pattern Assessment Questionnaire) Pearsons Chi-Quadrat-Test zeigte einen signifikanten Unterschied (p < 0,001) zwischen den Verteilungen (modifiziert nach Winkler et al. 2002b)

50%) unter *prämenstruellen Beschwerden* (Praschak-Rieder et al. 2001), die bei besonderer Ausprägung als PMDS (prämenstruelles dysphorisches Syndrom) diagnostiziert werden können.

Der Feature-Specifier nach DSM-IV lässt sich nach einem definierten diagnostischen Algorithmus aus der Symptomatik der Patienten ermitteln (American Psychiatric Association 1994). Durch diese Einteilung werden Patienten nach häufigen symptomatischen Clustern gruppiert. Schon in der ersten von Rosenthal et al. (1984) beschriebenen Gruppe von 29 SAD-

Patienten wies der Großteil eine atypische Symptomatik auf. Als atypische Symptome bezeichnet man reverse vegetative Symptome wie z.B. Hyperphagie und Hypersomnie. Weitere Studien mit höherer Probandenzahl berichteten ebenfalls über das Vorherrschen dieser atypischen Symptomatik (Oren und Rosenthal 1992, Lam und Goldner 1998). Auch bei SAD-Patienten im deutschen Sprachraum dominieren atypische Merkmale: 66,3% aller Patienten waren aufgrund ihrer Symptomatik als „atypical" einzustufen, 17,8% fielen in die Subgruppe „melancholic" und weitere 15,9% ließen sich keiner Kategorie zuordnen. Patienten mit Feature-Specifier „catatonic" waren in unserem Patientengut nicht anzutreffen.

Einige SAD-Patienten zeigen atypische Symptome, wenn die Depression (oft am Beginn oder am Ende der Herbst-Winter-Saison) nicht so stark ausgeprägt ist, aber wenn die Schwere der Depression zunimmt, wechseln sie zu einem Muster über, das dem der melancholischen Depression gleicht. Der Schweregrad der Depression bei SAD-Patienten ist im Einzelfall sehr variabel, die meisten Patienten zeigen eine im Vergleich zu nicht-saisonal depressiven Patienten eher milde depressive Verstimmung, einige aber auch eine schwere Verlaufsform mit Suizidalität.

Die Bestimmung des Feature-Specifier ist nicht nur von diagnostischem Interesse, sondern findet auch therapeutische Implikationen: Patienten mit einer atypischen Symptomatik sprechen bekanntermaßen besser auf eine Lichttherapie an als Patienten vom melancholischen Subtyp (Terman et al. 1996, DeBattista und Schatzberg 1994). Eine exakte Diagnostik des klinischen Bildes der SAD ist somit für die Auswahl des geeigneten Therapieverfahrens von besonderem Wert.

Literatur

Allen JM, Lam RW, Remick RA, Sadownick AD (1993) Depressive symptoms and family history in seasonal and nonseasonal mood disorders. Am J Psychiatry 150: 443–448

American Psychiatric Association, APA (1980) Diagnostic and statistical manual of mental disorders, 3rd ed. American Psychiatric Association, Washington, DC

American Psychiatric Association, APA (1994) Diagnostic and statistical manual of mental disorders, 4th ed. American Psychiatric Press, Washington, DC

Booker JM, Hellekson CJ (1992) Prevalence of seasonal disorder in Alaska. Am J Psychiatry 149: 1176–1182

Boyce P, Parker G (1988) Seasonal affective disorder in the Southern Hemisphere. Am J Psychiatry 145: 96–99

DeBattista C, Schatzberg AF (1994) An algorithm for the treatment of major depression and its subtypes. Psychiatr Ann 24: 348–356

Kasper S (1991) Jahreszeit und Befindlichkeit in der Allgemeinbevölkerung. Eine Mehrebenenuntersuchung zur Epidemiologie, Biologie und therapeutischen Beeinflussbarkeit (Lichttherapie) saisonaler Befindlichkeitsschwankungen. Monographien aus dem Gesamtgebiet der Psychiatrie, Bd 66. Springer, Berlin Heidelberg New York Tokyo

Kasper S, Kamo T (1990) Seasonality in major depressed inpatients. J Affect Disord 19: 243–248

Kasper S, Rogers LBS, Yancey A, Schulz PM, Skwerer RG, Rosenthal NE (1989a) Phototherapy in individuals with and without subsyndromal seasonal affective disorder. Arch Gen Psychiatry 46: 837–844

Kasper S, Wehr TA, Bartko JJ, Gaist PA, Rosenthal NE (1989b) Epidemiological findings of seasonal changes in mood and behaviour. A telephone survey of Montgomery County, Maryland. Arch Gen Psychiatry 46: 823–833

Lam RW, Goldner EM (1998) Seasonality of bulimia nervosa and treatment with light therapy. In: Lam RW (ed) Seasonal affective disorder and beyond: light treatment for SAD and non-SAD conditions. American Psychiatric Press, Washington, DC, 193–220

Lam RW, Terman M, Wirz-Justice A (1997) Light therapy for depresive disorders: indications and efficacy. Mod Probl Pharmacopsychiatry 25: 215–234

Lewy AJ, Kern HA, Rosenthal NE, Wehr TA (1982) Bright artificial light treatment of a manic-depressive patient with a seasonal mood cycle. Am J Psychiatry 139: 1496–1498

Lingjaerde O, Reichborn-Kjennerud T (1993) Characteristics of winter depression in the Oslo area (60°N). Acta Psychiatr Scand 88: 111–120

Okawa M (1996) Seasonal variation of mood and behaviour in a healthy middle-aged population in Japan. Acta Psychiatr Scand 94: 211–216

Oren DA, Rosenthal NE (1992) Seasonal affective disorders. In: Paykel ES (ed) Handbook of affective disorders, 2nd ed. Churchill Livingstone, London, pp 551–567

Praschak-Rieder N, Willeit M, Neumeister A, Hilger E, Stastny J, Thierry N, Lenzinger E, Kasper S (2001) Prevalence of premenstrual dysphoric disorder in female patients with seasonal affective disorder. J Affect Disord 63: 239–242

Rosenthal NE, Wehr TA (1987) Seasonal affective disorders. Psychiatr Ann 17: 670–674

Rosenthal NE, Sack DA, Wehr TA (1983) Seasonal variation in affective disorders. In: Wehr TA, Goodwin FK (eds) Circadian rhythms in psychiatry. Boxwood Press, Pacific Grove, pp 185–201

Rosenthal NE, Sack DA, Gillin JC, Lewy AJ, Goodwin FK, Davenport Y, Mueller PS, Newsome DA, Wehr TA (1984) Seasonal affective disorder: a description of the syndrome and preliminary findings with light therapy. Arch Gen Psychiatry 41: 72–80

Sakamoto K, Kamo T, Nakadaira S, Tamura A, Takahashi K (1993) A nationwide survey of seasonal affective disorder at 53 outpatient university clinics in Japan. Acta Psychiatr Scand 87: 258–265

Spitzer RL, Endicott J, Robins E (1978) Research diagnostic criteria: rationale and reliability. Arch Gen Psychiatry 35: 773–782

Stamenkovic M, Aschauer HN, Riederer F, Schindler SD, Leisch F, Resinger E, Neumeister A, Hornik K, Kasper S (2001) Study of family history in seasonal affective disorder. Neuropsychobiology 44: 65–69

Takahashi K, Asano Y, Kohsaka M et al (1991) Multicenter study of seasonal affective disorders in Japan (a preliminary report). J Affect Disord 21: 57–65

Terman M, Quitkin FM, Terman JS (1986) Light therapy for SAD: dose regimens. 139th Annual Meeting of the American Psychiatric Association (Abstract no 121)

Terman M, Botticelli SR, Link BG, Link MJ, Quitkin FM, Hardin TE, Rosenthal NE (1989) Seasonal symptom patterns in New York: patients and population. In: Thompson C, Silverstone T (eds) Seasonal affective disorder. Clinical Neuroscience Pulishers Press, London, pp 77–95

Terman M, Amira L, Terman JS, Ross DC (1996) Predictors of response and nonresponse to light treatment for winter depression. Am J Psychiatry 153: 1423–1429

Thalen BE, Kjellman BF, Morkrid L, Wibom R, Wetterberg L (1995) Light treatment in seasonal and nonseasonal depression. Acta Psychiatr Scand 91: 352–360

Thompson C, Isaacs C (1988) Seasonal affective disorder – a British sample: symptomatology in relation to mode of referral and diagnostic subtype. J Affect Disord 14: 1–11

Wehr TA, Sack DA, Rosenthal NE (1987) Seasonal affective disorder with summer depression and winter hypomania. Am J Psychiatry 144: 1602–1603

WHO, Weltgesundheitsorganisation (1994) Dilling H, Mombour W, Schmidt MH, Schulte-Markwort E (Hrsg) Internationale Klassifikation psychischer Störungen ICD-10 Kapitel V (F). Forschungskriterien. Huber, Bern

Winkler D, Praschak-Rieder N, Willeit M, Lucht M, Hilger E, Konstantinidis A, Stastny J, Thierry N, Pjrek E, Neumeister A, Möller HJ, Kasper S (2002a) Saisonal abhängige

Depression (SAD) in zwei deutschsprachigen Universitätszentren: Bonn, Wien. Nervenarzt 73: 637–643

Winkler D, Willeit M, Praschak-Rieder N, Lucht MJ, Hilger E, Konstantinidis A, Stastny J, Thierry N, Pjrek E, Neumeister A, Möller HJ, Kasper S (2002b) Changes of clinical pattern in seasonal affective disorder (SAD) over time in a German speaking sample. Eur Arch Psychiatry Clin Neurosci 252: 54–62

Wirz-Justice A, Bucheli C, Graw P, Kielholz P, Fisch HU, Woggon B (1986) How much light is antidepressant? Psychiatry Res 17: 75–76

Wirz-Justice A, Graw P, Bucheli C et al (1989) Seasonal affective disorder in Switzerland: a clinical perspective. In: Thompson C, Silverstone T (eds) Seasonal affective disorder. Clinical Neuroscience Publishers Press, London, pp 69–76

Korrespondenz: Dr. med. univ. D. Winkler, Klinische Abteilung für Allgemeine Psychiatrie, Universitätsklinik für Psychiatrie, Währinger Gürtel 18–20, A-1090 Wien, Österreich, E-mail: dietmar.winkler@akh-wien.ac.at

Epidemiologie der saisonal abhängigen Depression (SAD) und ihrer subsyndromalen Form (S-SAD)

E. Pjrek und S. Kasper

Klinische Abteilung für Allgemeine Psychiatrie, Universitätsklinik für Psychiatrie, Wien, Österreich

Lewy et al. beschrieben 1982 erstmals eine Depressionsform, die vor allem im Herbst und Winter auftritt, also jahreszeitlichen Schwankungen unterliegt – die saisonal abhängige Depression (SAD). Daneben existiert auch eine Sonderform, für die ein Beschwerdemaximum in der warmen Jahreszeit typisch ist, die Sommer-SAD (Wehr et al. 1987). Schon lange besteht ein Interesse an der Höhe der Prävalenz dieser Erkrankungen und an den Charakteristika der von ihnen Betroffenen. Es wurden unterschiedlichste Ratingskalen entworfen, mit denen die Hauptsymptome der SAD abgefragt und die Patienten diagnostiziert werden konnten (siehe Kapitel von Konstantinidis und Neumeister in diesem Buch). Weitere Untersuchungen galten der Frage, ob und inwieweit Lichtmangel einen Einfluss auf die Genese der Herbst-/Winterdepression habe.

Zur Diagnosestellung wurde den Probanden entweder ein selbst zu beantwortender Fragebogen zugesendet (Broman und Hetta 1998, Hagfors et al. 1995, Magnusson und Stefansson 1993, Mersch et al. 1999, Muscettola et al. 1995, Rosen et al. 1990, Terman 1988) oder es erfolgte ein Telefoninterview (Kasper et al. 1989, Hagfors et al. 1992, Levitt und Boyle 1997, Wirz-Justice et al. 1992). Bei diesen Telefonumfragen, die eine große Bevölkerungsstichprobe erfassen können (Kasper et al. 1989), wurde der Seasonal Pattern Assessment Questionnaire (SPAQ; deutsche Version SPAQ-D von Kasper et al. 1989) als Messinstrument eingesetzt. Dies ist ein reliabler Fragebogen zum Screening der SAD, der für mehrere Studien zu diesem Thema angewandt wurde. Kasper et al. (1989) legten anhand eines großen Patientensamples die Kriterien für die SAD, gemessen mit dem SPAQ, fest. Der SPAQ beinhaltet drei Kriterien der SAD. Das erste basiert auf dem Ergebnis der Globalen Saisonalitätscores (GSS, SPAQ-Item: 12 A-F). Hier werden vor allem Stimmungslage, soziale Aktivität, Appetit, Schlaf, Gewichtsveränderungen und Energie beurteilt. Ein weiteres Kriterium in der Diagnostik der SAD stellt die Frage nach der Intensität der Saisonalität der Beschwerdesymptomatik dar (SPAQ-Item 18). Zur endgültigen Sicherung der Diagnose muss auch nach der Dauer der depressiven Episode gefragt werden und nach den Monaten, die der Patient als belastend erlebt (SPAQ-Item 13). Neben der SAD existiert eine weitere, mildere Form mit saisonalen Veränderungen von Befindlichkeit, Antrieb und vegetativen Symptomen, bei deren Diagnose die Patienten zwar viele für SAD typische Symptome in gemilderter Form aufweisen, jedoch dadurch kaum beeinträchtigt sind – die subsyndromale SAD (S-SAD; Kapitel: Kasper und Pjrek in diesem Buch).

Im Folgenden soll ein Überblick über einige epidemiologische Studien gegeben werden, die in unterschiedlichen geographischen Regionen und zum Teil auch mit unterschiedlicher Methodik die Prävalenz der SAD und deren subsyndromaler Form (S-SAD) untersucht haben.

Nordamerikanische Studien

Kasper et al. (1989) untersuchten die Erkrankungshäufigkeit der SAD in Montgomery County, Maryland, USA, bei einer geographischen Breite von 39 Grad. In einem randomisierten Sample wurden dabei 416 Personen mittels Telefonbefragungen interviewt. Es zeigte sich, dass Frauen höhere Saisonalitätsscores aufwiesen als Männer und dass jüngere Frauen (zwischen 21 und 40 Jahren) stärker betroffen waren als ältere. 4,3% der Befragten litten an Winter SAD, 13,5% an S-SAD und 0,7% an Sommer SAD. Nur 7,6% verneinten, unter jeglichen jahreszeitlichen Schwankungen zu leiden. Die Ergebnisse der Studie von Kasper et al. (1989) entsprechen auch denen von Terman (1988), die in New York City (bei 40 Grad nördlicher Breite) erhoben wurden. Rosen et al. (1990) führten die erste Multicenterstudie an drei weiteren Orten durch. (Sarasota, 27 Grad Nord, Montgomery Country, 39 Grad Nord und Nashua, 42,5 Grad Nord). Dabei wurde jeweils die gleiche Methodik verwendet, damit die Ergebnisse der unterschiedlichen Breitengrade verglichen werden konnten. Für die Winter SAD, definiert durch die von Kasper et al. (1989) erstmals für epidemiologische Untersuchungen festgelegten Kriterien, ergaben sich Prävalenzraten, die von 1,4% in Sarasoto, 6,3% in Montgomery County, 4,7% in New York, bis hin zu 9,7% in Nashua variierten. Es zeigte sich also eine Korrelation zwischen zunehmendem nördlichen Breitengrad und Prävalenz der SAD. Ausschlaggebend ist hier möglicherweise die unterschiedlich ausgeprägte Lichtdeprivation in den Herbst- und Wintermonaten. Auch bei der S-SAD gab es große geographische Unterschiede in Bezug auf die Prävalenz: 2.6% in Sarasoto, jedoch 12,4% in New York. Booker und Hellekson (1992) interviewten 283 Personen in Fairbanks, Alaska (64 Grad Nord) mittels SPAQ. Hier litten 9,9% an SAD und 24% an S-SAD. Diese Zahlen sind jedoch mit den zuvor genannten Ergebnissen nicht direkt vergleichbar, da andere Rating- und Bewertungsmethoden eingesetzt wurden. Auch in Alaska waren öfter junge Frauen betroffen. Studien aus Washington D.C. ergaben, dass die Winterdepression hier meist im November beginnt und im März endet (Kasper et al. 1989), ganz anders als in Alaska, wo Patienten den Beginn ihrer Beschwerden im

August erfuhren und über ein Beschwerdemaximum im Oktober und Anfang November klagten (Hellekson 1989).

Europäische Studien

Auch in Europa wurden die Prävalenzraten der SAD und S-SAD untersucht. Es zeigten sich hierbei unerwartete Ergebnisse: Die Zunahme der Erkrankungshäufigkeit mit der Zunahme der nördlichen Breite, die in Amerika gefunden wurde, ließ sich in Europa nicht immer nachvollziehen. Magnussen und Stefansson (1993) eruierten bei ihren Studien in Island (62–67 Grad Nord) eine Krankheitsrate von 3.8% für die Winter-SAD und 7.5% für die S-SAD – viel niedrigere Zahlen als erwartet für Menschen, die in der Nähe des Polarkreises wohnen. Hinzu kommt, dass der Winter in Island wesentlich länger ist und eine Lichtdeprivation als wichtiger Auslösefaktor für SAD gilt. Ein Erklärungsversuch für diese relativ niedere Prävalenzrate ist die Vermutung, dass es in Island eine Bevölkerungsselektion hinsichtlich größerer Toleranz von Lichtmangel im Winter gibt, denn Island ist seit jeher ein Emigrationsland. Eine weitere Erklärung für die geringe Erkrankungszahl ist das relativ milde, beständige Klima, das das ganze Jahr über herrscht, denn es scheint, dass nicht nur die Lichtdeprivation, sondern auch saisonale Temperaturschwankungen bei der Entstehung der SAD eine gewisse Rolle spielen.

Epidemiologische Studien in Finnland (60–70 Grad Nord) von Hagfors et al. (1992) ergaben Prävalenzraten von 3,4% für SAD und 21,8% für S-SAD. In der Schweiz (47 Grad Nord) fanden Wirz-Justice et al. (1992) eine Krankheitshäufigkeit von 2,2% für die SAD und 8,9% für die S-SAD. Eine Untersuchung in den Niederlanden (53 Grad Nord) von Mersch et al. (1999) ergab Raten von 3,1% für SAD und 8,5% für S-SAD. Alle diese Werte sind niederer als an vergleichbaren Orten in den USA. Wirz-Justice et al. (1992) meinten, dass saisonal bedingte Veränderungen in Stimmung und Verhalten nicht nur durch die Sonnenscheindauer einer Region beeinflusst werden, sondern dass es auch darauf ankäme, wie viel Zeit die Patienten außer Haus verbringen. Dies sei wiederum von kulturellen Faktoren abhängig, wodurch die niedrigeren Prävalenzraten für die SAD in Europa erklärbar seien.

Prävalenz der Winter SAD

Es gibt einige Charakteristika der SAD vom Winter-Typ, die in allen Studien verifiziert werden konnten. Zum einen stellte man fest, dass Frauen wesentlich anfälliger auf saisonale Veränderungen reagierten als Männer. Das Prävalenzverhältnis von Frauen zu Männern liegt bei 2 bis 4 zu 1. Außerdem scheint die Anfälligkeit für eine Winter SAD mit dem Alter zu sinken. Das Durchschnittsalter für den Erkrankungsbeginn liegt in den meisten Studien zwischen 25 und 40 Jahren. Wirz-Justice et al. (1992) sowie Magnusson und

Stefansson (1993) untersuchten die Demographie von Winter SAD Patienten in größeren Stichproben der Allgemeinbevölkerung: Sie konnten jedoch keinen Hinweis darauf finden, dass der Wohnsitz (Stadt, Land), der Beschäftigungsstatus oder der Familienstand einen Einfluss auf die Prävalenz dieser Erkrankung hätte.

Prävalenz der Sommer SAD

Wehr et al. (1987) waren die ersten, die eine Gruppe von Patienten beschrieben, die unter wiederkehrenden depressiven Episoden im Sommer litten. Verglichen mit Winterdepressiven hatten diese zumeist kein vermehrtes Schlafbedürfnis, jedoch Appetit- und Gewichtsverlust, außerdem litten sie kaum an Kohlenhydratheißhunger (Boyce and Parker 1988, Wehr et al. 1989). Überdies berichteten die Patienten mit Sommer SAD, dass sie durch die Temperaturänderung eher beeinflusst würden, als durch die Lichtverhältnisse. Die Prävalenzrate der Sommer SAD ist gegenüber der der Herbst-/Winter SAD eher gering. Innerhalb von Europa finden sich jedoch große Unterschiede. Die Rate variiert von 0% in Island (Magnusson und Stefansson 1993) 0,1% in den Niederlanden (Mersch et al. 1999) bis hin zu 10% in Capri, Italien (Muscettola et al. 1995). Auch in den USA gab es Schwankungen von 0,5% in Nashua bis 3,1% in New York (Rosen et al. 1990). In den USA war die Zahl der von Sommer- und Winter SAD Betroffenen etwa gleich hoch. Zu einem ganz anderen Ergebnis kamen Ozaki et al. (1995) in Nagoya, Japan. Sie fanden signifikant mehr Sommerdepressive (0.94%) als Winterdepressive (0.86%). Auch in Australien scheint die Sommer SAD zu überwiegen (Morrissey et al. 1996). Es wird vermutet, dass bei der Entstehung der Sommer SAD lokale Wetterbedingungen und soziale Umstände eine größere Rolle spielen als bei der Winter SAD.

Abhängigkeit der Prävalenz der SAD vom Breitengrad

Eine der zentralen Hypothesen in der Erforschung der SAD ist, dass diese Erkrankung durch saisonale Variationen der Sonnenscheindauer getriggert wird. Da die saisonale Änderung der Sonnenscheindauer mit der Nähe zu den Polen zunimmt, kam man zu der Annahme, dass mit zunehmendem Breitengrad auch die Prävalenz der SAD ansteigen müsse. Diese Vermutung konnte durch zwei Studien in den USA (Potkin et al. 1986) und in Norwegen (Lingjaerde et al. 1986) bestätigt werden. Die methodisch beste Untersuchung wurde von Rosen et al. (1990) in den USA an vier verschiedenen geographischen Breitengraden durchgeführt, um die Häufigkeit der SAD zu erkunden. Auch hierbei fand sich eine Korrelation zwischen den Erkrankungsraten und dem Breitengrad. Andere Untersuchungen konnten die positiven Ergebnisse dieser Studien jedoch nicht replizieren: In Kanada konnten Levitt und Boyle (1997) keinen Zusammenhang zwischen geographischer Lage und SAD finden, genauso wie Broman und Hetta (1998).

Methodische und kulturelle Einflussgrößen können diskutiert werden, um die zum Teil unterschiedlichen Ergebnisse zu erklären.

Abhängigkeit der SAD vom Klima

Bisher wurde dem Effekt des Klimas auf die Entstehung der SAD noch wenig Aufmerksamkeit geschenkt, obgleich einige Studien mögliche meteorologische Einflüsse auf die Genese diskutierten. Potkin et al. (1986) berichteten über eine signifikante Korrelation zwischen der SAD und dem Dezemberwetter in Bezug auf Sonnenscheindauer, Bewölkung und Temperatur. Auch in zahlreichen anderen Ländern wurden diese Ergebnisse bestätigt. Möglicherweise kann die höhere Prävalenz der Sommer SAD gegenüber der Winter SAD in einigen Regionen dem Klima zugeschrieben werden. Eine philippinische Studie (Ito et al. 1992) erklärte die höhere Rate an Sommer SAD Patienten mit dem unangenehm heißen, trockenen Klima in den Sommermonaten. Molin et al. (1996) fanden eine Korrelation zwischen Sonnenscheindauer, Tageslänge, Temperatur und Stimmung. Bewölkungsdauer, Niederschlagsmenge und Luftdruck schienen keinen Einfluss auf die Befindlichkeit zu haben. Interessant erscheint in diesem Zusammenhang auch die Fallbeschreibung von Teng et al. (1995), die zeigen konnte, dass die SAD in Sao Paulo (Brasilien) in der Monsunzeit auftritt, einer Zeit, in der es dunkler und feucht-heiß ist.

Prävalenz der SAD und Genetik

Auch genetische Faktoren scheinen bei der Pathogenese der SAD eine Rolle zu spielen. Zwei Studien mit monozygoten und heterozygoten Zwillingen konnten dies bestätigen. Madden et al. (1996) fanden, dass 29% der Varianz in der Saisonalität durch genetische Einflüsse erklärt werden konnten. Auch Magnusson und Steffanson (1993) hypothetisierten einen Zusammenhang zwischen genetischen Faktoren und der Prävalenz der SAD. Die relativ niedrigen Erkrankungszahlen in Island im Verhältnis zu denen in den USA, könnten durch die Tatsache erklärt werden, dass in der isländischen Bevölkerung eine genetische Selektion in Bezug auf eine bessere Adaptation an den langen arktischen Winter stattgefunden hat. Um das zu untersuchen, studierten Magnusson und Axelsson (1993) die Prävalenz der SAD bei ca. 300 kanadischen Erwachsenen (20–70 Jahre), die von isländischen Emigranten abstammten. Ihre Erkrankungsrate lag bei 1,2% für die SAD und 3,3% für die S-SAD. In der Folge studierten Axelsson et al. (1998) eine Gruppe von Einheimischen derselben Region, die nicht isländische Emigranten waren. Hierbei ergaben sich wesentlich höhere Werte (bis 9,1% für die SAD). Die Autoren interpretierten dies als ein Indiz für das Vorliegen einer genetischen Prädisposition für SAD. In der Untersuchung von Kasper und Kamo (1990) konnte gezeigt werden, dass SAD Patienten eine höhere genetische Belastung mit Depressionen aufweisen als depressive Patienten ohne die SAD Charakteristik.

Tabelle 1. Prävalenz-Zahlen (Punktprävalenz) von SAD und S-SAD in verschiedenen Ländern der Welt

	Breite	SAD	S-SAD	SAD+S-SAD
USA				
Kasper et al. (1989)	39°	4,3	13,5	17,8
Rosen et al. (1990)	42,5°	9,7	11,0	20,7
	40°	4,7	12,4	17,1
	39°	6,3	10,4	16,7
	27°	1,4	2,6	4,0
Booker und Hellekson (1992)	64°	9,2	19,1	28,3
Levitt und Boyle (1997)	42°–50°	7,4		
Blazer et al. (1998)	30°–49°	0,4	1.0	1,4
Island				
Magnusson und Stefansson (1993)	62°–67°	3,8	7,5	11,3
Finnland				
Hagfors et al. (1992)	60°–70°	3,4	21,8	25,2
Hagfors et al. (1995)	60°–70°	7,1	11,8	18,9
Saarijärvi et al. (1999)	60°–70°	9,5	18,4	27,9
Schweden				
Hagfors et al. (1995)	55°–68°	3,9	13,9	17,8
Broman und Hetta (1998)	54°, 68°	3,5		
Schweiz				
Wicki et al. (1991)	47°	10,4		
Wirz-Justice et al. (1992)	47°	2,2	8,9	11,1
Niederlande				
Mersch et al. (1999)	53°	3,0	8,2	11,2
Italien				
Muscettola et al. (1995)	39°–45°	3,9	4,8	8,7
Großbritannien				
Eagles et al. (1996)	57°	2,9	9,5	12,4
Michalak (1998)	53°	1–8		
Philippinen				
Ito et al. (1992)	15°	0	0	0
Australien*				
Murray et al. (1993)	10°–40°	4,4		
Morrissey et al. (1996)	19°	1,7		
Japan				
Ozaki et al. (1995)	32°–42°	0,86		

* südlich des Äquators

Prävalenz und soziokulturelle Faktoren

Das Wissen um den Einfluss soziokultureller Faktoren auf die SAD ist spärlich und die meisten Informationen sind anekdotischer Natur. Durch die Übersetzung des SPAQ in andere Sprachen kann möglicherweise die Reliabilität der Untersuchungsmethode vermindert werden (vergleiche Picavet und van den Bos 1996). Außerdem bestehen kulturelle Unterschiede in der Akzeptanz psychiatrischer Erkrankungen wie auch der SAD. Auch die Kenntnis des Krankheitsbildes, die in den USA größer ist als in Europa, erhöht die Prävalenz. Die Untersuchung von Kasper et al. (1989) in Montgomery County zeigte, dass Probanden, die schon von der SAD gehört hatten, auch höhere Werte im SPAQ erzielten. Auch für die hohe Prävalenz der Sommer SAD in Capri wurde von Muscettola et al. (1995) eine Erklärung auf soziokultureller Ebene diskutiert. Muscettola et al. meinen, dass der starke Tourismus und der dadurch erhöhte Arbeitsaufwand in den Sommermonaten eine enorme Belastung für die Bevölkerung darstelle und dadurch höhere Raten von Depressionen auftreten.

Häufigkeit der SAD in psychiatrischen Krankenhäusern bzw. psychiatrischen Praxen

Patienten mit saisonal abhängiger Depression werden nur selten stationär behandelt (Kasper und Kamo 1990). Hauptursache dafür ist sicherlich die geringe Ausprägung der depressiven Symptomatik und die niedrige Suizidalität dieser Patienten. Erste Ergebnisse einer Stichprobe von stationären Patienten in Deutschland zeigten, dass 10% der Depressiven als SAD Patienten klassifiziert werden können (Kasper und Kamo 1990). Das Stellen der spezifischen Diagnose erscheint insofern wichtig, da diese Patienten spezifisch mit Lichttherapie behandelbar sind, und auf Medikamente zum Teil verzichtet werden kann. Die Untersuchung von Garvey et al. (1988) zeigte, dass etwa ein Viertel der Depressiven, die in den USA eine psychiatrische Praxis aufsuchen, als SAD klassifiziert werden können. Kasper und Ruhrmann (1992) fanden, dass SAD Patienten nicht so oft Psychiater aufsuchen, sondern viel eher bei Hausärzten gefunden werden.

Symptome der Saisonalität in der Normalbevölkerung

Eine entscheidende Frage ist, ob die SAD als eine Erkrankung oder als eine stärkere Ausprägung der üblicherweise in der Bevölkerung beobachtbaren saisonalen Schwankungen anzusehen ist (vergleiche Lacoste und Wirz-Justice 1989). Eastwood et al. (1985) studierten dies 14 Monate lang anhand von 30 Patienten mit affektiven Störungen und 34 gesunden Kontrollen. Die Probanden mussten tägliche Aufzeichnungen über Schlaf, Energie, Ängstlichkeit und Stimmung durchführen. Das Ergebnis dieser Studien war, dass sich in beiden Gruppen jahreszeitliche Veränderungen fanden, diese jedoch bei den SAD Patienten wesentlich stärker ausgeprägt waren.

Zusammenfassung

Unterschiedlichste Studien in mehreren Kontinenten zeigen, dass der Großteil der Allgemeinbevölkerung saisonale Veränderungen ihrer Stimmung und Befindlichkeit bemerkt. Diese erweisen sich meist als zu gering, um als Erkrankung gewertet zu werden. Eine nicht unbeträchtlich große Gruppe der Population erfüllt jedoch die Kriterien der SAD bzw. ihrer subsyndromalen Form (S-SAD). Die SAD repräsentiert eine beachtliches volksgesundheitliches Problem. Aufklärungsarbeit bei Psychiatern, Allgemeinmedizinern und Patienten erscheint erforderlich, damit die richtige Diagnose gestellt und die optimale Therapieform zur Anwendung gebracht werden kann.

Literatur

Axelsson J, Stefansson JG, Magnusson A, Karlsson MM (1998) Seasonal affective disorders: the relevance of Icelandic and Icelandic-Canadian evidence to aetiological hypotheses. Soc Res Biol Rhythms Abstr 210: 144

Blazer DG, Kesoler RC, Swartz MS (1998) Epidemiology of recurrent major and minor depression with a seasonal pattern. The National Comorbidity Survey. Br J Psychiatry 172: 164–167

Booker JM, Hellekson CJ (1992) Prevalence of seasonal affective disorder in Alaska. Am J Psychiatry 149: 1176–1182

Boyce P, Parker G (1988) Seasonal affective disorder in the Southern Hemisphere. Am J Psychiatry 145: 97–99

Broman JE, Hetta J (1998) Prevalence of seasonal affective disorders and related symptoms at two latitudes in Sweden. Soc Res Biol Rhythms Abstr 228: 162

Eagles JM, Mercer G, Boshier AJ, Jamieson F (1996) Seasonal affective disorder among psychiatric nurses in Aberdeen. J Affect Disord 37: 129–135

Eastwood MR, Whitton JL, Kramer PM, Peter AM (1985) Infradian rhythms. A comparison of affective disorders and normal persons. Arch Gen Psychiatry 42: 295–299

Garvey MJ, Wiesner R, Godes M (1988) Comparison of seasonal and nonseasonal affective disorders. Am J Psychiatry 145: 100–102

Hagfords C, Thorell LH, Arned M (1995) Seasonality in Finland and Sweden, an epidemiological study, preliminary results. Soc Light Treatment Biol Rhythmus Abstr 7: 22

Hagfors C, Koskela K, Tikkanen J (1992) Seasonal affective disorder (SAD) in Finland: an epidemiological study. Soc Light Treatment Biol Rhythms Abstr 7: 22

Hellekson C (1989) Phenomenology of seasonal affective disorder: an Alaskan perspective. In: Rosenthal NE, Blehar MC (eds) Seasonal affective disorder and phototherapy. Guilford Press, New York, pp 33–45

Ito A, Ichihara M, Hisanaga N, Ono Y, Kayukawa Y, Ohta T, et al (1992) Prevalence of seasonal mood changes in low latitude area: Seasonal Pattern Assessment Questionnaire score of Quezon City workers. Jpn J Psychiatry Neurol 46: 249

Kasper S (1991) Jahreszeit und Befindlichkeit in der Allgemeinbevölkerung. Eine Mehrebenenuntersuchung zur Epidemiologie, Biologie und therapeutischen Beeinflussbarkeit (Lichttherapie) saisonaler Befindlichkeitsschwankungen. Monographien aus dem Gesamtgebiet der Psychiatrie, Bd 66. Springer, Berlin Heidelberg New York Tokyo

Kasper S, Kamo T (1990) Seasonality in major depressed inpatients. J Affect Disord 19: 243–248

Kasper S, Wehr TA, Bartko JJ, Gaist PA, Rosenthal NE (1989) Epidemiological findings of seasonal changes in mood and behaviour: a telephone survey of Montgomery County, Maryland. Arch Gen Psychiatry 46: 823–833

Kasper S, Ruhrmann S, Haase T, Moeller HJ (1992) Recurrent brief depression and its relationship to seasonal affective disorder. Eur Arch Psychiatr Clin Neurosci 242: 20–26

Lacoste V, Wirz-Justice A (1989) Seasonal variation in normal subjects: an update of variables current in depression research. In: Rosenthal NE, Blehar MC (eds) Seasonal affective disorders and phototherapy. Guilford Press, New York, pp 167–229

Levitt AJ, Boyle MH (1997) Latitude and the variation in seasonal depression and seasonality of depressive symptoms. Soc Light Treatment Biol Rhythms Abstr 9: 14

Lewy AJ, Kern HA, Rosenthal NE, Wehr TA (1982) Bright artificial light treatment of a manic-depressive patient with a seasonal mood cycle. Am J Psychiatry 139: 1496–8

Lingjaerde O, Bratlid T, Hansen T, Götestam KG (1986) Seasonal affective disorder and midwinter insomnia in the far north: studies on two related chronobiological disorders in Norway. Clin Neuropharm 9: 187–189

Madden PAF, Heath AC, Rosenthal NE, Martin NG (1996) Seasonal changes in mood and behaviour. The role of genetic factors. Arch Gen Psychiatry 53: 47–55

Magnusson A, Axelsson J (1993) The prevalence of seasonal affective disorder is low and among descendants of Icelandic emigrants in Canada. Arch Gen Psychiatry 50: 947–951

Magnusson A, Stefansson J (1993) Prevalence of seasonal affective disorder in Iceland. Arch Gen Psychiatry 50: 941–946

Mersch PPA, Middendorp H, Bouhuys AL, Beerma DGM, Van den Hoofdakker RH (1999) Seasonal affective disorder and latitude: a review of the literature. J Affect Disord 53: 35–48

Michalak EE (1998) Prevalence of seasonal affective disorder in a general population sample in the United Kingdom: final results. Soc Res Biol Rhythms Abstr 222: 156

Molin J, Mellerup E, Bowig P, Scheike T, Dam H (1996) The influence of climate on development of winter depression. J Affect Disord 37: 151–155

Morrissey SA, Raggatt PTF, James B, Rogers J (1996) Seasonal affective disorder: some epidemiologic findings from a tropical climate. Aust NZ J Psychiatry 30: 579–586

Murray G, Armstrong S, Hay D (1993) Seasonal affective variation in Australia: disorder or preference. Soc Light Treatment Biol Rhythms Abstr 5: 42

Muscettola G, Barbato G, Ficca G, Beatrice M, Puca M, Aguglia E, Amati A (1995) Seasonality of mood in Italy: role of latitude and sociocultural factors. J Affect Disord 33: 135–139

Ozaki N, Ono Y, Ito A, Rosenthal NE (1995) Prevalence of seasonal difficulties in mood and behaviour among Japanese civil servants. Am J Psychiatry 152: 1225–1227

Picavet HSJ, Van den Bos GAM (1996) Comparing survey data on functional disability: the impact of some methodological differences. J Epidem Commun Health 50: 86–93

Potkin SG, Zetin M, Stamenkovic V, Kripke D, Bunney WE (1986) Seasonal affective disorder: prevalence varies with latitude climate. Clin Neuropharm 9: 181–183

Rosen LN, Targum SD, Terman M, Bryant MJ, Hoffman H, Kasper SF, Hamovit JR, Docherty JP, Welch B, Rosenthal NE (1990) Prevalence of seasonal affective disorder at four latitudes. Psychiatry Res 31: 131–144

Saarijärvi S, Laverna H, Helenius H, Saarieleto S (1999) Seasonal affective disorders among rural Finns and Lapps. Acta Psychiatr Scand 99: 95–101

Teng CT, Akerman D, Cordas TA, Kasper S, Vieira AH (1995) Seasonal affective disorder in a tropical country: a case report. Psychiatry Res 56: 11–15

Terman M (1988) On the question of mechanism in phototherapy for seasonal affective disorder: considerations of clinical efficacy and epidemiology. J Biol Rhythms 3: 155–172

Wehr TA, Sack DA, Rosenthal NE (1987) Seasonal affective disorder with summer depression and winter hypomania. Am J Psychiatry 144: 1602–1603

Wehr TA, Giesen H, Schulz PM, Joseph-Vanderpool JR, Kasper S, Kelly KA, Rosenthal NE (1989) Summer depression: description of the syndrome and comparison with winter depression. In: Rosenthal NE, Blehar MC (eds) Seasonal affective disorders and phototherapy. Guilford Press, New York, pp 55–63

Wicki W, Angst J, Merikangas KR (1991) The Zurich Study, XIV. Epidemiology of seasonal depression. Eur Arch Psychiatry Clin Neurosci 241: 301–306

Wirz-Justice A, Kräuchi K, Graw P, Schulman J, Wirz H (1992) Seasonality in Switzerland: an epidemiological survey. Soc Light Treatment Biol Rhythms Abstr 4: 3

Korrespondenz: Dr. med. univ. E. Pjrek, Klinische Abteilung für Allgemeine Psychiatrie, Universitätsklinik für Psychiatrie, Währinger Gürtel 18–20, A-1090 Wien, Österreich, E-mail: edda.pjrek@akh-wien.ac.at

Diagnose und Behandlung der subsyndromalen SAD

S. Kasper und E. Pjrek

Klinische Abteilung für Allgemeine Psychiatrie, AKH Wien, Wien, Österreich

1. Einleitung

Jahreszeitliche Veränderungen von Stimmung und Befindlichkeit wurden von Psychiatern bereits am Beginn des 19. Jahrhunderts beschrieben und waren auch in der Antike bekannt (Wehr 1989). Der Terminus Saisonalität wurde aufgrund von systematischen Studien geprägt. Er beinhaltet Stimmungs- und Befindlichkeitsparameter wie z.B. Energie, Schlaflänge, Appetit, Nahrungspräferenzen und soziale Aktivitäten. Eine Möglichkeit die Saisonalität zu messen, ist die Verwendung eines speziellen Fragebogens, wie z.B. des Seasonal Pattern Assessment Questionnaire (SPAQ) (Rosenthal et al. 1987a), für den es auch eine deutsche Übersetzung gibt (SPAQ-D) (Kasper 1991). In epidemiologischen Studien zeigte sich, dass die subsyndromale SAD (abhängig vom Breitengrad) in Mitteleuropa bei etwa 13–15% der Bevölkerung vorliegt (Lebenszeitprävalenzdaten) im Gegensatz zur voll ausgebildeten Saisonal Abhängigen Depression (SAD), für die Zahlen zwischen 4–6% angenommen werden müssen (Kasper 1991).

Die Kriterien der SAD wurden nach den ersten systematischen Untersuchungen im Jahr 1984 festgelegt (Rosenthal et al. 1984), jene für die subsyndromale Form der SAD (S-SAD) von Kasper et al. im Jahr 1989 (Kasper et al. 1989a).

Kraepelin war mit seinem Lehrbuch (Kraepelin 1909) wahrscheinlich einer der ersten, die beschrieben, dass manisch-depressive Patienten jahreszeitliche Fluktuationen der Befindlichkeit aufweisen und dass dies z.T. auch bei gesunden Menschen in einem geringeren Ausmaß gefunden werden könnte.

Eine Zwischenstellung zwischen den „klassischen" SAD Patienten und der gesunden Allgemeinbevölkerung nehmen jene Individuen ein, die zwar die für die SAD typischen jahreszeitlichen Veränderungen der Stimmung und Befindlichkeit bemerken, darunter jedoch keinen größeren Leidensdruck erfahren. Diese Population wurde erstmals von Kasper et al. (1989a) beschrieben und das Krankheitsbild als subsyndromale SAD (S-SAD) bezeichnet. Aus Abb. 1 kann das Verhältnis der Vulnerabilität einerseits und des Lichtmangels andererseits entnommen werden.

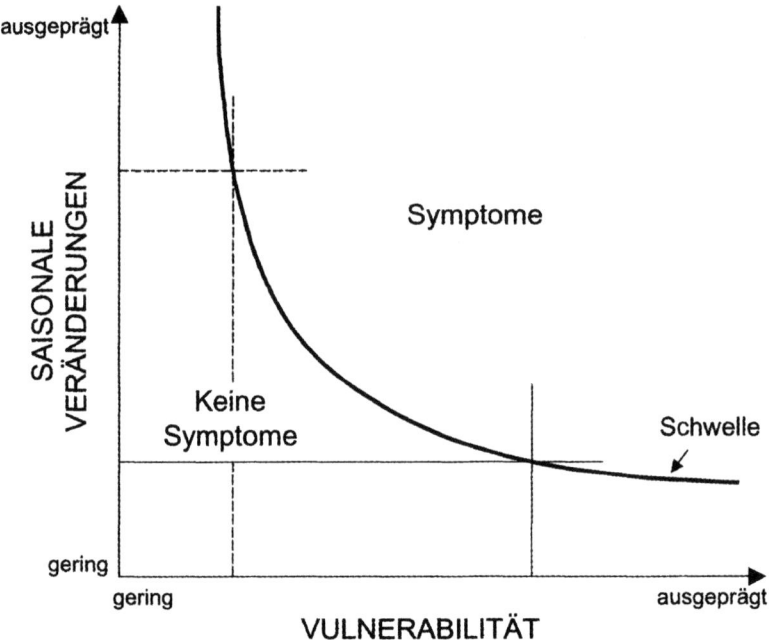

Abb. 1. Erklärungsmodell, das den Zusammenhang zwischen saisonalen Veränderungen (in z.B. den Lichtgegebenheiten oder der Temperatur) und einer speziell zu postulierenden Vulnerabilität für das Auftreten einer SAD-Symptomatik herstellt

2. Klinische Beschreibung der S-SAD

Bei der Rekrutierung von SAD-PatientInnen konnten die ForscherInnen oft feststellen, dass einige PatientInnen zwar über jahreszeitliche Schwankungen ihrer Befindlichkeit klagten, dass ihre Beschwerden aber von geringerer Intensität (Rosenthal et al. 1987b) waren als bei den meisten anderen SAD-PatientInnen. Diese Erfahrung führte zur ersten Beschreibung einer Gruppe von Individuen, die weder die Kriterien einer Major Depression erfüllten, noch alle typischen Symptome einer SAD aufwiesen, aber trotzdem an milden Dysfunktionen und vegetativen Veränderungen litten, die denen der SAD-PatientInnen ähnlich waren (Kasper et al. 1989a). Um deren Symptomatologie zu standardisieren, wurden Kriterien entwickelt, die in Tabelle 1 aufgeführt sind.

Kasper et al. (1989a) haben gefunden, dass die Saisonalität von S-SAD-PatientInnen, wie sie durch den Seasonal Pattern Assessment Questionnaire (SPAQ) (Rosenthal et al. 1987a; dt. Übersetzung: SPAQ-D: Kasper 1991) bestimmt wird, bei etwa 11 Punkten lag, während dies für die SAD-PatientInnen mit 15 Punkten angenommen werden muss. Es zeigte sich weiters, dass die S-SAD-Individuen durch ihre Symptome nicht so beeinträchtigt waren wie die SAD-PatientInnen und dass deren Beschwerden vorwiegend aus den sogenannten atypischen depressiven Symptomen bestanden, wie sie mit der Supplementskala des Hamilton Ratinginstruments (Rosenthal et al.

1987a) gemessen werden können. Diese atypischen Symptome beinhalten die Kernsymptome der SAD wie Hypersomnie, Hyperphagie, Kohlehydrat-Heißhunger, verminderter Antrieb sowie Tagesmüdigkeit und sozialer Rückzug.

Die Monate, in denen sich die S-SAD-Individuen am schlechtesten fühlten (SPAQ Item 13H) waren vergleichbar mit denen, die auch für SAD-PatientInnen am belastendsten waren. Nordamerikanische Studien ergaben, dass die Symptome meist im Oktober beginnen, eine Akzentuierung im Januar und Februar aufweisen und sich im März wieder zurückbilden. Interessanterweise konnte jedoch in europäischen Studien gezeigt werden, dass die Monate, in denen sich die SAD-PatientInnen und auch die S-SAD-

Tabelle 1. Klinische (*A*) sowie epidemiologische (*B*) Kriterien für das Vorliegen einer subsyndromalen SAD (S-SAD), wie aus den Untersuchungen von Kasper et al. (1989a, 1989b) entnommen werden kann

A Klinische Definition (Kasper et al. 1989a)

1. Vorliegen einer Vorgeschichte von Schwierigkeiten in den Herbst-/Wintermonaten, die regelmäßig aufgetreten sind (mind. in 2 aufeinander folgenden Herbst-/Wintermonaten) und die über eine längere Periode (mind. 4 Wochen) angedauert haben; Beispiele für diese Schwierigkeiten sind verminderte Energie, verminderte Effizienz bei der Arbeit (z.B. Konzentration, Abschluss von Arbeiten), verminderte Kreativität oder Interesse an Sozialkontakten, Veränderungen von Essgewohnheiten (z.B. vermehrtes Essen von Kohlehydraten), Gewicht (Zunahme) oder des Schlafmusters (vermehrter Schlaf).
2. Die Betroffenen bezeichnen sich als „normal", d.h. sie weisen kein Hilfesuchverhalten auf, in dem Sinne, dass sie sich krank fühlen.
3. Die Betroffenen haben für diese unter Punkt 1 beschriebenen Schwierigkeiten keine medizinischen oder psychologischen Hilfen aufgesucht und es hat sie auch niemand darauf hingewiesen, dass sie dies machen sollten.
4. Die Schwierigkeiten dieser Individuen werden durch andere Menschen, die sie nicht so genau kennen, nicht erkannt, sondern z.B. als Überarbeitung oder als Grippe bezeichnet.
5. Die Symptome der Individuen haben das tägliche Funktionsniveau nicht reduziert, z.B. durch Krankenstände oder durch schwere zwischenmenschliche Zerwürfnisse.
6. Die Individuen haben keine Vorgeschichte einer Major Depression im Herbst/Winter.
7. Die Individuen haben keine schwere medizinische Erkrankung.

B Epidemiologische Definition* anhand des SPAQ-D (Kasper et al. 1989b)

1. Schwierigkeiten in den Herbst-/Wintermonaten (SPAQ-D Item 13H)
2. Saisonalitätsscore von mindestens 10 oder mehr (SPAQ-D Item 12)**
3. Kein oder geringes Problem mit den Jahreszeiten (SPAQ-D Item 18)**
   Vgl.: Epidemiologische Definition der SAD:
   1) Schwierigkeiten in den Herbst/Wintermonaten (SPAQ-D Item 13H)
   2) Saisonalitätsscore (SPAQ-D Item 12) von mindestens 10 oder mehr
   3) Problem mit den Jahreszeiten (SPAQ-D Item 18) mindestens mäßig bis invalidisierend

* nur als Screening anzuwenden; ** oder Saisonalitätsscore von 8 oder 9 und Frage des Problems (SPAQ-D Item 18) ist entweder ein Problem oder nicht; *SPAQ-D* Seasonal Pattern Assessment Questionnaire, Deutsche Übersetzung (Kasper 1991)

PatientInnen am schlechtesten fühlen, die Monate November und Dezember sind (Kasper et al. 1988, Winkler et al. 2002). Die in diesen Untersuchungen mitberücksichtigten sogenannten nicht-saisonalen Individuen, die als Kontrollgruppe bezeichnet wurden, haben genauso die zuvor genannten Monate als die ihnen am wenigsten angenehmen Monate gekennzeichnet (in Nordamerika und Europa), jedoch bemerkt, dass dadurch kein Problem entstehen würde und auch keine deutlicheren Veränderungen der einzelnen durch den SPAQ abgefragten Variablen auftreten würden.

Die bei diesen Untersuchungen erhobenen Lebenszeitdiagnosen nach DSM-III-R haben ergeben, dass die PatientInnen mit einer S-SAD, verglichen mit den nicht-saisonalen Individuen, eine höhere Anzahl von sicheren oder wahrscheinlichen (sub-threshold) Diagnosen einer affektiven Erkrankung aufwiesen als die Kontrollpopulation (Kasper et al. 1989a). Weiters konnte bei den S-SAD PatientInnen ein größerer Anteil von wahrscheinlichen Diagnosen der Achse 2, Cluster C, Persönlichkeitsstörung (zwanghafte, vermeidende, abhängige und passiv-aggressive Persönlichkeitsstörung) gefunden werden. Es zeigte sich, dass Individuen mit Cluster C vermehrt über Befindlichkeitsstörungen in der dunklen Jahreszeit klagten. Interessanterweise sind diese Persönlichkeitszüge auch im Zusammenhang mit dem „Typus Melancholicus" diskutiert worden, die in der älteren deutschsprachigen Psychopathologie (von Tellenbach 1974) beschrieben wurden. Es scheint hier erwähnenswert, dass auch Beschreibungen einer subsyndromalen nicht-saisonalen Depression vorliegen (Judd 1994).

3. Epidemiologie der jahreszeitlichen Schwankungen

In unserem Kapitel zur Epidemiologie der SAD wird ausführlich auf die Prävalenz der Herbst-/Winterdepression eingegangen (Pjrek und Kasper 2003). Die wenigen durchgeführten Untersuchungen zu diesem Thema haben ergeben, dass die Gruppe der S-SAD Patienten wahrscheinlich etwa dreimal so groß ist wie die der SAD Patienten. Weiters zeigten sich Zusammenhänge zwischen Breitengrad und Prävalenz, wobei sich die Erkrankung in nördlicher gelegenen Regionen häufte (Rosen et al. 1990, Sakamoto et al. 1993). In Abb. 2 ist das Verteilungsverhältnis der Erkrankungshäufigkeit der subsyndromalen SAD und der Herbst-/Winterdepression sowie der Sommerdepression dargestellt, wie sie in Montgomery County in Nordamerika (39° nördlich des Äquators, etwa auf der Höhe von Neapel in Europa) gefunden werden.

Eine Quantifizierung der Herbst-/Winterdepression aus größeren epidemiologischen Untersuchungen, wie sie z.B. von Weissman et al. (1988) bzw. Regier et al. (1984) vorliegen, ist deshalb nicht möglich, da in diese Untersuchungen die Fragestellungen nach einer vorliegenden Herbst-/Winterdepression nicht einbezogen wurde. In der Epidemiological Catchment Area Study (ECA; Regier et al. 1984) wurde die Rekrutierung z.T. sogar insofern jahreszeitlich gematched, dass die Untersuchung nur jeweils in den

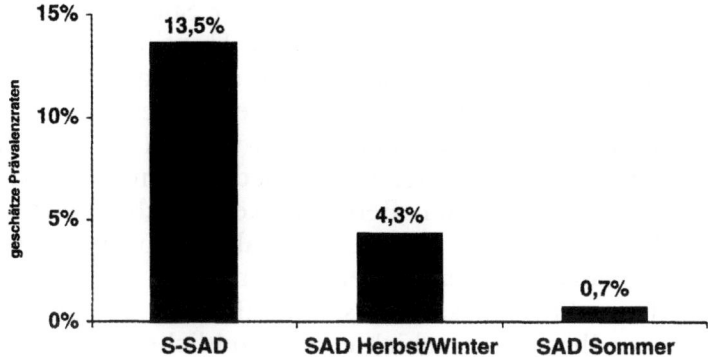

Abb. 2. Prävalenzraten der saisonal abhängigen Depression (SAD) von Individuen mit einer S-SAD vom Herbst-/Wintertyp und Sommertyp. Die Daten für diese Abbildung wurden der epidemiologischen Untersuchung, die in Montgomery County in Nordamerika (39° nördlich vom Äquator) durchgeführt wurde (Kasper et al. 1989b), entnommen

Sommermonaten in den verschiedenen Regionen durchgeführt wurde. Der Wissenschaftler reisten bei ihren Erhebungen praktisch der Sonne entgegen, ihr Bus wurde immer in sommerlichen Gegenden stationiert, da sich die Forscher so eine höhere Beteiligung der Bevölkerung erhofften. Dadurch war jedoch ein Bias hinsichtlich der Häufigkeit von Depressionen und eine Verunmöglichung der Erhebung von jahreszeitlichen Schwankungen gegeben.

4. Effekt der Lichttherapie bei S-SAD

Nachdem die ersten Studien eine deutliche Effektivität der Lichttherapie bei SAD-PatientInnen belegten (siehe z.B. Terman et al. 1989), wurde Ende der 80er Jahre untersucht, ob dieser Effekt auch bei den S-SAD Individuen auftreten würde. In einem Parallelgruppendesign wurden von Kasper et al. (1989a) zwei Populationen von gesunden Individuen untersucht. Eine Gruppe mit einer Vorgeschichte von milden SAD-Symptomen (S-SAD) und eine Gruppe ohne diese Symptome (nicht-S-SAD). Das Ergebnis dieser Studie zeigte, dass sich die Lichttherapie nur bei den Individuen als günstig erwies, die unter jahreszeitlichen Veränderungen ihrer Stimmung und ihres Verhaltens litten. Weiters konnte gefunden werden, dass der Effekt der Lichttherapie, damals wurden 2500 Lux verwendet, günstiger war, wenn die S-SAD-Individuen 5 Stunden statt 2 Stunden pro Tag für die Dauer von 1 Woche behandelt wurden. Auch in weiteren zu einem späteren Zeitpunkt durchgeführten Untersuchungen (Kasper et al. 1990a,b) konnte dieser Effekt bestätigt werden.

Neben diesen Studien finden sich noch einige wenige andere Berichte über den Effekt der Lichttherapie bei gesunden Kontrollen. Rosenthal et al. (1987b) haben den Effekt von 2 Stunden Lichttherapie bei gesunden Kontrollen untersucht und keine Veränderung der Stimmung gefunden. In dieser Untersuchung fand jedoch noch keine Unterteilung in Individuen mit und ohne jahreszeitliche Veränderungen statt, was der Grund für die Therapieresistenz sein könnte. Auch in einer Untersuchung von Wirz-Justice et al. (1986) und Dietzel et al. (1986) wurden gesunde Kontrollen mit Lichttherapie behandelt. Hier konnte jedoch eine Verbesserung der Stimmung bzw. der allgemeinen Befindlichkeit beschrieben werden, obwohl auch in dieser Untersuchung die saisonalen Veränderungen der Patienten nicht systematisch aufgezeichnet wurden.

Aufgrund dieser Studien kann zusammenfassend gesagt werden, dass Individuen, die in ihrer Vorgeschichte jahreszeitliche Veränderungen der Symptomatik aufweisen, aber sowohl aufgrund der psychiatrischen Untersuchung als auch nach allgemeinem Verständnis als „normal" bezeichnet werden, gut auf Lichttherapie ansprechen, während bei Individuen ohne diese Vorgeschichte Lichttherapie keinen günstigen Effekt zeigt. Eine mögliche Erklärung für das gute Ansprechen der TeilnehmerInnen der Untersuchungen von Wirz-Justice et al. (1986) und Dietzel et al. (1986) wäre, dass diese Patienten, genauso wie die von Kasper et al. (1989a) beschriebene Population der S-SAD, jahreszeitliche Schwankungen in ihrer Befindlichkeit aufwiesen.

5. Effekte der Lichttherapie bei Gesunden

In der Literatur lassen sich nur ein paar Berichte über die Auswirkungen von hellem weißen Licht, wie es bei der Lichttherapie angewandt wird, auf Stimmung, Vigilanz und Leistungsfähigkeit bei gesunden Kontrollen finden. Chaves und Deley (1982) konnten beweisen, dass eine höhere Intensität der Umgebungsbeleuchtung die Aufmerksamkeitsleistung bei 36 Collegestudentinnen verbesserte. In einer anderen Untersuchung von Maas et al. (1974) wurde gezeigt, dass 29 StudentInnen unter einer intensiven Beleuchtung mit hellem weißen Licht weniger Müdigkeit aufwiesen. Whiting et al. (1972) fand in einer weiterführenden Studie, dass die Konzentration der Probanden bei einer Lichtintensität von 2100 Lux besser war als bei 200–600 Lux.

Einschränkend sei hervorgehoben, dass in diesen zuletzt genannten Untersuchungen sowohl die Saisonalität als auch die Vorgeschichte einer Depression nicht systematisch erhoben wurden und sich darüber hinaus auch keine Beschreibung dieser Variablen in den Publikationen findet. Es kann daher möglich sein, dass die günstigen Effekte des hellen weißen Lichtes in diesen Untersuchungen dadurch auftraten, dass vermehrt subsyndromale SAD Patienten in diese Studie aufgenommen wurden. Denn wie zuvor erwähnt kommt es durch Lichttherapie bei Individuen ohne Herbst-/Winterveränderungen (nicht-S-SAD Gruppe) zu keinen Erfolgen (Kasper et al. 1989a). In Befragungsgesprächen berichteten diese Probanden sogar über unangenehme Effekte, wie Angetriebenheit etwa wie nach übermäßigem Kaffee-Genuss.

6. Zusammenfassung

Die Erkenntnis, dass bestimmte Individuen, die insgesamt als psychisch „normal" angesehen werden, auf eine erhöhte Beleuchtungsintensität günstig reagieren, während andere dies nicht tun, hat sowohl praktische als auch theoretische Konsequenzen. Für die tägliche Praxis bedeutet dies, dass Menschen, die normalerweise keine medizinische Hilfestellung aufsuchen würden, von einer vermehrten Raumbeleuchtung profitieren würden. Dadurch, und dies kann aus den Studien abgelesen werden, tritt auch eine Verbesserung ihrer Lebensqualität auf. Als Messinstrument für diese jahreszeitlichen Veränderungen kann der SPAQ-D herangezogen werden. Mittels retrospektiven Befragungen der Betroffenen wird hierbei festgestellt, dass eine Assoziation zwischen jahreszeitlichen Stimmungsschwankungen und Verhaltensänderungen sowie einem Ansprechen dieser Parameter auf eine erhöhte Beleuchtungsintensität besteht. Die theoretischen Konsequenzen dieser Studien bestehen darin, dass Individuen mit einem höheren Grad der Vulnerabilität bereits zu einem früheren Zeitpunkt SAD Symptome entwickeln können (siehe Abb. 1). Andererseits ist daher auch anzunehmen, dass Individuen mit einer geringeren Vulnerabilität Symptome einer SAD bzw. S-SAD erst dann entwickeln, wenn ein größeres Lichtdefizit vorliegt.

Für die tägliche Praxis können diese Untersuchungen auch einen Hinweis dafür geben, ob es wirklich günstig ist, z.B. in öffentlichen Gebäuden das Umgebungslicht für alle Menschen gleichermaßen zu erhöhen. Dieses Vorgehen erscheint aufgrund der vorliegenden Untersuchungen nicht sinnvoll. Andererseits wäre es jedoch wünschenswert, dass für einzelne Betroffene hellere bzw. individuell maßgeschneiderte Arbeitsplätze gestaltet werden, um eine optimale Funktionalität bzw. Lebensqualität sicherzustellen.

Literatur

Chaves ME, Delay ER (1982) Effects of ambient illumination over days on human vigilance performance. Percept Mot Skills 55: 667–672

Dietzel M, Waldhauser F, Lesch OM, Musalek M, Walter H (1986) Bright light treatment success not explained by melatonin. J Interdiscip Cycle Res 16: 165

Judd LL (1994) Subsyndromal symptomatic depression. Evidence for a new mood disorder. Drugs 1: 399–404

Kasper S (1991) Jahreszeit und Befindlichkeit in der Allgemeinbevölkerung. Eine Mehrebenenuntersuchung zur Epidemiologie, Biologie und therapeutischen Beeinflussbarkeit (Lichttherapie) saisonaler Befindlichkeitsschwankungen. Monographien aus dem Gesamtgebiete der Psychiatrie, Bd 66. Springer, Berlin Heidelberg New York Tokyo

Kasper S, Peters S, Maienberg P, Wicharz G, Pastoors I, Zinner J (1990a) Erfahrungen mit einer Spezialambulanz für saisonal abhängige Depressionen (SAD) und Photothearpie. Zentralbl Neurologie Psychiatrie 225: 218–219

Kasper S, Rogers S, Yancey A, Schulz PM, Skwerer RG, Rosenthal NE (1989a) Phototherapy in individuals with and without subsyndromal seasonal affective disorder. Arch Gen Psychiatry 46: 837–844

Kasper S, Rogers SLB, Madden PA, Vanderpool JJ, Rosenthal NE (1990b) The effects of phototherapy in the general population. J Affect Disord 18: 211–219

Kasper S, Wehr TA, Bartko JJ, Gaist PA, Rosenthal NE (1989b) Epidemiological findings of seasonal changes in mood and behavior. A telephone survey of the Montgomery County, Maryland. Arch Gen Psychiatry 46: 823–833

Kasper S, Wehr TA, Rosenthal NE (1988) Saisonal abhängige Depressionsformen (SAD) I. Grundlagen und klinische Beschreibung des Syndroms. Nervenarzt 59: 191–199

Kraepelin E (1909) Psychiatrie: ein Lehrbuch für Studierende und Ärzte, 8., vollständig umgearbeitete Aufl. Barth, Leipzig

Maas JB, Jayson JK, Kleiber DA (1974) Effects of spectral differences in illumination on fatigue. J Appl Psychol 59: 524–526

Pjrek E, Kasper S (2003) Epidemiologie. In: Kasper S, Möller HJ (Hrsg) Herbst-/Winterdepression und Lichttherapie. Springer, Wien New York

Regier DA, Myers JK, Kramer M, Robins LN, Blazer DG, Hough RL, Eaton WW, Locke BZ (1984) The NIMH epidemiologic catchment area program. Arch Gen Psychiatry 41: 934–941

Rosen LN, Rosenthal NE, Bryant MJ, Targum SD, Hoffman H, Kasper SF, Hamovit JR, Docherty JP, Welch B, Terman M (1990) Prevalence of seasonal affective disorder at four latitudes. Psychiatry Res 31: 131–144

Rosenthal NE, Genhardt M, Sack DA, Skwerer RG, Wehr TA (1987a) Seasonal affective disorder: relevance for treatment and research of bulimia. In: Hudson JI, Pope HG (eds) Psychobiology of bulimia. American Psychiatric Press, Washington, DC

Rosenthal NE, Rotter A, Jacobsen FM Skwerer RG (1987b) No mood altering effects found following treatment of subjects with bright light in the morning. Psychiat Res 22: 1–9

Rosenthal NE, Sack DA, Gillin JC, Lewy AJ, Goodwin FK, Davenport Y, Mueller PS, Newsome DA, Wehr TA (1984) Seasonal affective disorder: a description of the syndrome and preliminary findings with light therapy. Arch Gen Psychiatry 41: 72–80

Sakamoto K, Kamo T, Nakadaira S, Tamura A, Takahashi K (1993) A nationwide survey of seasonal affective disorder at 53 outpatient university clinics in Japan. Acta Psychiatr Scand 87: 258–265

Terman M, Terman JS, Quitkin FM, McGrath PJ, Stewart JW, Rafferty B (1989) Light therapy for seasonal affective disorder. Neuropsychopharmacology 2: 1–22

von Tellenbach H (1974) Melancholie, 2. Aufl. Springer, New York

Wehr TA (1989) Seasonal affective disorders: an historical overview. In: Rosenthal NE, Blehar M (eds) Seasonal affective disorders and phototherapy. Guilford Press, New York, pp 11–32

Weissman MM, Leaf PJ, Tischler GL, Blazer DG, Karno M, Livingston BM, Florio LP (1988) Affective disorders in five United States communities. Psychol Med 18: 141–153

Whiting HTA, Alderson GJK, Cocup D, Hutt JWR, Renfrew TB (1972) Level of illumination and performance in a simulated table-tennis task. Int J Sport Psychol 3: 32–41

Winkler D, Willeit M, Praschak-Rieder N, Lucht MJ, Hilger E, Konstantinidis A, Stastny J, Thierry N, Pjrek E, Neumeister A, Möller HJ, Kasper S (2002) Changes of clinical pattern in seasonal affective disorder (SAD) over time in a German speaking sample. Eur Arch Psychiatry Clin Neurosci 252: 54–62

Wirz-Justice A, Bucheli C, Graw P, Kielholz P, Fisch HU, Woggon G (1986) Light treatment of seasonal affective disorder in Switzerland. Acta Psychiatr Scan 74: 193–204

Korrespondenz: O. Univ. Prof. Dr. Dr. h.c. S. Kasper, Klinische Abteilung für Allgemeine Psychiatrie, Universitätsklinik für Psychiatrie, Währinger Gürtel 18–20, A-1090 Wien, Österreich, E-mail: SK@akh-wien.ac.at

Sommer-SAD

U. Bailer

Klinische Abteilung für Allgemeine Psychiatrie, Universitätsklinik für Psychiatrie,
Wien, Österreich

Einleitung

Erste Fallberichte von Patienten mit Sommer-SAD tauchen bereits im Jahre 1845 auf (Esquirol 1845), andere Psychiater machten ähnliche Beobachtungen in den Jahren 1901 und 1957 (Pilcz 1901, Kraines 1957). Anekdotisch findet sich, dass der englische Dichter John Milton (1608–1674) an einer Sommer-SAD gelitten haben dürfte (Philip, 1694, zitiert in Patterson 1957). Epidemiologische Studien und Studien an klinischen Patientengruppen haben gezeigt, dass es in Ländern mit klar abgegrenzten Jahreszeiten zwei verschiedene Muster saisonal auftretender Depressionen gibt: Sommer-SAD und Winter-SAD (Wehr und Rosenthal 1989, Boyce und Parker 1988, Kasper et al. 1989, Terman 1988).

Klinisches Erscheinungsbild

Es gibt einige Hinweise, dass die Sommer-SAD und die Herbst-Winter-SAD entgegengesetzte Symptome aufweisen. Während die Herbst-Winter-SAD durch eine Zunahme vegetativer Symptome (sog. atypische Symptome) wie Appetitsteigerung, insbesondere Carbohydrate-Craving, Gewichtszunahme und vermehrtes Schlafbedürfnis gekennzeichnet ist, finden sich bei der Sommer-SAD oft eine Abnahme dieser Symptome, in Form von Appetitlosigkeit, Gewichtsabnahme, vermindertem Schlafbedürfnis sowie Agitation (Boyce und Parker 1988, Wehr et al. 1991). Wehr et al. (1991) untersuchte prospektiv 30 Patienten mit Herbst-Winter–Depression und 30 nach Geschlecht gematchte Patienten mit Sommer-SAD und verglich das Symptomprofil dieser beiden Patientengruppen. Auch in dieser Studie zeichneten sich Patienten mit Sommer-SAD durch folgende Symptome aus: verminderter Appetit und Insomnie. Die Patienten mit Herbst-Winter-SAD zeigten dagegen einen gesteigerten Appetit, Carbohydrate-Craving, Gewichtszunahme und Hypersomnie (siehe Tabelle 1). In einer Cluster-Analyse zeichnete sich das Vorhandensein oder Fehlen atypischer vegetativer Symptome als das robusteste Merkmal zur Unterscheidung dieser beiden Patientengruppen aus.

Weiters konnte gefunden werden, dass Patienten mit Sommer-SAD häufiger eine Komorbidität mit Angststörungen aufweisen (Wehr et al. 1989). Darüberhinaus berichteten Patienten mit Sommer-SAD häufiger von Suizidgedanken und wiesen häufiger eine positive Familienanamnese bezüglich Suizid bei erstgradig Verwandten auf.

Abzugrenzen ist die Sommer-SAD von einer Untergruppe der Herbst-Winter-SAD, gekennzeichnet durch typische Symptomatik im Winter aber

Tabelle 1. Symptome der Sommer-SAD und der Herbst-Winter-SAD (Seasonal Screening Questionnaire, SSQ) (aus Wehr et al. 1991)

Merkmal	Sommer-SAD N (%)	Winter-SAD N (%)	X^2 (df = 1)
Affekt			
Traurigkeit	23 (77)	30 (100)	6.67
Angst	25 (83)	22 (73)	
Tagesmüdigkeit	28 (93)	25 (83)	
Verminderte Aktivität	27 (90)	29 (97)	
Berufliche Leistungsfähigkeit			
verminderte Initiative	23 (77)	27 (90)	
Leistungsminderung	26 (87)	30 (100)	
Beobachtete Leistungsminderung	13 (43)	20 (67)	
mehr Pausen	18 (60)	16 (53)	
Tagesschwankung	25 (83)	27 (90)	
schlechter am Morgen	9 (30)	13 (43)	
schlechter zu Mittag	2 (70)	1 (3)	
schlechter am Nachmittag	15 (50)	5 (17)	7.50
schlechter am Abend	2 (7)	8 (27)	
schlechter in der Nacht	2 (7)	5 (17)	
Sozialer Rückzug	26 (87)	27 (90)	
selbst als Problem erkannt	16 (53)	20 (67)	
von anderen erkannt	18 (60)	21 (70)	
Veränderungen des Schlafes	26 (87)	30 (100)	
schlechte Schlafqualität	22 (73)	19 (63)	
verminderter Schlaf	13 (43)	4 (13)	6.65 (p < 0.05)
spätes Zubettgehen	6 (20)	6 (20)	
vermehrter Schlaf	12 (40)	28 (93)	19.20 (p < 0.001)
frühes Zubettgehen	14 (47)	19 (63)	
Libidoverminderung	18 (60)	21 (70)	
Appetit und Gewicht			
veränderte Nahrungspräferenz	12 (40)	26 (87)	14.07 (p < 0.001)
verminderter Appetit	11 (37)	2 (7)	6.70 (p < 0.02)
Gewichtsabnahme	6 (20)	1 (3)	
gesteigerter Appetit	11 (37)	25 (83)	13.61 (p < 0.001)
Carbohydrate Craving	6 (20)	25 (83)	24.09 (p < 0.001)
Gewichtszunahme	16 (53)	24 (80)	4.80 (p = 0.055)

unvollständiger Remission im Sommer (Lingjaerde und Regine-Foreland 1999). Diese letztgenannte Patientengruppe spricht eher schlecht auf Lichttherapie an.

Prävalenz

Während es bei der Herbst-Winter-SAD eine positive Korrelation mit dem Breitengrad gibt, sind bei der Sommer-SAD Korrelationen mit dem Breitengrad inkonsistent (Rosen et al. 1990, Rosen und Rosenthal 1991). Höhere Prävalenzraten im Vergleich zur Herbst-Winter-SAD finden sich in zwei chinesischen (4,4% vs 2,4% bei chinesischen Medizinstudenten, 7,5% vs 5,6% bei chinesischen College-Studenten (Han et al. 2000a, b) und in einer japanischen Studie (0,94% vs 0.86% bei japanischen Arbeitern) (Ozaki et al. 1995).

Mögliche Umweltfaktoren in der Enstehung der Sommer-SAD

Umweltfaktoren, die eine Sommer-SAD auslösen könnten, wurden bisher nicht eindeutig gefunden. Die meisten Patienten glauben, dass ihre Sommer-SAD durch Hitze ausgelöst sein könnte. Einige Patienten haben in unkontrollierten Studien eine Besserung ihrer Symptomatik nach Meidung von Hitze und Exposition gegenüber Kälte erfahren (Wehr et al. 1987). Ob auch Licht einen depressiogenen Faktor darstellt, konnte in einer Studie von Wehr et al. (1989), in der Patienten mit Sommer-SAD in einem randomisierten cross-over design 1) von Hitze abgeschirmt wurden und Kälte ausgesetzt wurden oder 2) von Licht abgeschirmt wurden und Dunkelheit ausgesetzt wurden, nicht ausreichend beantwortet werden. In einer nordaustralischen Studie (Morrissey et al. 1996) zeigten sich extreme Hitze und hohe Luftfeuchtigkeit als mögliche Auslösefaktoren für Sommer-SAD.

Biologische Faktoren

Patienten mit Sommer-SAD zeigten im Vergleich zu gesunden Kontrollen einen veränderten zerebralen Glucose-Metabolismus im orbito-frontalen Kortex, gemessen mit F-18-Deoxyglucose Positronen-Emissions-Tomographie (Goyer et al. 1992).

Zusammenfassung

Die Sommer-SAD zeichnet sich im Gegensatz zur Herbst-Winter-SAD vor allem durch verminderten Appetit, Agitation und Insomnie aus. Umweltfaktoren und biologische Faktoren dürften im Entstehungsmechanismus eine wichtige Rolle spielen.

Literatur

Boyce P, Parker G (1988) Seasonal affective disorder in the southern hemisphere. Am J Psychiatry 145: 97–99

Esquirol JED (1845) Mental maladies: treatise on insanity (Hunt EK, trans.). Lea & Blanchard, Philadelphia

Goyer PF, Schulz PM, Semple WE, Gross M, Nordahl TE, King AC, Wehr TA, Cohen RM (1992) Cerebral glucose metabolism in patients with summer seasonal affective disorder. Neurpsychopharmacology 7 (3): 233–240

Han L, Wang K, Du Z, Cheng Y, Simons JS, Rosenthal NE (2000a) Seasonal variations in mood and behavior among Chinese medical students. Am J Psychiatry 157 (1): 133–135

Han L, Wang K, Cheng Y, Du Z, Rosenthal NE, Primeau F (2000b) Summer and winter patterns of seasonality in Chinese college students: a replication. Compr Psychiatry 41 (1): 57–62

Kasper S, Wehr TA, Bartko JJ, Gaist PA, Rosenthal NE (1989) Epidemiological findings of seasonal changes in mood and behavior: a telephone survey of Montgomery County, Maryland, USA. Arch Gen Psychiatry 46: 823–833

Kraines S (1957) Mental depressions and their treatment. Macmillan, New York

Lingjaerde O, Regine-Foreland A (1999) Characteristics of patients with otherwise typical winter depression, but with incomplete summer remission. J Affect Disord 53: 91–94

Morrissey SA, Raggatt PT, James B, Rogers J (1996) Seasonal affective disorder: some epidemiological findings from a tropical climate. Aust NZ J Psychiatry 30: 579–586

Patterson FA (ed) (1957) The Student's Milton. Appleton-Century-Crofts, New York

Pilcz A (1901) Die periodischen Geistesstörungen. G Fischer, Jena

Rosen LN, Rosenthal NE (1991) Seasonal variations in mood and behavior in the general population: a factor-analytic approach. Psychiatry Research 38 (3): 271–283

Rosen LN, Targum SD, Terman M, Bryant MJ, Hoffman H, Kasper S, Hamovit JR, Docherty JP, Welch B, Rosenthal NE (1990) Prevalence of seasonal affective disorder at four latitudes. Psychiatry Res 31 (2): 131–144

Terman M (1988) On the question of mechanism in phototherapy: considerations of clinical efficacy and epidemiology. J Biol Rhythms 3: 155–172

Wehr TA, Rosenthal NE (1989) The seasonality of affective illness. Am J Psychiatry 146: 829–839

Wehr TA, Sack DA, Rosenthal NE (1987) Seasonal affective disorder with summer depression and winter hypomania. Am J Psychiatry 144: 1602–1603

Wehr TA, Giesen HA, Schulz PM, Anderson JL, Joseph-Vanderpool JR, Kelly K, Kasper S, Rosenthal NE (1991) Contrasts between symptoms of summer depression and winter depression. J Affect Disord 23: 173–183

Korrespondenz: Dr. U. Bailer, Klinische Abteilung für Allgemeine Psychiatrie, Universitätsklinik für Psychiatrie, Währinger Gürtel 18–20, A-1090 Wien, Österreich, E-mail: ursula.bailer@univie.ac.at

Vergleich zwischen SAD und nicht saisonal abhängigen Depressionen

T. Kamo

Psychiatrische Abteilung, Medizinische Frauen-Hochschule, Tokio, Japan

Die saisonal abhängigen Depressionen (SAD) werden systematisch erst seit etwa 20 Jahren untersucht und gegenwärtig als nosologische Subform der redizivierenden depressiven Störungen (nach ICD-10) bzw. der „Major Depression" (nach DSM-IV-TR) klassifiziert (Praschak-Rieder et al. 2002). Ihre Charakteristika sind außer jahreszeitlicher Gebundenheit der depressiven Episoden – für zuverlässige Diagnosen mindestens 3 depressive Episoden, davon 2 in unmittelbar aufeinander folgenden Jahren – als spezifizierte affektive Psychosen 1. demographische Charakteristika, 2. Dominanz atypischer depressiver Symptome – besonders beim Herbst/Winter-Typ treten depressive Phasen in den Herbst/Winter- Monaten auf, gefolgt von vollständiger Remission oder Übergang in eine hypomanische Phase im Frühling und Sommer, und 3. therapeutisches Ansprechen auf Lichttherapie (LT) (Thase 1989). Hauptsächlich unter diesen Gesichtspunkten wird SAD in diesem Kapitel mit nicht saisonal abhängigen Depressionen (non-SAD) verglichen, um SAD nicht nur als ein Subtyp der Depressionen, sondern auch als eine Entität von Krankheitsgruppen zu beschreiben.

Demographische Charakteristika

Als demographische Charakteristika gelten hauptsächlich höherer weiblicher Anteil (mehr als 4:1) (Takahashi 2000), höhere Vererbung ersten Ranges und früherer Krankheitsbeginn (Rosenthal et al. 1984, Takahashi et al. 1991, Winkler et al. 2002). Zwar zeigt das Geschlechterverhältnis bei allen Depressionen weibliche Dominanz (etwa 2:1); sie liegt aber bei SAD-Patienten wesentlich höher.

Die klinische Relevanz dieses Phänomens ist zwar unklar, doch hat man auf diese geschlechtliche Differenz immer wieder hingewiesen. In einer telefonischen epidemiologischen Untersuchung über die Saisonalität von Stimmungen und Verhaltensweisen bei der Bevölkerung im Staat Maryland in den USA ergab sich, dass bei 21- bis 40-jährige Frauen die Saisonalität am höchsten ist (Kasper et al. 1989). In diesen Zusammenhang gehören auch die Beziehungen zwischen Saisonalität und mit der Menstruation verbundenen Störungen. 70% der weiblichen SAD-Patienten heben hervor, dass bei ihnen mit der Menstruation verbundene Stimmungsveränderungen aufgetreten sind (Neumeister und Kasper 2000). Die hohen Prävalenzraten der Prämenstruellen Dysphorischen Störung – PMDS – bei SAD-Patientinnen werden auch oft hervorgehoben (Praschak-Rieder et al. 2001). Andererseits wirkt LT auch bei Patientinnen mit saisonalen prämenstruellen Syndromen (Parry 1987), bei denen prämenstruelle Beschwerden mit saisonalen Veränderungen der Stimmung verbunden sind. Es gibt aber auch einen interessanten Bericht über LT Wirksamkeit bei nicht-saisonalen prämenstruellen Syndromen (Lam et al. 1999). Diese Phänomene können vielleicht auch mit endokrinen Einflüssen bei Frauen im reproduktionsfähigen Alter erklärt werden.

Bei der Untersuchung der Prävalenzraten von SAD in verschiedenen, aber gleichmäßigen Gebieten im Vergleich mit non-SAD zeigt sich auch ein epidemiologischer Charakter: In Gebieten von höheren Breitengraden oder längerem Sonnenschein zeigen sich in den USA (Potkin und Metin 1986) und in Japan (Sakamoto et al. 1993) höhere Prävalenzraten von SAD.

Symptomatologie und Verlauf

Die SAD-Patienten erfüllen die diagnostischen Kriterien von ICD-10 oder DSM-IV-TR für typische Depressionen, weisen darüber hinaus aber auch oft Zeichen einer atypischen Depression auf wie Appetitsteigerung mit Kohlehydrat-Heißhunger, Gewichtszunahme und Hypersomnie. Auf die ziemlich große Häufigkeit atypischer Beschwerden weisen besonders in den 80er Jahren publizierte wichtige Artikel über SAD hin, z.B. 70% Appetitsteigerung, 77% Kohlehydrat-Heißhunger, 55% Gewichtszunahme und 82% Hypersomnie bei 220 SAD-Patienten, die am NIMH in den USA untersucht wurden (Rosenthal et al. 1984). Ähnlich ist es bei den von Wirz-Justice 1986 beschriebenen 22 Fällen in der Schweiz (Wirz-Justice et al. 1986), den von Tompson beschriebenen 51 Fällen in England (Thompson und Isaacs 1988), 1988 von Boyce beschriebenen 23 Fällen in Australien (Boyce und Parker 1988), den 1991 von Takahashi beschriebenen 43 Fällen in Japan (Takahashi et al. 1991) und den neuerdings von Winkler (Winkler et al. 2002) beschriebenen 610 Fällen in Bonn und Wien. Die Patienten in Bonn und Wien wurden zur näheren Charakterisierung ihres Symptomprofils in syndromale Subtypen gemäß DSM eingeteilt. 66% aller Patienten wurden aufgrund ihrer Symptomatik als „atypisch" eingestuft, 18% fielen in die Subgruppe „melancholisch", aber weitere 16% ließen sich keiner Kategorie zuordnen. Atypische depressive Symptome kann man aber wohl doch als wichtiges Merkmal von SAD bezeichnen. Deshalb ist es sinnvoll, SAD unter dem Gesichtspunkt der symptomatischen Phänomenologie mit atypischen Depressionen (AD) zu vergleichen.

Hohe Häufigkeit von Bipolar II bei SAD-Patienten wies zwar besonders in den 80er Jahren der oben erwähnte Bericht (Rosenthal et al. 1984) nach, aber mit genaueren diagnostischen Methoden sieht es gegenwärtig so aus, dass Bipolar II nicht so häufig auftritt. Gegenwärtig schätzt man, dass bipolare affektive Störungen (Bipolar I und Bipolar II) bei SAD-Patienten in insgesamt ungefähr 30–50% der Fälle (Nagayama 2000) auftreten. Die anergische bipolare Depression (Himmelhoch et al. 1982) hat auch Berührungspunkte mit SAD: atypische depressive Symptome in depressiven Phasen und hypomanische Phasen dazwischen.

Vergleich zwischen SAD und AD

1959 haben West und Dally atypische Depressionen als Subtyp von Depressionen mit besserer therapeutischer Wirkung von Iproniazid im Vergleich mit Elektrokrampftherapie oder Imipraminen dargestellt (Thase 1989). Als symptomatologische Charakteristika wurden neurotische Symptome wie Angst oder Phobie und umgekehrte vegetative Symptome wie Appetitsteigerung, Gewichtszunahme und umgekehrte Tagesschwankung festgestellt. Davidson unterschied bei den atypischen Depressionen 2 Subtypen, nämlich Typ A mit übermächtigen neurotischen Symptomen und Typ V mit den umgekehrten vegetativen Symptomen (Davidson et al. 1982). Heutzutage erscheint der Begriff der atypischen Depression in DSM-IV-TR als von Episoden bestimmt mit den Symptomen Stimmungsreaktivität, Gewichtszunahme oder Appetitsteigerung, Hypersomnie, bleiähnliche Lähmung und interpersonale Sensitivität.

Zu den schon oben beschriebenen symptomatologischen Ähnlichkeiten zwischen SAD und AD kommt als Gemeinsamkeit noch der höhere weibliche Patientenanteil, der frühere Krankheitsbeginn und die höhere Häufigkeit des Bipolars II als bei Non-SAD oder Non-AD. Trotz solch mehrfacher Überlappung scheint es, dass man SAD nicht mit atypischer Depression als Subtyp von Depressionen gleichsetzen kann. Ausführliche symptomatologische Untersuchungen auf der atypische Depressionen diagnostizierenden Skala (ADDS) haben gezeigt, dass SAD-Patienten gegenüber Non-SAD Major-Depression-Patienten zwar statistisch bedeutend höhere Werte für Appetitsteigerung und Hypersomnie aufweisen, aber niedrigere für interpersonale Sensitivität und anderes Verhalten, um Ablehnung zu vermeiden (Tam et al. 1997). Dabei wurde festgestellt, dass der Anteil der Diagnose atypische Depression nach ADDS bei SAD und bei nicht saisonal abhängigen Depressionen gleich hoch ist. Der Unterschied bei der Reaktivität auf Lichttherapie (LT) zwischen SAD-Patienten und Patienten mit non SAD atypischen Depressionen kann auch bedeuten, dass diese beiden Patientengruppen zu getrennten depressiven Subtypen gehören. Während LT bei 92% der SAD-Patienten gewirkt hat, sind nur 13% der non SAD AD-Patienten dafür ansprechbar gewesen (Terman et al. 1989). Vergleichsuntersuchungen für die therapeutische Ansprechbarkeit der beiden depressiven Subtypen auf MAOI scheint es noch nicht zu geben.

Unterschiedliche Wirksamkeit von Lichttherapie und anderen Therapien

Die Wirkung von LT bei SAD ist wohlbekannt. Nach dem Bericht über die Multicenter-Studie in den USA über die Wirksamkeit von LT (Terman et al. 1989) war eine mindestens 1 Woche dauernde LT von 2 Stunden pro Morgen mit 2500 Lux bei 53% der SAD-Patienten wirksam. Bei einer japanischen Multicenter-Studie (Takahashi et al. 1991) ergab sich eine ähnliche Wirksamkeit von 60% wie in den USA und in Europa. Anderseits gibt es zu wenig Untersuchungen zur Wirksamkeit von LT bei Non-SAD-Patienten. Eine Vergleichsuntersuchung zwischen LT mit hoher Leuchtkraft und mit niedriger Leuchtkraft von Yamada et al. wies geringere Wirksamkeit der LT nur bei hoher Leuchtkraft auf (Yamada et al. 1995). Papatheodorou hat über deutliche Wirksamkeit der LT bei jüngeren Non-SAD-Patienten berichtet (Papatheodorou und Kutscher 1991), aber andere haben über fehlende Wirksamkeit berichtet.

In mehreren Untersuchungen hebt man hervor, dass die Anwesenheit atypischer Symptome auf gute Ansprechbarkeit für LT hindeutet (Nagayama et al. 1991). Es gibt aber nur wenige Untersuchungen der Wirksamkeit von LT auf AD – außer dem schon erwähnten Bericht über Fälle, in denen LT bei AD nicht erfolgreich war. Unter anderem Aspekt ist es interessant, dass die Anwesenheit von bestimmten Persönlichkeitsstörungen, besonders von Ablehnungs-Persönlichkeitsstörungen, schlechte Ansprechbarkeit auf LT erwarten lassen können (Reichborn-Kjennerud und Lingiaerde 1996).

Als therapeutisches Charakteristikum im Vergleich mit Non-SAD-Patienten kann man auch darauf hinweisen, dass SAD-Patienten oft berichten, dass sich ihr Zustand bei Ortsveränderung zu Orten auf niedrigeren Breitengraden oder mit mehr Sonnenschein verbessert (Rosenthal und Wehr 1997).

Interessant ist auch die Frage, ob Schlafentzug höhere Wirksamkeit auf SAD-Patienten hat im Vergleich mit Non-SAD-Patienten. In der Pittsburgh-Studie wurden EEG-Schlaf-Profile von 16 SAD-Patienten und 91 Non-SAD-Patienten verglichen (Thase, 1989). Dabei ergab sich für SAD-Patienten bedeutend längere Schlaf-Latenz und schlechtere Schlaf-Leistung. Diese Charakteristika findet man auch bei anderen Autoren (Rosenthal et al. 1985). Aber bis jetzt hat man bei Schlafentzugstherapien noch keinen bedeutenden Wirkungsunterschied bei SAD-Patienten und Non-SAD-Patienten festgestellt (Graw et al. 1998).

Über Psychopharmakotherapie bei SAD-Patienten gibt es noch zu wenige Berichte (Hilger et al. 2002), aber bei einigen kontrollierten Studien hat man die gleiche Wirksamkeit von SSRI (Fluoxetin), von MAOI, Moclobemid (Partonen et al. 1996) und von Johanniskraut mit/ohne LT (Martinez et al. 1994) beobachtet. Es gibt einige Medikamente wie Atenolol, Propranolol, Alprasoram, Bupropion, d-Fenfluramine und l-Tryptophan, die besondere Wirksamkeit bei SAD-Patienten zeigen könnten. Es bedarf aber weiterer Vergleichsuntersuchungen für SAD-Patienten und Non-SAD-Patienten.

Persönlichkeitsabhängige Charakteristika

Es bleibt noch zu klären, ob man persönlichkeitsabhängige Unterschiede zwischen SAD-Patienten und Non-SAD-Patienten nachweisen kann. 1988 haben Shultz et al. Sommer- und Winter- SAD mit dem MMPI (Minnesota Multiphasic Personality Inventory) untersucht (Shultz et al. 1984). Dabei haben SAD-Patienten innerhalb des Bereichs des Normalen gelegen. Besonderheiten bezüglich der Persönlichkeitsneigungen waren nicht zu erkennen. Auch bei SKID-II (Structured CLinical Interview for ISM-III-R II) zeigt sich bei SAD-Patienten kein Unterschied im Vergleich mit Non-SAD-Patienten und auch nicht in Vergleichen mit der Kontrollgruppe. Aber Shuller hat berichtet, dass bei der DEQ (Depressive Experiences Questionnaire)-Skala bei SAD-Patienten höhere Werte von Diskrepanz und Self-Criticism auftreten (Shuller et al. 1993). Auch bei MCMI (Millon Clinical Multiaxial Inventory) kam man auf höhere Werte bei der narzisstischen Persönlichkeit und auf niedrigere hinsichtlich der Ablehnung – und der schizotypalen Persönlichkeit. Bei Anwendung der Skala zum Fünf-Faktoren-Modell der Persönlichkeit, waren SAD-Patienten stärker imaginativ, emotional sensitiv und auf unkonventionellen Ideen beharrend als Non-SAD-Patienten (Bagby et al. 1996). Der Autor vermutet, dass diese in der Persönlichkeitsneigung ausgeprägte Symptomatik mit Stimmungsveränderungen in den Winter-Monaten verbunden sein könnte.

Zusammenfassung

In Vergleich zwischen SAD und non-SAD kann man als Charakteristika für SAD hervorheben: größerer weiblicher Anteil bei SAD-Patienten, Dominanz atypischer depressiver Symptome und therapeutische Ansprechbarkeit auf LT. Trotz Ähnlichkeiten zwischen SAD und atypischen Depressionen gehören beide zu verschiedenen Krankheitsgruppen wegen der Unterschiede beim weiteren Symptomvergleich und bei der Ansprechbarkeit auf LT. Dazu kommen weitere Unterschiede bei SAD- und Non-SAD-Patienten hinsichtlich der Persönlichkeitsmerkmale.

Literatur

Bagby RM, Shuller DR, Levitte AJ et al (1996) seasonal and non seasonal depression and five-factor-model of personality. J Affect Disord 38: 89–95

Boyce P, Parker G (1988) Seasonal affective disorder in the southern hemisphere. Am J Psychiatry 145: 96–99

Davidson JR, Miller RD, Turnbull DC et al (1982) Atypical depression. J Arch Gen Psychiatry 39: 527–534

Graw P, Haug HJ, Leonhardt G et al (1998) Sleep deprivation response in seasonal affective disorder during 40-h constant routine. J Affect Disord 48: 69–74

Hilger E, Praschak-Rieder N, Willeit M et al (2002) Die Pharmakotherapie der saisonal abhängigen Depression. Nervenarzt 73: 22–31

Himmelhoch JM, Fuchs CZ, Symons BJ et al (1982) A double blind study of tranylcypromine treatment of major anergic depression. J Nerv Ment Dis 170: 628–638

Kasper S, Wehr TA, Rosenthal NE, et al (1989a) Epidemiological findings of seasonal changes in mood and behavior. Arch Gen Psychiatry 46: 823–833

Lam RW, Carter D, Misri S, et al (1999) A controlled study of light therapy in women with late luteral phase dysphoric disorder. Psychiatry Res 86: 185–192

Martinez B, Kasper S, Ruhrmann S et al (1994) Hypericum in the treatment of seasonal affective disorder. J Geriatr Psychiatry Neurol 7: 29–33

Nagayama H, Sakaki M, Ichii S et al (1991) atypical depressive symptoms possibly predict responsiveness to phototherapy in seasonal affective disorder. Affect Disord 23: 185–189

Nagayama H (2000) (in Japanisch) Seasonal affective disorder. Rischo-Seishin-Igaku 29: 935–943

Neumeister A, Kasper S (2000) Seasonal affective disorder. In: Steiner M et al (eds) Mood disorders in women. Martin Dunitz, London, pp 151–167

Papatheodorou G, Kutscher S (1991) The effect of adjunctive therapy on amelioratin breakthrough depressive symptoms in adolescent-onset bipolar disorder. J Psychiatry Neurosci 20: 226–232

Parry BL, Rosenthal NE, Tamarkin L et al (1987) Treatment of patient with seasonal premenstrual syndrome. Ma J Psychiatry 144: 762–766

Partonen T, Lonnqvist J (1996) Moclobemide and fluoxetine in treatment of seasonal affective disorder. J Affect Disord 41: 101–110

Potkin SG, Zetin M et al (1986) Seasonal affective disorder: prevalence varies with latitude and climate. 15th Collegium internationale Neuro-Psychopharmacologicum 1986, pp 181–183

Praschak-Rieder N, Willeit M, Neumeister et al (2001) Prevalence of premenstrual dysphoric disorder in female patients with seasonal affective disorder. J Affect Disord 63: 239–242

Praschak-Rieder N, Stastny J, Konstandinidis A et al (2002) Die Pharmakotherapie der saisonal abhängigen Depression. Nerverarzt 73: 22–31

Reichborn-Kjennerud T, Lingjaerde O (1996) Response to light therapy in seasonal affective disorder: personality disorders and temperament as predictors of outcome. J Affect Disord 41: 101–110

Rosenthal NE, Wehr TA (1997) Seasonal affective disorder. Psychiat Ann 16: 733–737

Rosenthal NE, Sack DA, Gillin JC (1984) Seasonal affective disorder; a description of the syndrome and preliminary findings with light therapy. Arch Gen Psychiatry 41: 72–80

Rosenthal NE, Sack SP, Parry BZ et al (1985) Seasonal affective disorder and phototherapy. Ann NY Acad Sci 453: 260–269

Sakamoto K, Kamo T, Tamura A et al (1993) A nationwide survey of seasonal affective disorder at 53 patients university clinics in Japan. Acta Psychiatr Scand 87: 258–265

Schulz PM, Goldberg S, Wehr TA et al (1988) Personality as a dimension of summer and winter depression. Psychopharmacol Bull 24: 476–483

Shuller DR, Bagby RM, Revitt AJ et al (1993) A comparison of personality characteristics of seasonal and non seasonal major depression. Compt Psychiatry 34: 360–362

Takahashi K, Sasano Y, Kohsaka M, et al (1991) Multi-center study of seasonal affective disorders in Japan. A preliminary report. J Affect Disord 21: 57–65

Takahashi K (2000) (in Japanisch) Seasonal affective disorders. In: Asai M et al (eds) Encyclopedia of Clinical Psychiatry, 4. Mood disorders. pp 305–323

Tam EM, Lam RW, Robertson HA, et al (1997) Atypical depressive symptom in seasonal and non-seasonal mood disorders. J Affect Disord 44: 39–44

Terman M, Terman J, Quitkin F et al (1989) Light therapy for seasonal affective disorder. A review of efficacy. Neuropsychopharmacology 2: 1

Thase ME (1989) Comparison between seasonal affective disorder and other form of recurrent depression. In: Rosenthal NE, Blehar MC (eds) Seasonal affective disorders and photo-therapy, pp 64–78

Tompson C, Isaacs, G (1988) Seasonal affective disorder – a British sample symptomatology in relation to mode of referral and diagnostic subtype. J Affect Disord 14: 13–19
Winkler D, Praschak-Rieder N, Willeit M et al (2002) Saisonal abhängige Depression in zwei deutschsprachigen Universitätszentren: Bonn, Wien. Nervenarzt 73: 637–643
Wirtz-Justice A, Bucheli B, et al, Graw P, et al (1986) Light treatment of seasonal affective disorder in Switzerland. Acta Psychiatr Scand 74: 193–204
Yamada N, Martin-Iverson MT, Daimon K et al (1995) Clinical and chronobiological effects of light therapy on nonseasonal affective disorders. Biol Psychiatry 37: 866–873

Korrespondenz: T. Kamo, M.D., Ph.D., Associate Professor, Tokyo Women's Medical University School of Medicine, 8-1 Kawada-cho, Shinjuku-ku, Tokyo, 162–8666, Japan, E-mail: tkamo@psy.twmu.ac.jp

Rating-Skalen bei SAD

A. Konstantinidis[1], J. Stastny[1] und A. Neumeister[1,2]

[1] Klinische Abteilung für Allgemeine Psychiatrie, Universitätsklinik für Psychiatrie,
Wien, Österreich
[2] National Institute of Mental Health, Bethesda, MD, U.S.A.

Seit 20 Jahren sind die Epidemiologie, Symptomatologie und Therapiemöglichkeiten der Saisonalen Abhängigen Depression (SAD) Gegenstand der aktuellen Forschung (Rosenthal et al. 1983, 1984b, Kasper 1994). Mehrere Studien wurden durchgeführt, wobei die Entwicklung von gemeinsamen Protokollen sowie Rating Skalen notwendig war, um die Möglichkeit zu haben die Daten zu vergleichen und gemeinsam zu evaluieren (Terman und Williams 2001). Dies ermöglichte erst Metaanalysen (Thompson et al. 1999) sowie Vergleiche der Daten zwischen den verschiedenen Zentren (Winkler et al. 2002a, b, Terman 1988). Die speziell dafür entwickelten Fragebögen und Skalen stellen somit den gemeinsamen Nenner und die Basis für die Durchführung der Studien, die weltweit ausgeführt werden, dar.

Verwendet werden zwei verschiedene Arten von Skalen: Die strukturierten Interviews und die Selbstbefragungsbögen.

Bei den strukturierten Interviews/Skalen muss der Rater dem Patienten eine Serie vordefinierter Fragen stellen. Anhand der Antworten wird eine Kategorisierung der Schwere der Symptome unternommen. Der Zeitabschnitt der erhobenen Daten ist entweder retrospektiv oder aktuell mit Fokussierung meistens auf die letzte Woche gewählt. Die somit ermittelten Scores geben eine Evaluierung des klinischem Erscheinungsbildes der Symptome und können Veränderungen, die anhand einer Therapie oder mit dem Wechsel der Jahreszeiten auftreten dokumentieren, während die einzelnen Fragen eine Dokumentationsmöglichkeit der spezifischen Symptomatik erlauben. Die formale Struktur dieser Interviews erlaubt einerseits ihre Anwendung auch von Personal, das noch unerfahren ist und keine klinische Erfahrung mit dem Erkennen der Diagnostik der Erkrankung hat, wie z.B: wissenschaftlichen Mitarbeitern, und andererseits schaffen sie eine Vergleichsbasis zwischen den Studienzentren. Der Umgang mit diesen Skalen sollte aber anfangs anhand von Videos zusammen mit einem erfahrenen Rater geübt werden, um die Differenzen bei der Bewertung der Symptome („inter-rater reliability") durch verschiedene Personen/Rater zu minimieren.

Selbstbefragungsbögen geben dem Patienten die Möglichkeit über seine Symptome und deren Schwere zu berichten ohne durch eine subjektive Evaluierung des Interviewer beeinflusst zu werden. Die Reliabilität solcher Fragebogen ist durchaus hoch und dient hauptsächlich zu Prävalenzforschungsstudien und als Überprüfung der Resultate strukturierter Interviews.

In diesem Kapitel werden eine Reihe von wissenschaftlich etablierten Skalen für die Forschung im Bereich der SAD vorgestellt. Das Kapitel ist in zwei Abschnitte untergliedert. Im ersten Teil werden Rating Skalen vorgestellt, die so konstruiert sind, dass sie eine saisonale Variabilität messen und ein Vorkommen der SAD andeuten können. Im zweiten Teil werden dann Instrumente, die zur formalen Diagnose und Einstufung der Schwere der Symptomatik verwendet werden, vorgestellt.

1. Rating Skalen zur Saisonalität und SAD

1.1. Seasonal Pattern Assessment Questionnaire (SPAQ)
(Rosenthal et al. 1984a, 1987b, deutsche Version übersetzt von Kasper 1991)

Der SPAQ-Fragebogen stellt eine der wichtigsten Rating-Skalen dar, da er zur Diagnostizierung der SAD beiträgt. Obwohl er anfangs entwickelt wurde um eine Anzahl von charakteristischen Symptomen der SAD, wie die saisonale Variation von Stimmung, Appetit, Gewicht und Schlaf, sowie die Sensitivität bezüglich Wetterkonditionen zu ermitteln (deswegen auch seiner Einteilung in dem Abschnitt), wurde er von Kasper et al. (1989a) zusätzlich als ein diagnostisches und screening Instrument vorgestellt.

Der SPAQ ist ein retrospektiver Selbstbefragungsbogen, bestehend aus sieben Teilen. Das Hauptgewicht des Fragebogens konzentriert sich auf eine kategorische Skala, in der Stimmungs- und Verhaltensveränderungen im Zusammenhang mit dem Wechsel der Jahreszeiten beurteilt werden. Aus den 6 Symptomen, die Unterschiede zwischen den Jahreszeiten bei der Stimmung, soziale Aktivität, Schlaf, Energie, Gewicht und Appetit feststellen, wird der Globale Saisonalitäts-Score („Global Seasonality Score" – GSS) ermittelt. Die Skala für jedes Symptom reicht von 0 („keine Veränderung") bis 4 („extrem ausgeprägte Veränderung"). Der maximal erreichbare Score ist 24.

Anschließend werden in zwei Fragen die „besseren" und „schlechteren" Monate des Jahres separat und anhand von Symptomen ermittelt, womit eine Identifikation von spezifischen Herbst/Winter Veränderungen dokumentiert werden kann. Zwei andere Fragen erheben die Schlafdauer in jeder der vier Jahreszeiten und Gewichtsveränderungen während des Jahres. Spezielle jahreszeitliche Veränderungen zur Auswahl der Nahrungsmittel werden gesondert gefragt. Abschließend werden die Patienten gefragt ob diese Symptome ein Problem für sie darstellen. Falls ja, kann der Patient sein Leiden von „gering" bis „invalidisierend" bewerten.

Tabelle 1. Rating Skalen und ihre wichtigste Merkmale

Rating Skala	Wichtigste Merkmale
SPAQ	Für Diagnostik und Screening der SAD Drei Kriterien zur Diagnose: 1. GSS: 8–9 S-SAD ≥ 10 SAD 2. Mindestens ein Schweregrad von „mäßig" 3. „window": Zeit, wo die Symptomatik sich präsentiert
SHQ	Diagnostizierung einer depressiven Episode im Zusammenhang mit den Jahreszeiten
SIGH-SAD	Evaluierung des Schweregrades der SAD; meistens als Einschlusskriterium: 10 Punkte auf HDRS 5 Punkte bei der atypischen Symptomatik
DSM-IV SCID	Diagnostisches Tool zur Disgnostizierung von Major Depressive Episode im Rahmen einer Bipolar I oder II Störung oder rezidivierende depressive Störung
HIGH	Diagnostisches Tool zur Diagnostizierung von hypomanischen, manischen Episoden oder Hyperthymie
Hypomanie Fragebogen	Bewertet einen bestehenden hypomanischen bzw. manischen Zustand Normalwert: < 6 Hypomanie: 7–24 Manie: > 25
Daily sleep log and mood/energy rating	Hilft zur Dokumentation von Veränderungen im Schlafrhythmus, Stimmung und Energie

Zur Diagnostizierung einer SAD müssen drei Kriterien vorhanden sein.

Das erste Kriterium basiert auf den GSS. Das Erreichen eines Scores von mindestens 10 Punkten (Kasper et al. 1989a) ist erforderlich um eine SAD zu diagnostizieren. Scores zwischen 8 und 10 charakterisieren eine subsyndromale Form der SAD (Kasper et al. 1989b), wo die Symptomatik milder ausgeprägt sein soll.

Das zweite Kriterium basiert auf der letzten Frage des Bogens bezüglich des Schweregrades der Betroffenheit. Es ist mindestens ein Score von 2 („mäßig") erforderlich.

Das letzte Kriterium ist das sogenannte „window", das die Zeit in der die Symptomatik auftritt charakterisiert. Dies wird durch die gesonderten Fragen bezüglich der „besseren" und „schlechteren" Monaten ermittelt.

Der SPAQ war das hauptsächlich benutzte Instrumentarium bei den Prävalenzstudien der SAD, die unter der allgemeinen Bevölkerung durchgeführt worden sind. Dadurch konnten auch Unterschiede des GSS unter der Bevölkerung in Abhängigkeit mit dem Breitengrad des untersuchten Ortes (Kasper et al. 1989a, Rosen et al. 1990, Blazer et al. 1998) ermittelt werden. Trotz der Kritik bezüglich der Validität und der Aussagekraft des

Instruments stellt der SPAQ ein wichtiges und unersetzliches Instrumentarium dar, der saisonalen Variabilitäten in der allgemeinen Bevölkerung dokumentiert. Als Kritikpunkt wurde bei einigen Arbeiten die Vulnerabilität des Instruments bezüglich seiner Verlässlichkeit angeführt, da eine Veränderung des Scores in Abhängigkeit mit der applizierten Jahreszeit gezeigt wurde (Thompson und Cowan 2001, Enns et al. 1999).

1.2. Seasonal Health Questionaire (SHQ)
(Thompson and Cowan 2001)

Der SHQ versucht eine Diagnostizierung der SAD zu ermöglichen indem er nach Symptomen depressiver Episoden in den letzten zehn Jahren fragt, mit Hauptgewicht auf die dominierende Jahreszeit und die Anzahl konsekutiver Episoden. Im Gegensatz zu SPAQ wird kein Score ermittelt. Die Diagnose einer „subsyndromalen Symptomatik" oder eine „minor depression" kann aber anhand von den Berichten des Patienten über depressive Symptomen, die nicht die Stärke einer „major depression" erreichen, abgeleitet werden. Die Wichtigkeit dieser Skala in der SAD-Forschung werden zukünftige Studien zeigen.

2. Rating Skalen zur Diagnostik und Schwere der Symptomatik

2.1. Struktured Interview Guide for the Hamilton Depression Rating Scale – Seasonal Affective Disorder Version (SIGH-SAD)
(Williams et al. 1994)

Bereits in den ersten Studien über SAD (Rosenthal et al. 1984b) hat sich gezeigt, dass der Schweregrad der Herbst/Winter Depression nicht mit der Hamilton Depressions Skala (HDRS) (Hamilton 1967) – die hauptsächlich für die Evaluierung des Schweregrades der melancholische Depression entwickelt wurde – ermittelt werden konnte. Dies traf ganz speziell zu wenn die atypische Symptomatik der SAD im Vordergrund war. Dadurch kam es zu Missinterpretationen der Schwere der depressiven Episode, da SAD-Patienten hauptsächlich bei melancholischen Symptomen wie Gewichtsabnahme, Schlafverkürzung oder Appetitabnahme, ein Score von null aufwiesen. Bereits in den 80er Jahren wurde eine spezielle Anleitung zur Verwendung der HDRS-Skala bei SAD-Patienten von Rosenthal und später von Williams entworfen, die diesen Punkt berücksichtigte (Rosenthal et al. 1987b, Williams et al. 1988).

Der SIGH-SAD von Williams und Kollegen (1994) stellt nach dem SPAQ das zweitwichtigste Instrumentarium in der Forschung der SAD dar. Es ist ein strukturiertes Interview, das hauptsächlich auf einer Modifizierung der Hamilton Depressions Skala (HDRS) unter der Anwendung von 8 zusätzlichen Fragen („Items"), die hauptsächlich die atypische Symptomatik der SAD befragen basiert.

Im Einzelnen werden der sozialer Rückzug, eine mögliche Gewichtszunahme, Appetitsteigerung, vermehrtes Essen, Karbohydraten-Craving, Hypersomnie, Müdigkeit und die abendliche Energielosigkeit gefragt.

Obwohl sozialer Rückzug Patienten mit einer melancholischen Depression auch charakterisieren kann, hat sich gezeigt, dass ein hoher Score bei den atypischen Symptomen im Vergleich zu Gesamtscore ein großer Prediktor für das Vorhandensein einer SAD sei (Terman et al. 1996).

Bei der Verwendung der SIGH-SAD Skala als Einschlusskriterium wurde bei den meisten Studien ein Score von 20 oder mehr in der SIGH-SAD Skala als Einschlusskriterium gesehen, wobei mindestens 10 Punkte in dem Hamilton Score und mindestens 5 Punkte im Score der atypischen Symptomatik vorzuweisen wäre (Terman et al. 1998).

2.2. Struktured Clinical Interview for DSM-IV Axis I Disorders (SCID)
(First et al. 1995)

Der SCID stellt ein kompaktes und verlässliches Instrument zur Diagnostizierung von psychiatrischen Störungen der Axis I laut DSM IV (American Association 1994) dar. Im Rahmen des SCIDs ist der Interviewer angewiesen die Fragen wortwörtlich zu fragen. Die Antworten bestehen meistens aus Ja oder Nein und garantieren somit die große Variabilität des SCIDs als diagnostisches Mittel (Zanarini et al. 2000). Unter die zu diagnostizierenden Erkrankungen gehört die Major Depressive Episode (depressive Episode) bei bipolaren Störungen (I und II) sowie ihre rezidivierende Form. Diese Diagnosen können ein saisonales Muster aufweisen, wobei die Patienten laut ICD-10 (WHO 1994) mindestens zwei depressive Episoden in den letzten zwei Jahren aufweisen müssen.

Dieser Punkt zur Diagnostizierung der SAD wurde bereits mehrmals kritisiert, da es im Rahmen einer medikamentösen Behandlung oder auf Grund einer Reise zum Äquator oder in wärmere und hellere Regionen im Winter zu einem Verschleiern der Symptomatik in den letzten zwei Jahren gekommen sein konnte (Rosenthal und Terman 1993).

2.3. Hypomania Interview Guide (including Hyperthymia) (HIGH)
(Williams et al. 1999)

Dieses strukturierte Interview konzentriert sich einerseits retrospektiv auf eine Woche, wo dem Patienten 15 spezifischen Symptome für hypomanische, manische Episoden oder Hyperthymie gefragt werden, wobei aber andererseits der Patient seinen jetzigen Zustand definieren kann. Alle Fragen benutzen eine 4 Punkte Skala.

Die HIGH Skala hat bereits gezeigt, dass sie ein sehr effektives Instrument zur Diagnostizierung von unipolaren oder bipolar I oder II-Verläufen bei SAD Patienten ist (Goel et al. 1999).

2.4. Hypomanie Fragebogen
(Kasper et al. 1989c)

Dieser Fragebogen hilft eine manische/hypomanische Symptomatik, die in der letzten Woche neu aufgetreten ist, festzuhalten und bewertet ihre Intensität. Er besteht aus 12 Fragen, die eine 4 Punkte Skala benutzen (0 bis 3).

Der maximal erreichbare Score beträgt 36 Punkte, wobei ein Score von 7 bis 24 Punkte als Hypomanie und ein Score über 25 Punkte als Manie definiert wird (Kasper et al. 1989c).

Alle Fragen werden im Vergleich mit dem euthymischen Zustand des Patienten, der vor der jetzigen depressiven Episode bestanden hat, bewertet.

Gehobene und irritierte Stimmung, vermindertes Schlafbedürfnis, Arbeitsfähigkeit, Aktivität, Krankheitseinsicht, Sprache, Gedankenflucht, Kreativität, impulsives Verhalten, Libido und soziale Aktivitäten des Patienten werden speziell abgefragt und mit dem euthymischen Zustand des Patienten verglichen.

Die Hypomanie Skala kann ein hilfreiches Instrument sein um die hypomanische Symptomatik, die gelegentlich bei SAD-Patienten in der Frühlings/Sommerperiode bzw. unter Lichttherapie auftritt, festzuhalten und zu evaluieren.

3. Zusätzliche Skalen

3.1. Daily sleep log and mood/energy ratings
(Terman 1990)

Es handelt sich um einen Selbstbefragungsbogen bei dem die Patienten am Morgen, direkt nach dem Aufwachen aufgefordert werden, die Zeit die sie am gestrigen Tag geschlafen beziehungsweise gedöst haben auf eine Skala, die in 15 Minuten Segmente gegliedert ist, zu notieren. Zusätzlich bewerten sie ihre Stimmung und Energie anhand einer 11 Punkte Skala (0 = am schlechtesten, 5 = normal, 10 = am besten). Dies hilft transiente Veränderungen während depressiven Episoden oder Therapie zu evaluieren. Dadurch können oft Unterschiede im Vergleich zu den retrospektiven Berichten der Patienten über Dauer des Schlafes aufgewiesen werden.

3.2. Andere Rating Skalen

Der *Personal Inventory for Depression and SAD (PIDS)* (Terman und Williams 1998c) und das *Diagnostic Interview for Atypical Depression (DIAD)* (Terman et al. 1998a) stellen Rating Skalen dar, die weniger häufig gebraucht werden.

Der PIDS kombiniert zwei Items des SPAQs – die Evaluierung des GSS und Bestimmung der „besten" und „schlechten" Monate – mit einer DSM-IV basierten Evaluierung einer depressiven Episode unter Hilfe eines Algorhythmus von einem etablierten self-report Instrument (Spitzer et al. 1994) und eine Checkliste von atypischen neurovegetativen Symptomen mit Herbst/Winter Exazerbation. Dieser Fragebogen wurde hauptsächlich zur Anwendung von praktischen Ärzten entwickelt, als Screeningmöglichkeit für das Vorkommen einer saisonalen Variabilität und als Prädiktor für ein gutes Ansprechen auf eine Lichttherapie. Eine Selbstevaluierungsform des Fragebogens gibt es im Internet zum downloaden (www.cet.org).

Der DIAD wurde nach den DSM-IV Kriterien für eine atypische Depression entwickelt. Obwohl eine Reihe von atypischen Symptomen durch den SIGH-SAD befragt werden die „mood reactivity" (positive Antwort auf angenehme Ereignisse) wird nicht berücksichtigt. Es besteht aus 10 Items, die alle Symptome, die zu einer Diagnostizierung nach DSM-IV Kriterien beitragen befragen und skalieren, wobei auch ein Test für die Abweisungssensitivität des Patienten beinhaltet ist (die Durchführung dieses Items ist schwierig, bevor sich ein gutes Arzt/Patient-Verhältnis etabliert hat).

4. Verwendung der Skalen und Zukunftsaussichten

Rating Skalen erlauben anhand der gemeinsam erschaffenen Kriterien, festgehalten in dem ICD-10 und DSM-IV, eine bessere Diagnostizierung der Erkrankung sowie eine objektive Evaluierung der Schwere der Symptomatik. In der SAD-Forschung stellen der SPAQ und der SIGH-SAD die beiden wichtigsten und am meisten verwendeten Skalen dar. Obwohl die Verlässlichkeit und Vulnerabilität der Skalen noch Mittelpunkt der Forschung sind, erlauben diese beiden Skalen eine Diagnostizierung der SAD.

Wichtig bei der Verwendung der Skalen ist, dass man auf autorisierte Übersetzungen zurückgreift, die Missverständnisse oder Missinterpretationen der einzelnen Punkte ausschließen und die Verlässlichkeit des gefundenen Ergebnisses garantieren.

Eine Verbesserung und Entwicklung neuer Fragebogen und Skalen ist immer ein Schwerpunkt der moderne Forschung, sowie Anpassungen an die vordefinierten Kriterien von ICD-10 und DSM IV zur Definition der Erkrankungsbilder.

Literatur

American Psychiatric Association, APA (1994) Diagnostic and statistical manual of mental disorders, 4th ed. American Psychiatric Press, Washington, DC

Blazer DG, Kesoler RC, Schwartz MS (1998) Epidemiology of recurrent major and minor depression with a seasonal pattern. The National Comorbidity Survey. Br J Psychiatry 172: 164–167

Enns MW, Levitan RD, Levitt AJ, Dalton EJ, Lam RW (1999) Diagnosis, epidemiology and pathophysiology. In: Lam RW, Lewitt AJ (eds) Canadian consensus guidelines for the treatment of seasonal affective disorder. Clinical and Academic Publishing, Vancouver BC, pp 20–63

First MB, Spitzer RL, Gibbon M, Williams JBW (1995) Structured clinical interview for DSM-IV axis I disorders – patient edition (SCID-P). New York State Psychiatric Institute, New York

Goel N, Terman M, Terman JS, Williams JBW (1999) Summer mood in winter depressives: a validation of a structured interview. Depression and Anxiety 9: 83–91

Hamilton M (1967) Development of a rating scale for primary depressive illness. Br J Soc Clin Psychol 6: 278–296

Kasper S (1991) Jahreszeit und Befindlichkeit in der Allgemeinbevölkerung. Eine Mehrebenenuntersuchung zur Epidemiologie, Biologie und therapeutischen Beeinflussbarkeit (Lichttherapie) saisonaler Befindlichkeitsschwankungen. Monographien aus dem Gesamtgebiete der Psychiatrie, Bd 66. Springer, Berlin Heidelberg New York Tokyo

Kasper S (1994) Diagnostik, Epidemiologie und Therapie der saisonal abhängigen Depression (SAD). Nervenarzt 65: 69–72

Kasper S, Wehr TA, Bartko JJ, Gaist PA, Rosenthal NE (1989a) Epidemiological findings of seasonal changes in mood ad behavior: a telephone survey of Montgomery County, Maryland. Arch Gen Psychiatry 46: 823–833

Kasper S, Rogers SLB, Yancey A, Schultz PM, Skwerer RG, Rosenthal NE (1989b) Phototherapy in individuals with and without a subsyndromal seasonal affective disorder. Arch Gen Psychiaty 46: 837–844

Kasper S, Rogers S, Yancey A, Skwerer RG, Schulz PM, Rosenthal NE (1989c) Psychological effects of light therapy in normals. In: Rosenthal NE, Blehar M (eds) Seasonal affective disorders and phototherapy. Guilford Press, New York, pp 260–270

Rosen LN, Targum SD, Terman M, Bryant MJ, Hoffman H, Kasper SF, Hamovit JR, Docherty JP, Welch B, Rosenthal NE (1990) Prevalence of seasonal affective disorder at four latitudes. Psychiatry Res 31: 131–144

Rosenthal NE, Terman M (1993) DSm-IV debate continues. Light Treatment and Biological Rhythms Abstracts 6: 18

Rosenthal NE, Sack DA, Wehr TA (1983) Seasonal variation in affective disorders. In: Wehr TA, Goodwin FK (eds) Circadian rhythms in psychiatry. Boxwood Press, Pacific Grove, pp 185–201

Rosenthal NE, Bradt GJ, Wehr TA (1984a) Seasonal Pattern Assessment Questionnaire (SPAQ). National Institute of Mental Health, Bethesda MD

Rosenthal NE, Sack DA, Gillin JC, Lewy AJ, Goodwin FK, Davenport Y, Mueller PS, Newsome DA, Wehr TA (1984b) Seasonal affective disorder: a description of the syndrome and preliminary findings with light therapy. Arch Gen Psychiatry 41: 72–80

Rosental NE, Genhart M, Jacobsen FM, Skwerer RG, Wehr TA (1987a) Disturbances of appetite and weight regulation in seasonal affective disorder. Ann NY Acad Sci 499: 216–230

Rosenthal NE, Genhart MJ, Sack DA, Skwerer RG, Wehr TA (1987b) Seasonal affective disorder and its relevance for the understanding and treatment of bulimia. In: Hudson JI, Pope HG Jr (eds) The psychology of bulimia. American Psychiatric Press, Washington DC, pp 205–228

Spitzer RL, Williams JBW, Kroenke K, Linzer M, deGruy III FV, Hahn SR, et al (1994) Utility of a new procedure for diagnosing mental disorders in primary care. The PRIME-MED 1000 study. J Am Med Assoc 272: 1749–1756

Terman M (1988) On the question of mechanism in phototherapy for seasonal affective disorder: considerations of clinical efficacy and epidemiology. J Biol Rhythms 3: 155–172

Terman M (1990) Daily sleep log and mood/energy ratings. New York State Psychiatric Institute, New York

Terman M, Williams JBW (2001) Assesment instruments. In: Partonen T, Magnusson A (eds) Seasonal affective disorder: practice and research. Oxford University Press, Oxford New York, pp 143–149

Terman M, Amira L, Terman JS, Ross DC (1996) Predictors of response and nonresponse to light treatment for winter depression. Am J Psychiatry 153: 1423–1429

Terman M, Rifkin JB, Stewart JW, Williams JBW (1998a). Diagnostic Interview for Atypical Depression (DIAD). New York State Psychiatric Institute, New York

Terman M, Terman JS, Ross DC (1998b) A controlled trial of timed bright light and negative air ionisation for treatment of winter depression. Arch Gen Psychiatry 55: 875–882

Terman M, Williams JBW (1998c). Personal Inventory for depression and SAD (PIDS). J Pract Psychiatry Behav Health 5: 301–303

Thompson C, Cowan A (2001) The seasonal health questionnaire: a preliminary validation of a new instrument to screen for seasonal affective disorder. J Affect Disord 64 (1): 89–98

Thompson C, Rodin I, Birtwhistle J (1999) Light therapy for seasonal and nonseasonal affective disorder: a Cochrane meta-analysis. Society for Light Treatment and Biological Rhythms Abstracts 11: 11

WHO, Weltgesundheitsorganisation (1994) Dilling H, Mombour W, Schmidt MH, Schulte-Markwort E (eds) Internationale Klassifikation psychischer Störungen ICD-10 Kapitel V (F). Forschungskriterien. Huber, Bern

Williams JBW (1988) A structured interview guide for the Hamilton depression rating scale. Arch Gen Psychiatry 45: 742–747

Williams JBW, Link MJ, Rosenthal NE, Amira L, Terman M (1994) Structured Interview Guide for the Hamilton Depression Rating Scale – Seasonal Affective Disorder Version (SIGH-SAD) (revised edn). New York State Psychiatric Institute, New York

Williams JBW, Terman M, Link MJ, Amira L, Rosenthal NE (1999) Hypomania interview guide (including hyperthymia), retrospective assessment version (HIGH-R). Depression and Anxiety 9: 92–100

Winkler D, Praschak-Rieder N, Willeit M, Lucht MJ, Neumeister A, Konstantinidis A, Stastny J, Thierry N, Pjrek E, Hilger E, Kasper S (2002b) Saisonal abhängige Depression in zwei deutschsprachigen Universitätszentren: Bonn, Wien: Klinische und demographische Charakteristika. Nervenarzt 73: 637–643

Winkler D, Willeit M, Praschak-Rieder N, Lucht M, Hilger E, Konstantinidis A, Stastny J, Thierry N, Pjrek E, Neumeister A, Möller HJ, Kasper S (2002a) Changes of clinical pattern in seasonal affective disorder (SAD) over time in a German speaking sample. Eur Arch Psychiatry Clin Neurosci 252: 54–62

Zanarini MC, Skodol AE, Bender D, Dolan R, Sanislow C, Schaefer E, Morey LC, Grilo CM, Shea MT, McGlashan TH, Gunderson JG (2000) The Collaborative Longitudinal Personality Disorders Study: reliability of axis I and II diagnoses. J Personality Disord 14 (4): 291–299

Korrespondenz: Dr. A. Konstantinidis, Klinische Abteilung für Allgemeine Psychiatrie, Universitätsklinik für Psychiatrie, Währinger Gürtel 18–20, A-1090 Wien, Österreich, E-mail: anastasioskonstantinidis@hotmail.com

Lichttherapie

Lichttherapie bei SAD und S-SAD

E. Hilger

Klinische Abteilung für Allgemeine Psychiatrie, Universitätsklinik für Psychiatrie,
Wien, Österreich

Einleitung

Berichte über die roborierende Wirkung der Sonnenlichtes sowie über saisonale Schwankungen affektiver und vegetativer Parameter finden sich bereits in der Literatur des Altertums. Intensivierungen auf dem Gebiet der chronobiologischen Forschung führten dazu, dass in den 80er Jahren des 20. Jahrhunderts die saisonal abhängige Depression (SAD) als nosologische Subform der rezidivierenden depressiven Störung bzw. der Major-Depression klassifiziert wurde (Rosenthal et al. 1984).

Die Theorien zur Pathophysiologie der saisonalen Depression sind untrennbar mit den Hypothesen zum Wirkmechanismus der Lichttherapie verbunden. Die Annahme eines therapeutischen Effektes von Licht basiert auf Erkenntnissen aus der Tierphysiologie, wonach Umgebungslicht geringer Intensität (< 500 Lux) über eine Suppression der nächtlichen Melatoninsekretion zu einer Beeinflussung saisonaler und zirkadianer Rhythmen führt. Einen Meilenstein der chronobiologischen Forschung stellten die Beobachtungen von Levy et al. (1980) dar. Es konnte gezeigt werden, dass Licht auch beim Menschen in der Lage ist, eine Suppression der nächtlichen Melatoninsekretion zu induzieren, dass hierfür jedoch deutlich höhere Lichtintensitäten (> 2000 Lux) nötig sind, als dies für das Tierreich belegt wurde.

Innerhalb der letzten beiden Jahrzehnte hat sich die Lichttherapie (LT) als anerkannte Behandlungsmethode in der Indikation der SAD und deren subsyndromaler Form (S-SAD) etabliert (Kasper 1990, Lam et al. 1989). Eine 1992 durchgeführte Untersuchung, die Daten bezüglich des Einsatzes der LT in 287 psychiatrischen Krankenhäusern Deutschlands erhob, bestätigte die enorme Akzeptanz und zunehmende Anwendung der LT in der Indikation der SAD und S-SAD (Kasper et al. 1994). Es zeigte sich, dass 13% aller Spitäler (und 57% aller psychiatrischen Universitätskliniken) die LT standardmäßig einsetzten, und zwar zu 90% in der Indikation der S-SAD und SAD.

Was ist Lichttherapie?

Als Lichttherapie wird konventioneller Weise die Exposition gegenüber künstlichen Lichtes mit einer Intensität von mindestens 2 500 Lux bezeichnet. Als Lichtquelle dient helles, weißes (fluoreszierendes) Licht, das mit Ausnahme des netzhautschädigenden UV-Bereiches das gesamte Spektrum des Sonnenlichtes beinhaltet. Die in der Indikation der (s-)SAD eingesetzten Lichtquellen unterscheiden sich damit von photometrischen Verfahren anderer medizinischer Disziplinen, wie sie etwa zur Behandlung der Hyperbilirubinämie oder der Psoriasis zum Einsatz kommen. Als wesentlichste Parameter, die zur Charakterisierung der LT und deren therapeutischer Wirksamkeit dienen, sind Wellenlänge, Lichtintensität und Anwendungsdauer zu nennen.

Die Erforschung der optimalen Wellenlänge (Farbe) stimmungsaufhellend wirkenden Lichtes war zunächst von der Beobachtung dominiert, wonach eine maximale Melatoninsuppression bei Wellenlängen von 509 nm (grünes Licht) zu erzielen ist (Oren et al. 1991). In weiterer Folge wurde jedoch gezeigt, dass die Anwendung weißen Lichtes („full spectrum light") einer isolierten Anwendung von blauem, rotem oder grünem Licht überlegen sein dürfte, sodass weißes, fluoreszierendes Licht heute als Standard für die LT gilt (Brainard et al. 1990, Stewart et al. 1991, Bielski et al. 1992).

Die Intensität („Beleuchtungsstärke") einer Lichtquelle wird in Lux angegeben, einer photometrischen Größe, die durch den pro Flächeneinheit auftreffenden Lichtstrom definiert ist. Die überwiegende Mehrzahl der kontrollierten Studien zur Wirksamkeit der LT in der Indikation der SAD hat gezeigt, dass Lichtintensitäten von mindestens 2500 Lux Voraussetzung für einen antidepressiven Therapieerfolg sein dürften (Rosenthal et al. 1984, 1985, Terman et al. 1998, Eastman et al. 1998, Lee et al. 1999). Der Behandlungseffekt von Licht in einer Intensität von 10 000 Lux bei 30-minütiger Anwendungsdauer ist vergleichbar mit einer zweistündigen Anwendung von Licht in einer Intensität von 2 500 Lux (Magnusson et al. 1991, Wirz-Justice et al. 1986). Eine tägliche Anwendungsdauer von mehr als zwei Stunden wurde jedoch mit einer Abnahme der Compliance assoziiert (Schwartz et al. 1996), sodass die etwa 30-minütige LT mit einer Intensität von 10 000 Lux heute als Standard in der klinischen Praxis gilt. Unklar ist, inwiefern eine lineare Abhängigkeit zwischen Lichtintensität und Anwendungsdauer existiert, da Untersuchungen mit entsprechendem Design (Verwendung von Intensitäten > 10 000 Lux) fehlen.

Der antidepressive Therapieeffekt der LT tritt in der Regel innerhalb der ersten zwei bis vier Behandlungstage ein. Mehrere Untersuchungen haben gezeigt, dass mit zunehmender Anwendungsdauer auch mit einer Zunahme der Response-Raten zu rechnen ist, sodass eine Abschätzung des individuellen Therapieansprechens optimaler Weise nach frühestens zwei bis vier Wochen erfolgen sollte (Labbate et al. 1995, Bauer et al. 1994, Eastman et al. 1998). Wesentlich ist ferner die kontinuierliche Behandlung während der gesamten dunklen Jahreszeit, da bei einer Unterbrechung der LT mit einem Rezidiv der depressiven Symptomatik zu rechnen ist (Hellekson et al. 1986). Auch die prophylaktische Anwendung der LT bei anamnestisch bekannter (s)-SAD unmittelbar vor oder zu Beginn der lichtarmen Wintermonate, also vor dem Auftreten manifester Depressionssymptome, wird von den meisten Autoren befürwortet (Partonen und Lönnqvist 1996, Meesters et al. 1993).

Lichttherapie bei SAD

Ausgehend von den bahnbrechenden Forschungsergebnissen (Lewy et al. 1980), wonach eine Suppression der nächtlichen Melatoninsynthese beim Menschen Lichtintensitäten von mindestens 2 000 Lux bedarf, wurde 1982 erstmals die erfolgreiche Behandlung eines Patienten mittels LT beschrieben (Lewy et al. 1982). Dies führte zur systematischen Erforschung und Beschreibung der SAD und zur ersten kontrollierten Studie der LT in der Indikation der SAD (Rosenthal et al. 1984). Im Rahmen dieser Studie erhielten die Patienten morgens und abends jeweils drei Stunden lang LT mit einer Intensität von 2 500 Lux. Die Kontrollbedingung bestand in der Anwendung schwachen Lichtes („dim light", 500 Lux). Die Ergebnisse waren beeindruckend: während sieben von insgesamt neun der mit 2 500 Lux behandelten Patienten innerhalb der ersten Behandlungswoche eine deutliche Verbesserung der depressiven Symptomatik erfuhren, zeigte sich bei lediglich einem von neun Patienten der Kontrollgruppe (500 Lux) ein stimmungsaufhellender Effekt.

Zur Wirksamkeit der LT in der Indikation der SAD und S-SAD wurden mittlerweile mehr als 60 kontrollierte Untersuchungen durchgeführt, wobei der antidepressive Effekt der LT auch in mehreren repräsentativen plazebo-kontrollierten Studien bestätigt wurde.

Eastman et al. (1992) gelang es zunächst nicht, eine signifikante Überlegenheit der LT gegenüber Plazebolicht zu belegen und fand vergleichbare Verbesserungen der mittleren Depressionsscores sowohl unter LT als auch in der Plazebokondition. Dieses unerwartete Ergebnis wurde von den Autoren selbst im Zusammenhang mit der relativen geringen Fallzahl und der wahrscheinlich ineffektiven Dosierung der LT interpretiert und dürfte daher von geringer Aussagekraft sein. Im Gegensatz dazu haben zwei jüngere plazebo-kontrollierte Studien mit repräsentativen Fallzahlen und methodisch einwandfreiem Design eine klare Überlegenheit der LT gegenüber Plazebo erkennen lassen (Eastman et al. 1998, Terman et al. 1998). Eastman et al. (1998) randomisierten 96 SAD-Patienten in drei Behandlungsgruppen, die jeweils mit morgendlicher LT, abendlicher LT oder Plazebolicht behandelt wurden. Nach anfänglich vergleichbaren Therapieerfolgen innerhalb aller drei Gruppen erreichten die Gruppenunterschiede nach drei Wochen statistische Signifikanz, wobei sich sowohl ein signifikanter plazeboüberlegener Effekt der LT als auch eine Überlegenheit der morgendlichen gegenüber der abendlichen LT zeigen ließ. In ähnlicher Weise bestätigten Terman et al. (1998) in einer randomisierten, groß angelegten Untersuchung (N = 158) die Überlegenheit der LT gegenüber Plazebo sowie die Vorteilhaftigkeit der morgendlichen gegenüber der abendlichen Anwendung.

Auch zwei Metaanalysen bestätigen die plazebo-überlegene Effektivität der LT. Terman et al. (1989) analysierten die klinischen Daten von insgesamt 332 SAD-Patienten, die innerhalb von fünf Jahren in verschiedenen Forschungszentren behandelt und untersucht wurden. Es zeigte sich, dass Licht in ausreichender Intensität und Anwendungsdauer (2500 Lux für mindestens zwei Stunden täglich) einer Behandlung mit Plazebolicht signifikant überlegen ist. Auch hier wurde über eine Überlegenheit der frühmorgendlichen LT gegenüber der mittäglichen oder abendlichen LT berichtet. Eine weitere Metaanalyse von insgesamt 372 in englischer Sprache publizierter Studien zur Wirksamkeit der LT hat diese Ergebnisse eindrucksvoll bestätigt (Thompson et al. 1999).

Dass der antidepressive Effekt der LT bei Patienten mit gesicherter SAD durchaus mit jenem eines pharmakologischen Therapieansatzes vergleichbar sein dürfte, zeigten Ruhrmann et al. (1998). In einer Studie, in der 20 SAD-Patienten 4 Wochen lang mit Lichttherapie (Lichttherapie plus Plazebomedikament) oder Fluoxetin (Fluoxetin plus Plazebolicht) behandelt wurden, zeigte sich kein Unterschied hinsichtlich des antidepressiven Therapieerfolges. Die mit LT behandelten Patienten berichteten nicht nur über eine geringere Nebenwirkungsrate sondern auch über eine kürzere Wirklatenz des antidepressiven Wirkeintrittes. Bei schweren Formen der SAD wird eine Kombinationstherapie aus LT und Pharmakotherapie für manche Patienten als sinnvoll diskutiert (Thorell et al. 1999).

Lichttherapie bei S-SAD

Die hohe Prävalenz subsyndromaler Formen der SAD (S-SAD) sowie deren Existenz als eigenständige klinische Entität sind hinreichend belegt (Kasper et al. 1988, Kasper et al. 1989, Kasper und Praschak-Rieder 1997). Zur Effektivität der LT in der Indikation der S-SAD liegen vergleichsweise wenige Untersuchungen vor, jedoch gilt es als gesichert, dass die LT gerade bei diesen milden Formen saisonaler depressiver Verstimmungen als Therapie erster Wahl anzusehen ist.

In einer der ersten kontrollierten Untersuchungen zur Effektivität der LT bei S-SAD zeigte sich, dass LT bei S-SAD-Patienten (N = 20), nicht jedoch bei gesunden Kontrollpersonen ohne saisonale Befindlichkeitsstörung (N = 20) zu einer deutlichen Verbesserung der Stimmungs- und Antriebslage führt (Kasper et al. 1989). Auch Avery et al. (2001) belegten bei 30 Patienten mit S-SAD (bei Anwendung der LT am Arbeitsplatz) einen stimmungs- und antriebsverbessernden Effekt. In einer jüngst publizierten Studie von Levitt et al. (2002) wurde über vergleichbar hohe Response-Raten unter LT bei Patienten mit SAD und S-SAD berichtet. In beiden Diagnosegruppen lag die Responserate bei etwa 70%, was den Stellenwert der LT in der Behandlung der S-SAD einmal mehr unterstreicht.

Tabelle 1. Lichttherapie in der Indikation der SAD und S-SAD: Wirksamkeitsstudien

Autoren	Fallzahl (Diagnose)	Design	Ergebnisse
Rosenthal et al. (1985)	13 (SAD)	kontrolliert, Crossover-Design	Antidepressiver Effekt bei Anwendung hellen, weißen Lichtes, nicht aber bei Anwendung schwachen Lichtes
Kasper et al. (1989)	20 (S-SAD) 20 (Kontrollen)	kontrolliert	Signifikante Verbesserung von Stimmungslage und Energieniveau durch LT bei S-SAD, nicht aber bei gesunden Kontrollpersonen
Terman et al. (1989)	332 (SAD)	Metaanalyse	Signifikante Überlegenheit der LT gegenüber Plazebo; signifikante Überlegenheit der morgendlichen gegenüber der abendlichen LT; kein Vorteil der zweimal täglich (morgens und abends) angewendeten LT gegenüber alleiniger morgendlicher LT
Eastman et al. (1992)	32 (SAD)	plazebo-kontrolliert, Crossover-Design	Kein Unterschied zwischen morgendlicher LT und Plazebolicht
Labbate et al. (1995)	26 (SAD)	kontrolliert	Statistisch signifikanter Unterschied der Responseraten in Abhängigkeit der Dauer der LT: (27% Responserate nach 1 Woche LT, 62% Responserate nach 2 Wochen LT)
Partonen et al. (1996)	12 (SAD)	kontrolliert	Verhinderung einer SAD-Episode bei Anwendung der LT vor Auftreten manifester Depressionssymptome
Eastman et al. (1998)	96 (SAD)	randomisiert plazebo-kontrolliert	Signifikante Überlegenheit der LT gegenüber Plazebo; signifikante Überlegenheit der morgendlichen gegenüber der abendlichen LT
Thompson et al. (1999)	372 Studien	Metaanalyse	Signifikante Überlegenheit der LT gegenüber Plazebo
Levitt et al. (2002)	29 (SAD) 15 (S-SAD)	offen	Vergleichbare Responseraten (ca. 70%) unter LT bei SAD und S-SAD

LT Lichttherapie; *SAD* saisonal abhängige Depression; *S-SAD* subsyndromale saisonal abhängige Depression

Tageszeit der Anwendung

In Analogie zur Regulation zirkadianer Rhythmen in der Tierphysiologie wurde der Wirkmechanismus der LT zunächst in einer Simulation der sommerlichen Photoperiodik vermutet. In der Absicht, durch die LT eine „Verlängerung" der lichtarmen Wintertage zu erzielen, wurde die LT in den ersten Studien zur SAD sowohl morgens als auch abends angewendet (Isaacs et al. 1988, Rosenthal et al. 1984 und 1985, Winton et al. 1989). Diese pathophysiologische Hypothese wurde in weiter Folge maßgeblich modifiziert. Lewy et al. (1987) postulierten, dass es bei der SAD zu einer Phasenverschiebung zirkadianer Rhythmen im Sinne einer Phasenverspätung („phase delay") kommt und der Wirkmechanismus der LT in einer Korrektur dieser Phasenverschiebung bestehen könnte („Phase-Shift-Hyopthese"). Auch diese Hypothese wurde nicht lückenlos bestätigt. Die Diskussion um die Relevanz gestörter zirkadianer Phasen für die Pathophysiologie der SAD und den Wirkmechanismus der LT ist jedoch durch Untersuchungen belebt worden, die über eine Phasen-Verschiebung zirkadianer Rhythmen in Abhängigkeit des Tageszeitpunktes der LT-Anwendung berichten (Lewy et al. 1998).

Frühere Studien fanden zunächst keine Überlegenheit der morgendlichen gegenüber der abendlichen Anwendung (James et al. 1985, Hellekson et al. 1986, Jacobsen et al. 1987, Lafer et al. 1994, Meesters et al. 1995). Auch Wirz-Justice et al. (1993) beschrieb einen von der Tageszeit der Anwendung unabhängigen Effekt der LT und fand keinerlei Korrelation zwischen zirkadianer Rhythmik der Melatoninsekretion, Depressionsschweregrad und bevorzugtem Ansprechen auf morgendliche oder abendliche LT. Andere Untersuchungen zeigten jedoch, dass die morgendlich LT bei SAD-Patienten im Gegensatz zu gesunden Kontrollpersonen eine Vorverschiebung des Beginns der nächtlichen Melatoninsekretion („dim light melatonin onset") induziert und daher der abendlichen LT in ihrer Wirksamkeit überlegen sein dürfte (Sack et al. 1990, Avery et al. 1990, Avery et al. 1991 Lewy et al. 1998, Terman et al. 2001).

Zu den eindrucksvollsten Untersuchungen auf diesem Gebiet zählen die Studien von Lewy et al. (1998) und Terman et al. (2001). Lewy et al. (1998) behandelten 51 SAD-Patienten und 49 Kontrollpersonen mit morgendlicher (6 bis 8 Uhr) oder abendlicher (19 bis 21 Uhr) LT. Zwecks Bestimmung der zirkadianen Rhythmik erfolgte mehrfach die zeitliche Messung des Beginns der nächtlichen Melatoninsekretion. Es zeigte sich, dass SAD-Patienten im Vergleich zu gesunden Kontrollpersonen eine deutliche Phasenverspätung der Melatoninsekretion aufwiesen. Während die morgendliche LT zu einer zeitlichen Vorverschiebung („phase advance") der nächtlichen Melatoninsekretion führte, kam es bei abendlicher LT-Anwendung zu einer zeitlichen Verzögerung. Die morgendliche LT-Anwendung wies sich in ihrer Wirksamkeit gegenüber der abendlichen LT als signifikant überlegen aus. In ähnlicher Weise untersuchten Terman et al. (2001) die Plasma-Melatoninspiegel von SAD-Patienten sowohl im symptomatischen Zustand der Depression als auch nach vierzehntägiger morgendlicher oder abendlicher LT.

Tabelle 2. Lichttherapie in der Indikation der SAD und S-SAD: Morgendliche oder abendliche Lichttherapie? – Kontrollierte Studien

Autoren	Fallzahl (Diagnose)	Design	Ergebnisse
Jacobsen et al. (1987)	16 (SAD)	doppelblind, Crossover-Design	Vergleichbare Wirksamkeit von morgendlicher und nachmittäglicher LT
Sack et al. (1990)	8 (SAD) 5 (Kontrollen)	doppelblind, Crossover-Design	Signifikante Überlegenheit der morgendlichen gegenüber der abendlichen LT; signifikante Phasenvorverschiebung des DLMO unter morgendlicher LT bei SAD-Patienten, nicht aber bei gesunden Kontrollpersonen
Wirz-Justice et al. (1993)	39 (SAD)	randomisiert	Kein signifikanter Unterschied zwischen morgendlicher und abendlicher LT; keine Korrelation zwischen zirkadianer Rhythmik des DLMO, Depressionsschweregrad und bevorzugtem Ansprechen gegenüber morgendlicher oder abendlicher LT
Avery et al. (1990)	7 (SAD)	randomisiert, Crossover-Design	Signifikante Überlegenheit der morgendlichen gegenüber der abendlichen LT
Avery et al. (1991)	19 (SAD)	randomisiert, Crossover-Design	Signifikante Überlegenheit der morgendlichen gegenüber der abendlichen LT; Hypersomnie als Prädiktor für positive Therapieantwort auf LT
Lewy et al. (1998)	51 (SAD) 49 (Kontrollen)	randomisiert, Crossover-Design	Phasenvorverschiebung des DLMO unter morgendlicher LT; Phasenverspätung des DLMO unter abendlicher LT; signifikante Überlegenheit der morgendlichen gegenüber der abendlichen LT; Verspätung des DLMO-Beginns bei SAD-Patienten im Vergleich zu gesunden Kontrollpersonen
Terman et al. (1998)	158 (SAD)	randomisiert, Crossover- und Parallellgruppen-Design	Signifikante Überlegenheit der morgendlichen gegenüber der abendlichen LT
Avery et al. (2001)	30 (S-SAD)	randomisiert	Kein signifikanter Unterschied zwischen morgendlicher nachmittäglicher LT

(Fortsetzung umseitig)

Tabelle 2 (Fortsetzung)

Autoren	Fallzahl (Diagnose)	Design	Ergebnisse
Terman et al. (2001)	42 (SAD)	randomisiert	Phasenvorverschiebung des DLMO unter morgendlicher LT; Phasenverspätung des DLMO unter abendlicher LT; Korrelation zwischen Ausmaß der Phasenverschiebung und Tageszeitpunkt der Anwendung; signifikante Überlegenheit der morgendlichen gegenüber der abendlichen LT; Potenzierung des antidepressiven Effektes der LT bei frühmorgendlicher Anwendung, (optimaler Weise 8,5 Stunden nach DLMO)

LT Lichttherapie; *SAD* saisonal abhängige Depression; *S-SAD* subsyndromale saisonal abhängige Depression; *DLMO* dim light melatonin onset

Auch hier zeigte sich eine Phasen-Vorverschiebung der endogenen Melatonin-Rhythmik bei morgendlicher LT, deren Ausmaß umso größer war, je früher am Morgen die LT angewandt wurde. In analoger Weise korrelierte das Ausmaß der durch die abendliche LT induzierte Phasen-Verzögerung mit dem Zeitpunkt der abendlichen Behandlung. Insgesamt zeigte sich, dass der antidepressive Effekt der LT durch eine frühmorgendlicher Anwendung (optimaler Weise 8,5 Stunden nach Beginn der nächtlichen Melatoninsekretion) potenziert werden dürfte.

Prädiktoren des Therapieansprechens auf Lichttherapie

In einer Reihe von Studien wurden die für die SAD charakteristischen „atypischen" Depressionssymptome (Hypersomnie, Appetitsteigerung, Hyperphagie und Kohlehydrat-Craving) als positive Prädiktoren des Ansprechens auf LT identifiziert (Nagayama et al. 1991, Oren et al. 1992, Krauchi et al. 1993, Lam 1994). Auch Terman et al. (1996) bestätigten eindrucksvoll, dass sich LT-Responder in ihrem klinischen Profil klar von Non-Respondern unterscheiden. Während Patienten, die im Rahmen dieser Studie auf LT ansprachen, vor allem unter atypischen Depressionssymptomen litten, waren Non-Responder dem melancholischem Subtyp der Depression (gekennzeichnet u. a. durch morgendliches Pessimum, Depersonalisationsphänomene, Schuldgefühle, Insomnie oder Appetitverlust) zuzuordnen. Darüber hinaus fanden Sher et al. (2001) eine positive Korrelation zwischen der unmittelbaren Verbesserung atypischer Symptome (evaluiert nach einstündiger LT) und dem antidepressiven Gesamteffekt nach zweiwöchiger

Tabelle 3. Prädiktoren des Therapieansprechens auf Lichttherapie

Autoren	Fallzahl (Diagnose)	Design	Ergebnisse
Nagayama et al. (1991)	24 (SAD)	offen	Atypische Depressionssymptome als positiver Prädiktor für Ansprechen auf LT
Oren et al. (1992)	44 (SAD)	offen	Hypersomnie als positiver Prädiktor für Ansprechen auf LT
Krauchi et al. (1993)	51 (SAD)	offen	Erhöhte Aufnahme von Süßigkeiten während der zweiten Tageshälfte als positiver Prädiktor für rasche und anhaltende Therapieantwort auf LT
Lam et al. (1994)	54 (SAD)	kontrolliert	Hypersomnie, Hyperphagie und jüngeres Lebensalter als positive Prädiktoren für Ansprechen auf LT
Terman et al. (1996)	103 (SAD)	offen	Hypersomnie, abendliches Pessimum und Kohlehydrat-Craving als positive Prädiktoren für Ansprechen auf LT
Sher et al. (2001)	12 (SAD)	kontrolliert	Korrelation zwischen unmittelbarer Verbesserung atypischer Depressionssymptome (1 Stunde nach LT) und Gesamtverbesserung der Depression nach zweiwöchiger LT

LT Lichttherapie, *SAD* saisonal abhängige Depression

LT. Eine besonders rasche Remission atypischer Depressionssymptome auf LT dürfte also auch einen positiven Prädiktor für eine zufriedenstellende längerfristige Therapieantwort darstellen.

Das Vorliegen einer Persönlichkeitsstörung hingegen wurde, ähnlich wie dies auch für andere Therapiestrategien bei nichtsaisonalen depressiven Störungen belegt ist, mit einem schlechten Ansprechen auf LT assoziiert (Reichborn-Kjennerud et al. 1996).

Zusammenfassung

Ausgehend von Ergebnissen der chronobiologischen Forschung, wonach Lichtintensitäten von mindestens 2 000 Lux beim Menschen zu einer Beeinflussung zirkadianer Rhythmen führen, wurde 1982 erstmals die erfolgreiche Behandlung eines Patienten mittels LT beschrieben. Mitte der 80er-Jahre initiierte die Arbeitsgruppe um Rosenthal et al. die systematische Erforschung der SAD als eigene klinische Entität sowie die erste kontrollierte Studie zur Effektivität der LT in der Indikation der SAD.

Zur Wirksamkeit der LT in der Indikation der SAD und S-SAD wurden mittlerweile mehr als 60 kontrollierte Untersuchungen durchgeführt, davon eine Reihe plazebo-kontrollierter Untersuchungen mit repräsentativen Fallzahlen und methodisch einwandfreiem Design. Bei gesicherter Diagnose einer saisonalen Depression bzw. deren subsyndromaler Form und seriöser Befolgung der auf Basis langjähriger Forschung entwickelter Behandlungsrichtlinien werden in der Literatur Response-Raten von 60 bis zu 90% angegeben.

Für die tägliche Praxis bedeutet dies insbesondere die sachgerechte Anwendung approbierter Lichtgeräte mit ausreichender Lichtintensität. Die etwa 30-minütige LT mit einer Intensität von 10 000 Lux gilt heute als Standard. Der antidepressive Effekt der LT tritt in der Regel bereits innerhalb der ersten Behandlungstage ein; eine Stimmungsaufhellung ist meist innerhalb der ersten Behandlungswoche zu objektivieren. Wesentlich ist die kontinuierliche Behandlung während der gesamten dunklen Jahreszeit, da bei einer Unterbrechung der LT mit einem Rezidiv der depressiven Symptomatik zu rechnen ist. Darüber hinaus wird bei anamnestisch bekannter (s)-SAD die prophylaktische Anwendung der LT zu Beginn der lichtarmen Jahreszeit von den meisten Autoren befürwortet. Während fühere Studien keinen Hinweis auf die Vorteilhaftigkeit einer bestimmten Tageszeit der Anwendung fanden, mehren sich in jüngerer Zeit die Hinweise darauf, dass die morgendliche Anwendung der LT zu einer Korrektur gestörter zirkadianer Rhythmen führen dürfte und der abendlichen Anwendung in ihrer Wirkung daher überlegen sein dürfte. Als positive Prädiktoren hinsichtlich des Therapieerfolges auf LT wurde die Anwesenheit der für die SAD charakteristischen atypischen Depressionssymptome identifiziert.

Zusammenfassend ist festzustellen, dass sich die LT trotz gewisser methodischer Einschränkungen mancher Studien (geringe Fallzahlen, Problematik der Plazebokondition oder unzureichende Behandlungsdauern) nunmehr als anerkanntes nicht-medikamentöses Behandlungsverfahren etabliert hat und bei gesicherter Diagnose einer SAD oder S-SAD als Therapie erster Wahl gelten kann.

Literatur

Avery DH, Khan A, Dager SR, Cox GB, Dunner DL (1990) Bright light treatment of winter depression: morning versus evening light. Acta Psychiatr Scand 82 (5): 335–338

Avery DH, Khan A, Dager SR, Cohen S, Cox GB, Dunner DL (1991) Morning or evening bright light treatment of winter depression? The significance of hypersomnia. Biol Psychiatry 29 (2): 117–126

Avery DH, Kizer D, Bolte MA, Hellekson C (2001) Bright light therapy of subsyndromal seasonal affective disorder in the workplace: morning vs. afternoon exposure. Acta Psychiatr Scand 103 (4): 267–274

Bauer MS, Kurtz JW, Rubin LB, Marcus JG (1994) Mood and behavioral effects of four-week light treatment in winter depressives and controls. J Psychiatr Res 28 (2): 135–145

Bielski RJ, Mayor J, Rice J (1992) Phototherapy with broad spectrum white fluorescent light: a comparative study. Psychiatry Res 43 (2): 167–175

Brainard GC, Sherry D, Skwerer RG, Waxler M, Kelly K, Rosenthal NE (1990) Effects of different wavelengths in seasonal affective disorder. J Affect Disord 20 (4): 209–216

Eastman CI, Lahmeyer HW, Watell LG, Good GD, Young MA (1992) A placebo-controlled trial of light treatment for winter depression. J Affect Disord 26 (4): 211–221

Eastman CI, Young MA, Fogg LF, Liu L, Meaden PM (1998) Bright light treatment of winter depression: a placebo-controlled trial. Arch Gen Psychiatry 55 (10): 883–889

Hellekson CJ, Kline JA, Rosenthal NE (1986) Phototherapy for seasonal affective disorder in Alaska. Am J Psychiatry 143 (8): 1035–1037

Isaacs G, Stainer DS, Sensky TE, Moor S, Thompson C (1988) Phototherapy and its mechanisms of action in seasonal affective disorder. J Affect Disord 14 (1): 13–19

Jacobsen FM, Wehr TA, Skwerer RA, Sack DA, Rosenthal NE (1987) Morning versus midday phototherapy of seasonal affective disorder. Am J Psychiatry 144 (10): 1301–1305

James SP, Wehr TA, Sack DA, Parry BL, Rosenthal NE. (1985) Treatment of seasonal affective disorder with light in the evening. Br J Psychiatry 147: 424–428

Kasper S, Praschak-Rieder N (1997) Diagnosis and treatment of subsyndromal seasonal affective disorder. In: Judd LL, Saletu B, Filip A (eds) Basic and clinical science of mental and addictive disorders. Karger, Basel, pp 11–20 (Bibliotheca Psychiatrica 167)

Kasper S, Rogers SL, Yancey AL, Schulz PM, Skwerer RG, Rosenthal NE (1988) Phototherapy in subsyndromal seasonal affective disorder (S-SAD) and „diagnosed" controls. Pharmacopsychiatry 21 (6): 428–429

Kasper S, Rogers SL, Yancey A, Schulz PM, Skwerer RG, Rosenthal NE (1989) Phototherapy in individuals with and without subsyndromal seasonal affective disorder. Arch Gen Psychiatry 46 (9): 837–844

Kasper S, Rogers SLB, Madden PA, Vanderpool JJ, Rosenthal NE (1990) The effects of phototherapy in the general population. J Affect Disord 18: 211–219

Kasper S, Ruhrmann S, Neumann S, Möller HJ (1994) Use of light in German psychiatric hospitals. Eur Psychiatry 9: 288–292

Krauchi K, Wirz-Justice A, Graw P (1993) High intake of sweets late in the day predicts a rapid and persistent response to light therapy in winter depression. Psychiatry Res 46 (2): 107–117

Labbate LA, Lafer B, Thibault A, Rosenbaum JF, Sachs GS (1995) Influence of phototherapy treatment duration for seasonal affective disorder: outcome at one vs. two weeks. Biol Psychiatry 38 (11): 747–750

Lafer B, Sachs GS, Labbate LA, Thibault A, Rosenbaum JF (1994) Phototherapy for seasonal affective disorder: a blind comparison of three different schedules. Am J Psychiatry 151 (7): 1081–1083

Lam RW (1994) Morning light therapy for winter depression: predictors of response. Acta Psychiatr Scand 89 (2): 97–101

Lam RW, Kripke DF, Gillin JC (1989) Phototherapy for depressive disorders: a review. Can J Psychiatry 34 (2): 140–147

Lee TMC, Chan CCH (1999) Dose-response relationship of phototherapy for seasonal affective disorder: a meta-analysis. Acta Psychiatr Scand 99: 315–323

Levitt AJ, Lam RW, Levitan R (2002) A comparison of open treatment of seasonal major and minor depression with light therapy. J Affect Disord 71 (1–3): 243–248

Lewy AJ, Wehr TA, Goodwin FK, Newsome DA, Markey SP (1980) Light suppresses melatonin secretion in humans. Science 210 (4475): 1267–1269

Lewy AJ, Kern HA, Rosenthal NE, Wehr TA (1982) Bright artificial light treatment of a manic-depressive patient with a seasonal mood cycle. Am J Psychiatry 139: 1496–1498

Lewy AJ, Sack RL, Miller LS, Hoban TM (1987) Antidepressant and circadian phase-shifting effects of light. Science 235 (4786): 352–354

Lewy AJ, Bauer VK, Cutler NL, Sack RL, Ahmed S, Thomas KH, Blood ML, Jackson JM (1998) Morning vs evening light treatment of patients with winter depression. Arch Gen Psychiatry 55 (10): 890–896

Magnusson A, Kristbjarnarson H (1991) Treatment of seasonal affective disorder with high intensity light: a phototherapy study with an Icelandic group of patients. J Affect Disord 30: 257–268

Meesters Y, Jansen JH, Beersma DG, Bouhuys AL, van den Hoofdakker RH (1993) Early light treatment can prevent an emerging winter depression from developing into a full-blown depression. J Affect Disord 29 (1): 41–47

Meesters Y, Jansen JH, Beersma DG, Bouhuys AL, van den Hoofdakker RH (1995) Light therapy for seasonal affective disorder. The effects of timing. Br J Psychiatry 166 (5): 607–612

Nagayama H, Sasaki M, Ichii S, Hanada K, Okawa M, Ohta T, Asano Y, Sugita Y, Yamazaki J, Kohsaka M (1991) Atypical depressive symptoms possibly predict responsiveness to phototherapy in seasonal affective disorder. J Affect Disord 23 (4): 185–189

Oren DA, Brainard GC, Johnston SH, Joseph-Vanderpool JR, Sorek E, Rosenthal NE (1991) Treatment of seasonal affective disorder with green light and red light. Am J Psychiatry 148 (4): 509–511

Oren DA, Jacobsen FM, Wehr TA, Cameron CL, Rosenthal NE (1992) Predictors of response to phototherapy in seasonal affective disorder. Compr Psychiatry 33 (2): 111–114

Partonen T, Lonnqvist J (1996) Prevention of winter seasonal affective disorder by bright-light treatment. Psychol Med 26 (5): 1075–1080

Reichborn-Kjennerud T, Lingjaerde O (1996) Response to light therapy in seasonal affective disorder: personality disorders and temperament as predictors of outcome. J Affect Disord 41 (2): 101–110

Rosenthal NE, Sack DA, Gillin JC, Lewy AJ, Goodwin FK, Davenport Y, Mueller PS, Newsome DA, Wehr TA (1984) Seasonal affective disorder. A description of the syndrome and preliminary findings with light therapy. Arch Gen Psychiatry 41 (1): 72–80

Rosenthal NE, Sack DA, Carpenter CJ, Parry BL, Mendelson WB, Wehr TA (1985) Antidepressant effects of light in seasonal affective disorder. Am J Psychiatry 142 (2): 163–170

Ruhrmann S, Kasper S, Hawellek B, Martinez B, Hoflich G, Nickelsen T, Moller HJ (1998) Effects of fluoxetine versus bright light in the treatment of seasonal affective disorder. Psychol Med 28 (4): 923–933

Sack RL, Lewy AJ, White DM, Singer CM, Fireman MJ, Vandiver R (1990) Morning versus evening light treatment for winter depression. Evidence that the therapeutic effects of light are mediated by circadian phase shifts. Arch Gen Psychiatry 47 (4): 343–351

Schwartz PJ, Brown C, Wehr TA, Rosenthal NE (1996) Winter seasonal affective disorder: a follow-up study of the first 59 patients of the National Institute of Mental Health Seasonal Studies Program. Am J Psychiatry 153 (8): 1028–1036

Sher L, Matthews JR, Turner EH, Postolache TT, Katz KS, Rosenthal NE (2001) Early response to light therapy partially predicts long-term antidepressant effects in patients with seasonal affective disorder. J Psychiatry Neurosci 26 (4): 336–338

Stewart KT, Gaddy JR, Byrne B, Miller S, Brainard GC (1991) Effects of green or white light for treatment of seasonal depression. Psychiatry Res 38 (3): 261–270

Terman M, Terman JS, Quitkin FM, McGrath PJ, Stewart JW, Rafferty B (1989) Light therapy for seasonal affective disorder. A review of efficacy. Neuropsychopharmacology 2 (1): 1–22

Terman M, Amira L, Terman JS, Ross DC (1996) Predictors of response and nonresponse to light treatment for winter depression. Am J Psychiatry 153 (11): 1423–1429

Terman M, Terman JS, Ross DC (1998) A controlled trial of timed bright light and negative air ionization for treatment of winter depression. Arch Gen Psychiatry 55 (10): 875–882

Terman JS, Terman M, Lo ES, Cooper TB (2001) Circadian time of morning light administration and therapeutic response in winter depression. Arch Gen Psychiatry 58 (1): 69–75

Thompson C, Rodin I, Birtwhistle J (1999) Light therapy für seasonal and non-seasonal affective disorder: a Cochrane meta-analysis. Soc Light Treatment Biol Rhythms 11: 11

Thorell LH, Kjellman B, Arned M, Lindwall-Sundel K, Walinder J, Wetterberg L (1994) Light treatment of seasonal affective disorder in combination with citalopram or placebo with 1-year follow-up. Int Clin Psychopharmacol 14 (2): 7–11

Winton F, Corn T, Huson LW, Franey C, Arendt J, Checkley SA (1989) Effects of light treatment upon mood and melatonin in patients with seasonal affective disorder. Psychol Med 19 (3): 585–590

Wirz-Justice A, Bucheli C, Schmid AC, Graw P (1986) A dose relationship in bright white light treatment of seasonal depression. Am J Psychiatry 143 (7): 932–933

Wirz-Justice A, Graw P, Krauchi K, Gisin B, Jochum A, Arendt J, Fisch HU, Buddeberg C, Poldinger W (1993) Light therapy in seasonal affective disorder is independent of time of day or circadian phase. Arch Gen Psychiatry 50 (12): 929–937

Korrespondenz: Dr. E. Hilger, Klinische Abteilung für Allgemeine Psychiatrie, Universitätsklinik für Psychiatrie, Währinger Gürtel 18–20, A-1090 Wien, E-mail: eva.assem-hilger@akh-wien.ac.at

Lichttherapie bei nicht saisonal abhängiger Depression und anderen Erkrankungen

A. Groß und H. J. Möller

Psychiatrische Klinik und Poliklinik, Ludwig-Maximilians Universität,
München, Deutschland

Lichttherapie bei nicht saisonal abhängiger Depression

Etwa zur gleichen Zeit, während der sich amerikanische Forschungsgruppen am *National Institute of Mental Health* in den Vereinigten Staaten dem Gebiet der saisonalen Depression widmeten, erschien die erste Studie zum Einsatz von Lichttherapie bei nicht-saisonaler Depression: Bereits 1981 veröffentlichte eine kalifornische Arbeitsgruppe die ersten Ergebnisse einer offenen Studie mit stationären Patienten, die an nicht-saisonaler Depression litten: bei nur einmaliger Lichtexposition von einer Stunde Dauer kam es bereits zu einer signifikanten Reduktion depressiver Symptome (Kripke et al. 1981). Eine sich daran anschließende offene Studie mit Lichtexposition für jeweils 2 Stunden über 5 Tage an 12 Patienten mit endogener Depression, konnte diese Ergebnisse nicht replizieren, was laut Autoren mit der kleinen Patientenzahl begründet wurde (Kripke et al. 1983a, b). Eine jüngere Placebo-kontrollierte Studie derselben Arbeitsgruppe an 51 Patienten mit unbehandelter endogener Depression ohne saisonalen Verlauf erzielte eine 20%ige Symptomreduktion in Hamilton- und Beck Depressions Skalen (Basis Mittelwert HDRS: 15.3 und für BDS: 24.4) in der Patientengruppe (n=20), die sich über 7 Tage für jeweils 3 Stunden abends (von 20.00 bis 23.00 Uhr) in einem Raum mit Deckenlampen mit einer Lichtstärke von 2000–3000 Lux befanden, gegenüber den Patienten, die nach derselben Versuchsanordnung nur einer 50 Lux starken mit rotem Plexiglas überzogenen Lichtquelle ausgesetzt waren (Kripke 1992).

Die Mehrzahl der offenen Studien in den darauffolgenden Jahren belegte diese Ergebnisse (Dietzel et al. 1986, Peter 1986, Prasko et al. 1988, Heim 1988). Im Gegensatz dazu konnten die Studien von Yerevanian et al. (1986), Mackert et al. (1990, 1991) sowie von Volz et al. (1990) keinen Hinweis für die Wirksamkeit von Lichttherapie bei nicht-saisonaler Depression finden (eine Übersicht über die wichtigsten Studien bietet Tabelle 1).

Nachfolgend sollen einige seit den 90er Jahren publizierte und überwiegend kontrollierte Studien ausführlicher dargestellt werden: Volz und

Tabelle 1. Studien zur Lichttherapie bei nicht-saisonaler Depression

Studie	Design	Teilnehmerzahl	Dosis	Dauer	Zeitpunkt	Ergebnisse
Kripke et al. (1983)	2 Tage, cross-over counterbalanced placebo	12 Pat. (9 ohne AD)	1000 bis 2000 Lux	1 Std.	5.00 Uhr morgens	Sign. Reduktion von HDRS und BDI
Dietzel et al. (1986)	1 Tag offen	10 weibl. Pat. ohne AD	2800 Lux	7 Std.	6.00 bis 9.00 Uhr und 17.00 bis 21.00 Uhr	Sign. Reduktion von HDRS
Peter et al. (1986)	5 Tage offen	10 stat. Pat. (teilweise AD)	1800 Lux	3 Std.	6.30 bis 8.00 Uhr und 18.30 bis 20.00Uhr	Sign. Reduktion von HDRS
Yerevanian et al. (1986)	1 Woche offen	9 SAD und 8 non-SAD	2000 Lux	2 Std.	5.30 bis 7.30 Uhr oder 20.00 bis 22.00 Uhr	Sign. Reduktion von HDRS nur bei SAD
Kripke et al. (1987)	5 Tage offen	14 stat. Pat. ohne AD	n/a	2 Std.	1 Std. morgens 1 Std. abends	Keine sign. Reduktion von HDRS
Heim et al. (1988)	5 Tage	2 x 50 weibl. Pat. versus Schlafentzug	2000 Lux	3 Std.	6.30 bis 8.00Uhr 18.30 bis 20.00 Uhr	60% Bright-Light Responder 50% Schlafentzugresponder (Maßstab: 50% Reduktion im HDRS)
Volz et al. (1990)	1 Woche verum-placebo	30 stat. Pat. ohne AD	2500 Lux vs. 50 Lux	2 Std.	7.00 bis 9.00 Uhr	Keine sign. Symptomreduktion
Mackert et al. (1990)	1 Woche verum-placebo	30 stat. Pat. ohne AD	2500 Lux vs. 50 Lux	2 Std.	7.20 bis 9.20 Uhr	Keine sign. Überlegenheit gegenüber Placebo
Mackert et al. (1991)	1 Woche verum-placebo	42 stat. Pat. ohne AD	2500 Lux 50 Lux	2 Std.	Morgens	Keine signifikante Reduktion gegenüber Placebo
Kripke et al. (1992)	1 Woche verum-placebo	51 stat. Pat.	2000/ 3000 Lux	3 Std.	20.00 bis 23.00 Uhr	20% Reduktion gegenüber Placebo für HDRS

Studie	Design	Teilnehmerzahl	Dosis	Dauer	Zeitpunkt	Ergebnisse
Rao et al. (1992)	1 Woche verum-placebo	39 stat. Pat. ohne AD versus 14 gesunde Prob.	2500 Lux 50 Lux	2 Std.	7.20 bis 9.20 Uhr	4/19 (verum) >50% Red. in HDRS 1/17 (placebo)>50% Red. in HDRS
Schuchardt u. Kaspar (1992)	4 Wochen verum-placebo	30 Pat. ambulant (+AD)	2500 Lux 300 Lux	2 Std.	Morgens oder abends	Signifikante Red. depressiver Symptome gegenüber Placebo
Yamada et al. (1995)	1 Woche verum-placebo	27 Pat.ohne AD vs. 16 gesunde Probanden	2500 Lux 500 Lux	2 Std.	6.00 bis 8.00 Uhr oder 18.00 bis 20.00 Uhr	Signifikante Reduktion von HDRS
Thalén et al. (1995)	10 Tage offen	68 SAD 22 non-SAD	1500 Lux	2 Std.	6.00 bis 8.00 Uhr 18.00 bis 20.00 Uhr	53% SAD und 14% non-SAD zeigten 50% Red. in HDRS
Neumeister et al. (1996)	6 Tage verum-placebo	20 stat. Pat. (+AD)	Schlafentzug/ 3000 Lux 100 Lux	4 Std.	7.00 bis 9.00 Uhr und 17.00 bis 19.00 Uhr	Lichttherapie nach Schlafentzug verhindert Rückfall und wirkt antidepressiv gegenüber Placebo
Prasko et al. (2002)	3 Wochen, doppel-blind; 3 Therapien: A: Licht + AD B: Licht + Plc. C: Plc.Licht + AD	34 Pat.	5000 Lux vs. 500 Lux	2 Std.	6.00 bis 8.00 Uhr	A: 36.4% Responserate (50% Red. HDRS) B: 66.7% Responserate C: 33.3% Responserate

Kollegen untersuchten in einer doppel-blinden Studie an 30 stationären Patienten mit nicht-saisonaler Depression die Wirksamkeit von weißem Licht (2500 Lux) gegenüber schwachem Licht (50 Lux) als Placebo (Volz et al. 1990). Die Lichtexposition erfolgte über 7 Tage über zwei Stunden von 7.00 bis 9.00 Uhr am Morgen. Die Ausgangswerte der HDRS für die depressiv erkrankten Patienten ohne zusätzliche antidepressive Medikation lagen bei 19.77 ($\pm$ 3.87). Die statistische Auswertung ergab zum einen, dass sich kein signifikanter Unterschied zwischen beiden Interventionen zeigte, zum anderen, dass sowohl die Verum- als auch die Placebogruppe eine signifikante Reduktion depressiver Symptome erbrachte. Die Autoren räumten ein, dass die Kürze der Exposition und die Ausprägung der Depression vor Studienantritt mitverantwortlich für das negative Ergebnis sein könnten und empfahlen deutlich längere therapeutische Lichtexposition.

Mackert und Kollegen untersuchten doppel-blind den therapeutischen Effekt von Licht (2500 Lux) bei 42 depressiven stationären Patienten mit der Diagnose einer Major Depression bzw. einer bipolaren Störung für eine Anwendungsdauer von sieben Tagen für jeweils 2 Stunden am Morgen (7.20 bis 9.20 Uhr). Als Placebokontrolle diente die Applikation von rotem Licht von 50 Lux Stärke nach dem gleichen Protokoll. Alle Patienten mussten seit mindestens acht Tagen vor Studienantritt ohne antidepressive Begleitmedikation sein. Die Patienten wurden darüber informiert, dass die Anwendung zweier unterschiedlicher Lichtformen getestet werden sollte. Sie wurden nicht darüber informiert, dass rotes Licht erwartungsgemäß ohne therapeutischen Effekt sein würde. Als Verlaufsparameter diente der CGI und HDRS sowie verschiedene Selbstbeurteilungsfragebögen. Die Ausgangswerte der HDRS vor Therapiebeginn lagen im Mittel bei 19.3 ($\pm$ 4.2). Die Ergebnisse dieser Studie erbrachten keinen signifikanten Unterschied zwischen der Verum- und der Placebogruppe. Wurde die Response Rate definiert als 50%ige Reduktion der HDRS nach sieben Tagen, so erfüllten vier Patienten in der Verumgruppe und zwei Patienten in der Placebogruppe dieses Response Kriterium. Die Autoren vermuteten, dass die wash-out Phase für die Beendigung der antidepressiven Medikation zu kurz war und es zu Absetzphänomenen kam, die den Therapieerfolg behinderten (Mackert et al. 1991).

Rao und Kollegen untersuchten in einer offenen Studie an insgesamt 39 unbehandelten Patienten mit nicht-saisonaler Depression und 14 gesunden Probanden 24 h Serotonin und Melatoninspiegel im peripheren Blut vor und nach Lichtexposition, wobei alle Studienteilnehmer 3 Tage vor Studienbeginn einen Bolus von 150mg Fluvoxamin als Challenge erhalten hatten. Über 7 Tage erhielten die Probanden entweder 2500 Lux starkes Licht für die Dauer von zwei Stunden am Morgen oder schwaches rotes Licht (50 Lux) als Placebo. Unmittelbar vor Studienbeginn und nach Abschluss wurden achtmal innerhalb von 24 Stunden Blutproben für die Bestimmung von Serotonin und Melatonin entnommen. Die Serotonin und Melatonin- Ausgangswerte über 24 h sowohl für depressive Patienten als auch für gesunde Probanden zeigten keine Unterschiede. Nach 7-tägiger Lichtexposition zeigte sich sowohl in der Verum- als auch in der Placebogruppe ein deutlicher Anstieg der Serotoninwerte. Dieser beobachtete Anstieg war für depressive Patienten signifikant stärker ausgeprägt als bei den gesunden Probanden. Das Melatonin-Profil für beide Gruppen zeigte keine Veränderung nach Lichtexposition. In vier von 19 Patienten (13%) in der Verum-Gruppe und in einem von 17 Patienten in der Placebo-Gruppe kam es zu einer 50%igen Reduktion in der HDRS. Laut Autoren ist dieses Ergebnis im Einklang mit der oft beschriebenen Responserate von weniger als 20% innerhalb der ersten zwei Wochen nach Beginn antidepressiver Therapie (Brown 1988). Eine Erklärung für den überraschenden Befund, dass es auch in der Placebogruppe zu einem Anstieg der Serotoninwerte kam, wurde nicht angeführt (Rao et al. 1992).

Erwähnenswert ist an dieser Stelle die 1995 durchgeführte schwedische Studie von Thalén und Kollegen, die die therapeutische Wirksamkeit einer 10-tägigen Lichtbehandlung (jeweils 2 Stunden am Morgen oder am Abend) für eine Gruppe von Patienten mit nicht-saisonaler Depression gegenüber einer Gruppe mit saisonaler Depression verglichen. Eingeschlossen wurden 90 Patienten mit der Diagnose einer Major Depression, die sich in 68 Patienten mit saisonalem Verlaufsmuster und 22 Patienten mit nicht saisonalem Verlaufsmuster aufteilten. Die heterogene Population setzte sich dabei aus teils stationären, teils ambulanten Patienten zusammen, über deren Medikation in der Studie keine detaillierten Angaben gemacht wurden. Nach 10-tägiger Lichtexposition (Deckenlicht mit einer Iluminationsstärke von 1500 Lux) zeigte sich bei 36 Patienten (53%) mit saisonaler Depression, aber nur bei 3 Patienten (14%) mit nicht-saisonaler Depression eine 50%ige Symptomreduktion in den HDRS Scores. Es zeigte sich kein signifikanter Unterschied in den Gruppen bezüglich der Anwendung von morgendlicher Lichtexposition (Ausgangswert HDRS für non-SAD: 17.3; für SAD: 17.6) versus abendlicher Exposition (Ausgangswert HDRS für non-SAD: 22.9; für SAD: 17.0) hinsichtlich Therapieerfolg. Die Autoren sahen in diesem Ergebnis einen Beleg für die Hypothese, dass Patienten, die psychopathologisch überwiegend „endogene" Symptome aufwiesen, eher schlechter auf eine Lichttherapie ansprechen als Patienten mit saisonalem Verlaufsmuster. Sie spekulierten jedoch auch, dass möglicherweise die Lichtstärke zu gering und die Exposition zu kurz gewesen sei, um einen Therapieerfolg zu ermöglichen. Außerdem weisen die Autoren darauf hin, dass der Faktor „Lichtsensibilität" einer aus nördlichem Breitengrad stammenden Patientengruppe die Vergleichbarkeit dieser Studie mit anderen erschwerte (Thalén et al. 1995).

Yamada und Kollegen untersuchten doppel-blind an 27 Patienten mit nicht-saisonaler Depression ohne antidepressive Medikation gegenüber 16 gesunden Probanden, ob die Exposition mit hellem weißen Licht nicht nur depressive Symptome beeinflusst, sondern auch die circadiane Rhythmik der Körpertemperatur. Über die Dauer von 7 Tagen erhielten die Studienteilnehmer über 2 Stunden entweder helles weißes Licht (2500 Lux) oder schwaches Licht (500 Lux) als Placebo mit jeweils einer Unterteilung in morgendlicher und abendlicher Lichtexposition. 17 von 27 Patienten erfüllten die Diagnose einer Major Depression im Rahmen einer unipolaren affektiven Erkrankung, 10 davon im Rahmen einer bipolaren Erkrankung nach DSM-III-R. Die Hauttemperatur wurde alle 2 Stunden für die Dauer von 48 Stunden am ersten und letzten Tag der Lichttherapie gemessen. Es zeigte sich, dass unabhängig vom Zeitpunkt der Exposition, helles weißes Licht zu einer signifikanten Reduktion depressiver Symptome führte: Die durchschnittliche Symptomreduktion lag für Patienten mit unipolarer Depression bei 7.0 und für Patienten mit bipolarer Depression bei 4.0 in der HDRS nach morgendlicher Lichttherapie. Nach abendlicher Lichtexposition kam es bei Patienten mit unipolarer Depression zu einer Symptomreduktion um durchschnittlich 4.7 und bei Patienten mit bipolarer Depression um 9.0 Punkte in der HDRS. Es zeigte sich außerdem, dass Patienten unabhängig vom Zeitpunkt der Lichttherapie sensitiver als die gesunden Kontrollen auf den Lichteinfluss reagierten: morgendliche Lichtexposiiton führte zu einer Phasenvorverlagerung der circadianen Rhythmik, abendliche Lichtgabe zu einer Verzögerung (Yamada et al. 1995).

Eine in jüngster Zeit erschienene doppel-blinde Studie verglich die Wirksamkeit der Lichttherapie mit einer antidepressiven Behandlung bei stationären Patienten mit der Diagnose einer wiederkehrenden Major Depression über 3 Wochen: 34 Patienten wurden randomisiert einem von drei Therapiearmen zugeteilt: Gruppe A erhielt Lichttherapie (5000 Lux für 2 Std/Tag) und Imipramin 150 mg/Tag. Gruppe B erhielt Lichttherapie (5000 Lux für 2 Std/Tag) und ein Placebo-Medikament. Gruppe C erhielt ein Placebo-Licht (schwaches rotes Licht in einer Stärke von 500 Lux für 2 Std/Tag) und Imipramin 150 mg/Tag. Verlaufsparameter war die Dokumentation von HDRS, CGI, Montgomery und Asberg Skala für Depression und der BDI vor Beginn und in wöchentlichen Abständen. In Gruppe A schlossen 11 Patienten (2 drop-outs), in Gruppe B neun Patienten (2 drop-outs) und in Gruppe C ebenfalls neun Patienten (1 drop-out) die Studie nach 3 Wochen ab. Alle drop-outs fanden in der ersten Behandlungswoche statt. Zwei Patienten entwickelten ein hypomanes Zustandsbild (ein Patient aus Gruppe A und ein Patient aus Gruppe B). Zwei Patienten unterbrachen die Studie wegen typischer anticholinerger Nebenwirkungen (ein Patient aus Gruppe A und ein Patient aus Gruppe C). Ein weiterer Patient musste wegen Nicht-Compliance ausgeschlossen werden (Gruppe B). Nach 3-wöchiger Behandlungsdauer zeigten sich folgende Ergebnisse: In allen drei Therapiearmen konnte für alle eingesetzten Skalen eine signifikante Symptomreduktion erreicht werden, insgesamt war die Befundverbesserung in der Gruppe B (Lichttherapie und Placebo-Medikament) am deutlichsten ausgeprägt, ohne jedoch Signifikanz zu erreichen. Unter Anwendung der üblichen Responsekriterien (Reduktion des HAMD Scores um 50% bzw. Summenscore <8), ließ sich für 4 Patienten (36.4%) in der Gruppe A, für 6 Patienten (66.7%) in der Gruppe B und für 3 Patienten (33.3%) in der Gruppe C eine Response zeigen. Die Autoren leiteten aus ihren Ergebnisse ab, dass eine 3-wöchige Monotherapie mit Licht eine vergleichbare Wirksamkeit mit einer 3-wöchigen antidepressiven Behandlung mit Imipramin erzielen kann. Ungeklärt bleibt, warum die Kombinationstherapie (Gruppe A) schlechter abschnitt gegenüber der Gruppe B und weshalb Gruppe A und C ähnliche Ergebnisse erzielten. Die Autoren führten bezüglich letzterem Befund aus, dass die Applikation von 500 Lux schwach rotem Licht möglicherweise keine „reine" Placebo-Bedingung darstellte, sondern ebenfalls wirksam war (Prasko et al. 2002).

Die zum Teil widersprüchlichen Befunde zur Lichttherapie bei nicht saisonaler Depression bedürfen einer sorgfältigen Interpretation. Vergleicht man die Wirksamkeit von reiner medikamentöser antidepressiver Therapie gegenüber Lichttherapie, so darf nicht übersehen werden, dass gerade placebo-kontrollierte Medikamentenstudien nur mäßige Ergebnisse bringen: Für antidepressive Medikation ist mindestens eine Einnahme von 6 bis 16 Wochen nötig, bevor volle Wirksamkeit erreicht wird. Patienten, die für denselben Zeitraum ein Placebo erhalten, zeigen häufig Spontanremissionen. Soll der tatsächliche Effekt, d.h. der „Netto-Nutzen" einer antidepressiven Therapie berechnet werden, muss der Prozentsatz an Spontanremission, der durch das Placebo erreicht wurde, von der Remissionsrate durch das Medikament abgezogen werden. In Folge dessen ergeben sich deutlich geringere Remissionsraten für placebokontrollierte Antidepressiva Studien. Kripke (1998) legt in einer Übersichtsarbeit zu dieser Problematik anschaulich dar, dass der Netto-Nutzen antidepressiver Medikation durchaus vergleichbar ist mit dem Effekt von Lichttherapie sowohl für nichtsaisonale als saisonale Depression: Unter Lichttherapie kommt es *schneller* zu Remissionen als unter medikamentöser Therapie. Andererseits führt der Autor ebenfalls zu Recht aus, dass sich beide Behandlungsmöglichkeiten einer direkten Vergleichbarkeit entziehen, wenn nicht vergleichbare Randomisierung vorliegt. Unser Kenntnis nach wurde ein direkter Vergleich beider Modalitäten (Licht versus Medikament) nur in der oben beschriebenen Studie von Prasko et al. (2002) durchgeführt. Diesbezüglich wären Studien mit größeren Fallzahlen und längeren Beobachtungszeiträumen nötig.

Lichttherapie in Kombination mit Pharmakotherapie und Schlafentzug

Von größerer Bedeutung für die klinische Praxis dürfte jedoch der Befund sein, dass gerade Studien, die Lichttherapie und antidepressive Medikation *in Kombination* einsetzten, einheitlich gute Responseraten erbrachten (Prasko et al. 1988, Schuchardt und Kasper 1992, Neumeister et al. 1996). Schuchardt und Kasper erreichten dabei signifikante Ergebnisse nach 4-wöchiger Lichttherapie (> 2500 Lux).

Neueren Befunden zufolge scheint der Einsatz von Lichttherapie unmittelbar im Anschluss an Schlafentzug günstig für die Aufrechterhaltung des durch Schlafentzugs erzielten antidepressiven Effektes zu sein (siehe dazu Abb. 1). Neumeister und Kollegen konnten in einer kontrollierten Studie an 20 stationären Patienten mit der Diagnose einer Major Depression zeigen, dass bei Schlafentzugsrespondern, d.h. bei den Patienten, die nach einmaligem partiellem Schlafentzug eine Symptomreduktion von 40% im HDRS erzielten, eine sich daran anschließende Lichtexposition über 6 Tage

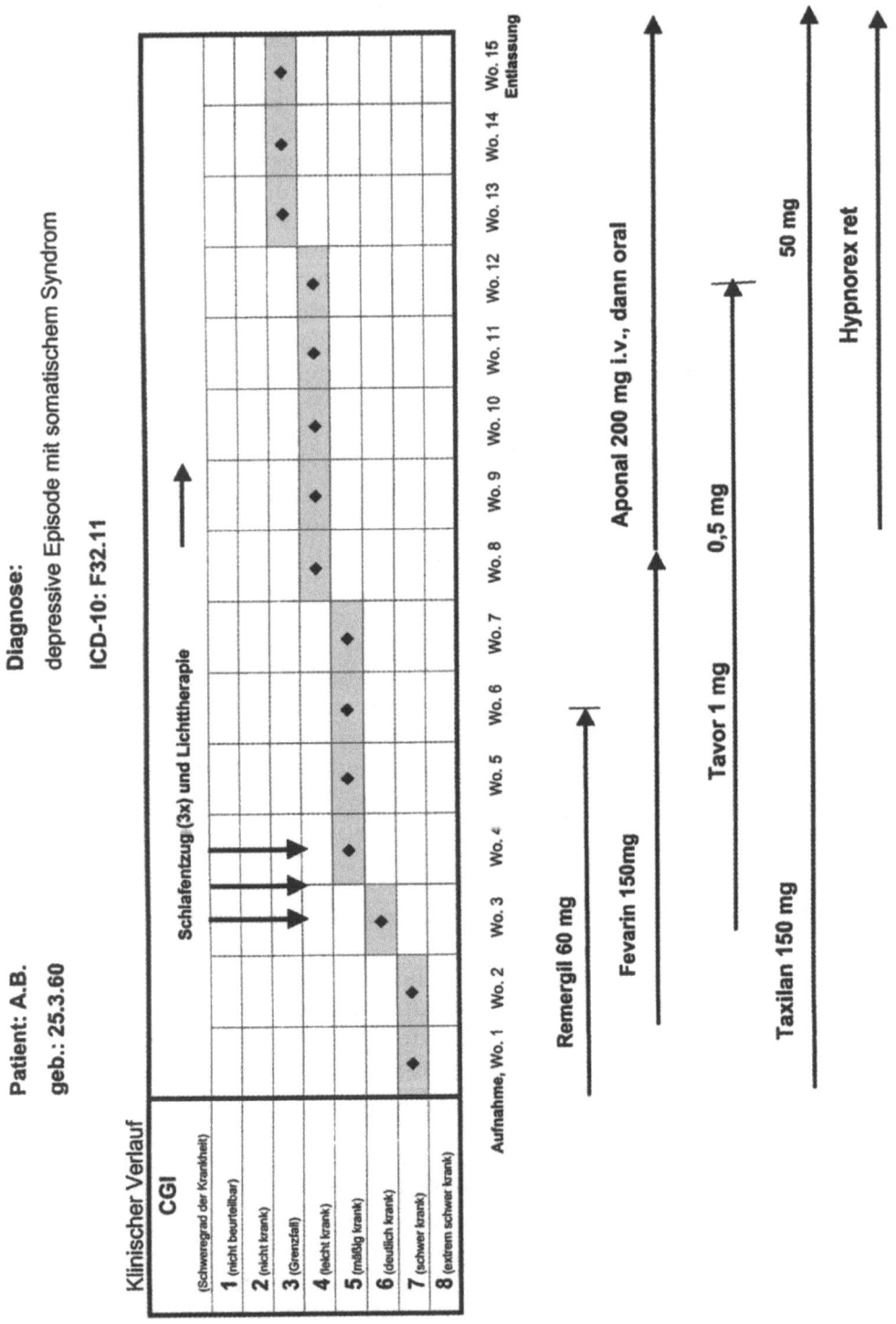

Abb. 1. Kombination aus Pharmakotherapie, Schlafentzug und Lichttherapie

zu einer Aufrechterhaltung des antidepressiven Effektes führte. Die antidepressive Medikation wurde dabei nicht unterbrochen (Neumeister et al. 1996). Ergebnisse von Heller und Kollegen bestätigten, dass gerade das Ansprechen auf Schlafentzug eine effektive Methode zur Identifizierung von Lichttherapie-Respondern darstellt (Heller et al. 2001). Einen ähnlichen Ansatz verfolgten Colombo und Kollegen (2000), die ebenfalls in einer randomisierten, placebo-kontrollierten Studie den Effekt von totalem Schlafentzug in Kombination mit Lichttherapie und Lithium an 115 Patienten mit bipolarer Depression untersuchten. Auch hier zeigte sich, dass die Kombination aus Lichttherapie und Rezidivprophylaxe, adjunktiv im Anschluss an Schlafentzug eingesetzt, zu deutlicher Konsolidierung des antidepressiven Effektes führte (Colombo et al. 2000).

Gerade die Kombination aus ambulanter Lichttherapie und medikamentöser antidepressiver Therapie bietet eine effiziente Behandlungsalternative, die helfen kann, Kosten zu sparen und eventuell stationäre Aufenthalte verhindert.

Weitere Indikationen für Lichttherapie

Als weitere Indikationsgebiete für die Lichttherapie finden sich in der Literatur das prämenstruelle Syndrom, saisonal auftretende Zwangssymptomatik, depressive Syndrome bei schizophrenen Erkrankungen, die Bulimie und das Alkoholentzugssyndrom. Neuerlich wurde auch über Lichttherapie bei dementen Patienten berichtet (Graf et al. 2001). Hierbei handelt es sich jedoch meist um Einzelfallberichte oder aber um Studien mit sehr kleiner Fallzahl (Literatur siehe Tabelle 2).

Tabelle 2. Studien zur Lichttherapie bei anderen Erkrankungen

Prämenstruelles Syndrom	Parry et al. (1987, 1989)
Depression bei Schizophrenie	Heim (1990), Kasper et al. (1990)
Saisonale Zwangsstörung	Höflich et al. (1992)
Alkoholentzugssyndrom	Dietzel et al. (1989)
Bulimie	Lam et al. (1994)
Dementielle Syndrome	Graf et al. (2001)
Wochenbettdepression	Corral et al. (2000)

Modifiziert, mit freundlicher Genehmigung nach Kasper (1993)

Das prämenstruelle Syndrom

Ungefähr ein Drittel aller Patientinnen mit PMS leidet an saisonalen Schwankungen ihrer Beschwerden mit Verschlechterung in den Herbst- und Wintermonaten (Maskall et al. 1997, Kasper et al. 1989). Patientinnen mit prämenstruellem Syndrom leiden häufig an ähnlichen Symptomen wie

SAD-Patienten. Dazu zählen Hypersomnie, Hyperphagie mit Heißhunger auf Kohlehydrate und Gewichtszunahme.

Die Behandlung des prämenstruellen Syndroms mit Lichttherapie wurde erstmals in einer Pilotstudie von Parry und Kollegen beschrieben (Parry et al. 1987). In einer sich daran anschließenden Untersuchung wurden 6 Frauen in einem kontrollierten cross-over Design über einen Zeitraum von zwei Menstruationszyklen mit morgendlichem versus abendlichem Licht behandelt. Die Probandinnen erhielten während der Lutealphase für die Dauer von einer Woche über 2 Stunden pro Tag Licht der Stärke von 2500 Lux entweder morgens zwischen 6.30 und 8.30 Uhr oder abends zwischen 19.00 und 21.00 Uhr. Dabei zeigte sich eine Effektivität der Lichttherapie in den Abendstunden, nicht jedoch in den Morgenstunden. Allerdings waren die Unterschiede zwischen morgendlichem und abendlichem Licht nicht signifikant (Parry et al. 1989). In einer späteren Studie an 19 Patientinnen mit PMS untersuchte dieselbe Forschungsgruppe den therapeutischen Effekt von morgendlichem versus abendlichem Licht (jeweils 2500 Lux) sowie schwachem roten Licht (10 Lux) als Placebokontrolle. Dabei erfolgte die Lichtanwendung in einem cross-over Design für jeweils einen Menstruationszyklus. Es zeigte sich, dass alle drei Interventionen zu einer signifikanten Symptomreduktion führten, was laut Autoren einen Placeboeffekt nicht ausschließen ließ (Parry et al. 1993). Vor dem Hintergrund, dass gerade bei kurzen Behandlungszeiträumen der Placeboeffekt hoch ist, untersuchten Lam und Kollegen an 14 Frauen mit PMS in einer randomisierten, doppelblinden cross-over Studie die Wirksamkeit von abendlichem Licht versus Placebo über die Dauer von 6 Menstruationszyklen. Während der Lutealphase erhielten die Frauen über 2 Wochen jeweils für 30 Minuten entweder kalt fluoreszierendes Licht mit 10 000 Lux Stärke oder rotes fluoreszierendes Licht mit 500 Lux Stärke. Nach zwei Menstruationszyklen erfolgte der Wechsel in die andere therapeutische Intervention für weitere 2 Menstruationszyklen. Die Resultate zeigten signifikante Symptomverbesserung für die aktive Komponente, nicht aber für die Placebokontrolle (Lam et al. 1999).

Der zugrundeliegende Pathomechanismus für die Wirksamkeit der Lichttherapie bei PMS ist unklar. Einige Forscher nehmen an, dass es sich bei PMS um eine Störung in der circadianen Rhythmik handelt: In wissenschaftlichen Studien ließ sich zeigen, dass Probandinnen mit PMS gegenüber einem Normalkollektiv eine reduzierte und zeitliche verschobene nächtliche Ausschüttungsrate von Melatonin aufweisen (Parry et al. 1990). Anderen Studien zufolge besteht bei PMS eine Dysregulation der serotonergen Funktion (Menkes et al.1994, Su et al. 1997), die durch Lichttherapie positiv beeinflusst werden kann, ähnlich wie bei Patienten mit SAD (Yatham et al. 1997).

Saisonale Zwangsstörung

Höflich und Kollegen beschrieben 1992 in einer Kasuistik die erfolgreiche Anwendung von Lichttherapie zur Behandlung einer 40-jährigen Patientin mit einer saisonalen Form eines seit 14 Jahren bekannten Zwangssyndroms.

Unter Beibehaltung der antidepressiven Medikation von Amitriptylin 125 mg/die wurde die Patientin über 21 Tage mit hellem weißen fluoreszierendem Licht (3000 Lux) zwei Stunden täglich zwischen 9 und 11 Uhr morgens behandelt. Unter dieser Therapie klang das Zwangssyndrom und auch die depressive Symptomatik nach 14 Tagen ab. Auch 12 Monate nach der kombinierten Behandlung mit Lichttherapie und Amitriptylin trat weder eine Zwangssymptomatik noch eine depressive Symptomatik wieder auf. Da das Serotoninsystem offenbar eine Rolle in der Pathogenese der Zwangserkrankungen spielt, postulierten die Autoren, dass mit einer Behandlung von Licht ein eventuell bestehender zentraler Serotoninmangel ausgeglichen werden könnte (Höflich et al. 1992).

Depressive Syndrome bei Schizophrenie

Die Untersuchungsgruppe von Heim berichtete erstmals über die Behandlung von 20 schizophrenen Patienten, bei denen ein depressives Syndrom vorlag. Diese Patienten wurden über einen Zeitraum von 5 Tagen durch Lichttherapie mit einer Helligkeit von 2500 Lux in den Abendstunden (2 Stunden) behandelt. Dabei kam es bei 55% zu einem Rückgang der depressiven Symptomatik (Heim 1990). In einer Untersuchung von Kasper und Kollegen wurden 3 schizophrene Patienten, die zum Zeitpunkt keine produktive, sondern nur eine depressive Symptomatik aufwiesen, in einem kontrollierten Cross-over Design mit entweder 2500 Lux oder 100 Lux für 2 Stunden (1 Stunde am Morgen und 1 Stunde am Abend) behandelt. Zwei Patienten standen unter einer stabilen neuroleptischen Medikation und eine Patientin war medikamentenfrei. Bei allen drei Patienten zeigte sich laut Autoren unter hellem weissen Licht eine günstige Rückbildung der depressiven Symtomatik. Die Autoren räumten jedoch ein, dass bei allen drei Patienten eine, neben der eindeutig belegten schizophrenen Erkrankung, jahreszeitlich abhängige depressive Symptomatik bestand, die von der schizophrenen Symptomatologie unabhängig war. Bei keinem der Patienten kam es zu einem Wiederauftreten der schizophrenen Symptomatik. Die Autoren geben zu bedenken, dass der Einsatz der Lichttherapie gerade bei dieser Indikation im Einzelfall genau geprüft werden muss, um nicht eine Symptomprovokation hervorzurufen (Kasper et al. 1990).

Verbesserung kognitiver Defizite durch Lichttherapie bei dementen Patienten

In einer placebo-kontrollierten Studie untersuchten Graf und Kollegen die Wirksamkeit von Lichttherapie hinsichtlich der Verbesserung kognitiver Funktionen von 23 Patienten mit vaskulärer Demenz bzw. Demenz vom Alzheimer-Typ. Einschlusskriterien waren ein MMSE Gesamtwert von ≤ 23 (*Mini-Mental State Examination*) und die Abwesenheit einer depressiven Episode. Die Patienten erhielten randomisiert entweder helles Licht (3000 Lux) oder schwaches Licht (100 Lux) täglich über zwei Stunden von 5.00 Uhr bis

7.00 Uhr abends für 10 Tage. Unabhängig von ihrer Diagnose zeigten die Patienten in der Verum-Gruppe (p = .0012), jedoch nicht in der Placebo-Gruppe (p = .73) einen signifikanten Anstieg ihrer MMSE Gesamtwerte nach Abschluss der 10- tägigen Lichttherapie. Die Autoren machten jedoch keine Angaben über die Dauer des therapeutischen Effektes (Graf et al. 2001).

Wochenbettdepression

Corral und Kollegen beschrieben kasuistisch die erfolgreiche Behandlung von zwei Patientinnen mit Wochenbettdepression. Unter insgesamt 4-wöchiger Lichttherapie (10000 Lux) für täglich 30 Minuten zwischen 7.00 Uhr und 9.30 Uhr kam es bei beiden Patientinnen zu einer 75%igen Reduktion der Ausgangswerte der Hamilton Depressionsskala (Fall A: Basiswert: 29, nach 4-wöchiger Therapie: 11; Fall B: Basiswert: 28, nach 4-wöchiger Therapie: 12). Beide Patientinnen erhielten keine medikamentöse Therapie. Die Autoren argumentierten, dass die Lichttherapie insbesondere bei postpartal erkrankten Frauen, die weiterhin stillen möchten, eine bedenkenswerte Alternative zur medikamentösen Therapie darstellt (Corral et al. 2000).

Bulimia nervosa

Es gibt zahlreiche Befunde, die nahe legen, dass eine Reihe von Patienten mit der Diagnose einer Bulimia nervosa saisonale Schwankungen aufweisen: 10–42% aller Patienten mit Bulimia nervosa leiden unter erheblicher Verschlechterung ihrer Symptomatik im Herbst und Winter (Fornari et al. 1989, Lam et al. 1991, Hardin et al. 1991, Bloin et al. 1992). Andererseits treten Symptome wie Störungen des Appetits und der Gewichtsregulation, Heißhungerattacken (sog. *carbohydrate craving*) sowie das Verschlingen großer Nahrungsmengen (sog. *binge eating*) gehäuft bei Patienten mit Herbst/Winterdepression auf (Wirtz-Justice et al. 1986, Rosenthal et al. 1987, Lam et al. 1989). Lam und Kollegen berichteten 1994 erstmals über eine placebokontrollierte Studie mit Lichttherapie an 17 Patientinnen mit Bulimia nervosa, von denen sieben eine saisonal verlaufende Essstörung aufwiesen. Alle Patientinnen erhielten in einem cross-over Design über 2 Wochen jeweils helles Licht (10000 Lux) oder schwaches rotes Licht (500 Lux) für 30 Minuten am Morgen (zwischen 7.00 Uhr und 8.00 Uhr morgens). Nach Studienabschluss zeigte sich, dass gerade Patientinnen mit saisonaler Bulimie signifikant gegenüber den Patientinnen ohne saisonale Symptomatik von der Lichttherapie profitierten (Lam et al. 1994).

Das Alkoholentzugsyndrom

Biologisch wirksames Licht weist eine vigilanzsteigernde Wirkung sowohl bei depressiven Patienten als auch bei gesunden Kontrollen auf (Dietzel et al. 1986). Die Symptomatik des Delirium tremens oder entsprechender Vorstufen ist u.a. durch eine Verminderung der Vigilanz charakterisiert. Von dieser Beobachtung ausgehend argumentierten Dietzel und Kollegen, dass biologisch aktives Licht, das einen direkten positiven Effekt auf die Vigilanz ausübt, dazu geeignet sein könnte, ein solches Krankheitsbild entscheidend zu verbessern. Als Teil eines Forschungsprojektes an der Psychiatrischen Universitätsklinik in Wien (Österreich), das die Therapieeffizienz und den Wirkungsmechanismus von biologisch aktivem Licht in der Alkoholentzugsproblematik erforschen sollte, wurden 42 stationäre Patienten mit aktuell bestehender Entzugssymptomatik bei schwerem chronischen Alkoholabusus (Delta-Trinker) einer Lichttherapie über 10 Tage ausgesetzt. Die Patienten, die mit einem durchschnittlichen Blutalkoholgehalt von 1,9 Promille in die Studie aufgenommen wurden, erhielten sofort bei der Aufnahme biologisch aktives Licht (3000 Lux), bzw. in der Placebogruppe gedämpftes Licht (700 Lux). Ab dem folgenden Tag erhielten die Patienten von 6.00 Uhr bis 8.00 Uhr und von 17.00 bis 22.00 Uhr Licht. Die Entzugssymptomatik wurde im Verlauf sorgfältig mittels verschiedener psychometrischer Instrumente erfasst sowie eine zusätzliche Medikamentengabe dokumentiert. Es zeigte sich, dass Patienten in der Verum Gruppe gegenüber Patienten der Placebo Gruppe signifikant geringere Entzugssymtpome aufwiesen und weniger Medikamente benötigten (Dietzel et al. 1989).

Literatur

Blouin A, Blouin J, Aubin P, Carter J, Goldstein C, Boyer H, Perez E (1992) Seasonal patterns of bulimia nervosa. Am J Psychiatry 149: 73–81
Brown WA (1988) Predictors of placebo response in depression. Psychopharmacol Bull 24: 14–17
Colombo Ch, Lucca A, Benedetti F, Barbini B, Campori E, Smeraldi E (2000) Total sleep deprivation combined with lithium and light therapy in the treatment of bipolar depression: replication of main effects and interaction. Psychiatry Res 95: 43–53
Corral M, Kuan A, Kostaras D (2000) Bright light therapy's effect on postpartum depression. Am J Psychiatry 157, 2: 303–304
Dietzel M, Saletu B, Lesch OM, Sieghart W, Schjerve M (1986) Light treatment in depressive illness: Polysomnographic, psychometric and neuroendocrinological findings. Eur Neurol 25 [Suppl]: 93–103
Dietzel A, Saletu B, Veit I, Birsak L, Bach M, Gruber U, Marx B (1989) Biologisch aktives Licht – eine wirksame Therapie im schweren Alkoholentzug. In: Pflug B, Lemmer B (Hrsg) Chronobiologie und Chronopharmakologie. Fischer, Stuttgart New York, S 99–114
Fornari VM, Sandberg DE, Lachenmeyer J, Cohen D, Matthews M, Montero G (1989) Seasonal variations in bulimia nervosa. Ann NJ Acad Sci 575: 509–511
Graf A, Wallner C, Schubert V, Willeit M, Wlk W, Fischer P, Kasper S, Neumeister A (2001) The effects of light therapy on mini-mental state examination scores in demented patients. Biol Psychiatry 50: 725–727
Hardin TA, Wehr TA, Brewerton T, Kasper S, Berrettini W, Rabkin J, Rosenthal NE (1991) Evaluation of seasonality in six clinical populations and two normal populations. J Psychiatr Res 25: 75–87
Heim M (1988) Zur Effizienz der Bright-Light-Therapie bei zyklothymen Achsensyndromen: eine cross-over-Studie gegenüber partiellem Schlafentzug. Psychiat Neurol Med Psychol (Leipzig) 40 (5): 269–277

Heller R, Fritzsche M, Hill H, Kick H (2001) Schlafentzug als Prädiktor für das Ansprechen auf Lichttherapie bei Major Depression. Fortschr Neurol Psychiat 69: 156–163

Höflich G, Kasper S, Möller HJ (1992) Erfolgreiche Behandlung eines saisonalen Zwangssyndroms mit Lichttherapie. Nervenarzt 63: 701–704

Kasper S (1993) Neue Erfahrungen mit der Lichttherapie: saisonal abhängige Depressionen (SAD) und weitere Indikationsgebiete. Schweizer Arch Neurol Psychiatrie 144 (6): 539–560

Kripke DF (1981) Photoperiodic mechanisms for depression and its treatment. In: Perris C, Struwe G, Jansson B (eds) Biological psychiatry. Elsevier North Holland Biomedical Press, Amsterdam, pp 1249–1252

Kripke DF (1998) Light treatment for nonseasonal depression: speed, efficacy, and combined treatment. J Affect Disord 49: 109–117

Kripke DF, Risch SC, Janowsky DS (1983a) Bright white light alleviates depression. Psychiatry Res 10: 105–112

Kripke DF, Risch SC, Janowsky DS (1983b) Lighting up depression. Psychopharmacol Bull 19: 526–530

Kripke DF, Gillian JC, Mullaney DJ, Risch SC, Janowsky DS (1987) Treatment of major depressive disorders by bright white light for 5 days. In: Halaris A (ed) Chronobiology and psychiatric disorders. Elsevier, Amsterdam, pp 207–218

Kripke DF, Mullaney DJ, Savides TJ, Gillian JC (1989) Phototherapy for non-seasonal major depressive disorder. In: Rosenthal NE, Blehar M (eds) Seasonal affective disorder and phototherapy. Raven Press, New York, pp 342–356

Kripke DF, Mullaney DJ, Klauber MR, Risch SC, Gillian JC (1992) Controlled trial of bright light for nonseasonal major depressive disorders. Biol Psychiatry 31: 119–134

Lam RW, Kripke DF, Gillin JC (1989) Phototherapy for depressive disorders: a review. Can J Psychiatry 34: 140–147

Lam RW, Buchanan A, Remick RA (1989) Seasonal affective disorder – a Canadian sample. Ann Clin Psychiatry 1: 241–245

Lam RW, Solyom L, Tomkins A (1991) Seasonal mood symptoms in bulimia nervosa and seasonal affective disorder. Compr Psychiatry 32: 552–555

Lam, RW, Goldner EM, Solyom L, Remick RA (1994) A controlled study of light therapy for bulimia nervosa. Am J Psychiatry 151: 744–750

Lam, RW, Carter D, Misri S, Kuan AJ, Yatham LN, Zis AP (1999) A controlled study of light therapy in women with late luteal phase dysphoric disorder. Psychiatry Res 86: 185–192

Mackert A, Volz HP, Stieglitz RD, Müller-Oerlinghausen B (1990) Effect of bright white light on non-seasonal depressive disorder. Pharmacopsychiatry 23: 151–154

Mackert A, Volz HP, Stieglitz RD, Müller-Oerlinghausen B (1991) Phototherapy in nonseasonal depression. Biol Psychiatry 30: 257–268

Neumeister A, Goessler R, Lucht M, Kapitany T, Bamas Ch, Kasper S (1996) Bright light therapy stabilizes the antidepressant effect of partial sleep deprivation. Biol Psychiatry 39: 16–21

Parry BL, Rosenthal NE, Tamarkin L, Wehr TA (1987) Treatment of a patient with seasonal pre-menstrual syndrome. Am J Psychiatry 144: 762–766

Parry BL, Berga SL, Mostofi N, Sependa PA, Kripke DF, Gillin JC (1989) Morning versus evening bright light treatment of late luteal phase dysphoric disorder. Am J Psychiatry 146: 1215–1217

Parry BL, Mahan AM, Mostofi N, Klauber MR, Lew GS, Gillin JC (1993) Light therapy of late luteal phase dysphoric disorder: an extended study. Am J Psychiatry 150: 1417–1419

Peter K (1986) First results with bright light in affective psychosis. Psychiat Neur Med Psychol 38: 384–390

Prasko J, Foldmann P, Praskova H, Zindr V (1988) Hastened onset of the effect of antidepressive drugs when using three types of timing of intensive white light. Cs Psychiat 84 (6): 373–383

Prasko J, Horacek J, Klaschka J, Kosova J, Ondrackova I, Sipek J (2002) Bright light therapy and/or imipramine for inpatients with recurrent non-seasonal depression. Neuroendocrinol Lett 23: 109–113

Rao ML, Müller-Oerlinghausen B, Mackert A, Sterbel B, Stieglitz RD, Volz HP (1992) Blood serotonin, serum, melatonin and light therapy in healthy subjects and in patients with nonseasonal depression. Acta Psychiatr Scand 86: 127–132

Rosenthal NE, Wehr TA (1987) Seasonal affective disorders. Psychiatr Ann 17: 670–674

Schuchardt HM, Kasper S (1992) Lichttherapie in der psychiatrischen Praxis. Fortschr Neurol Psychiatr 60 (S2): 193–194

Stinson D, Thompson C (1990) Clinical experience with phototherapy. J Affect Disord 18: 129–135

Thalén BE, Kjellman BF, Mørkrid L, Wibom R, Wetterberg L (1995) Light treatment in seasonal and nonseasonal depression. Acta Psychiatr Scand 91: 352–360

Volz HP, Mackert A, Stieglitz RD, Müller-Oerlinghausen B (1990) Effect of bright white light therapy on non-seasonal depressive disorder. J Affect Disord: 15–21

Wirtz-Justice A, Bucheli C, Graw P, Kielholz P, Fisch H-U, Wogon B (1986) Light treatment of seasonal affective disorder in Switzerland. Acta Psychiatr Scand 74: 193–204

Yamada N, Martin-Iverson MT, Daimon K et al (1995) Clinical and chronobiological effects of light therapy on nonseasonal affective disorders. Biol Psychiatry 37: 866–873

Yerevanian BI, Anderson JL, Grota LJ, Bray M (1986) Effects of bright incandescent light on seasonal and nonseasonal major depressive disorder. Psychiatry Res 18: 355–364

Korrespondenz: Dr. med. A. Groß, Psychiatrische Klinik und Poliklinik, Ambulanz, Ludwig-Maximilians Universität München, Nussbaumstraße 7, D-80336 München, Deutschland, E-mail: angross@psy.med.uni-muenchen.de

Lichttherapie bei Jet-Lag

P. Fey und B. Pflug

Klinik für Psychiatrie und Psychotherapie II, Klinikum der Universität,
Frankfurt/Main, Deutschland

Jetlag ist im Zuge der immer größeren Mobilität im Rahmen der Globalisierung und damit verbundenem häufigen Reisen über mehrere Zeitzonen hinweg von zunehmender Bedeutung. Flugpersonal und Reisende sind betroffen. Jetlag macht Geschäftsreisende weniger produktiv und führt zu einer größeren Fehlerrate, bei Urlaubsreisen vermindert Jetlag die Freude über einige Ferientage.

Schnelle transmeridiane Reisen über mehrere Zeitzonen hinweg verursachen eine Reihe von Symptomen: Probleme mit dem Ein- oder Durchschlafen, Tagesmüdigkeit und Mangel an subjektiver Wachheit und Leistungsfähigkeit, gastrointestinale Beschwerden und andere psychosomatische Beschwerden. (Comperatore und Krueger 1990, Winget et al. 1984). Im Allgemeinen werden diese Beschwerden als Jetlag zusammengefasst. Die Symptome werden durch drei wesentliche Bedingungen eines Langstreckenfluges bedingt: durch den Flug bedingter Stress, Schlafmangel und vorübergehende veränderte Beziehung zwischen dem zirkadianen System sowohl zu dem neuen lokalen Tag-Nacht-Rhythmus als auch zu veränderten rhythmischen Funktionen innerhalb des Reisenden (Boulos et al. 1995).

Jetlag gehört zu der Gruppe der Dyssomnien und wird durch die Störung des zirkadianen (Schlaf) Rhythmus wie auch Schlafstörungen bei Schichtarbeit etc. definiert. Die zirkadianen Schlaf-Wach-Rhythmusstörungen (ICSD-Gruppe 1C der Intrinsischen Dyssomnien) stellen eine sehr heterogene Gruppe dar. Allen Störungen gemeinsam ist die Unfähigkeit zur gewünschten Zeit schlafen zu können. Die Störungen können durch Überqueren von Zeitzonen wie beim Jetlag, Veränderung der Zeitgeber, soziale Zeitgeber wie Nacht- und Schichtarbeit ausgelöst sein oder mitverursacht durch genetische Faktoren wie bei Patienten mit dem Syndrom der verzögerten Schlafphase (Delayed Sleep Phase Syndrome) (Leitlinien Somnologie 2001).

Jetlag (ICSD-Code 307.45-0) wird abhängig von der Flugrichtung (Ost/West) und der Anzahl der überquerten Meridiane in seiner Ausprägung beeinflusst (Zulley 1997). Bei Flügen in Richtung Osten tritt eine „Verkürzung" des Tages auf, in Richtung Westen kommt es zu einer „Verlängerung". Flüge in Richtung Osten werden schlechter toleriert als Flüge in Richtung Westen (Leitlinien Somnologie 2001, Hauty and Adams 1966). Die benötigte Zeit zur Anpassung des Schafes dauert bei Reisen in den Osten länger als in den Westen (Nicholson et al. 1986, Sasaki et al. 1985, Gander et al. 1989). Reisende können etwa 1.5 Stunden am Tag nach westwärtigen Reisen und etwa 1 Stunde bei Reisen in den Osten pro Tag an ihren Rhythmus adaptieren (Zisapel 2001). Die Richtungsasymmetrie ist unabhängig davon, ob die Reise zum Ziel oder nach Hause, tagsüber oder nachts angetreten wird (Arendt et al. 1986). Es gibt Hinweise, dass die Anpassung an die neue Umgebung im Sommer schneller als im Winter erfolgt. Dies könnte durch die größere Tageslänge und der damit höheren Möglichkeit zur natürlichen Lichtexposition zusammenhängen (Suvanto et al. 1993). Ältere Menschen sind empfindlicher für Jet Lag, da sie größere Schwierigkeiten haben in abnormalen zirkadianen Phasen zu schlafen (Klein und Wegemann 1980, Graeber 1982, Moline et al. 1992). Persönlichkeitsvariablen wie Introversion/Extroversion und Neurotizismus könnte auch eine Rolle bei Jetlag spielen (Colquhoun and Folkard 1978, Suvanto et al. 1993)

Obgleich der Mensch in einem 24-Stunden Tag lebt, läuft die innere Uhr länger und muss jeden Tag aufs neue auf die 24 Stundenrhythmik synchronisiert werden. Bei Flügen in westlicher Richtung verschiebt sich die Zeit nach hinten, der Tag verlängert sich, ein Phase-delay entsteht. Vorbeugend kann vor Reiseantritt versucht werden bereits zu Hause die Phase durch späteres zu Bett gehen zu verschieben. Ein „Abendtyp" tut sich hierbei leichter als ein „Morgentyp" (Zulley 2001).

Bei Reisen in Richtung Osten sollte man entsprechend die Schlafphase vorbeugend nach vorne verlegen. Dies ist jedoch meist schwieriger als eine Verlagerung nach hinten. Hierbei muss die Rhythmik in entgegengesetzter Richtung zur zirkadianen Rhythmik angepasst werden.

Die Beschwerden beim Jetlag sind Ein- und Durchschlafstörungen, Tagesschläfrigkeit, depressive Verstimmung, verminderte Leistungsfähigkeit am Tage und somatische Störungen (u.a. gastrointestinale Beschwerden, Kopfschmerzen). Die Beschwerden dauern wenige Tage an (Boulos et al. 1995, Zisapel 2001). Menschen mit einem Lebensalter über 40 Jahre haben größere Schwierigkeiten ihr zirkadianes System anzupassen (Leitlinien Somnologie 2001). Eine milde Form des Jetlags kann zweimal im Jahr bei der Umstellung von Sommer- auf Winterzeit und umgekehrt auftreten.

Bei nur kurzen Reisen in andere Zeitzonen und zurück ist anzuraten die innere Uhr weiterhin im Rhythmus von „zu Hause" zu lassen. Licht hat eine starke Wirkung auf die zirkadiane Rhythmik. Richtig eingesetzt hilft es sehr bei der Anpassung an die neue Umgebung. Falsch angewendet verschlimmert es die Symptome (British Airways – Top Ten Tipps Jetlag).

Der „chronobiologischen" Störung Jetlag sollte mit chronobiologischen Mitteln begegnet werden. Die innere Uhr muss angepasst werden. Neben einfachen Maßnahmen, die den Tag strukturieren (Chronohygiene), sind die Lichttherapie oder die Einnahme von Medikamenten möglich (Zulley 2001).

Die Gabe von Schlafmitteln zur Umstellung der Schlaf-Wach-Rhythmik ist weniger zu empfehlen und ist einer Umstellung des Tagesrhythmus nicht förderlich. Eine zusätzliche Unterstützung kann durch Melatonin erfolgen.

Am Zielort empfiehlt es sich verstärkt, sich insbesondere morgens dem natürlichen Tageslicht auszusetzen. Tagesschlaf sollte vermieden werden. Körperliche Aktivitäten am Tage und Ruhe in der Nacht verkürzen den Anpassungsprozess.

Die Lichttherapie ist eine effektive Methode zur Einstellung des Schlaf-Wach-Rhythmus. Das Prinzip der Lichttherapie ist hierbei eine (früh-)morgendliche Gabe zieht den Rhythmus nach vorne (Phase advance), eine abendliche Gabe von Licht schiebt den Rhythmus nach hinten (Phase delay). Lichttherapie in der Mitte der Nacht bewirkt ein Phase delay (Dijk et al. 1995). Eine morgendliche Gabe so früh wie möglich nach dem Wachwerden wird durch den „sozialen Zeitgeber-Wecker" verstärkt. Lichttherapie am Zielort zur Anpassung des zirkadianen Rhythmus gilt als sicher und potentiell hilfreich für Reisende über mehrere Zeitzonen (Chesson et al. 1999). Die Lichtstärke (= Dosis) sollte mindestens 3000 Lux betragen (Boulos 1995).

Eine weitere Möglichkeit der Therapie ist die Modulation des Schlaf-Wach-Zyklus nach transmeridionalen Flügen zur Beeinflussung der zirkadianen Rhythmik. Eine rasche Anpassung ist durch Schlafentzug (Sleep deprivation-phase-advance) möglich (Samel 1995). Die Wirkung des Schlafentzuges kann durch die Kombination mit Lichtexposition verbessert werden. Wird während des Schlafentzuges helles Licht verabreicht gelingt dieser leichter und der Effekt hält wahrscheinlich länger an, wie dies bei der Behandlung der Depression durch Schlafentzug beschrieben ist (Neumeister et al. 1996).

Die Störungen des Jetlag ähneln den Beschwerden des Delayed Sleep Phase Syndromes (DSPS). Beim DSPS hindert Schlaflosigkeit einen Menschen daran zu einer vernünftigen Zeit einzuschlafen. Unsere Erfahrungen zeigen, dass bei der Behandlung des DSPS eine Kombination von Lichttherapie, Melatoningabe und Chronohygiene die besten therapeutischen Ergebnisse erzielt (Fey et al. 2001).

Literatur

Arend J, Aldhous M, Marks V (1986) Alleviation of jet lag by melatonin: preliminary results of controlled double blind trial. Br Med J 292 (6529): 1170

Boulos Z, Campbell SS, Lewy AJ, Terman M, Dijk DJ, Eastman C I (1995) Light treatment for sleep disorders: Consensus Report VII. Jet Lag. J Biol Rhythms 10 (2): 167–76

Chesson AL, Littner M, Davila D, Anderson WMcD, Grigg-Damberger M, Hartse K, Johnson S, Wise M (1999) Practise parameters for the use of light therapy in the treatment of sleep disorders. Sleep 22 (5): 641–60

Colquhoun WP, Folkard S (1978) Personality differences in body-temperature rhythm and their relation to its adjustment to night work. Ergonomics 21: 811–17

Comperatore CA, Krueger GP (1990) Circadian rhythm desynchronosis, jet lag, shift lag and coping strategies. Occup Med 5: 323–41

Dijk DJ, Boulos Z, Eastman CI, Lewy AJ, Campbell SS, Terman M (1995) Light treatment for sleep disorders: consensus Report II. Basic properties of circadian physiology and sleep regulation. J Biol Rhythms 10 (2): 113–25

Fey P, Nessen Sv, Pflug B (2001) The treatment of the delayed sleep phase syndrome with light therapy and melatonin. World J Biol Psychiatry II [Suppl I]: 375

Gander PH, Myhre G, Graeber RC, Andersen HT, Lauber JK (1989) Adjustment of sleep and the circadian temperature rhythm after flights across nine time zones. Aviat Space Environ Med 60: 733–43

Graeber RC (1982) Alterations in performance following rapid transmeridian flight. In: Brown FM, Graeber RC (eds) Rhythmic aspects of behavior. Lawrence Erlbaum Associates, Hillsdale, NJ, pp 173–212

Hauty GT, Adams T (1966) Phase shifts of the human circadian system and performance deficit during the periods of transition. I. East-west flight. Aerospace Med 37: 668–74

Hauty GT, Adams T (1966) Phase shifts of the human circadian system and performance deficit during the periods of transition. II. West-east flight. Aerospace Med 37: 1027–33

Klein KE, Wegemann HM (1980) Significance of circadian rhythms in aerospace operations. AGARD monograph No. 247, Advisory Group for Aerospace Research and Development, NATO. Technical Editing and Reproduction Ltd., London

Leitlinien DGSM Somnologie (2001) Supplement 3

Moline ML, Pollak CP, Monk TH, Lester LS, Wagner DR, Zendel SM, Graeber RC, Salter CA, Hirsch E (1992) Age-related differences in recovery from simulated jet lag. Sleep 15: 28–40

Neumeister A, Goessler R, Lucht M, Kapitany T, Bamas C, Kasper S (1996) Bright light therapy stabilizes the antidepressant effect of partial sleep deprivation. Biol Psychiatry 39(1): 16–21

Nicholson AN, Pascoe PA, Spencer MB, Stone BM, Roehrs T, Roth T (1986) Sleep after transmeridian flights. Lancet (8517): 1205–8

Samel A, Wegmann HM (1995) Therapie des Jet-Lag. Wien Med Wochenschr 145 (17–18): 458–60

Sasaki M, Endo S, Nakagawa S, Kitahara T, Mori A (1985) A chronobiological study on the relation between time zone changes and sleep. Jikeikai Med J 32: 83–100

Suvanto S, Härmä, M, Laitinen JT (1993) The prediction of the adaptation of circadian rhythms to rapid time zone changes. Ergonomics 36: 111–16

Winget CM, DeRoshia CW, Markley C L, Holley DC (1984) A Review of human physiological and performance changes associated with desynchronosis of biological rhythms. Aviat Space Environ Med 55: 1085–96

Zisapel N (2001) Circadian rhythm sleep disorders. CNC Drugs 15(4) 311–28

Zulley J (1997) Schlafstörungen bei Zeitzonenwechsel. In: Schulz H (Hrsg) Kompendium Schlafmedizin für Ausbildung, Klinik und Praxis. Ecomed, Landsberg IV-4.1–4.3

Zulley J (09.01.2001) Gegen den Jetlag helfen am besten Licht und Aktivität. Ärzte Zeitung

Korrespondenz: Prof. Dr. B. Pflug, Klinikum der Johann-Wolfgang-Goethe Universität Frankfurt/Main, Heinrich-Hoffmann-Strasse 10, D-60528 Frankfurt/Main, Deutschland, E-mail: b.pflug@em.uni-frankfurt.de

Lichttherapie bei Schichtarbeit

W. Köhler

Bürgerhospital, Frankfurt, Deutschland

Einleitung

Über der Entwicklungsstufe der Halbaffen (Prosimii) sind alle Primaten mit einer einzigen Ausnahme (Nachtaffen, Gattung Aotes) tagaktiv. Im Laufe der Evolution hat die Anpassung des visuellen Systems dazu geführt, dass eine optimale Funktion der biologischen und sozialen Abläufe beim Menschen an das Einhalten eines tagbezogenen Aktivitätsmusters gebunden wurde.

Die tiefe Verwurzelung eines Tag-Nacht-Rhythmus auch in der Psyche des Menschen spiegelt sich nicht zuletzt in den Ursprungsmythen wider. In der biblischen Genesis gilt die erste Ausdifferenzierung der „finsteren" Erde dem Tagesrhythmus: „da schied Gott das Licht von der Finsternis und nannte das Licht Tag und die Finsternis Nacht".

Solange kein selbst geschaffenes Licht zur Verfügung stand, war die Nacht dem Rückzug und der sozialen Betätigung in der Geborgenheit der Familiengruppe vorbehalten. Nächtliche Rituale, häufig an das Licht des Vollmondes gebunden (ca. 0,1 Lux), später nächtliche Vigilien (Gebetswachen) in den Klöstern könnten geholfen haben, die Angst vor der Finsternis zu bannen. Die in vielen Schöpfungsmythen als Befreiung des Menschen beschriebene Beherrschung des Feuers galt gleichermaßen dem Licht wie der Wärme.

Licht in der Finsternis ist ein starkes, positiv besetztes Signal, ob als heidnisches Feuerrad, als Osterfeuer in Frühlingsnächten oder als Zeichen, das im antiken Mythos Leander zu seiner Geliebten Hero führt. Seine Wirksamkeit demonstrieren auch die falschen Leuchtfeuer bretonischer Strandräuber, die damit in vortouristischen Zeiten Schiffe zum Ausplündern auf strandnahe Riffe lockten.

Nur unter Verdrängungsdruck wie bei der Volksgruppe der Inuit wurden auch Regionen nördlich des Polarkreises besiedelt, wo jahreszeitlich die Tag-Nacht-Struktur aufgehoben ist. Freiwillige individuelle Übernahmen einer „nachtaktiven" Lebensweise findet man nicht ganz selten bei Menschen, die aufgrund einer psychischen Erkrankung oder aus anderen

Gründen einem als bedrohlich oder lästig erlebten Druck ihrer sozialen Umgebung ausweichen.

Manche sozialen Interaktionen ziehen Vorteil daraus, dass das Licht des Tages vermieden wird. „Wie der Dieb in der Nacht", lautet schon in der Antike eine Metapher. In einem Kriegszug der jüngsten Zeit soll die Perfektion von Nachtsichtgeräten dem Sieger geholfen haben, die durch Nacht und Dunkelheit behinderten Verteidiger zu überrumpeln.

Homo sapiens erweist sich damit auch hinsichtlich seines circadianen Systems als Generalist, der sich an nächtliche Aktivitäten vorübergehend anpassen kann.

Dennoch war bis zum Industriezeitalter neben den Schiffsmannschaften auf See, die in einem geschlossenen System von Vier-Stunden-Wachen lebten, der Nachtwächter auf dem Turme wohl der einzige regelmäßige Nachtarbeiter. Der Großteil der Bevölkerung war in der Landwirtschaft mit ihrer besonders engen Bindung an die geophysikalischen Rhythmen von Tag und Jahr beschäftigt. Mit dem Rückgang der in der Landwirtschaft beschäftigten Personen stieg der Anteil der Bevölkerung in den Städten mit ihrer größeren Unabhängigkeit von den täglichen und jährlichen Rhythmen der Natur.

Schichtarbeit

Der etymologische Ursprung von „Schicht" in der Arbeitswelt geht wohl auf das Wort schicht(e) in der Bergmannsprache des Erzgebirges um 1300 zurück, wo es ein Arbeitpensum (notwendig zum Abbau einer Gesteinschicht) beschreibt (Kluge 1975). Der englische Begriff „shift" benennt den problematischen Aspekt der Schichtarbeit deutlicher, nämlich das „Verändern" oder „Verschieben" der Arbeitszeit im Tagesablauf.

Die Zunahme der regelmäßigen Arbeit zur Nachtzeit war direkt mit der Verfügbarkeit von künstlichem Licht verknüpft. Zunächst Petroleum- und Gaslampen, dann die Erfindung der Glühbirne und anderer „elektrischer" Lichter ermöglichten die Nutzung der Nacht zur Arbeit oder zur Zerstreuung. Der bessere Kapitalertrag durch den Betrieb industrieller Maschinen rund um die Uhr unter Ausnutzung der menschlichen Anpassungsfähigkeit zwang immer mehr Menschen zur Arbeit zur physiologischen Unzeit. Mit der Automatisierung der Fertigungsprozesse ging der Anteil der in der Produktion beschäftigten Schichtarbeiter zwar zurück, die notwendigen Kontrollfunktionen mit einem höheren Anspruch an Aufmerksamkeit nahmen jedoch zu.

Die Globalisierung, der massenhafte Verkehr von Menschen über Zeitzonen hinweg und die Zunahme von Pflegebedürftigen als Folge der veränderten Alterspyramide in den Industriestaaten erzwingen Infrastrukturen im Verkehrs-, Informations-, Kommunikations-, Sicherheits-, Energie- und Gesundheitswesen, die rund um die Uhr auf hohem Niveau zur Verfügung stehen und zuverlässig funktionieren müssen.

In Deutschland arbeiten knapp fünf Millionen Menschen gelegentlich nachts, davon 800.000 Personen ständig. In den USA arbeiten 2,7% der

Vollzeitbeschäftigten in Nachtschicht, 4,3% in Rotationsschichten und 8,9% in anderen Schichten (Rajaratnam und Arendt 2001, Eastman und Martin 1999). Nach Kogi (1985) arbeiten 20–25% der Berufstätigen in entwickelten Ländern in der einen oder anderen Form von Schichtarbeit.

Probleme der Schichtarbeit

Soziale Beeinträchtigung und gesellschaftlicher Schaden

Lange Zeit wurde vorwiegend die Belastung von Familien mit Schichtarbeitern gesehen, die sich daraus ergibt, dass die mit gemeinsamen Aktivitäten verbrachte Zeit und der soziale Austausch deutlich reduziert sind. Unter durchschnittlichen Wohnverhältnissen stellt schon die Kollision der Aktivitäts- und Lautäußerungsbedürfnisse von Kindern mit den Erfordernissen einer abgeschirmten, ruhigen Schlafsituation eines Nachtarbeiters einen schwer lösbaren Konflikt dar.

Erst in den letzten Jahrzehnten wurden die Risiken für die Gesellschaft deutlicher. Bei einer ganzen Reihe von spektakulären Katastrophen zeigte sich, dass das gerne zitierte „menschliche Versagen" zum Teil darin bestand, dass natürliche Tiefpunkte von Vigilanz und Aufmerksamkeit in der Nacht, welche vom circadianen System vorgegeben werden, zum fehlerhaften Handeln des verantwortlichen Personals beigetragen hatten.

Der Reaktorunfall von Tschernobyl nahm seinen Ausgang von einer Fehlbedienung durch ermüdetes Personal um 01:23 Uhr in der Nacht.

Der Reaktorunfall von Three Mile Island 1979 begann mit Fehlfunktionen und einer Kette von komplizierten Fehlinterventionen durch Personal auf dem circadianen Minimum von Körpertemperatur und Maximum der Müdigkeit.

Der Unfall des Supertankers Exxon-Valdez 1989 kurz nach Mitternacht vor Alaska war nach der Feststellung des U.S.-National Transportation Safety Board dadurch bedingt, dass der verantwortliche 3. Maat „failed to proper maneuver the vessel because of fatigue and excessive workload", und „the captain ... was incapacitated from alcohol" (Liskowsky 1991).

Im weniger sensationellen Alltag findet sich eine bis zu fünffache Häufung von müdigkeitsbedingten Autounfällen in der Nacht, verglichen mit der Unfallrate zu Zeiten der geringsten circadianen Müdigkeit am Vormittag und späten Nachmittag (Mittler et al. 1988). Der Sekundenschlaf bei Übermüdung ist insbesondere bei Autofahrern gefürchtet.

Gesundheitliche Folgen

Die individuellen gesundheitlichen Folgen der Schichtarbeit äußern sich vor allem im vegetativen System. Schichtarbeiter haben ein erhöhtes Risiko, kardiovasculär und gastrointestinal zu erkranken (Scott und LaDou 1990). Amelsvoort et al. (2001) konnten zeigen, dass bei Schichtarbeitern mehr ektopische Erregungsbildung im Herzmuskel auftritt. Das gilt unabhängig von den Einflüssen von Rauchen, Körpergewicht und Koffeinkonsum. Ektopische Erregungsbildung im Herzen geht mit einem höheren Risiko für spätere Herzerkrankungen einher. Schichtarbeit wird als chronischer Stressor diskutiert. (Amelsvoort et al. 2001). Schichtarbeit von Schwangeren kann zu einem niedrigen Geburtsgewicht beitragen (Axelson et al. 1989)

Man könnte annehmen, dass Menschen mit langjähriger Erfahrung in Schichtarbeit lernen, sich darin einzurichten. Die Schichtarbeitunverträglichkeit nimmt jedoch mit zunehmendem Alter zu und führt häufig auch bei Menschen, die als junge Erwachsene gut damit zurechtgekommen sind, mit Ende Vierzig oder Anfang Fünfzig zu ernsthaften Störungen (Foret et al. 1981). Das ist von praktischer Bedeutung, wenn wegen Überalterung der Bevölkerung in den entwickelten Staaten in Zukunft auch von älteren Menschen Nachtarbeit geleistet werden muss.

Pathogenese der schichtarbeitsinduzierten Störungen

Erst mit dem Aufschwung der Chronobiologie konnten wissenschaftlich begründete Einsichten zur Frage der verminderten Leistungsfähigkeit in der Nacht und der gesundheitlichen Folgen der Nachtarbeit gewonnen werden.

Der Tübinger Botaniker Erwin Bünning erforschte in der Mitte des letzten Jahrhunderts als erster die innere Uhr von Pflanzen mit wissenschaftlichen Methoden. Der Verhaltensphysiologe Jürgen Aschoff aus Freiburg und der Biologe Colin Pittendrigh legten mit Tierexperimenten und Versuchen am Menschen wesentliche Grundsteine der Rhythmusforschung. 1960 fand der erste große wissenschaftliche Kongress des Forschungsgebietes in Cold Spring Harbour statt.

Nur langsam setzte sich die Einsicht durch, dass auch beim Menschen die meisten physiologischen und psychischen Funktionen tagesrhythmischen Schwankungen unterliegen, die durch ein circadianes System gesteuert werden. Dieser endogene Rhythmus schwingt beim Menschen in der Regel etwas langsamer als der 24-Stunden-Tag der Außenwelt, er wird durch periodische Signale der Außenwelt, die Zeitgeber, mit der Außenwelt synchronisiert. Die körpereigenen Rhythmen besitzen ein Beharrungsvermögen und können sich an veränderte Phasenlagen der Außenwelt, z.B. nach Zeitzonenreisen oder bei Nachtarbeit, nur langsam, das heißt mit ein bis zwei Stunden pro Tag, anpassen.

Die vegetativen Körperfunktionen, deren ungestörter Ablauf bei Schichtarbeitern besonders häufig gestört sind, wie der Schlaf-Wach-Rhythmus, der Rhythmus der Körpertemperatur, Blutdruck, Herzfrequenz und Magen- und Darmfunktion unterliegen einer besonders ausgeprägten endogenen Rhythmik (Redfern und Lemmer 1997).

Dies gilt auch für psychische Funktionen wie Konzentration, Aufmerksamkeit oder Vigilanz (Waterhouse et al. 2001). Der unterschiedliche Gebrauch der Begriffe erschwert jedoch den Vergleich und die Bewertung der veröffentlichen Forschungsergebnisse. Auch wenn jeder weiß, was Aufmerksamkeit ist, so ist Aufmerksamkeit ein nicht einfach zu beschreibendes, hypothetisches psychologisches Konstrukt. Die verschiedenen Aufmerksamkeitsleistungen wie Vigilanz, selektive oder geteilte Aufmerksamkeit können mit verschiedenen Testverfahren gemessen werden. (Posner und Rafal 1987, Weeß 1996). Den Aufmerksamkeitsleistungen geht eine zentralnervöse Aktivierung voraus, die im englischen als „Alertness" bezeichnet wird, und die mit dem Multiplen Schlaf-Latenz-Test (Carskadon und Dement 1992) oder der Standford Sleepiness Scale (Hoddes et al. 1973) gemessen werden kann.

Die natürlichen Lebensanforderungen werden dann am besten bewältigt, wenn der körpereigene Rhythmus mit dem Außentag synchronisiert ist. Ein Teil der akuten Beschwerden, die in Nachtschichten auftreten können, erklärt sich aus der Diskrepanz zwischen den aus dem Arbeitsprozess abgeleiteten Anforderungen und der zu diesem Zeitpunkt nicht vorhandenen Bereitschaft der Organsysteme.

Dazu kommt ein eher trivialer, von den Betroffenen selbst oft übersehener Faktor. Die Notwendigkeit, private Verpflichtungen und Erledigungen bei Tag zu leisten, und die Versuchung, am sozialen Leben trotz Nachtschicht teilzuhaben, führen häufig zu einem chronischen Schlafdefizit. Bei Schichtarbeitern findet sich generell ein globaler Schlafmangel in den Nachtschichtwochen (Ohayon et al. 2002).

Dieser Schlafmangel verstärkt die Risiken der in der endogenen Nachtphase verminderten psychischen Leistungsfähigkeit. Sekundenschlaf bei Übermüdung, Mikroschlafepisoden in der endogenen Nachtphase oder das seltene, aber vorkommende Phänomen der „sleep paralysis", eines sekunden- bis minutenlanges Unvermögens, trotz anscheinenden Wachseins auf Außenreize zu reagieren und Bewegungen auszuführen, das Folkard bei Krankenschwestern und Fluglotsen beschrieben hat, zeigen die erhöhten Risiken, die mit einer Missachtung des circadianen Status einhergehen (Folkard und Condon 1987)

Wegen der erheblichen Gefahren, die in der Nuklear- und Chemiewirtschaft, in der Luftfahrt, im Gesundheitswesen und bei Militärreinsätzen von circadian bedingten Schwankungen psychischer Funktionen bei den verantwortlich Personen ausgehen können, sind gerade die Schwankungen von Aufmerksamkeit, Vigilanz und „Alertness" intensiv beforscht worden.

Klassifikation

Die Ergebnisse der Grundlagenforschung und klinischen Untersuchungen sind in die „International Classification of Sleep Disorders (ICSD)" der American Academy of Sleep Medicin (1997) eingeflossen, die sich im Wesentlichen mit den Zuordnungen im Diagnostischen und Statistischen Manual Psychischer Störungen DSM IV (1998) deckt. Die gleichen Störungsbilder finden sich im ICD-10 im Kapitel F51.2, „Nicht-organische Störungen des Schlaf-Wach-Rhythmus".

Die DSM IV-Kategorie 307.45 („Schlafstörungen mit Störungen des Zirkadianen Rhythmus, vormals Störungen des Schlaf-Wach-Rhythmus") ist durch die folgenden Diagnosekriterien definiert:

A. Ein anhaltendes Muster von Schlafunterbrechungen, das zu übermäßiger Schläfrigkeit oder Insomnie führt, die aus einer Diskrepanz zwischen dem umweltbedingten Schlaf-Wach-Zeitplan der Person und ihrem eigenen circadianen Schlaf-Wach-Muster resultiert.
B. Das Schlafstörungsbild verursacht in klinisch bedeutsamer Weise Leiden oder Beeinträchtigungen im sozialen, beruflichen oder in anderen Funktionsbereichen.
C. Das Schlafstörungsbild tritt nicht ausschließlich im Verlauf einer anderen Schlafstörung oder psychischen Störung auf.
D. Das Schlafstörungsbild geht nicht auf die direkte körperliche Wirkung einer Substanz (Droge, Medikament) oder einen medizinischen Krankheitsfaktor zurück

Es werden folgende Subtypen beschrieben:

– Typus mit Verzögerter Schlafphase
– Jet-Lag-Typus
– Schichtarbeits-Typus
– Unspezifischer Typus

Der Schichtarbeiter-Typus ist durch Insomnie während der Hauptschlafperiode oder übermäßige Schläfrigkeit während der Hauptwachperiode definiert, verbunden mit nächtlicher Schichtarbeit oder häufig wechselnder Schichtarbeit.

Als zugehörige körperliche Befunde werden ein Übermaß an kardiovaskulären und gastrointestinalen Störungen einschließlich Gastritis und peptische Ulzera beschrieben. Als Folge von Versuchen, die störenden endogenen Schlaf-Wach-Phasen unter Kontrolle zu bringen, können Schichtarbeiter in der Vorgeschichte Alkohol-, Sedativa-, Hypnotika- oder Stimulantienkonsum oder -missbrauch zeigen.

Therapiemöglichkeiten

Die Ursache der Störungen liegt in einer Überforderung der Anpassungsfähigkeit des circadianen Systems. Dementsprechend spielen chronotherapeutische Interventionen einschließlich der Lichttherapie eine zentrale Rolle, wenn bei längeren Schichtphasen eine Anpassung des körpereigenen Rhythmus an den Arbeitsrhythmus beabsichtigt ist. Weil für die dazu notwendige Phasenverschiebung der körpereigenen Rhythmen auch unter Zuhilfenahme von starken Zeitgebern vier bis fünf Tage oder mehr notwendig sind, ist dieses Verfahren vor allem bei vieltägigem Einsatz in Nachtschichten sinnvoll. Helles Licht wird in diesem Fall als Zeitgeber eingesetzt. Eine andere, unter gesundheitlichen Aspekten günstigere Strategie besteht darin, durch schnell rotierende Schichtsysteme in Richtung einer Phasenverzögerung (jeweils ein Tag Früh-, Spät- und Nachtschicht, in dieser Reihenfolge) eine Phasenverschiebung des körpereigenen Rhythmus *zu vermeiden* und die natürlichen Tiefpunkte der Aufmerksamkeit und anderer psychischer Funktionen in der Nachtphase durch geeignete Maßnahmen wie kurze, eingeplante Nickerchen („naps"), Stimulantien wie Koffein in der Arbeitszeit, schlaffördenden Maßnahmen tagsüber und helles Licht in seiner Eigenschaft als unmittelbar vigilanzförderndes Agens erträglicher zu machen. Organisatorische Gründe stehen dieser Form der Schichtarbeit, die weniger Gesundheitsrisiken birgt, häufig entgegen.

Wenn jedoch Synchronisation des circadianem Schlaf-Wach-Rhythmus mit dem durch die Schichtarbeit erwünschten Schlaf-Wach-Muster angestrebt wird, kann die tägliche Phasenverschiebung vor allem durch helles Licht als Zeitgeber beschleunigt werden. Andere beim Menschen wirksame Zeitgeber sind bedeutsame Sozialkontakte oder körperliche Aktivität (Schmidt et al. 1990). Die Gabe von Melatonin in seiner Funktion als körpereigenes Dunkelsignal kann die durch Lichtzeitgeber beförderte Synchronisation komplementär ergänzen.

Wegen der gleichen kausalen Mechanismen sind diese Interventionen bei allen Subtypen der Störung wirksam.

Der Schichtarbeits-Typus der Rhythmusstörung unterscheidet sich vom jet-lag-Typus dadurch, dass die Zeitgeber des Außentages beim jet-lag die Anpassung an die neue Phasenlage unterstützen, bei der Schichtarbeit dagegen dieser Anpassung entgegenwirken.

Das bedeutet, dass bei Schichtarbeitern ein verstärktes Augenmerk auf die zeitweise Ausschaltung oder Reduktion der natürlichen Lichtverhältnisse und der sozialen Zeitgeber gerichtet werden muss, wenn man den endogenen Rhythmus an den Arbeitsrhythmus anpassen will.

Fliegendes Personal auf zeitzonenüberschreitenden Flügen ist durch Schichtarbeit und jet-lag doppelt belastet.

Als Zeitgeber kann beim Menschen helles Licht mit einer Beleuchtungsstärke von mehr als 2.000 Lux, gemessen am Auge, eingesetzt werden. Komplementär muss zu anderen circadianen Zeiten Licht vermieden werden, z.B. durch das Tragen von „goggles", stark abdunkelnden Brillen. (Unter circadianer Zeit versteht man eine „innere" Zeit mit Bezug zum endogenen Rhythmus, z.B. zum Aktivitätsbeginn oder zum Minimum der Körpertemperatur.)

Ausschlaggebend bei der Nutzung von Zeitgebern ist der Zeitpunkt des Einsatzes. Abhängig von der zeitlichen Lage des Zeitgebers in Bezug auf den körpereigenen („endogenen") Rhythmus bewirken Zeitgeber eine Phasenverschiebung des endogenen Rhythmus und synchronisieren diesen mit dem durch die Schichtarbeit erforderlichen Schlaf-Wach-Muster. Ausmaß und Richtung der Phasenverschiebung wird durch phase-response-Kurven beschrieben. Diese phase-response-Kurven sind inzwischen für die wichtigsten Zeitgeberarten und für viele Pflanzen- und Tierspezies, auch für den Menschen, bekannt.

Helles Licht (> 2.000 Lux) als Zeitgeber wirkt beim Menschen in folgender Weise: Licht, welches vor dem Zeitpunkt des Minimums der Körperkerntemperatur wahrgenommen wird, verlängert den körpereigenen Rhythmus („phase delay"), Licht, das nach diesem Zeitpunkt gegeben wird, bewirkt eine Verkürzung („phase advance"). Das Minimum der Körperkerntemperatur liegt gewöhnlich in der zweiten Nachthälfte, bei den meisten Menschen zwischen drei und vier Uhr morgens. Licht am Morgen bewirkt also eine Vorverlegung des endogenen Rhythmus, etwa des Aufwachzeitpunktes, Licht am Abend oder in der ersten Nachthälfte ein Nach-Hinten-Verschieben. Unter günstigen Bedingungen kann mit richtig plazierten Zeitgebern eine Phasenverschiebung von bis zu zwei Stunden pro Tag erreicht werden. Die phase-response-Kurve von Melatonin liegt etwa spiegelbildlich zu der von hellem Licht.

Abhängig von der Rotationsrichtung im Schichtarbeitssystem kann damit ein spezifischer Zeitplan berechnet werden, zu dem sich ein Schichtarbeiter im Hellen oder im Dunkeln aufhalten soll. Da der körpereigene Rhythmus bei den meisten Menschen mit einer endogenen Periodenlänge von etwa 25 Stunden langsamer schwingt als der Außentag, können sich Menschen an Schichtsysteme, die nach hinten rotieren, schneller anpassen als an nach vorn rotierende Systeme, analog zur leichteren Anpassung bei Zeitzonenreisen in Ost-West-Richtung.

Ergänzt werden die chronobiologischen Interventionen durch Empfehlungen zur allgemeinen Schlafhygiene.

Studien zur Wirksamkeit der Lichttherapie und anderer chronotherapeutischer Interventionen bei Schichtarbeit

Die vielen Einflussfaktoren auf die wichtigsten Zielgrößen wie Schlafqualität, Vigilanz und Aufmerksamkeit in der Wachphase machen die Interpretation von Feldversuchen oft schwierig und schränken die Vergleichbarkeit der Ergebnisse oft ein. Dies mag einen Teil der Probleme erklären, die beim Übertragen von Laborversuchen mit gut kontrollierten Umgebungsvariablen auf die realen Gegebenheiten von Schichtarbeitern auftreten. Messungen unter Laborbedingungen geben dennoch wichtigsten Hinweise auf Interventionen, welche die mit Schichtarbeit verbundenen Risiken für minimieren können:

Deacon und Arendt (1995, 1996) untersuchten, wie nach einer im Labor erzwungenen Phasenverschiebung von neun Stunden mit hellem weißem Licht (1.200 Lux), entsprechend einer Zeitverschiebung nach einer Zeitzonenreise oder Schichtarbeit die Wiederanpassung an den ursprünglichen Tagesrhythmus in der natürlichen Umgebung der Versuchspersonen vonstatten ging. Sie fanden, dass die Rhythmen von Körpertemperatur, Alertness, Melatonin und anderen Leistungsparametern mehr als fünf Tage brauchten, um die normale Beziehung zum Außentag wieder herzustellen.

In der zweiten Studie konnten sie zeigen, dass helles Licht in der Nachtphase die Alertness erhöht.

In einer randomisierten kontrollierten Studie haben Czeisler et al. (1990) den Einfluss von hellem Licht (7.000 Lux) im Vergleich zu Licht von 150 Lux (Kontrollgruppe) auf die Anpassung des circadianen Schrittmachers während einer Woche Nachtarbeit bei jungen Männern (Alter: 22–29 Jahre) untersucht. Die Experimentalgruppe zeigte eine Anpassung des Rhythmus der Körpertemperatur an die Hellphase und signifikant bessere subjektiv gemessene Leistungs- und Alertness-Ergebnisse. Kritisch ist die kleine Anzahl der Versuchspersonen (n = 8) zu sehen.

Eine Untersuchung an 14 Krankenschwestern (nichtrandomisierte Studie) mit 4 × 20 min hellem Licht (2.350 lux) gegenüber der Kontrollbehandlung mit 100 Lux an zwei aufeinander folgenden Nächten zeigte bessere Ergebnisse hinsichtlich körperlicher Fitness, Schlafmuster und Schläfrigkeit. Es handelt sich um direkte Lichteffekte, der circadiane Rhythmus, gemessen an Plasmacortisol und anderen hormonellen Parametern, wurde in der kurzen Zeit nicht beeinflusst (Costa 1993).

Ebenfalls an Krankenschwestern (n = 10) in einem Rotationssystem von Spät- und Nachtschicht konnte gezeigt werden, dass 3.000 Lux im Vergleich zu 250 Lux das psychische Befinden, gemessen mit visuellen Analogskalen, in der Nachtschicht verbesserte, nicht jedoch in der Spätschicht (Iwata et al. 1997).

In einer nichtrandomisierten kontrollierten Studie mit Crossover-Design behandelten Budnick et al. (1995) dreizehn Nachtschichtarbeiter während 3 Monaten mit bis zu 8.000Lux während der Nachtschicht. Melatonin wurde durch das helle Licht unterdrückt, die subjektive Einschätzung von Schlafqualität und Alertness (SSS, Stanford sleepiness scale, Hoddes et al. 1973) zeigte signifikante Verbesserungen. Einschränkungen gelten methodischen und Compliance-Problemen im Studienverlauf.

Helles Licht (bis zu 10.670 Lux) in der phase-delay-Zone bewirkte bei NASA-Mitarbeitern (n = 18) in einem Schichtsystem subjektiv bessere Konzentration und Alertness, verglichen mit der unbehandelten Kontrollgruppe. Konzentration, Arbeitsgeschwindigkeit und Alertness der Experimentalgruppe waren in der Schicht besser. Der Schlaf war besser und länger, der körperliche und emotionale Zustand insgesamt positiver (Stewart et al. 1995).

Charmaine Eastman (1994) hat in einer großen Studie (n = 50) während der Nachtschicht die Wirkung von hellem Licht (5.000 Lux) mit dem von dunklerem Licht (500 Lux) verglichen, ergänzt durch das Tragen einer Abdunkelungsbrille („goggle") während des Tages. Helles Licht in der Nacht plus Tragen von goggles tagsüber erzielte in den acht Tagen der Nachtschicht eine Phasenverschiebung der Körperkerntemperatur von 7,9 Stunden, verglichen mit 3,2 Stunden ohne Verdunkelungsbrille. Größere Phasenverschiebungen gingen mit besserem Schlaf in der Ruhezeit und weniger Müdigkeit einher.

In einer weiteren Untersuchung (n = 46) konnte kein Unterschied zwischen dreistündiger und sechsstündiger Behandlung mit hellem Licht

(5.000 Lux) gefunden werden. Größere Phasenverschiebungen der Körperkerntemperatur gingen auch hier mit besserem Schlaf, weniger Müdigkeit und weniger Affektsstörungen einher. Licht von 500 Lux war hinsichtlich der Phasenverschiebung unterlegen (Eastman et al. 1995).

Campbell (1995) behandelte 26 Patienten mit vergleichsweise hohem Durchschnittsalter von 49 Jahren in einem simulierten dreitägigen Schichtarbeitsschema mit hellem Licht (1.000 bis < 4.000 Lux, die Kontrollgruppe mit 100 Lux. Es zeigte sich nur ein geringer Einfluss hinsichtlich Alertness während der in der aktiven Phase und Schlafqualität in der Ruhephase. Es wird diskutiert, dass die Versuchsdauer wegen der geringeren Phasenverschiebungstoleranz bei älteren Menschen zu kurz war, um Unterschiede zu zeigen.

Mitchell (1997) konnte in einem vierarmigen Versuchsdesign zeigen, dass die Berücksichtigung individueller Besonderheiten wie die Zugehörigkeit zum Morgen- oder Abendtyp und die Berücksichtigung der phase-response-Charakteristika für die circadiane Adaptation eine große Rolle spielt.

Zusammenfassung

Die Geschichte der Anwendung von hellem Licht zur Verbesserung von Leistung und Befinden von Schichtarbeitern folgt Mustern, die auch bei anderen Anwendungen der Lichttherapie zu beobachten waren. Die chronobiologischen Mechanismen sind nur ein Teil von vielen Einflussgrößen im komplexen Gefüge von Gehirn und Psyche. Wie bei anderen Indikationen zur Lichttherapie ist die praktische Anwendbarkeit bei Schichtarbeit dem Verständnis der zugrunde liegenden physiologischen Prozesse vorausgeeilt. Das gilt übrigens für viele psychiatrische Therapieverfahren.

Die Chronobiologie hat die strukturelle Komplexität des Nervensystems um eine weitere Dimension, die zeitliche Dynamik, erweitert. Dem entspricht auf klinischer Ebene eine tages- und jahreszeitliche Veränderung der individuellen Vulnerabilität und Reagibilität. Schon die Zugehörigkeit zum Morgen- oder Abendtyp nach Östberg kann das Ergebnis einer Intervention verändern, ebenso saisonale Schwankungen der natürlichen Zeitgeberstärke.

Ungeachtet dieser Einschränkungen erlaubt die Datenlage, die Lichttherapie zur Verbesserung der persönlichen und der öffentlichen Sicherheit bei Schichtarbeit einzusetzen. Voraussetzung ist die Einbettung in ein Gesamtkonzept unter Beachtung der sozialen Bedürfnisse der Betroffenen und der Grundsätze der Schlafhygiene. Weiterhin muss der Zeitpunkt und die Zeitdauer der Lichttherapie für jeden speziellen Anwendungsfall unter Beachtung der Gesetzmäßigkeit der phase-response-Kurve ermittelt werden. Soziale Zeitgeber und körperliche Aktivität sollten im Gesamtkonzept integriert sein.

Angesichts der großen volksgesundheitlichen und volkswirtschaftlichen Bedeutung der Schichtarbeit ist zu wünschen, dass die angewandte Forschung auf diesem Gebiet weiter vertieft wird.

Literatur

Amelsvoort L, Schouten E, Maan A, Svenne K, Kok F (2001) 24-Hour heart rate variability in shift workers: impact of shift schedule. J Occupational Health 43: 32–38

American Academy of Sleep Medicine (1997) International classification of sleep disorders (Revised): diagnostic and coding manual. American Academy of Sleep Medicine, Rochester

Axelson GR, Nylander R, Molin I (1989) Outcome in pregnancy in relation to irregular and inconvenient work schedules. Brit J Industrial Med 46: 393–398

Budnick LD, Lerman SE, Nicolich MJ (1995) An evaluation of scheduled bright light and darkness on rotating shift workers: trial and limitations. Am J Industrial Med 27: 771–782

Campbell SS (1995) Effects of times bright-light exposure in shiftwork adaptation in middle-aged subjects. Sleep 18: 408–416

Carskadon MA, Dement WC (1992) The multiple sleep latency test: what does it measure? Sleep 5: 67–72

Costa G (1993) Effect of bright light on tolerance to night work. Scand J Work Environ Health 19: 414–420

Czeisler CA, et al (1990) Exposure to bright light and darkness to treat physiologic maladaption to night work. NE J Med 322: 1253–1259

Deacon SJ, Arendt J (1995) Adaptions to phase-shifts III. An experimental model for jet lag and shift work. Physiol Behav 59: 665–673

Deacon SJ, Arendt J. (1996) Adaptions to phase-shifts II. Effects of melatonin and conflicting light therapy. Physiol Behav 59: 675–682

Diagnostisches und Statistisches Manual psychischer Störungen DSM IV (1998), übersetzt nach der 4. Auflage des DSM der American Psychiatric Organisation. Hofgreve, Göttingen

Eastman, CI (1994) Dark goggles and bright light improve circadian rhythm adaptation to night-shift work. Sleep 17: 535–564

Eastman CI, Liu L, Fogg LF (1995) Circadian rhythm adaptation to simulated night shift work: effect of nocturnal bright light duration. Sleep 18: 399–407

Eastman CI, Martin S (1999) How to use light and dark to produce circadian adaptation to night shift work. Ann Med 31: 87–98

Folkard S, Condon R (1987) Night shift paralysis in air-trffic control officers. Ergonomics 30: 1353–1363

Foret J, Bensimon G, Benoit O, Vieux N (1989) Quality of sleep as a function of age and shift work. In: Reinberg A, Vieux N, Andlauer P (eds) Night and shift work: biological and social aspects. Pergamon Press, Oxford, pp 149–160

Hoddes E, Zarcone V, Smythe H, Pillips R, Dement WC (1973) Quantification of sleepiness a new approach. Psychophysiology 10: 431–436

Iwata, N, Ichii S, and Egashira K (1997) Effects of bright artificial light on subjective mood of shift work nurses. Industrial Health 35: 41–47

Kluge F (1975) Etymologisches Wörterbuch, 21. Aufl. Walter de Gruyter, Berlin New York

Kogi K (1985) Introduction to the problems of shift work. In: Folkard S, Monk Th (eds) Hours of work: temporal factors in work scheduling. Wiley, New York, pp 165–184

Lisowky DR (1991) Biological rhythms: implications for the worker. Congress of the US, OTA, Washington DC

Mitchel PS, et al (1997) Conflicting bright light exposure during night shift impede circadian adaptation. J Biol Rhythms 12: 5–15

Mittler MM, Carskadon MA, Czeisler CA (1988) Catastrophes, sleep and public policy. Consensus report. Sleep 11: 100–109

Ohayon MM, Lemoine P, Arnaud-Briant V, Dreyfus M (2002) Prevalence and consequences of sleep disorders in a shift worker population. J Psychosom Res 53: 577–583

Posner M, Rafal R (1987) Cognitive theories of attention and the rehabilitation of attentional deficits. In: Meier M, Benton A, Diller L (eds) Neuropsychological rehabilitation. Churchill Livingstone, Edinburgh, pp 182–201

Rajaratnam SMW, Arendt J (2001) Health in a 24-h society. Lancet 49: 999–1005
Redfern P, Lemmer B (eds) (1997) Physiology and pharmacology of biological rhythms (Handbook Exp pharmacol 125). Springer, Berlin Heidelberg New York
Scott AJ, LaDou J (1990) Shiftwork effects on sleep and health with recommendations for medical surveillance and screening. Occupat Med 5: 273–299
Schmidt KP, Köhler, WK, Fleissner G, Pflug B (1990) Locomotor activity accelerates the temperature rhythm in shiftwork. J Interdiscipl Cycle Res 3: 243–244
Stewart KT, Hages BC, Eastman CI (1995) Light treatment for NASA shiftworkers. Chronobiology Int 12: 141–151
Waterhouse JM, Minors DS, Åkerstedt T, Reilly T, Atkinson G (2001) Rhythms of human performance. In: Takahashi J, Turek F, Moore RY (eds) Circadian clocks. Kluwer Academic/Plenum Publishers, New York, pp 571–601
Weeß HG (1996) Leistungserfassung beim obstruktiven Schlaf-Apnoe Syndrom – Aufmerksamkeitsbezogene Einschränkungen und deren Reversibilität. Röderer, Regensburg

Korrespondenz: Dr. W. Köhler, Klinik für Abhängigkeitserkrankungen und Konsiliarpsychiatrie am Bürgerhospital Frankfurt, Nibelungenallee 37–41, D-60318 Frankfurt, Deutschland, E-mail: mail@WilfriedKoehler.de

Lichttherapie bei Kindern und Jugendlichen

K. Steinberger und **B. Griesser**

Neurologisches Krankenhaus Rosenhügel, Wien, Österreich

Einleitung

Depressiven Störungen bei Kindern und Jugendlichen wurde lange Zeit nur geringe klinische Bedeutung zugesprochen. Erst mit Beginn der achtziger Jahre begann vermehrt die Auseinandersetzung mit diesem Zustandsbild in dieser Altersgruppe. Die Häufigkeitsangaben für depressive Verstimmungszustände im Kindes- und Jugendalter schwanken in Abhängigkeit der Erhebungstechnik (Selbstbeurteilungsfragebögen oder strukturiertes diagnostisches Interview) zwischen 4,7% und 32% (Kashani et al. 1987).

Altersspezifische Depressionssymptomatik

Die Kernsymptome einer Major depressiven Episode im Kindes- und Jugendalter entsprechen weitgehend den Symptomen im Erwachsenenalter (DSM-IV 1994, deutsch 1998). Das klinische Bild und seine psychosozialen Folgen zeigen aber aufgrund der verschiedenen Entwicklungsstufen beträchtliche Unterschiede (Birmaher et al. 1996a, Kovacs 1985, Mitchell et al. 1988, Ryan 1987).

Depressive Störungen haben eine hohe Komorbidität mit Störungen im Sozialverhalten, Angststörungen, Essstörungen und Störungen durch psychotrope Substanzen (Angold und Costello 1993, Strauss 1994).

Depressionen in der Kindheit und Jugend wirken auf soziale und kognitive Entwicklungsprozesse, selbst bei nur subklinischer Ausprägung, oft bis ins Erwachsenenalter negativ nach. So zeigen trotz Remission ehemals depressive Jugendliche im jungen Erwachsenenalter erhöhte psychosoziale Morbidität, Defizite in ihren außerfamiliären Beziehungen und in der Lebenszufriedenheit (Garber 1988, Ialongo et al. 1993, Kandel und Davies 1986, Rao et al. 1995).

Tabelle 1. Depressionssymptomatik in unterschiedlichen Altersgruppen (Carlson und Kashani 1988b, Chambers et al. 1982, Goodyer und Cooper 1993, Mitchell 1988, Nissen 1986, Resch 1996, Ryan et al. 1987)

	Kleinkind	Vorschulkind	Schulkind	Jugendlicher
Affektausdruck/ Stimmung	Trauriges, ausdrucksloses Gesicht Irritabilität ↑	Trauriges Gesicht Irritabilität ↑ Launenhaftigkeit	Freudlosigkeit Unglücklichsein Launenhaftigkeit Irritabilität	Klagsamkeit Hoffnungslosigkeit Irritabilität
Affektsteuerung	Irritabilität	Wutausbrüche Irritabilität	Aggressive Reaktionen	Aggressive Reaktionen
Interesse	Spielhemmung	Kontaktarmut Spielhemmung	Kontaktarmut Interesselosigkeit	Sozialer Rückzug Interesselosigkeit Lustlosigkeit
Appetit/Gewicht	Fütterprobleme	Hyperphagie Appetitlosigkeit	Hyperphagie Appetitlosigkeit	Hyperphagie Appetitlosigkeit
Schlaf	unspezifische Schlafstörungen	unspezifische Schlafstörungen	unspezifische Schlafstörungen	Ein-, Durchschlafstörungen Hypersomnie
Antrieb	Lethargie	Lethargie	Lethargie	Lethargie
Selbstwert		Selbstwert ↓	Selbstwert ↓ Schuldgefühle Extreme Selbstkritik	Selbstwert ↓ Schuldgefühle Extreme Selbstkritik
Kognitive Leistung		Konzentration ↓	Konzentration ↓ Lernhemmung	Konzentration ↓ Lernhemmung
Lebenswille		Unfallgefährdung ↑	Lebensunlust	Suizidalität
Häufig begleitende Angstsymptome	Bindungsprobleme Trennungsangst	Trennungsangst Pavor nocturnus Mutismus	Trennungsangst Schulphobie Mutismus	Angstsyndrome Phobien, dependente Beziehungsmuster
Andere Symptome		Jaktationen Enuresis, Enkopresis Bauchschmerzen (akustische Halluzinationen)	Kopfschmerzen Bauchschmerzen Automutilation	Somatisierungen Automutilation Promiskuität Nikotin-, Drogen- und Alkoholprobleme

Prävalenz der SAD bei Kindern und Jugendlichen

Im Gegensatz zu der Vielzahl an epidemiologischen Studien zur saisonal abhängigen Depression bei Erwachsenen gibt es im Kinder- und Jugendbereich bisher nur zwei größere Studien zu diesem Thema.

Bei einer Umfrage mit 1680 Eltern gaben fast die Hälfte (48,5%) der Befragten an, bei ihren Kindern (4.–6. Schulstufe) im Winter eine Zunahme des Appetits, der Schlafdauer oder der Irritiertheit festzustellen. Zudem waren die Kinder müder, trauriger oder zurückgezogener als im Sommerhalbjahr. 4% der Kinder waren trauriger und zeigten zumindest zwei weitere Symptome während des Winters. Diese Ergebnisse müssen jedoch unter dem Gesichtspunkt interpretiert werden, dass die Kinder nicht direkt befragt wurden und die Einschätzungen auch Projektionen von eigenen Symptomen der Mütter (90% der Rückmeldungen kamen von den Müttern) beinhalten können. Außerdem gab es keinen Vergleich mit den Sommermonaten, keine klar festgelegten Kriterien und eine niedrige Rücklaufrate (46% waren Eltern von Mädchen und 39% von Knaben). Diese Resultate legen jedoch nahe, dass, wenn schon nicht eine SAD in voller Ausprägung vorhanden ist, doch der sogenannte „Winterblues" eine recht häufige Erscheinung bei Kindern sein dürfte. Darüber hinaus fanden sich auch häufiger Symptome von SAD bei Kindern in den zentralen und nördlichen Teilen der Vereinigten Staaten als in den südlichen Regionen (südlich von 36° nördlicher Breite) (Cascardon und Acebo 1993).

Bei einer in Washington, D.C. durchgeführten Pilotstudie wurden an Schulen 2267 Fragebögen ausgegeben, von welchen 1871 (82,5%) retourniert wurden. Die untersuchten Personen waren zwischen neun und neunzehn Jahre alt, 50,5% weiblich, 49,5% männlich. 36 (1,9%) der Fragebögen wurden ausgeschieden, da sie nicht vollständig ausgefüllt waren. Für diese Untersuchung wurde der SPAQ-CA, eine für Kinder/Jugendliche modifizierte Form des Seasonal Pattern Assessment Questionaire (SPAQ) eingesetzt. Mit diesem Fragebogen werden auch spezifische pädiatrische Symptome einer SAD erhoben, wie Veränderung der Schulleistungen und erhöhte Reizbarkeit. Im SPAQ-CA wurde ein Saisonalitätsscore (Range = 0–40) aus 10 Items (Schlafdauer, Ärger und Konflikte, Soziale Aktivitäten, Stimmung, Schulische Leistungen – Lernprobleme, Schulische Leistungen – Noten, Gewicht, Reizbarkeit, Energiehaushalt und Appetit) errechnet, deren Veränderung mit den Jahreszeiten von den Kindern/Jugendlichen eingeschätzt wurde (überhaupt nicht = 0, etwas = 1, mässig = 2, ziemlich stark = 3, sehr stark = 4). Als cut-off Wert für das Vorliegen einer SAD wurde a-priori, basierend auf Studien bei Erwachsenen, ein Saisonalitätsscore von 18 angegeben. Außerdem mussten die Probanden die Probleme zumindest mit „ziemlich stark" bewerten. Von den 1835 Fragebögen, die in die Auswertung genommen wurden, konnte bei 60 (3,3%) ein Saisonalitätsscore von ≥ 18 festgestellt werden. Von den identifizierten Personen mit SAD waren 33 (55%) weiblich und 27 (45%) männlich. Das Alter korrelierte signifikant mit der Häufigkeit von SAD. Die Prävalenzrate stieg ausgehend von 1,7% bei den Neunjährigen bis zu 5,5% bei den 15-Jährigen und älteren. Die

Auftretenshäufigkeit vor der Pubertät betrug bei Mädchen 1,7%, bei Buben 3,1%. Nach der Pubertät litten 4,5% der Mädchen an SAD, bei Buben blieb die Häufigkeit gleich (Swedo et al. 1995).

In einer eigenen Pilotuntersuchung mit Kindern und Jugendlichen aus einer Anfallsstichprobe (n = 208) an einer Wiener Schule und Patienten der Wiener Universitätsklinik für Neuropsychiatrie des Kindes und Jugendalters zeigten sich folgende Ergebnisse:

Anders als bei der von Swedo (1995) durchgeführten Studie wurde bei der vorliegenden Untersuchung die 1997 veröffentlichte deutsche Version des SPAQ-CA verwendet, bei welcher zusätzlich noch der Faktor Zigaretten-, Alkohol- und Drogenkonsum erhoben wird. Somit kamen statt 10 Items 11 in die Analyse. Der Saisonquotient hatte eine mögliche Bandbreite von 0–44. Als Grenzwert wurde von Swedo und Pleeter ein Saisonquotient von 21 festgelegt. D.h., sie gehen davon aus, dass Kinder/Jugendliche, bei denen ein niedrigerer Wert ermittelt wird, nicht unter SAD leiden. Das schließt jedoch nicht aus, dass saisonale Probleme auch bei einer niedrigeren Punktezahl auftreten können (Rosenthal und Kasper 1997).

Die Personen in unserer Untersuchung waren im Mittel 13,8 Jahre alt (MW = 13,8, Md = 14,0) mit einer Standardabweichung von 2,74 Jahren; die jüngsten Teilnehmer waren acht Jahre alt, die Ältesten 18. Ein Drittel waren Buben, zwei Drittel Mädchen. Im Mittel ergab sich ein Saisonalitätsscore von 9 Punkten (MW = 9,37), welcher aber 8 Punkte um den Mittelwert (SD = 8,27) streute und somit ein eher heterogenes Bild zeigte. 21% der Kinder/Jugendlichen gaben einen Saisonalitätsscore von 0 Punkten an; sie unterlagen somit ihrer Selbsteinschätzung nach keinerlei saisonalen Schwankungen. 76% der Kinder hatten einen Saisonalitätsscore von ≤ 15 Punkten und können damit als unauffällig bis weitgehend unauffällig bezeichnet werden. 15% der Kinder/Jugendlichen wiesen einen Saisonalitätsscore von 16–20 Punkten auf, was bereits auf erhöhte saisonale Schwankungen hindeutet, und 9% der Kinder/Jugendlichen lagen mit einem Saisonalitätsscore von ≥ 21 Punkten im kritischen Bereich (Griesser 2002).

Auf die Frage, ob die saisonalen Schwankungen ein Problem darstellen, gaben 78% an, dass es für sie kein oder kein schlimmes Problem ist, für 22% waren diese Schwankungen tatsächlich problematisch, für 9 Jugendliche waren die Beschwerden so schlimm, dass sie im Alltag erhebliche Probleme hatten (Griesser 2002).

Behandlung mit Lichttherapie

Trotz Auftretens von SAD im Kindes- und Jugendalter ist der Nachweis von Wirksamkeit und Akzeptanz der Lichttherapie, anders als im Erwachsenenalter in nur wenigen publizierten Studien belegt (Terman et al. 1989).

Zur Wirksamkeit der Lichttherapie bei SAD im Kindes- und Jugendalter liegt eine kontrollierte Studie an 28 Patienten im Alter von 7–17 Jahren vor. Bei dieser placebo-kontrollierten Doppel-Blind-Crossover-Studie trugen alle Patienten für die Dauer einer Woche täglich eine Stunde lang dunkle Brillen. Danach wurden sie nach dem Zufallsprinzip in 2 Gruppen geteilt. Eine Gruppe kam zuerst in die Verumbedingung und erhielt täglich 2 Stunden Dämmerungssimulation (DS) mit maximum 250 Lux um 6.30 h morgens plus täglich 1 Stunde Behandlung mit hellem weißem Licht (HWL) (2500 Lux für Kinder bis 9 Jahre und 10000 Lux für Kinder älter als 9 Jahre). In der Placebo-Bedingung trugen die Kinder täglich für eine Stunde Brillen mit klarem Glas und erhielten 5 Minuten niedrig dosierte DS. Die Phase zwischen den Behandlungsbedingungen dauerte 1 bis 2 Wochen. In dieser Zeit trugen die Kinder täglich eine Stunde lang eine Brille mit grauem Glas mit nur 10% Lichtdurchlässigkeit. Danach erhielten die Kinder die jeweils alternative Behandlung. Veränderungen wurden mit der Eltern- (SIGH-SAD-P-) und mit der Kinder- (SIGH-SAD-C-)Version des Structured Interview Guide for the Hamilton Depression Rating Scale, Seasonal Affective Disorders (SIGH-SAD) gemessen.

Der SIGH-SAD-P-Depressionsscore verringerte sich verglichen mit der Placebo-Bedingung in Relation zum Ausgangswert während der Verumbedingung signifikant. Kein Unterschied wurde zwischen Placebo- und Kontrollphase festgestellt. Ein ähnlicher Trend (jedoch nicht signifikant) wurde beim SIGH-SAD-C beobachtet. Dabei trat in der Behandlungsbedingung bei 80% der Patienten eine deutliche Verbesserung der Stimmung ein. Allerdings kann aufgrund des Studiendesigns nicht eindeutig nachgewiesen werden, auf welche Behandlungsbedingung (HWL oder DS) die Verbesserung zurückzuführen ist. Am Ende der Studie gaben 78% der Eltern und 80% der Patienten an, dass das Kind sich während der Verumbedingung „am besten gefühlt" habe (Swedo et al. 1997).

In einer Einzelfallstudie wurde die Behandlung eines 9-jährigen Buben beschrieben. Das Kind litt seit seinem fünften Lebensjahr unter SAD und wurde an der Klinik in drei Wintern jeweils einmalig an fünf aufeinanderfolgenden Tagen je 30 Minuten lang mit hellem weißem Licht (HWL) (10.000 Lux) behandelt und war für den Rest des Winters symptomfrei. Im 4. Winter wurde es zu Hause mit HWL erfolgreich behandelt. Aufgrund nachlassender Compliance setzte man im 5. Winter erfolgreich die sogenannte „Dawn Simulation" (DS) ein. Dabei handelt es sich um eine spezielle Zimmerbeleuchtung, welche einen frühzeitigen Sonnenaufgang simuliert. Die DS begann jeweils 1 Stunde vor der gewünschten Aufwachzeit und konnte auf eine maximale Intensität von 100, 200 oder 300 Lux eingestellt werden. Diese Behandlungsform musste allerdings täglich während des gesamten Winterhalbjahres angewendet werden. Die Resultate dieser Einzelfallstudie deuten darauf hin, dass SAD sowohl mit HWL, als auch mit DS erfolgreich behandelt werden kann. Erstaunlicherweise führte eine nur fünftägige Behandlung mit HWL zu einer Remission der Symptome für den restlichen Winter (Meesters 1998).

Vor dem Hintergrund dieser Einzelfallstudie stellt sich die Frage, auf welche Behandlungsform – HWL oder DS – in der Untersuchung von Swedo (1997) die therapeutische Wirksamkeit zurückzuführen ist.

In unserer an der Wiener Universitätsklinik für Neuropsychiatrie des Kindes- und Jugendalters durchgeführten Studie wurde eine Stichprobe von n = 14 Kinder/Jugendliche im Alter von 8–18 Jahren (MW = 13,07, Md = 13,0) untersucht. Die Stichprobe setzte sich aus 11 Mädchen (79%) und 3 Buben (21%) zusammen. Die ersten saisonalen Probleme traten bei den Kindern im Mittel im Alter von 8 Jahren auf, mit einer Streuung von 2 Jahren (SD = 2,27). Im Mittel dauerte es 5 Jahre (SD = 2,46), bis die saisonalen Probleme der Kinder/Jugendlichen erstmals behandelt wurden. Der Saisonalitätsscore des SPAQ-CA betrug im Mittel 25 Punkte (MW = 25,43); die Streuung von 4 Punkten (SD = 3,90) zeigt, dass diese Stichprobe bezüglich saisonaler Schwankungen relativ homogen über dem kritischen Wert von 21 Punkten lag. Die Kinder und Jugendliche wurden in einer randomisierten, placebo-kontrollierten Doppel-Blind-Crossover-Studie in zwei Gruppen geteilt und je eine Woche mit hellem weißem Licht und eine Woche mit grünem gedämpftem Licht behandelt. Die Wash-Out-Phase zwischen den beiden Behandlungsbedingungen dauerte ebenfalls eine Woche. Die Untersuchungsleiterin war blind bezüglich der jeweiligen Behandlungsbedingung der Patienten. Sowohl die Patienten, als auch die Behandlungsbetreuerinnen, welche die Lichttherapie durchführten, waren bezüglich der Wirksamkeit von hellem weißem Licht und grünem gedämpftem Licht blind. Patienten, welche in der ersten Behandlungswoche mit hellem weißem Licht behandelt wurden, wurden in der zweiten Behandlungswoche mit grünem gedämpftem Licht behandelt. Umgekehrt wurden Patienten, welche in der ersten Behandlungswoche mit grünem gedämpftem Licht behandelt wurden, in der zweiten Behandlungswoche mit hellem weißem Licht behandelt.

Die Patienten wurden zu Beginn der Studie bezüglich ihrer Erwartungshaltung die Lichttherapie betreffend befragt. 13 Patienten (92,9%) erwarteten sich eine positive Auswirkung und nur 1 Patient (7,1%) keine Auswirkung. Auf die Frage, welche Lichtart sie als wirksamer einschätzen, gaben 7 (50%) Patienten weißes Licht und 7 Patienten (50%) grünes Licht an.

Nach Abschluss der Behandlung beurteilten alle 14 Patienten die Lichttherapie positiv. Von 12 (85,7%) Patienten wurde nun das weiße Licht als wirksamer eingeschätzt, und nur von zweien (14,3%) das grüne Licht, was inferenzstatistisch überzufällig ist (p = ,013, Binomialtest).

Gemessen mit der Child Depression Rating Scale (CDRS) ergab die Untersuchung eine hochsignifikante Überlegenheit der Verum-Bedingung gegenüber der Placebo-Bedingung. Rein deskriptivstatistisch reduziert sich die depressive Symptomatik unter Verum-Bedingung um durchschnittlich 17,36 Rohwertpunkte (SD = 6,83), unter Placebo-Bedingung um durchschnittlich 5,07 (SD = 5,41) Punkte (t = –5,273, df = 26, p < ,001, h2 = ,517).

Ebenfalls hochsignifikante Ergebnisse konnten bei Verwendung der Hamilton Depression Rating Scale – Suppl. (HDRS-Suppl), der Hamilton Depressionsskala (HAMD) und des Depressionsinventar für Kinder und Jugendliche (DIKJ) gezeigt werden.

Aufgrund des kleinen Stichprobenumfangs interpretieren wir unsere Ergebnisse mit aller Vorsicht, können jedoch andererseits einen beträchtlichen klinischen Behandlungseffekt dieser Therapieform feststellen (Griesser 2002).

Zusammenfassung

Aus der vorliegenden Literaturübersicht und eigenen Studienergebnissen wird deutlich, dass Winterdepressionen sich bereits im Kindesalter manifestieren können. Zur Diagnostik depressiver Zustände ist jedoch die Beachtung der entwicklungsspezifischen Ausformung der Symptomatik erforderlich. Lichttherapie stellt auch im Kindes- und Jugendalter eine einfache und wirksame Therapie dar. Aus kinderpsychiatrischer und psychologischer Sicht wollen wir auf die Notwendigkeit von Präventivmassnahmen hinweisen, da depressive Episoden besonders im Kindes- und Jugendalter Langzeitfolgen nach sich ziehen können. So stellt das Erkennen dieser Risikogruppe und das Sicherstellen einer ausreichenden Lichtzufuhr während des Winterhalbjahres eine wichtige und einfache psychohygienische Maßnahme dar.

Literatur

Angold A, Costello EJ (1993) Depressive comorbidity in children and adolescents: empirical theoretical, and methodological issues. Am J Psychiatry 150: 1779–1791

Birmaher B, Ryan ND, Williamson D (1996a) Childhood and adolescent depression: a review of he past 10 years, part I. J Am Acad Child Adolesc Psychiatry 35: 1427–1439

Carlson GA, Kashani JH (1988b) Phenomenology of major depression from childhood to adulthood. Analyses of three studies. Am J Psychiatry 145: 1222–1225

Cascardon MA, Acebo C (1993) Parental reports of seasonal mood and behavior changes in children. J Am Acad Child Adolesc Psychiatry 32: 264–269

Chambers WJ, Puig-Antich J, Tabrizi MA, Davies M (1982) Psychotic symptoms in prepubertal major depressive disorder. Arch Gen Psychiatry 39: 921–927

DSM-IV (1994, deutsch 1998) Diagnostisches und statistisches Manual psychischer Störungen DSM-IV. Übersetzt nach der vierten Auflage des Diagnostic and Statistical Manual of Mental Disorders der American Psychiatric Association. Hogrefe, Göttingen

Garber J, Kriss MR, Koch M, Lindholm L (1988) Recurrent depression in adolescents: a follow-up study. J Am Acad Child Adolesc Psychiatry 27: 49–54

Goodyer IM, Cooper PJ (1993) A community study of depression in adolescent girls. II. The clinical features of identified disorder. Br Psychiatry 163: 374–380

Griesser B (2002) Klinische Untersuchung über die Wirksamkeit von Licht verschiedener Wellenlängen bei depressiven Episoden mit atypischer Phänomenologie im Kindes- und Jugendalter. Dissertation, Universität Klagenfurt

Ialongo NS, Edelson G, Werthamer-Larsson L, Crockett L, Kellam S (1993) Are self-reportet depressive symptoms in first grade children a developementally transient phenomena? A further look. Dev Psychopathol 5: 433–547

Kandel DB, Davies M (1986) Adult sequelae of adolescent depressive symptoms. Arch Gen Psychiatry 43: 255–262

Kashani JH, Carlson GA, Beck NC, Hoeper EW (1987) Depression, depressive symptoms, and depressed mood among a community sample of adolescents. Am J Psychiatry 144: 931–934

Kovacs M (1985) The Children's Depression Inventory (CDI). Psychopharmacol Bull 21: 995–999

Meesters Y (1998) Case study: dawn simulation as maintenance treatment in a nine-year-old patient with seasonal affective disorder. J Am Acad Child Adoles Psychiatry 37 (9): 986–988

Mitchell J, McCauly E, Burle PM, Mass SJ (1988) Phenomenology of depression in children and adolescents. J Am Acad Child Adolesc Psychiatry 1: 12–20

Nissen G (1986) Psychische Störungen im Kindes- und Jugendalter. Ein Grundriss der Kinder- und Jugendpsychiatrie, 2., erw. Aufl. Springer, Berlin Heidelberg New York Tokyo

Rao U, Ryan ND, Birmaher B, Dahl R, Williamson DE, Kaufman J, Rao R, Nelson B (1995) Unipolar depression in adolescents: clinical outcome in adulthood. J Am Acad Child Adolesc Psychiatry 34: 566–578

Resch F (1996) Entwicklungspsychopathologie des Kindes- und Jugendalters. Psychologie Verlags Union, Weinheim

Rosenthal NE, Kasper S (1997) Licht-Therapie. Das Programm gegen Winterdepression. Heyne, München

Ryan ND, Puig-Antich J, Ambrosini P et al (1987) The clinical picture of major depression in children and adolescents prepubertal major depression. Arch Gen Psychiatry 44: 854–861

Strauss CD (1994) Anxiety disorders. In: Hasselt VB, Hersen M (eds) Advanced abnormal psychology. Plenum Press, New York, pp 219–234

Swedo SE, Allen AJ, Glod CA, Clark CH, Teicher MH, Reicher D, Hofmann C, Hamburger SD, Dow S, Brown C, Rosenthal NE (1997) A controlled trial of light therapy for the treatment of pediatric seasonal affective disorder. J Am Acad Child Adolesc Psychiatry 36: 816–821

Swedo SE, Pleeter JD, Richter DM, Hoffman CL, Allen AJ, Hamburger SD, Turner EH, Yamanda EM, Rosenthal NE (1995) Rates of seasonal affective disorder in children and adolescents. Am J Psychiatry 152: 1016–1019

Terman M, Terman JS, Quitkin FM, McGrath PJ, Stewart JW, Rafferty AB (1989) Light therapy for seasonal affective disorder. A review of effiacy. Neuropsychopharmacology 2: 1–22

Korrespondenz: Dr. K. Steinberger, Jugendpsychiatrisches Tageszentrum des Kuratoriums für Psychosoziale Dienste in Wien, Akaziengasse 44–46, A-1230 Wien, Österreich, E-mail: psdwien.steinberger@aon.at

Problem des Placebo Effektes bei Lichttherapie

A. Groß und H. J. Möller

Psychiatrische Klinik und Poliklinik, Ludwig-Maximilians Universität,
München, Deutschland

Im Folgenden soll der Placebo Effekt und seine Bedeutung für die Interpretation von Studien zur Lichttherapie untersucht werden. Vorangestellt sei zunächst eine Definition des Begriffes Placebo, wie er hier verstanden werden soll:

„... *as any therapeutic procedure (or that component of any therapeutic procedure) which is given deliberately to have an effect, or unknowingly has an effect on a patient, symptome, syndrome, or disease, but is objectively without specific activity for the condition being treated"* (Shapiro 1964, S. 75).

Ein Placebo Effekt spielt bei jeder erfolgreichen Behandlung unabhängig von der Erkrankung selbst eine Rolle (Grunbaum 1986, Shapiro 1971). Placebo Behandlungen können messbare physiologische Effekte hervorrufen, können Gewebeverletzungen heilen und können sogar unerwünschte Nebenwirkungen hervorrufen (Beecher 1961, Shapiro und Morris 1978).

Dass einer Therapie mit Licht ein Placebo-Effekt inne wohnt, ist unumstritten. Ob dagegen eine spezifische therapeutische Wirksamkeit über den Placebo Effekt hinaus feststellbar ist, wird immer wieder in wissenschaftlichen Studien kontrovers diskutiert (Rosenthal et al. 1988, Wirz-Justice 1986). Der Placebo Effekt wird in besonderem Maße von der therapeutischen Situation, der Information, die der Patient erhält und der Einstellung des Arztes (enthusiastisch versus neutral) beeinflusst. So ist hinreichend belegt, dass sich nicht nur die Wirksamkeit einer Placebo Tablette, sondern auch die der Verum Tablette erhöht, wenn der Arzt Vertrauen in die Wirksamkeit des Medikamentes legt (Shapiro 1959, 1964).

Medien und Boulevard-Presse haben in den letzten Jahren umfangreiche überwiegend optimistische Information hinsichtlich Lichttherapie verbreitet. Daher erstaunt es nicht, dass Probanden, die per Annonce für Forschungsstudien rekrutiert werden, häufig mit positiver Erwartungshaltung „ausgestattet" sind. Andere Variablen wie z.B. die Reputation der Einrichtung, Atmosphäre der Behandlungssituation, Applikation durch Ärzte oder Hilfspersonal nehmen zusätzlich Einfluss auf den Placebo Effekt. Eastman und Kollegen, die sich kritisch mit dem Placebo Effekt bei Lichttherapie auseinandergesetzt haben, geben denn auch zu bedenken, dass womöglich den oben beschriebenen Variablen eine zumindest gleichwertige Bedeutung bei der Interpretation der Response Rate zukommt, wie die vielfach diskutierte Varianz in Lichtstärke und Lichtdauer (Eastman 1990, Eastman et al. 1989).

Es hat sich bisher als schwierig erwiesen, für Licht eine echte Placebo Bedingung zu finden, da die Probanden nicht „blind" bezüglich der Art der Lichtapplikation sind: Wenn Probanden durch Berichte in den Medien bereits vorinformiert sind und wissen, dass nur „helles" Licht wirksam ist, ist eine Placebo-Kontrolle mit schwach rotem Licht keine echte Placebo Kontrolle. Mit diesem Problem sahen sich bereits Untersucher in einer der ersten Studien zur Wirksamkeit von Lichttherapie konfrontiert: 1984, als die Medien der Lichttherapie noch wenig Aufmerksamkeit schenkten, fanden Rosenthal und Kollegen, dass Probanden schon vor Antritt der Studie „helles" Licht als therapeutisch wirksamer einstuften als schwaches gelbes Licht, welches die Placebo Bedingung darstellte (Rosenthal et al. 1984). Verschiedene Studien in den folgenden Jahren waren deshalb bemüht, sich dem Problem einer „echten" Placebo Kontrolle bei Lichttherapie innovativ zu nähren: 1992 führten Eastman und Kollegen erstmals eine Studie mit einem deaktivierten negativen Ionen Generator als Placebo Kontrolle durch. In einem 5-wöchigem cross-over Design wurde die Exposition mit morgendlicher Lichtanwendung (7000 Lux) mit der Exposition einer Placebo Behandlung (aktiver und deaktivierter Ionen Generator) bei 32 Patienten mit Winter SAD verglichen (Eastman et al. 1992). Beide Behandlungen führten zu einer gleichstark ausgeprägten signifikanten Reduktion depressiver Symptome. Die Autoren machten zum einen eine kurze Expositionsdauer (für beide Behandlungen jeweils eine Stunde täglich für jeweils zwei Wochen), zum anderen eine ungünstige Patientenselektion (ungewöhnlich viele sonnige Tage während der Rekrutierungsphase hätten dazu geführt, dass eher nicht-lichtsensitive Probanden eingeschlossen worden seien) für das ungenügende Ansprechen auf die Verum Behandlung verantwortlich. Die Autoren spekulierten außerdem, dass allein die Anwesenheit einer offensichtlich „unwirksamen" Placebo-Behandlung die Erwartungen hinsichtlich Therapieerfolg negativ beeinflusst hätten: es sei sowohl Untersuchern als auch Probanden bewusst gewesen, dass die Teilnehmer in jedem Fall für eine bestimmte Zeit einer Placebo Behandlung ausgesetzt sein würden.

Die oben erwähnte Studie zeigt jedoch auch ein generelles Problem auf: Die Anwesenheit einer Placebo-Kontrolle senkt die Response Rate gegenüber der Verum Komponente (Greenberg and Fisher 1989), d.h. Studien *ohne* Placebo Kontrolle erbringen im Allgemeinen bessere Endergebnisse als solche *mit* Placebo. Um eine Aussage über den tatsächlichen, den sog. „Nettoeffekt" einer Therapie zu erhalten, muss die durch Placebo erzielte Responserate von der Verum Responserate abgezogen werden. In einer Metaanalyse aus der Datenbank der FDA untersuchte Khan und Kollegen 45 Phase II und Phase III Antidepressiva Studien mit dem Ziel, Prädiktoren für das Ansprechen auf die Verum- oder aber die Placebo Komponente zu finden. Dabei zeigte sich, dass generell Patienten mit initial höheren Hamilton-Depressionswerten (HDRS > 28) deutlich besser auf das Antidepressivum respondierten, während Patienten mit niedrigeren Depressionswerten (HDRS < 24) eher von einem Placebo profitierten (Khan et al. 2001). Gerade Probanden in klinischen Phase-II oder III-Antidepressiva Studien unterliegen besonderen Bedingungen: auch Probanden, die „nur" ein Placebo-Medikament erhalten, erfahren eine Vielzahl von nicht medikamentösen positiven Faktoren durch die Medikamentengabe. In Forschungsstudien erhält der Proband unabhängig von der therapeutischen Intervention besonders positive Zuwendung durch einen zumeist enthusiastischen „Experten" in Form von häufigen Gesprächen mit der Möglichkeit, seine Beschwerden zu verbalisieren (Khan et al. 2001). Ähnliches gilt für die Behandlungssituation bei der Anwendung von Lichttherapie: Die Erwartungen von Untersucher und Probanden hinsichtlich des Ausgangs der therapeutischen Intervention beeinflussen deren Ergebnis.

Um das Problem vorgefasster Erwartungen hinsichtlich des Ausganges der Therapie zu umgehen und gleiche Ausgangsbedingungen für Verum- und Placebogruppe zu schaffen, führte eine andere Arbeitsgruppe folgendes „Täuschungsmanöver" mit ihren Probanden durch: die Probanden wurden dahingehend aufgeklärt, dass es Ziel der Untersuchung sei, die Wirksamkeit von nicht-sichtbarem Infrarot- Licht zu testen. Die Probanden wurden vor einen Apparat gesetzt, auf dem ein angebrachtes Kontrolllämpchen zu Leuchten begann, sobald der Apparat ein summendes Geräusch machte. Dies war für die Probanden das Zeichen, dass infrarotes Licht angeschaltet wurde. Obwohl sich Probanden in der Verum-Gruppe nicht hinsichtlich den Erwartungen gegenüber der Placebo-Gruppe unterschieden, ließ sich kein signifikanter Unterschied hinsichtlich Reduktion der Symptome finden (Levitt et al. 1996).

Überzeugende Resultate bezüglich Placebo liefern zwei jüngere Studien (Terman et al. 1998, Eastman et al. 1998). Aufbauend aus den 1992 gewonnenen Erkenntnissen untersuchte Eastman und Kollegen in einer Sechsjahresstudie an 96 Probanden die Wirksamkeit einer längeren und stärkeren Lichtexposition (6000 Lux für 1,5 Stunden über 4 Wochen) gegenüber einer Placebo Kondition, die aus deaktivierten negativen Ionen Generatoren bestand. Die Probanden wurden in drei Gruppen unterteilt: die erste Gruppe erhielt Lichttherapie am Morgen, die zweite Lichtexposition am Abend und die dritte Gruppe erhielt Exposition mit dem Ionen Generator am Morgen. Bei der Durchführung wurde besonders darauf geachtet, den Probanden ein positives Bild von beiden Therapieformen zu vermitteln. Außerdem wurden die Probanden informiert, dass echte Ionen Generatoren und Attrappen eingesetzt würden, dass jedoch subjektiv kein Unterschied feststellbar sei. Tatsächlich wurden jedoch nur sehr wenige „echte" Ionen Generatoren eingesetzt. Nach dreiwöchiger Studiendauer zeigte sich für die morgendliche Lichttherapie eine komplette Remissionsrate von 61%, für die abendliche Lichttherapie von 50% und für die Placebo-Therapie von 32%, gemessen an einer Reduktion des SIGH-SAD Wertes <50% vom Ausgangswert und ≤ 8 absolut. Terman und Kollegen untersuchten an 158 Patienten die Wirksamkeit einer Lichtexposition mit 10.000 Lux für 0,5 Stunden in einem morgens versus abends cross-over, parallel-group Design über einen Verlauf von 2 Wochen (Terman et al. 1998). Probanden mit SAD wurden in 6 Gruppen für eine Behandlungsdauer von 2 Wochen verteilt. Die Lichtsequenzen waren: morgens-abends, abends-morgens, morgens-morgens und abends-abends. Der Ionen-Generator produzierte entweder starke oder schwache Ionen und wurde für 0,5 Stunden am Morgen als Placebo Kondition eingesetzt (stark–stark; schwach–schwach). Erwartungsgemäß schnitt die Gruppe mit der schwachen Ionen Exposition am ungünstigsten ab gegenüber allen anderen Gruppen. Gemessen an den bekannten Erfolgskriterien zeigte sich eine Remissionsrate von 54,3% für morgendliches Licht gegenüber einer Remissionsrate von 33,3% für abendliches Licht.

Der überraschende Befund, dass Licht, auf die Haut der Fossa poplitea aufgesetzt (d.h. extraokulär), ebenso wie okuläres Licht sowohl Phasenverschiebung des circadianen Rhythmus, Veränderung der Körpertemperatur und ein Hinauszögern der Melatoninproduktion bewirken kann (Campbell und Murphy 1998), wurde in nachfolgender Studie elegant für das Design einer Placebo Kontrolle genutzt: bei 29 Patienten mit der Diagnose einer SAD wurde über fünf Tage für jeweils drei Stunden entweder Licht (13.000 Lux) oder ein Placebo-Licht (0 Lux) in der Kniebeuge verdeckt appliziert, ohne dass für die Probanden ein Unterschied der Lichtstärke erkennbar war. Nach Studienabschluss ließ sich zeigen, dass beide Gruppen deutliche Reduktion depressiver Symptome aufwiesen, es sich jedoch keine Überlegenheit des „echten" Therapiearmes gegenüber der Placebogruppe zeigte (Koorengevel et al. 2001).

Erwähnt werden soll abschließend eine methodisch elegante Übersichtsarbeit von Terman und Kollegen, die das Problem der Placebo Kontrolle umgingen und stattdessen versuchten, durch eine cross-center Analyse aller kontrollierten Studien aus den Jahren 1980 bis 1987 stärkere statistische Aussagekraft über die Wirksamkeit von Lichttherapie zu erzielen: Dazu wurden 332 individuelle Daten von Probanden aus 14 Forschungszentren in einem sog. „Pool-cluster" Verfahren analysiert, d.h. die Ergebnisse von Probandendaten aus Studien mit ähnlichem Design wurden miteinander kombiniert und verglichen. Alle Forschungszentren befanden sich auf 39° nördlicher Breite oder darüber und waren auf die Vereinigten Staaten, England und die Schweiz verteilt. Ziel war es, valide Informationen über die Wirksamkeit bestimmter Tageszeiten bei der Lichtapplikation zu erhalten (morgendliche versus mittägliche versus abendliche Exposition). Diese Ergebnisse wurden dann mit einer Analyse aus zwei Kontroll-Bedingungen (schwach rotes Licht und kurz appliziertes helles Licht) verglichen, um Aussagen über die tatsächliche Effizienz von aktiver versus inaktiver Behandlung zu erhalten. Da die Studien hinsichtlich der Lichtdauer durch große Varianz gekennzeichnet waren, wurden Subgruppen gebildet: Die Studien, die positive Effekte bei zwei bis 6-stündiger Exposition erzielten, wurden getrennt analysiert von den Studien, die schon nach einer Stunde oder kürzer einen Therapieerfolg aufweisen konnten. Fast alle Studien verwendeten fluoreszierendes Licht mit 2500 Lux als aktive Lichtkomponente und Licht von 400 Lux oder geringer als inaktive Komponente. Zusammenfassend zeigte sich, dass eine morgendliche Lichtexposition über mindestens zwei Stunden für eine Woche in signifikant mehr Remissionen (53%) resultierte, als eine mittägliche (32%) oder abendliche (38%) Anwendung. Die Remissionsrate wurde dabei definiert als 50%ige Reduktion in der HDRS oder tatsächliche Reduktion auf einen Skalenwert unter 8. Alle aktiven Lichtinterventionen erwiesen sich als signifikant effektiver als die inaktiven Kontrollen (11%). Die Ausprägung der depressiven Symptomatik vor Therapiebeginn hatte deutlichen Einfluss auf das Ergebnis: Waren die HDRS- Werte zu Beginn eher niedrig (Werte von 10–16) so ergab sich eine Remissionsrate bei morgendlicher Lichtanwendung von 67%. Lagen die HDRS-Werte über 16, konnten bei morgendlicher Lichtexposition nur Remissionsraten von 40% erzielt werden.

Die Autoren postulierten, dass in Zukunft nur durch größere Fallzahlen, Optimierung von Lichtstärke und Dauer, Stratifizierung der Endergebnisse nach Ausgangswerten in Depressionsskalen und durch verbesserte Skalen zur Erfassung von atypischen vegetativen Symtomen, qualifizierte Aussagen zur klinischen Wirksamkeit von Lichttherapie gemacht werden könnten (Terman et al. 1989).

Literatur

Beecher HK (1961) Surgery as placebo. JAMA 176: 1102–1107
Campbell SS, Murphy PJ (1998) Extraocular circadian phototransduction in humans. Science 279: 396–399
Eastman CI, Lahmeyer HW, Watell LG (1989) The placebo problem in phototherapy for winter SAD. Soc Light Treatment Biol Rhythms Abst 1: 36
Eastman CI (1990) What the placebo literature can tell us about light therapy for SAD. Psychopharmacol Bull 26, 4: 495–504
Eastman CI, Lahmeyer HW, Watell LG, Good GD, Young MA (1992) A placebo-controlled trial of light treatment for winter depression. J Affect Disord 26: 211–222
Eastman CI, Young MA, Fogg LF, Liu L, Meaden PM (1998) Bright light treatment of winter depression. A placebo controlled trial. Arch Gen Psychiatry 55: 883–889
Greenberg RP, Fisher S (1989) Examining antidepressant effectiveness: findings, ambiguities and some vexing puzzles. In: Fisher S, Greenberg RP (eds) The limits of biological treatments for psychological distress. Lawrence Erlbaum Associates, Hillsdale, NJ, pp 1–37
Grunbaum A (1986) The placebo concept in medicine and psychiatry. Psychol Med 16: 19–38
Khan A, Leventhal RM, Khan S, Brown WA (2001) Severity of depression and response to antidepressants and placebo: an analysis of the food and drug administration database. J Clin Psychopharmacol 22 (1): 40–45
Koorengevel KM, Gordijn MC, Beersma DG, Meesters Ybe, den Boer JA, Hoofdakker RH, Daan S (2001) Extraocular light therapy in winter depression: a double-blind placebo-controlled study. Biol Psychiatry 50: 691–698
Levitt AJ, Wesson VA, Joffe RT, Maunder RG, King EF (1996) A controlled comparison of light box and head-mounted units in the treatment of seasonal depression. J Clin Psychiatry 57: 105–110
Michalak EE, Hayes S, Wilkinson C, Hood K, Dowrick C (2002) Treatment compliance in light therapy: do patients do as they say they do? Letter to the Editor. J Affect Disord 68: 341–342

Rosenthal NE, Sack DA, Skwerer RG, Jakobsen FM, Wehr TA (1988) Phototherapy for seasonal affective disorder. J Biol Rhythms 3: 101–120

Shapiro AK (1959) The placebo effect in the history of medical treatment: implications for psychiatry. Am J Psychiatry 116: 298–304

Shapiro AK (1964) Factors contributing to the placebo effect. Am J Psychother 18: 73–88

Shapiro AK (1971) Placebo effects in medicine, psychotherapy and psychoanalysis. In: Bergin AE, Garfield SL (eds) Handbook of psychotherapy and behavior change: an empirical analysis. Wiley, New York, pp 439–473

Shapiro AK, Morris LA (1978) The placebo effect in medical and psychological therapies. In: Garfield SL, Bergin AE (eds) Handbook of psychotherapy and behavior change: an empirical analysis. Wiley, New York, pp 369–410

Terman M, Terman JS, Quitkin FM, McGrath PJ, Stewart JW, Rafferty B (1989) Light therapy for seasonal affective disorder: a review of efficacy. Neuropsychopharmacol 2: 1–22

Terman M, Terman JS, Ross DC (1998) A controlled trial of timed bright light and negative air ionization for treatment of winter depression. Arch Gen Psychiatry 55: 875–882

Wirz-Justice A (1986) Light therapy for depression: present status, problems, and perspectives. Psychopathology 19: 136–141

Korrespondenz: Dr. med. A. Groß, Psychiatrische Klinik und Poliklinik, Ambulanz, Ludwig-Maximilians Universität München, Nussbaumstraße 7, D-80336 München, Deutschland, E-mail: angross@psy.med.uni-muenchen.de

Sicherheit und Lampenstandards für Lichttherapie aus der Sicht von Ophthalmologen und Zellbiologen

C. E. Remé, C. Grimm und A. Wenzel

Labor für Zellbiologie der Netzhaut, Universitäts-Augenklinik, Zürich, Schweiz

So notwendig wie Licht für alles Leben auf der Erde ist, so wichtig ist es auch, das Auge vor einer Überdosis von Licht zu schützen. Ultraviolettes und sichtbares Licht können verschiedene Strukturen des Auges schädigen, ja sogar zerstören, wenn eine hohe Lichtdosis auf das Auge trifft. Neuere experimentelle und epidemiologische Studien zeigen, dass sozioökonomisch wichtige Augenerkrankungen wie der graue Star und verschiedene Formen der Netzhautdegeneration (Formenkreis der Retinitis Pigmentosa, altersabhängige Makuladegeneration) durch Licht verstärkt werden können, in einigen Situationen sogar ausgelöst werden (Cruickshanks et al. 2001). Eine wesentliche Gemeinsamkeit der Netzhautdegenerationen ist es, dass die Sinneszellen und/oder das retinale Pigmentepithel durch den genregulierten Zelltod der Apoptose absterben (Portera Cailliau et al. 1994, Remé et al. 1998a, b). Auch eine starke Lichtbelastung der Netzhaut kann im Tierexperiment den Zelltod durch Apoptose induzieren und damit einen Phänotyp erzeugen, der demjenigen von Netzhautdegenerationen sehr ähnlich ist (Hafezi et al. 1997). Daher ist der Schutz des Auges vor übermäßiger Lichtbelastung ein wesentlicher Bestandteil nicht nur der Prophylaxe der oben genannten Alterserkrankungen, sondern auch des Schutzes vor akuten Schäden.

Primäre und sekundäre Chromophore, die Lichtschäden vermitteln können

In der Netzhaut befinden sich verschiedene lichtabsorbierende Moleküle (Chromophore), die einen Schaden vermitteln könnten. Hierzu gehören auch diejenigen Moleküle, die (wahrscheinlich) Signale zur Regulation zirkadianer Rhythmen vermitteln, wie die Kryptochrome und die Melanopsine (Hattar et al. 2002, Provencio et al. 2000, Berson et al. 2002, Thresher et al. 1998). Es konnte jedoch eindeutig gezeigt werden, dass das Sehpigment der „klassischen" Photorezeptoren, die den Sehreiz erzeugen, verantwortlich ist für die Vermittlung der Lichtschäden (Grimm et al. 2000a, Keller et al.

2001). Experimentelle Studien haben ergeben, dass die Kinetik der metabolischen Regeneration des Sehpigments, also des visuellen Zyklus, einen entscheidenden Faktor bei der Vermittlung der Schäden darstellt. Eine langsame Regeneration des Sehpigments verringert die Schadensanfälligkeit, während eine schnelle Regeneration diese erhöht (Wenzel et al. 2001). So ist das Rhodopsin das primäre Chromophor bei der Entstehung von Lichtschäden. Gibt es auch sekundäre lichtabsorbierende Moleküle? Was ist damit gemeint?

Im Laufe des Lebens sammelt sich im Pigmentepithel der Netzhaut das so genannte Alterspigment an, das Lipofuszin. Lipofuszin bildet sich aus den Phagosomen, den abgestoßenen Spitzen der lichtempfindlichen Außensegmente der Stäbchen und Zapfen (Young 1976). Diese werden ins Pigmentepithel aufgenommen und im lysosomalen System abgebaut. Der Abbau erfolgt jedoch nicht vollständig, es sammeln sich unverdauliche Reste an, das Lipofuszin. Ein nach neuen Erkenntnissen wichtiger Bestandteil des Lipofuszins ist ein ungewöhnliches Retinoid, das A2E (N-Retinyl-N-Retinyliden Ethanolamin, ein Pyridinium Bisretinoid) (Eldred und Lasky 1993, Parish et al. 1998). Dieses Molekül ist für die goldgelbe Autofluoreszenz des Lipofuszins verantwortlich. Wesentlich ist, dass A2E und damit Lipofuszin eine starke Absorption im kurzwelligen Bereich des sichtbaren Spektrums hat, also im violetten und blauen Bereich. Wichtige neue Publikationen zeigen, dass Blaulicht-Exposition den apoptotischen Zelltod des Pigmentepithels hervorruft (Sparrow et al. 2000, 2002). Absterben des Pigmentepithels zieht nun unweigerlich den Tod der darüber liegenden Sinneszellen nach sich.

Blaulicht kann aber auch direkt die Photorezeptoren zerstören, hier wird der Zelltod durch das Sehpigment Rhodopsin vermittelt (Grimm et al. 2000b, 2001), das somit auch für die Blaulichtschäden der essentielle Mediator ist. Aus den genannten Befunden geht klar hervor, dass Therapielampen einen möglichst geringen Anteil an blauem Licht enthalten sollten (siehe später).

Ein weiterer wichtiger Faktor können lichtempfindlich machende Medikamente und andere Substanzen sein, die man als Photosensibilisatoren bezeichnet (Roberts et al. 1992, Roberts und Dillon 1990). Hierzu gehören zum Beispiel verschiedene Psychopharmaka, aber auch bestimmte Diuretika, Antibiotika, Antiarrhythmika, Psoralene, Antimalariamittel und „natürliche" Substanzen wie das Johanniskraut, das als leichtes Antidepressivum verwendet wird (Terman et al. 1990).

Test von Fluoreszenzröhren, die zur Lichttherapie verwendet werden

Unser Labor hat detaillierte Messungen von gebräuchlichen Leuchtstoffröhren vorgenommen, die in Lichttherapie-Lampen verwendet werden. Allerdings muss dazu gesagt werden, dass diese Messungen aus den Jahren 1995–1996 stammen (Remé et al. 1996). Ein wichtiger Befund der damaligen Messungen war, dass die gemessenen Leuchtstoffröhren eine deutliche Variabilität zeigten was die UV- und Blaulichtemission betrifft. Auch muss

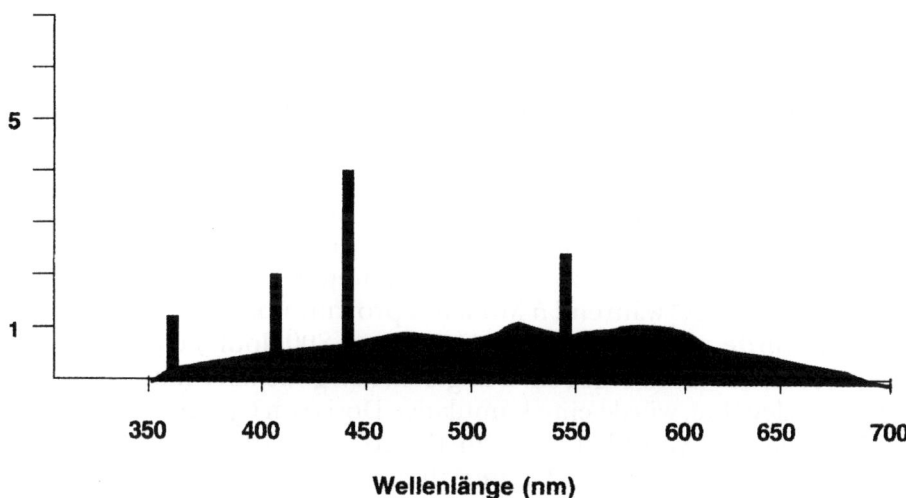

Abb. 1. Emissionsspektrum einer Leuchtstoffröhre (Duro-Test Truelite 40 TH 12). Wie aus der Messung hervorgeht, emittiert die genannte Leuchtstoffröhre einen relativ hohen Anteil an UVA mit einem peak um 360 nm und zeigt zwei deutliche peaks im Blaubereich sowie einen im Grünbereich. Diese Leuchtstoffröhre wäre ungeeignet für eine Lichttherapie, ganz besonders dann, wenn keine Mattscheibe vor den Röhren montiert wäre

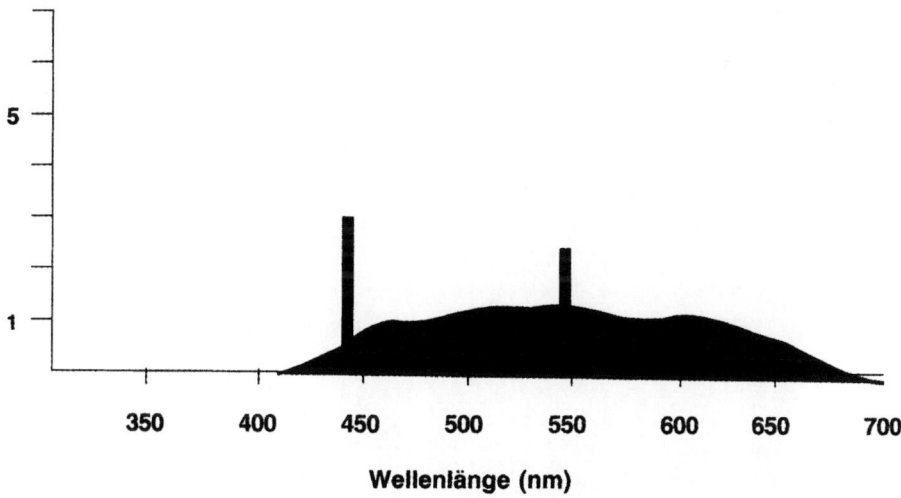

Abb. 2. Emissionsspektrum einer Leuchtstoffröhre (Duro-Test Color Gard 50, 65 W). Diese Leuchtstoffröhre emittiert kein UV, zeigt aber einen deutlichen peak im Blaubereich des Spektrums sowie einen im Grünbereich. Diese Leuchtstoffröhre ist geeignet für die Lichttherapie, obwohl ein Fehlen des Blaupeaks die Röhre entscheidend verbessern würde

erwähnt werden, dass sich das Emissionsspektrum einer bestimmten Röhre mit zunehmender Brenndauer verändern kann und unsere Messungen sich nur auf neue Röhren bezogen haben.

Kumulative Dosis während längerfristigen Lichttherapien.

Im Zuge unserer Messungen haben wir kumulative Dosen für UVB, UVA und blaues Licht errechnet, die bei verschiedenen Therapien erreicht werden, wie z.B. zu Behandlung von Beschwerden bei Schichtarbeit, oder für Winterdepression (SAD). Eine tägliche Behandlung von 30 min Dauer bei 10.000 Lux mit „Röhre A" während 5 Monaten pro Jahr über eine Zeitspanne von 10 Jahren würde eine kumulative Dosis von 800 Joule/cm² von UVA und 2303 Joule/cm² blau ergeben. Das gleiche Regime aber mit „Röhre B", einer Museumsleuchte, würde eine kumulative Dosis von 6 Joule/cm² von UVA und 1372 Joule/cm² von blau ergeben (Remé et al. 1996). Eine tägliche Dosis (UVB und UVA), die ein Hauterythem erzeugen kann, wurde mit 0.004 Joule/cm² errechnet. Diese Befunde unterstreichen unsere Forderung, dass die Lampen keine UV und so wenig wie möglich Blau emittieren sollen.

Im Tierexperiment erzeugen 1–2 Min. blaues Licht von 400–420 nm und 30 mW/cm² (= 1.8–3.63 J/cm²) eine deutliche und irreversible Läsion in der Netzhaut. Aus den genannten Befunden ergeben sich Sicherheitsempfehlungen, die im Folgenden dargestellt werden.

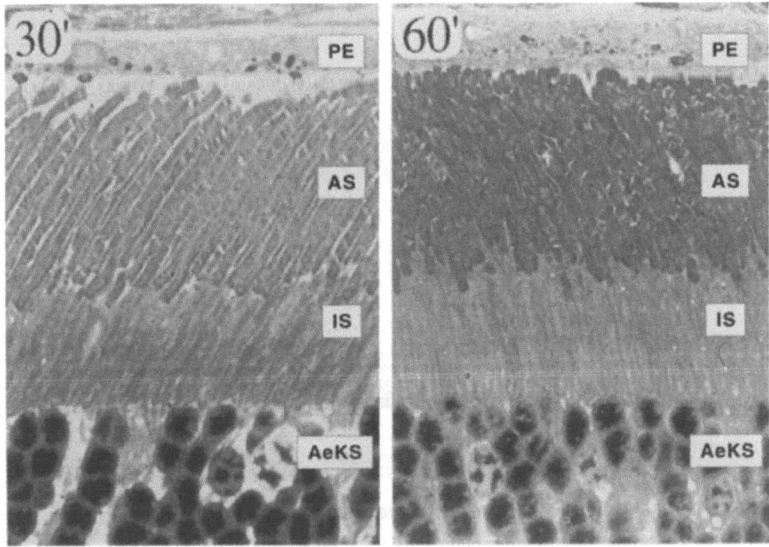

Abb. 3. Lichtmikroskopische Abbildung von zwei Rattennetzhäuten, die mit grünem Licht von 550 nm für 30 min und 60 min belichtet wurden. Die Morphologie der Netzhäute ist unverändert. *PE* Pigmentepithel; *AS* Photorezeptoraußensegmente; *IS* Photorezeptorinnensegment; *AeKS* äußere Körnerschicht (Kerne der Photorezeptoren)

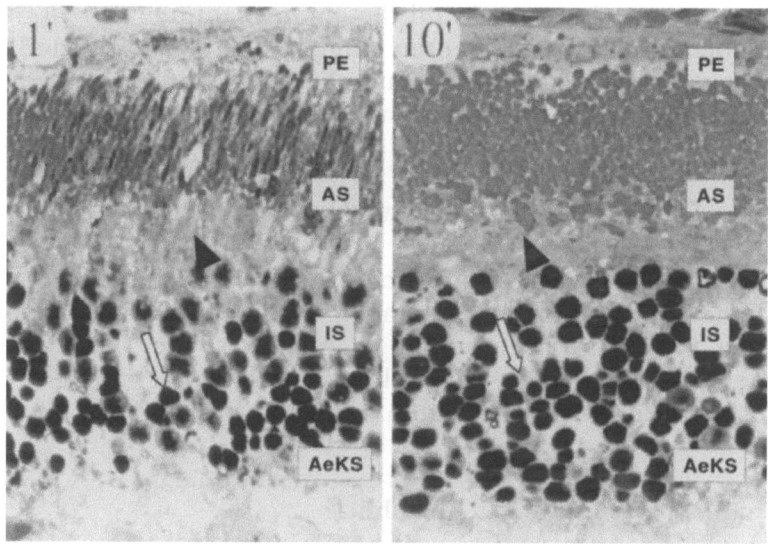

Abb. 4. Lichtmikroskopische Abbildung von zwei Rattennetzhäuten, die mit blauem Licht von 403 nm für 1 min und 10 min belichtet wurde. Die Struktur der äußeren Retina ist schwer beschädigt, die Zellkerne der Photorezeptoren sind apoptotisch (⇑), die Innen- und Außensegment sind überwiegend in Auflösung begriffen (▲). Beschriftung wie in Abb. 3

Sicherheitsempfehlungen

Therapielampen

Es sollten nur solche Leuchtstoffröhren verwendet werden, die praktisch kein UV emittieren und einen möglichst geringen Blauanteil aufweisen. Eine Mattscheibe, die UV absorbiert, ist in jedem Fall zu empfehlen, da diese auch die Blendung reduziert und das Licht subjektiv angenehmer macht. Auch ein das Blau absorbierender Filter ist zu empfehlen (eine gelbe Mattscheibe), wobei zu beachten ist, dass dennoch die erforderliche Beleuchtungsstärke (10.000 Lux) erreicht wird.

Brille oder Intraokulare Linse

Bei Patienten mit gefährdeten Augen (z.B. Netzhauterkrankungen) oder in Situationen, wo das Emissionsspektrum einer Therapielampe nicht bekannt ist, können Brillen mit UV- und Blaufilter verordnet werden. Diese Brillen sollten UV und das kurzwellige blaue Licht absorbieren (von 400 bis ca. 450 nm). Sie hätten den Vorteil, ebenso wie die Mattscheibe die Blendung zu reduzieren und das Kontrastsehen zu verbessern.

Eine überzeugende Neuerung kommt von der Firma Alcon Pharmaceuticals Ltd. auf den Markt: eine intraokulare Linse, die nach Extraktion eines grauen Stars eingepflanzt wird und die einen Blaufilter enthält. Natürlich wird eine solche Linse nur Patienten eingepflanzt, deren eigene Linse entfernt werden musste wegen einer Katarakt. Die Lichttherapie per se stellt keine Indikation für die Implantation einer Kunstlinse dar.

Ophthalmologische Untersuchungen und Anamnese

Für die ophthalmologische Untersuchung gilt es zu unterscheiden, ob es sich um augengesunde Patienten handelt oder ob eine ophthalmologische Erkrankung vorliegt. Eine sorgfältige Anamnese der eingenommenen Medikamente ist von großer Wichtigkeit, da zahlreiche gängige Pharmaka photosensibilisierende Eigenschaften besitzen (Tabelle 1).

Ausblick

Obwohl die höchst positiven Aspekte der Lichttherapie unbestritten sind und vielen Patienten geholfen werden konnte, ist ein Wort der Warnung vor einer hohen Lichtdosis über lange Zeit appliziert doch angebracht. Der Beobachtungszeitraum von Lichttherapien ist noch zu kurz, um langfristige Folgen für das Auge, besonders die Linse und die Netzhaut, ganz auszuschließen. Degenerative Netzhauterkrankungen wie die altersabhängige Makuladegeneration entwickeln sich über Zeiträume von 30–40 Jahren, und Licht als ein möglicher Ko-Faktor bei genetischer Disposition einerseits und weiteren Umwelteinflüssen andererseits rückt immer mehr in den Vordergrund bei der Pathogenese. Daher ist es wichtig, einige einfache Sicherheitsempfehlungen zu beachten. Dazu gehört ein optimales Emissionsspektrum der Therapielampen, die dazu mit einer Mattscheibe versehen sein sollten. Falls eine solche Lampe nicht vorhanden ist, kann auch eine Brille mit entsprechenden Filtereigenschaften getragen werden. Schließlich ist für Patienten mit vorbestehender Netzhauterkrankung die sorgfältige Kontrolle durch den behandelnden Augenarzt essentiell. Auch sollten Nutzen und möglicher Schaden einer Lichttherapie gemeinsam von Lichttherapeut und Augenarzt besprochen werden.

Eine essentielle Schlussfolgerung unserer Untersuchungen und denjenigen anderer Arbeitsgruppen lautet, dass die verschiedenen auf dem Markt angebotenen Therapielampen unbedingt standardisiert werden müssen. Außerdem sollte dem Käufer vom Hersteller ein Emissionsspektrum zur Verfügung gestellt werden. Unter solchen Bedingungen wäre das Abwägen von Nutzen und potentiellen Gefahren einer Lichttherapie für jeden Patienten durch seinen Arzt individuell möglich.

Tabelle 1. Ophthalmologische Untersuchungen für Lichttherapie-Patienten

Patienten ohne bekannte Augenerkrankung

- Kurze Anamnese mit Familienanamnese (Augenleiden), eigener Anamnese, Augenerkrankungen
- Sehschärfe mit und ohne Korrektur
- Biomikroskopie (Spaltlampenuntersuchung) der vorderen Augenabschnitte
- Untersuchung des Augenhintergrundes mit erweiterter Pupille
- Messung des intraokularen Druckes

Patienten mit bekannter Augenerkrankung

Besondere Aufmerksamkeit muss den Netzhauterkrankungen gewidmet werden. Die Lichttherapie sollte im Fall einer schweren Netzhauterkrankung unbedingt mit dem behandelnden Augenarzt besprochen werden.

- Kurze Anamnese mit Familienanamnese (Augenleiden), eigener Anamnese, Augenerkrankungen
- Sehschärfe mit und ohne Korrektur
- Pupillenreaktionen mit swinging flash light Test
- Gesichtsfeld
- Amsler Netz
- Biomikroskopie (Spaltlampenuntersuchung) der vorderen Augenabschnitte
- Augenhintergrund mit erweiterter Pupille
- Fundusphotographie (zur Dokumentation allfälliger vorbestehender Veränderungen)
- Intraokularer Druck

Medikamenten-Anamnese

Die gezielte Frage nach Einnahme von Medikamenten ist äußerst wichtig, da zahlreiche häufig verabreichte Pharmaka entweder im UV- Bereich und/oder im blauen sichtbaren Bereich absorbieren und daher potentiell als Photosensibilisatoren wirken können (Roberts 1988). Hierzu gehören folgende wichtige Medikamentengruppen:

- Antidepressiva (Trizyklika)
- Neuroleptika (Phenothiazine)
- Psoralene (PUVA-Therapie bei Psoriasis)
- Antimalariamittel (z.B. Chloroquin)
- Gewisse Diuretika (Thiazide)
- Antiarrhythmika (Cordaron/Amiodaron)
- Tetrazykline
- Porphyrine (Tumortherapie; Visudyne)
- Johanneskraut

Literatur

Berson DM, Dunn FA, Takao M (2002) Phototransduction by retinal ganglion cells that set the circadian clock. Science 295 (5557): 1070–1073

Cruickshanks KJ, Klein R, Klein BE, Nondahl DM (2001) Sunlight and the 5-year incidence of early age-related maculopathy: the beaver dam eye study. Arch Ophthalmol 119 (2): 246–250

Eldred GE, Lasky MR (1993) Retinal age pigments generated by self-assembling lysosomotropic detergents. Nature 361 (6414): 724–726

Grimm C, Wenzel A, Hafezi F, et al (2000a) Protection of Rpe65-deficient mice identifies rhodopsin as mediator of light-induced retinal degeneration. Nat Genet 24 (5): 1–4

Grimm C, Remé CE, Rol PO, Williams TP (2000b) Blue light's effects on rhodopsin: photoreversal of bleaching in living rat eyes. Invest Ophthalmol Vis Sci 41 (12): 3984–3990

Grimm C, Wenzel A, Williams TP, et al (2001) Rhodopsin-mediated blue-light damage to the rat retina: effect of photoreversal of bleaching. Invest Ophthalmol Vis Sci 42: 497–505

Hafezi F, Steinbach JP, Marti A, Munz K, Wang ZQ, Wagner EF, Aguzzi A, Remé CE (1997) The absence of c-fos prevents light-induced apoptotic cell death of photoreceptors in retinal degeneration in vivo. Nature Med 3: 346–349

Hattar S, Liao HW, Takao M, Berson DM, Yau KW (2002) Melanopsin-containing retinal ganglion cells: architecture, projections, and intrinsic photosensitivity. Science 295 (5557): 1065–1070

Keller C, Grimm C, Wenzel A, Hafezi F, Remé CE (2001) Protective effect of halothane anesthesia on retinal light damage: inhibition of metabolic rhodopsin regeneration. Invest Ophthalmol Vis Sci 42(2): 476–480

Parish CA, Hashimoto M, Nakanishi K, Dillon J, Sparrow J (1998) Isolation and one-step preparation of A2E and iso-A2E, fluorophores from human retinal pigment epithelium. Proc Natl Acad Sci USA 95: 14609–14613

Portera Cailliau C, Sung CH, Nathans J, Adler R (1994) Apoptotic photoreceptor cell death in mouse models of retinitis pigmentosa. Proc Natl Acad Sci USA 91 (3): 974–978

Provencio I, Rodriguez IR, Jiang G, et al (2000) A novel human opsin in the inner retina. J Neurosci 20 (2): 600–605

Remé CE, Rol P, Grothmann K, Kaase H, Terman M (1996) Bright light therapy in focus: lamp emission spectra and ocular safety. Technology Health Care 4: 403–413

Remé CE, Grimm C, Hafezi F, Marti A, Wenzel A (1998a) Apoptotic cell death in retinal degenerations. In: Osborne NN, Chader GJ (eds) Progress in retinal and eye research. Elsevier Science, Oxford, pp 443–463

Remé CE, Hafezi F, Marti A, Munz K, Reinboth JJ (1998b) Light damage to retina and pigment epithelium. In: Marmor MF, Wolfensberger TJ (eds) The retinal pigment epithelium. Function and disease. Oxford University Press, New York Oxford, pp 563–586

Roberts JE (1988) Ocular phototoxicity. Springer, Berlin Heidelberg, pp 325–330

Roberts JE, Dillon J (1990) Screening for potential in vivo phototoxicity in the lens/retina. Lens Eye Tox Res 7 (3–4): 655–666

Roberts JE, Remé CE, Dillon J, Terman M (1992) Exposure to bright light and the concurrent use of photosensitizing drugs. N Engl J Med 326 (22): 1500–1501

Sparrow JR, Nakanishi K, Parish CA (2000) The lipofuscin fluorophore A2E mediates blue light-induced damage to retinal pigmented epithelial cells. Invest Ophthalmol Vis Sci 41: 1981–1989

Sparrow JR, Zhou J, Ben-Shabat S, et al (2002) Involvement of oxidative mechanisms in blue-light-induced damage to A2E-laden RPE. Invest Ophthalmol Vis Sci 43 (4): 1222–1227

Terman M, Remé CE, Rafferty B, Gallin PF, Terman JS (1990) Bright light therapy for winter depression: potential ocular effects and theoretical implications. Photochem Photobiol 51 (6): 781–792

Thresher RJ, Vitaterna MH, Miyamoto Y, et al (1998) Role of mouse cryptochrome blue-light photoreceptor in circadian photoresponses. Science 282 (5393): 1490–1494

Wenzel A, Remé CE, Williams TP, Hafezi F, Grimm C (2001) The Rpe65 Leu450Met variation increases retinal resistance against light-induced degeneration by slowing rhodopsin regeneration. J Neurosci 21 (1): 53–58

Young RW (1976) Visual cells and the concept of renewal. Invest Ophthalmol 15 (9): 700–725

Korrespondenz: Prof. Dr. med. C. E. Remé, Universitäts-Augenklinik, CH-8091 Zürich, E-mail: chreme@opht.unizh.ch

Lichttherapie: Parameter und praktische Hinweise zur Anwendung

A. Konstantinidis und D. Winkler

Klinische Abteilung für Allgemeine Psychiatrie, Universitätsklinik für Psychiatrie, Wien, Österreich

Bei der Therapie der saisonal abhängigen Depression (SAD) wird die Lichttherapie als Behandlung der ersten Wahl empfohlen (Neumeister et al. 1999). Eine medikamentöse Therapie, hauptsächlich mit Selektiven Serotonin Wiederaufnahmehemmern (SSRI) (Hilger et al. 2002), kommt auch in Betracht, hauptsächlich bei Patienten, bei welchen die Lichttherapie nicht anwendbar ist beziehungsweise kein Effekt verzeichnet wurde. Andere alternative Therapien wie die Anwendung der Transkraniellen Magnetstimulation befinden sich noch in der klinischen Erprobung (Konstantinidis et al. 2002). Die Lichttherapie wird aber auch mit unterschiedlichem Erfolg (Kasper und Neumeister 1998) in der Behandlung einer Reihe von anderen Erkrankungen angewendet (siehe Tabelle 1).

Unter dem Begriff der Lichttherapie versteht man die Administration von hellem weißen fluoreszierenden Licht – das das gesamte sichtbare Spektrum außer dem ultravioletten Teil beinhaltet, und bei einer Stärke von mindestens 2500 Lux in Augenhöhe des Patienten und für eine Dauer von zwei Stunden angewendet wird. Wichtige Parameter bei der Anwendung der Lichttherapie beinhalten die Beleuchtungsstärke sowie die Dauer und den Zeitpunkt der täglichen Lichtexposition. Die Dosierung der Lichttherapie wird durch folgende zwei Komponenten beeinflusst: die Beleuchtungsstärke und die Dauer der Lichtexposition.

Die Beleuchtungsstärke wird in Lux (lx) gemessen. Sie gibt den Lichtstrom pro Flächeneinheit (senkrecht zur Strahlrichtung gemessen) an. Lichtstrom ist die von einer Lichtquelle in einem bestimmten Raumwinkel ausgesandte Strahlung. Der Lichtstrom pro Raumwinkel wird als Lichtstärke bezeichnet. Lichtquellen mit Strahlung verschiedener spektraler Zusammensetzung, die dem Auge gleich hell erscheinen – soweit dies überhaupt feststellbar ist – haben per definitionem dieselbe Lichtstärke, die in Candela (cd) gemessen wird (Trautwein et al. 1986).

Die Erforschung des therapeutisches Nutzens des Lichts in der saisonal abhängigen Depression (SAD) vom Herbst/Wintertyp begann, nachdem

Tabelle 1. Behandlungsindikation der Lichttherapie. Übersicht (Kasper und Neumeister 1998)

• Saisonal abhängige Depression	• Subsyndromale SAD
• Recurrent-Brief-SAD	• Nicht SAD-Depression
• Postpartum Depression	• Jet-lag Syndrom
• Schichtarbeit	• Delayed-Sleep-Phase-Syndrom
• Morbus Alzheimer	• Zwangsstörung – saisonal
• Negativsymptomatik bei Schizophrenie	• Bulimia nervosa
• Prämenstruelle dysphorische Störung (PMDS)	

bei ersten Untersuchungen eine Alteration in circadianen und saisonalen Rhythmen bei Tieren unter einer normale Raumlichtexposition (weniger als 500 lx – siehe auch Tabelle 2 zum Vergleich mit anderen Situationen) beobachtet worden ist (Niles et al. 1979, Terman and Terman 1980). Einige circadiane Effekte des Lichts basieren auf der Unterdrückung der nächtlichen Melatoninsekretion (Visser et al. 1999, Bojkowski et al. 1987). In den 80er Jahren wurde gezeigt dass eine Beleuchtungsstärke von mindestens 2000 Lux benötigt wird, um die Melatonin-sekretion beim Menschen zu supprimieren (Lieberman et al. 1985, Lewy et al. 1985, Rosenthal et al. 1986, Lewy et al. 1983). Diese Beobachtung und die Vorstellung, dass man die Tageslicht-Periode im Winter mit der Lichtexposition verlängern könnte, so dass die Lichtexposition etwa der im Sommer entspricht, hat zu der ersten Studie über die Anwendung der Lichttherapie bei der SAD geführt (Rosenthal et al. 1984). Es gibt aber auch Hinweise darauf, dass eine niedrige Beleuchtungsstärke Veränderungen der Melatoninsekretion verursacht (Brzezinski 1997). Bis heute wird der Wirkungsmechanismus der Lichttherapie nur teilweise verstanden, wobei serotonerge und katecholaminerge Mechanismen hauptsächlich betrachtet werden (Neumeister et al. 2001, Neumeister et al. 1999).

In diesem Kapitel werden einerseits die wichtigen Parameter der Lichttherapie betrachtet, und in einem zweiten Teil werden die verschiedenen Formen der Lichttherapiegeräte sowie ihre Anwendung erläutert.

Tabelle 2. Beleuchtungsstärke in alltäglichen Situationen

Kondition	Beleuchtungsstärke (Lux)
Zuhause durch Zimmerbeleuchtung	100 oder weniger
Am Arbeitsplatz durch mehrere Neonlampen	300–500
Regnerischer Tag	2.000
Direktes Sonnenlicht im Sommer	50.000–100.000

Parameter der Lichttherapie

Effizienz

Eine große Anzahl von offenen sowie kontrollierten Studien über die Wirkung der Lichttherapie wurde bereits durchgeführt. Mehrere Übersichtsarbeiten kamen zu der Schlussfolgerung, dass die Lichttherapie eine effiziente und nebenwirkungsarme Therapieform sei (Tam et al. 1995, Kasper et al. 1994). Metaanalysen bestätigen auch den Effekt der Lichttherapie gegenüber einer Placebo-Kondition (Thompson 2001), wobei das generieren einer Placebo-Kondition mit Schwierigkeiten verbunden ist (siehe auch Beitrag Groß und Möller, Seite 119 ff).

Es wird angenommen, dass der Effekt der Lichttherapie über die Lichteinwirkung auf die Augen und nicht auf die Haut zurückzuführen ist (Wehr et al. 1987, Koorengevel et al. 2001).

Dosierung

Die Dosierung der Licht-Exposition kann unter Betrachtung der Beleuchtungsstärke und der Dauer der Exposition gemessen werden. Die Beleuchtungsstärke des Lichteinfalles auf eine bestimmte Region oder Fläche war die erste Variable, die systematisch untersucht wurde. Die Entfernung des Probanden von der Lichtquelle ist von enormer Wichtigkeit bei der Messung der Beleuchtungsstärke. Anfänglich wurden Geräte, die aus einigen fluoreszierenden Neonröhren in einem Metallgehäuse bestanden haben, angewendet. Das Gerät wurde in einer Entfernung von 90 cm von der Versuchsperson platziert, so dass man damit eine Beleuchtungsstärke von 2500 lx in Augenhöhe des Probanden erreichen konnte.

In den anfänglichen Serien von kontrollierten Studien konnte gezeigt werden, dass Lichttherapiegeräte mit einer Beleuchtungsstärke von 500 lx weniger effektiv als Lichttherapiegeräte mit höheren Beleuchtungsstärken sind (Rosenthal et al. 1985, James et al. 1985, Wirz-Justice et al. 1986, Isaacs et al. 1988, Winton et al. 1989).

Die Dosierung, die bei den meisten Studien über die Wirkung und Effizienz der Lichttherapie verwendet wurde, war 2500 lx für 2 Stunden pro Tag. Es gab einige Studien, die die Effizienz der Lichttherapie mit der Variabilität der Intensität oder der täglichen Exposition (Grota et al. 1989, Magnusson and Kristbjarnarson 1991, Wirz-Justice et al. 1987, Partonen 1994) verglichen. Um eine erleichterten Anwendung der Lichttherapie durch kürzere Therapiedauer zu erreichen, wurden Lichttherapiegeräte mit einer Lichtintensität von 10000 lx in einer Entfernung von 60–80 cm zum Standard in der Anwendung der Lichttherapie. Die Intensitäts-Response Kurve für die Effizienz der Lichttherapie wurde aber bis heute nicht ins Detail definiert.

Die Response auf tägliche Exposition mit weiß fluoreszierendem Licht tritt normalerweise nach 2 bis 4 Tagen ein und eine markante Verbesserung wird nach 1 bis 2 Wochen beobachtet. Studien, die längere Zeiträume untersuchten, haben eine Zunahme der Response nach 2 Wochen (Labbate et al. 1995) und ein definitives klinisches Ansprechen nach 3 bis 4 Wochen (Bauer et al. 1994) gezeigt.

Der antidepressive Effekt der Lichttherapie persistiert für einen variablen Zeitraum nach Abschluss der Lichttherapie, wobei die Symptome bei den meisten Patienten remittieren (Terman et al. 1994). Es gibt aber Berichte, die zeigen, dass bei einigen Patienten eine Applikation der Lichttherapie für 5 bis 6 Tage ausreicht, um die SAD-Symptomatik für den Rest der Herbst-/Winter-Saison zu remittieren (Meesters et al. 1991, 1993a, Lingjaerde et al. 1993). Wenn die Lichttherapie effizient ist, ist ihre weitere Anwendung über den Winter bis der Patient genügend natürliches Licht durch Sonnenlicht-Exposition im Frühling gewinnt, empfehlenswert, um den therapeutischen Erfolg zu optimieren. Die weitere tägliche Anwendung der Lichttherapie nach einer Initialtherapie von 1 bis 2 Wochen Dauer hat sich als nicht unbedingt notwendig erwiesen, da eine Lichtexposition von 5 Mal pro Woche ausreicht um einen Rückfall zu verhindern (Partonen und Lönnqvist 1995).

Patienten die in geographischen Regionen leben, in denen es verlängerte Regen-Perioden oder eine geringe Sonneneinstrahlung gibt, empfinden die Anwendung der Lichttherapie über das ganze Jahr als hilfreich. Nach dem Ende des Sommers ist es ratsam, mit einer Lichttherapie eine Woche vor dem Zeitpunkt zu beginnen, an dem der Patient bereits früher unter depressiven Episoden litt, und die Therapie bis zum Frühling durchzuführen. Es gibt bereits Hinweise darauf, dass eine prophylaktische Anwendung der Lichttherapie eine neuerliche depressive Episode im drauffolgenden Kalenderjahr in der Herbst-/Winterzeit verhindern kann (Partonen und Lönnqvist 1996). Es gilt aber als nicht erwiesen, dass die Anwendung der Lichttherapie für eine Dauer von 5 Tagen in einer symptomfreien Periode im Herbst eine neuerliche depressive Episode verhindern kann (Meesters et al. 1994).

Behandlungszeitpunkt und -dauer

Die bis jetzt durchgeführten Studien, die die Effektivität der Lichttherapie in Relation zu dem Behandlungszeitpunkt untersucht haben, wiesen kontroverse Ergebnisse vor. Obwohl kontrollierte Studien die frühen Morgenstunden als die effizienteste Zeit für die Lichttherapie aufwiesen (Lewy et al. 1987, Avery et al. 1990, 1991); haben einige Studien eine höhere Effizienz der Lichttherapie am Abend oder zu Mittag gezeigt (Hellekson et al. 1986, Wehr et al. 1986, Jakobsen et al. 1987, Meesters et al. 1995, Wirz-Justice et al. 1993, Lafer et al. 1994). Die aktuellste Studie, die sich mit diesem Thema beschäftigt hat, hat eine höhere Effizienz der morgendlichen Lichttherapie im Vergleich zu einer abendlichen Verabreichung bestätigt (Lewy et al. 1998).

Da keine Studie einen gegensätzlichen Beweis geliefert hat, wäre ein Beginn der Lichttherapie am Morgen, wenn es seitens des Patienten möglich ist, empfehlenswert. Anderenfalls könnte die Lichttherapie zu jedem Zeitpunkt des Tages administriert werden, außer dem späten Nachmittag aufgrund des erhöhten Risikos der Induktion von Schlafstörungen als Nebenwirkung.

Wellenlänge

Die erste Serie von Untersuchungen über die Wirkung der Lichttherapie hat weißes fluoreszierendes Licht benützt, also eine Reproduktion des normalen Spektrums von sichtbarem und ultraviolettem Tageslicht. Es gibt bis heute keine Beweise, dass ein spezieller Spektralbereich des fluoreszierenden Lichts für die Effizienz der Anwendung der Lichttherapie als Therapieform für die SAD (Lewy et al. 1987, Bielski et al. 1992) notwendig ist. Die Lichttherapiegeräte, die weißes fluoreszierendes Licht emittieren, dürften aber eine größere Effizienz zeigen als Lichttherapiegeräte, die nur eine Farbe oder einen limitierten Bereich des Spektrums emittieren. Es wurde gezeigt, dass weißes Licht ohne ultravioletten Anteil auch effizient sein kann (Lam et al. 1991, 1992). Wellenlängen des ultravioletten Bereiches des elektromagnetischen Spektrums sind somit nicht für die Effizienz der Lichttherapie notwendig und es ist heute allgemeiner Consensus, dass dieser Bereich aufgrund der akuten und chronischen Toxizität vermieden werden sollte.

Studien über den Effekt von verschiedenen Wellenlängen könnten die Aktionsmechanismen für den antidepressiven Effekt des Lichtes vermuten lassen. Es gibt Hinweise, dass für einen vergleichbaren Therapieeffekt eine größere Anzahl roter als grüner Photonen notwendig ist, und dass weißes Licht effektiver als rotes oder blaues Licht ist (Brainard et al. 1990, Stewart et al. 1991, Oren et al. 1991). Da die Retina für Licht in dem grünen Bereich des visuellen Spektrums die maximale Empfindlichkeit aufweist, ist nach diesen Ergebnissen eine Wirkung der Lichttherapie über die Aktivierung von gemeinsamen Photorezeptoren und Pigmenten des Auges auszugehen.

Nebenwirkungen

Die Anwendung der Lichttherapie ist normalerweise nebenwirkungsfrei und sicher in der Anwendung. Unter den wenigen Nebenwirkungen (Tabelle 3), die berichtet wurden, sind Irritationen der Augen (16%), Kopfschmerzen (14%) und Übelkeit (10%) die häufigsten (Labbate et al. 1994, Kogan und Guilford 1998, Terman und Terman 1999). Generell sind diese Nebenwirkungen tolerierbar und remittieren im Laufe der Zeit oder bei Reduzierung der Lichtdosis (entweder durch Vergrößerung des Abstandes zu Lichtquelle oder durch Verkürzung der Therapiesitzung). Diese Nebenwirkungen verursachen nur ganz selten einen Abbruch der Therapie. Andere, weniger häufige Nebenwirkungen, sind Agitation und Sedierung. Hypomanie und Manie wurden auch als seltene aber besonders schwere Nebenwirkung der Lichttherapie berichtet. Da einige Berichte über mani-

Tabelle 3. Mögliche Nebenwirkungen der Lichttherapie. Übersicht

• Photophobie	• Kopfschmerzen
• Müdigkeit	• Irritabilität
• Hypomanische Phase	• Schlafstörungen
• Agitiertheit	• Übelkeit
• Schädigung des Augenhintergrunds (bis jetzt aber keine Beweise)	

sches oder suizidales Verhalten existieren (Praschak-Rieder et al. 1997, Lam et al. 2000), müssen Patienten, die Lichttherapie zu Hause ohne Supervision anwenden, über die Risiken informiert und zum Kontakt mit ihrem behandelten Arzt ermutigt werden.

Die Anwendung der Lichttherapie mit weißem fluoreszierendem Licht kann als eine sichere Therapieform angesehen werden. Auch bei jahrelanger Anwendung der Lichttherapie mit einer kumulativen Dauer von bis zu 1250 Stunden Exposition ist es nicht zu Augenschäden gekommen (Gallin et al. 1995). Es existieren auch keine Fallberichte über eventuelle Augenschäden durch Lichttherapie. Trotzdem kann nicht mit Sicherheit eine photochemische Störung im Bereich der Augen durch die Anwendung der Lichttherapie über längere Perioden ausgeschlossen werden. Patienten mit einem größeren Risiko bezüglich lichtinduzierten Läsionen, wie solche mit einer progressive Retinaabnutzung oder erhöhter Empfindlichkeit für eine Lichttoxizität, sollten öfters einen Augenarzt konsultieren.

Therapieerfolg

Das Vorhandensein einer atypischen Symptomatik, speziell von Hypersomnie, Hyperphagie und dem Verlangen nach Karbohydrat-reicher Nahrung und nicht der allgemeine Schweregrad der depressiven Episode sind die besten Prädiktoren für ein gutes Ansprechen auf die Lichttherapie (Oren et al. 1992, Kräuchi et al. 1993, Lam 1994, Terman et al. 1996). Rating Skalen zur Beurteilung der Schwere der depressiven Episoden sollten vor, während der Durchführung der Lichttherapie, sowie danach in periodischen Abständen durchgeführt werden (siehe auch Beitrag Konstantinidis et al., S. 53ff).

Eine Komorbidität mit Angststörungen gilt als positiver, eine Komorbidität mit Persönlichkeitsstörungen als negativer Prädiktor für eine erfolgreiche Lichttherapie (Reichborn-Kjennerud and Lingjaerde 1996, Levitt et al. 1993). Jüngere Patienten zeigen auch ein besseres Ansprechen (Lam 1994). Die Lichttherapie scheint eine effektive Therapie auch bei Kinder oder Jugendlichen, die an eine SAD leiden zu sein (Sonis et al. 1987, Swedo et al. 1997). Eine positive Wirkung der Lichttherapie wird auch bei älteren Patienten berichtet (Graf et al. 2001, Sumaya et al. 2001).

Durchführung und Lichttherapiegeräte

Durchführung

Die Lichttherapie kann in jedem normalen Raum angewendet werden. Das Lichttherapiegerät sollte so ausgerichtet werden, dass eine adäquate Intensität des weißen fluoreszierenden Lichtes auf die Augen des Patienten trifft (Tabelle 4).

Die heute verfügbaren Forschungsergebnisse zeigen den besten Effekt bei der Anwendung einer Lichtintensität von 2500 lx für 2 Stunden oder 10.000 lx für 30 Minuten am Morgen (am besten zwischen 6.00 und 10.00 Uhr morgens).

Die Lichtbox

Für die allgemeine klinische Praxis und bei der ambulanten Durchführung der Lichttherapie hat sich die Verwendung der Lichtboxen etabliert. Die Lichtbox besteht aus einem etwa 60–40 cm großen und 8 cm tiefen rechtwinkeligen Kunststoffgehäuse, in dem 6–8 40-Watt-Leuchtstoffröhren unter-

Tabelle 4. Praktische Richtlinien zur Lichttherapie. Übersicht

• Wirkmechanismus	Der antidepressive Effekt wird über das Auge vermittelt
• Beleuchtungsstärke	2.500 bis 10.000 Lux (gemessen an den Augen)
• Wellenlänge	Weißes Licht, volles Spektrum
• Abstand von Lichtquelle	Die Augen des Patienten sollten etwa 60 bis 90 cm von der Lichtquelle entfernt sein
• Dauer	1/2 bis 4 Stunden pro Tag (je nach Beleuchtungsstärke), vom Herbst bis zum Frühjahr
• Tageszeit	Wann es für den Patienten am günstigsten ist; beeinflusst nicht den therapeutischen Erfolg
• Während Lichttherapie	Der Patient kann jeder sitzenden Tätigkeit nachgehen, sollte aber den Abstand zwischen Lichtquelle und Augen einhalten und etwa ein Mal pro Minute kurz direkt in die Lichtquelle blicken
• Wirklatenz	3–7 Tage bis zum Auftreten des antidepressiven Effekts
• Nonresponder	Behandlung mit antidepressiver Pharmakotherapie, hauptsächlich mit selektiven Serotonin-Wiederaufnahmehemmern (SSRI)
• Partielles Ansprechen	Lichttherapie in Kombination mit antidepressiver Medikation empfehlenswert
• Nebenwirkungen	Gering, wenn überhaupt kommt es zu Kopfschmerzen, Augenbrennen, Irritabilität, fallweise zu Hypomanie. Bei Kombination mit trizyklischen Psychopharmaka sowie Lithium sind augenärztliche Kontrollen empfehlenswert

gebracht sind, die ein fluoreszierendes Licht, das das gesamte Spektrum außer dem ultravioletten Anteil beinhaltet, ausstrahlt. Hinter den Leuchtstoffröhren befindet sich meist eine reflektierende Oberfläche und das Licht wird meist durch einen Plastikschirm gestreut, um eine Blendung zu vermeiden. Die Lichtbox sollte auf Augenhöhe des Patienten gebracht und je nach Luxstärke 30 Minuten bis 2 Stunden angewendet werden. Der Patient wird angewiesen in einem rechten Winkel zum Therapiegerät zu sitzen. In diesem Zeitraum kann der Patient lesen, schreiben, fernsehen oder sich einer anderen Tätigkeit widmen, wobei ein direktes Blicken in das Gerät für ein paar Sekunden pro Minute notwendig ist.

Wichtig ist die Entfernung des Patienten von dem Lichttherapiegerät. Es sollte bei einer 30 Minuten Anwendung eine 10000 lx Stärke vorhanden sein, während einer Anwendungsdauer von 2 Stunden zumindest 2500 lx. Es ist ratsam, die genaue Spezifikationen bezüglich der Luxstärke des jeweiligen Therapiegerätes zu überprüfen (üblicherweise entspricht die Entfernung des Patienten 60 bis 80 cm).

Heutzutage gibt es Lichttherapiegeräte in jedem elektrischen Großmarkt zu kaufen. Die Lichttherapiegeräte sollten den gängigen elektrischen Sicherheitsrichtlinien entsprechen. Anfänglich brauchen die Patienten strikte Anweisungen bezüglich der Entfernung ihrer Sitzposition vor dem Lichttherapiegerät, damit die korrekte Dosierung der Lichttherapie gegeben ist. Patienten sollten initial von einem erfahrenen Facharzt beraten werden, ob für sie die Lichttherapie von Nutzen sei, bevor sie ein Therapiegerät kaufen.

Dämmerungssimulatoren und Lichthelm

Der Dämmerungssimulator („dawn simulator") ist eine Entwicklung der letzten Jahre, die so entwickelt wurde, dass man weniger Zeit in die Lichttherapie investieren muss, da der Patient während der Behandlung schlafen kann. Das Gerät besteht aus eine Lichtlampe und einer Alarmuhr, die programmiert ist, die Raumbeleuchtung langsam innerhalb von 30 Minuten, während die Patienten schlafen, zu erhöhen, sodass ein Sonnenaufgang wie im Sommer während der Winterzeit simuliert werden kann.

Einige Forschungsergebnisse zeigen einen positiven Effekt der Dämmerungssimulatoren in der Behandlung der SAD, wobei andere einen größeren Effekt der Lichtboxen zeigen (Avery et al. 2001, 1993, Lingjaerde et al. 1998, Norden und Avery 1993). Obwohl die Effizienz dieser Geräte noch nicht ausführlich ausgetestet wurde, wären sie eine Alternative bei Patienten, die keine Lichtbox haben, oder denen die Benutzung einer Lichtbox Unannehmlichkeiten bereitet. Weitere Studien müssen noch bis zum klinischen Einsatz der Geräte bei SAD durchgeführt werden.

Eine andere Art von Lichttherapiegeräten stellen die so genannten „Lichthelme" dar. Durch deren Benutzung hat der Patient den Vorteil, dass er sich während der Therapie frei bewegen kann. Studien, die sich mit der Effizienz der „Lichthelme" befassten, konnten keine Beziehung zwischen der Beleuchtungsstärke und der Responderrate zeigen. Es gibt aber Hinweise, dass Patienten, die mit einer Lichtbox behandelt wurden ohne ein Wiederauftreten der depressiven Symptomatik zu der Anwendung von „Lichthelmen" wechseln konnten (Meesters et al. 1999). Dies könnte für Patienten, die aufgrund einer Reise oder anderen Gründen zeitweise einen „Lichthelm" benutzen möchten, interessant sein. Trotzdem haben diese Geräte nicht ihren Weg in dem klinischen Alltag gefunden, und weitere Studien sind notwendig um ihren Stellenwert in der Therapie der SAD zu evaluieren.

Literatur

Avery DH, Khan A, Dager SR, Cox GB, Dunner DL (1990) Bright light treatment of winter depression: morning versus evening light. Acta Psychiatr Scand 82: 335–338

Avery DH, Khan A, Dager SR, Cohen S, Cox GB, Dunner DL (1991) Morning or evening bright light treatment of winter depression? The significance of hypersomnia. Biol Psychiatry 29: 117–126

Avery DH, Bolte MA, Dager SR, Wilson LG, Weyer M, Cox GB, Dunner DL (1993) Dawn simulation treatment of winter depression: a controlled study. Am J Psychiatry 150: 113–117

Avery DH, Eder DN, Bolte MA, Hellekson CJ, Dunner DL, Vitiello MV, Prinz PN (2001) Dawn simulation and bright light in the treatment of SAD: a controlled study. Biol Psychiatry 50: 205–216

Bauer MS, Kurtz JW, Rubin LB, Marcus JG (1994) Mood and behavioral effects of four-week light treatment in winter depressives and controls. J Psychiatr Res 28: 135–145

Bielski RJ, Mayor J, Rice J (1992) Phototherapy with broad spectrum white fluorescent light: a comparative study. Psychiatry Res 43: 167–175

Bojkowski CJ, Aldhous ME, English J, Franey C, Poulton AL, Skene DJ, Arendt J (1987) Suppression of nocturnal plasma melatonin and 6-sulphatoxymelatonin by bright and dim light in man. Horm Metab Res 19 (9): 437–440

Brainard GC, Sherry D, Skwerer RG, Waxler M, Kelly K, Rosenthal NE (1990) Effects of different wavelengths in seasonal affective disorder. J Affect Disord 20: 209–216

Brzezinski A (1997) Melatonin in humans. N Engl J Med 336: 186–195

Gallin PF, Terman M, Remé CE, Rafferty B, Terman JS, Burde RM (1995) Ophtalmologic examination of patients with seasonal affective disorder, before and after bright light therapy. Am J Ophtalmol 119: 202–210

Graf A, Wallner C, Schubert V, Willeit M, Wlk W, Fischer P, Kasper S, Neumeister A (2001) The effects of light therapy on mini-mental state examination scores in demented patients Biol Psychiatry 50 (9): 725–727

Grota LJ, Yerevanian BI, Gupta K, Kruse J, Zborowski L (1989) Phototherapy for seasonal major depressive disorder: effectiveness of bright light of high or low intensity. Psychiatry Res 29: 29–35

Hellekson CJ, Kline JA, Rosenthal NE (1986) Phototherapy for seasonal affective disorder in Alaska. Am J Psychiatry 143: 1035–1037

Hilger E, Praschak-Rieder N, Willeit M, Stastny J, Konstantinidis A, Neumeister A, Kasper S (2002) Die Pharmakotherapie der Saisonal Abhängigen Depression. Der Nervenarzt 73: 22–31

Isaacs G, Stainer DS, Sensky TE, Moor S, Thompson C (1988) Phototherapy and its mechanisms of action in seasonal affective disorder. J Affect Disord 14: 13–19

Jacobsen FM, Wehr TA, Sack DA, Parry BL, Rosenthal NE (1987) Moring versus midday phototherapy of seasonal affective disorder. Am J Psychiatry 144: 1301–1305

James SP, Wehr TA, Sack DA, Parry BL, Rosenthal NE (1985) Treatment of seasonal affective disorder with light in the evening. Br J Psychiatry 147: 424–428

Kasper S (1994) Diagnostik, Epidemiologie und Therapie der saisonal abhängigen Depression (SAD). Nervenarzt 65: 69–72

Kasper S, Neumeister A (1998) Non-pharmacological treatments for depression – focus on sleep deprivation and light therapy. In: Briley M, Montgomery S (eds) Antidepressant therapy at the dawn of the third millennium. Dunitz, London, pp 255–278

Kogan AO, Guilford PM (1998) Side effects of short-term 10,000-lux light therapy. Am J Psychiatry 155: 293–294

Konstantinidis A, Heiden A, Stastny J, Baecker C, Letmaier M, Winkler D, Neumeister A, Kasper S (2002) Rapid transcranial magnetic stimulation (r-TMS): a novel treatment option for seasonal affective disorder (SAD)? Abstract 15th ECNP Congress 2002, Barcelona, Spain. Eur Neuropsychopharmacol 12 [Suppl 3]: 252

Koorengevel KM, Gordijn MC, Beersma DG, Meesters Y, den Boer JA, van den Hoofdakker RH, Daan S (2001) Extraocular light therapy in winter depression: a double-blind placebo-controlled study. Biol Psychiatry 50 (9): 691–698

Kräuchi K, Wirz-Justice A, Graw P (1993) High intake of sweets late in the day predicts a rapid and persistent response to light therapy in winter depression. Psychiatry Res 46: 107–117

Labbate LA, Lafer B, Thibault A, Sachs GS (1994) Side effects induced by bright light treatment for seasonal affective disorder. J Clin Psychiatry 55: 189–191

Labbate LA, Lafer B, Thibault A, Rosenbaum JF, Sachs GS (1995) Influence of phototherapy treatment duration for seasonal affective disorder: outcome at one vs. two weeks. Biol Psychiatry 38: 747–750

Lafer B, Sachs GS, Labbate LA, Thibault A, Rosenbaum JF (1994) Phototherapy for seasonal affective disorder: a blind comparison of three different schedules. Am J Psychiatry 151: 1081–1083

Lam RW, Buchanan A, Clark CM, Remick RA (1991) Ultraviolet versus non-ultraviolet light therapy for seasonal affective disorder. J Clin Psychiatry 52: 213–216

Lam RW, Buchanan A, Mador JA, Corral MR, Remick RA (1992) The effects of ultraviolet-A wavelengths in light therapy for seasonal depression. J Affect Disord 24: 237–244

Lam RW (1994) Morning light therapy for winter depression: predictors of response. Acta Psychiatr Scand 89: 97–101

Lam RW, Tam EM, Shiah I-S, Yatham LN, Zis AP (2000) Effects of light therapy on suicidal ideation in patients with winter depression. J Clin Psychiatry 61: 30–32

Levitt AJ, Joffe RT, Brecher D, MacDonald C (1993) Anxiety disorders and anxiety symptoms in a clinic sample of seasonal and non-seasonal depressives. J Affect Disord 28: 51–56

Lewy AJ (1983) Effects of light on human melatonin production and the human circadian system. Prog Neuropsychopharmacol Biol Psychiatry 7 (4–6): 551–556

Lewy AJ, Sack RL, Singer CM (1985) Melatonin, light and chronobiological disorders. Ciba Found Symp 117: 231–252

Lewy AJ, Sack RL, Miller RS, Hoban TM (1987) Antidepressant and circadian phase-shifting effects of light. Science 235: 352–354

Lewy AJ, Bauer VK, Cutler NL, Sack RL, Ahmed S, Thomas KH et al (1998) Morning vs evening light treatment of patients with winter depression. Arch Gen Psychiatry 55: 890–896

Lieberman HR, Garfield G, Waldhauser F, Lynch HJ, Wurtman RJ (1985) Possible behavioral consequences of light-induced changes in melatonin availability Ann NY Acad Sci 453: 242–252

Lingjaerde O, Reichborn-Kjennerud T, Haggag A, Gärtner I, Berg EM, Narud K (1993) Treatment of wnter depression in Norway. I. Short- and long-term effects of 1500-lux white light for 6 days. Acta Psychiatr Scand 88: 292–299

Lingjaerde O, Foreland AR, Dankertsen J (1998) Dawn simulation vs. lightbox treatment in winter depression: a comparative study. Acta Psychiatr Scand 98 (1): 73–80

Magnusson A, Kristbjarnarson H (1991) Treatment of seasonal affective disorder with high-intensity light: a phototherapy study with an Icelandic group of patients. J Affect Disord 21: 141–147

Meesters Y, Lambers PA, Jansen JHC, Bouhuys AL, Beersma DGM, van den Hoofdakker RH (1991) Can winter depression be prevented by light treatment? J Affect Disord 23: 75–79

Meesters Y, Jansen JHC, Beersma DGM, Bouhuys AL, van den Hoofdakker RH (1993a) Early light treatment can prevent an emerging winter depression from developing into a full-blown depression. J Affect Disord 29: 41–47

Meesters Y, Jansen JHC, Beersma DGM, Bouhuys AL, van den Hoofdakker RH (1994) An attempt to prevent winter depression by light exposure at the end of September. Biol Psychiatry 35: 284–286

Meesters Y, Jansen JHC, Beersma DGM, Bouhuys AL, van den Hoofdakker RH (1995) Light therapy for seasonal affective disorder: the effects of timing. Br J Psychiatry 166: 607–612

Meesters Y, Beersma DG, Bouhuys AL, van den Hoofdakker RH (1999) Prophylactic treatment of seasonal affective disorder (SAD) by using light visors: bright white or infrared light? Biol Psychiatry 46 (2): 239–246

Neumeister A, Konstantinidis A, Praschak-Rieder N, Willeit M, Hilger E, Stastny J, Kasper S (2001) Monoaminergic function in the pathogenesis of seasonal affective disorder. Int J Neuropsychopharmacol. 4: 409–420

Neumeister A, Stastny J, Praschak-Rieder N, Willeit M, Kasper S (1999) Light treatment in depression (SAD, S-SAD & non-SAD). In: Holick MF, Jung EG (eds) Biologic effects of light. Kluwer Academic Press, Basel, pp 409–416

Niles LP, Brown GM, Grota LJ (1979) Role of the pineal gland in diurnal endocrine secretion and rhythm regulation. Neuroendocrinology 29 (1): 14–21

Norden MJ, Avery DH (1993) A controlled study of dawn simulation in subsyndromal winter depression. Acta Psychiatr Scand 88 (1): 67–71

Oren DA, Brainard GC, Johnston SH, Joseph-Vanderpool JR, Sorek E, Rosenthal NE (1991) Treatment of seasonal affective disorder with green light and red light. Am J Psychiatry 148: 509–511

Oren DA, Jacobsen FM, Wehr TA, Cameron CL, Rosenthal NE (1992) Predictors of response to phototherapy in sesonal afective disorder. Compr Psychiatry 33: 111–114

Partonen T (1994) Effects of morning light treatment on subjective sleepiness and mood in winter depression. J Affect Disord 30: 47–56

Partonen T, Lönnqvist J (1995) The influence of comorbid disorders and of continuation light treatment on remission and recurrence in winter depression. Psychopathology 28: 256–262

Partonen T, Lönnqvist J (1996) Prevention of winter sesonal affective disorder by bright-light treatment. Psychol Med 26: 1075–1080

Praschak-Rieder N, Neumeister A, Hesselmann B, Willeit M, Barnas C, Kasper S (1997) Suicidal tendencies as a complication of light therapy for seasonal affective disorder: a report of three cases. J Clin Psychiatry 58 (9): 389–392

Reichborn-Kjennerud T, Lingjaerde O (1996) Response to light therapy in seasonal affective disorder: personality disorders and temperament as predictors of outcome. J Affect Disord 41: 101–110

Rosenthal NE, Sack DA, Gillin JC, Lewy AJ, Goodwin FK, Davenport Y, Mueller PS, Newsome DA, Wehr TA (1984) Seasonal affective disorder: a description of the syndrome and preliminary findings with light therapy. Arch Gen Psychiatry 41: 72–80

Rosenthal NE, Sack DA, Carpenter CJ, Parry BL, Mendelson WB, Wehr TA (1985) Antidepressant effects of light in seasonal affective disorder. Am J Psychiatry 142: 163–170

Rosenthal NE, Sack DA, Jacobsen FM, James SP, Parry BL, Arendt J, Tamarkin L, Wehr TA (1986) Melatonin in seasonal affective disorder and phototherapy. J Neural Transm [Suppl] 21: 257–267

Stewart KT, Gaddy JR, Byrne B, Miller S, Brainard GC (1991) Effects of green or white light for treatment of seasonal depression. Psychiatry Res 38: 261–270

Sumaya IC, Rienzi BM, Deegan JF 2nd, Moss DE (2001) Bright light treatment decreases depression in institutionalized older adults: a placebo-controlled crossover study. J Gerontol A Biol Sci Med Sci 56 (6): M356–360

Tam EM, Lam RW, Levitt AJ (1995) Treatment of seasonal affective disorder: a review. Can J Psychiatry 40 (8): 457–466 (Review)

Terman JS, Terman M (1980) Effects of illumination level on the rat's rhythmicity of brain self-stimulation behavior. Behav Brain Res 1 (6): 507–519

Terman JS, Terman M, Amira L (1994) One-week light treatment of winter depression near its onset: the time course of relapse. Depression 2: 20–31

Terman M, Amira L, Terman JS, Ross DC (1996) Predictors of response and nonresponse to light treatment for winter depression. Am J Psychiatry 153: 1423–1429

Terman M, Terman JS (1999) Bright light therapy: side effects and benefits across the symptom spectrum. J Clin Psychiatry 60: 799–808

Thompson C (2001) Evidence-based treatment. In: Partonen T, Magnusson A (eds) Seasonal affective disorder: practice and research. Oxford University Press, Oxford New York, pp 151–158

Trautwein A, Kreibig U, Oberhausen E (1986) Optische Strahlung. In: Physik für Mediziner. deGruyter, Berlin New York, S 296–315

Wehr TA, Jacobsen FM, Sack DA, Arendt J, Tamarkin L, Rosenthal NE (1986) Phototherapy of seasonal affective disorder: time of day and suppression of melatonin are not critical for antidepressant effects. Arch Gen Psychiatry 43: 870–875

Wehr TA, Skwerer RG, Jacobsen FM, Sack DA, Rosenthal NE (1987) Eye versus skin phototherapy of seasonal affective disorder. Am J Psychiatry 144: 753–757

Winton F, Corn T, Huson LW, Franey C, Arendt J, Checkley SA (1989) Effects of light treatment upon mood and melatonin in patients with seasonal affective disorder. Psychol Med 19: 585–590

Wirz-Justice A, Bucheli C, Graw P, Kielholz P, Fisch HU, Woggon B (1986) Light treatment of seasonal affective disorder in Switzerland. Acta Psychiatr Scand 74: 193–204

Wirz-Justice A, Schmid AC, Graw P, Kräuchi K, Kielholz P, Pöldinger W et al (1987) Dose relationships of morning bright white light in seasonal affective disorders (SAD). Experentia 43: 574–576

Wirz-Justice A, Graw P, Kräuchi K, Gisin B, Jochum A, Arendt JW et al (1993) Light therapy in seasonal affective disorder is independent of time of day or circadian phase. Arch Gen Psychiatry 50: 929–937

Visser EK, Beersma DG, Daan S (1999) Melatonin suppression by light in humans is maximal when the nasal part of the retina is illuminated. J Biol Rhythms 14 (2): 116–121

Korrespondenz: Dr. A. Konstantinidis, Klinische Abteilung für Allgemeine Psychiatrie, Universitätsklinik für Psychiatrie, Währinger Gürtel 18–20, A-1090 Wien, Österreich, E-mail: anastasioskonstantinidis@hotmail.com

Lichttherapie in der Praxis des niedergelassenen Arztes

G.-D. Roth

Ostfildern, Deutschland

Einführung

Die ärztliche Tätigkeit in Klinik und Praxis unterscheidet sich in vielen Bereichen. Während der Klinikarzt gewohnt ist, im Team zu arbeiten, sich mit Kollegen auszutauschen und seine Arbeit nach wissenschaftlichen Kriterien überprüfen zu lassen, ist der niedergelassene meist auf sich selbst gestellt, schöpft vorwiegend aus seiner eigenen Erfahrung und hat es daher oft leichter, neue Wege zu gehen und neue Methoden auszuprobieren. Das hat Vor- und Nachteile und führt oft dazu, dass sich Behandlungsmethoden in Klinik und Praxis unterscheiden und dass es bei dem gelegentlichen Austausch auf beiden Seiten zu Überraschungen kommt. Leider ist es sehr selten, dass diese Erfahrungen aus dem niedergelassenen Bereich zur Veröffentlichung kommen, bzw. „publik" werden, sondern sie werden meist im direkten Austausch mit Fachkollegen bei Qualitätszirkeln oder ähnlichen Treffen mündlich weitergegeben. Eine typisches Beispiel hierfür ist die allmähliche Verbreitung der Lichttherapie in der Praxis des niedergelassenen Arztes. Beim näheren Hinsehen gibt es eine ganze Anzahl von Praxen in den Bereichen Allgemeinmedizin, Gynäkologie oder Nervenheilkunde/Psychiatrie, die diese Methode zum Einsatz bringen und bereits ein großes Indikations- und Erfahrungsspektrum abdecken. Dies kommt dem Bedürfnis der großen Gruppe von Erkrankten entgegen, die sich ihrer Symptomatik zwar bewusst sind, aber zuerst nach Behandlungswegen suchen, die sie der „sanften Medizin" zurechnen. Dies ist ein international zu beobachtendes Phänomen und eine gerade veröffentlichte australische Untersuchung (Jorm et al. 2002) findet, dass mindestens 50% der depressiv Erkrankten zunächst zu Vitaminen, Mineralien, Aminosäuren oder pflanzlichen Medikamenten greifen. Auch bei uns gibt es fast keinen depressiven Menschen, der nicht bereits mit einem selbstverordnete Johanniskrautpräparat (St. John's Wort, Hypericum perforatum) einen Versuch gemacht hat. Da es ein Aufnahmehemmer für Serotonin, Norepinephrin und Dopamin ist, ist der nachgewiesene Effekt auch biochemisch verständlich und wird in der ärztlichen Praxis sehr häufig mit dem Einsatz der als „sanft" erlebten Lichttherapie gepaart, da sich hier der positive Effekt des Lichtes auf den Melatoninstoffwechsel mit dessen biochemischen Nähe zum Serotoninstoffwechsel positiv auswirken kann.

Praktische Durchführung

Die im nachfolgenden Kapitel aufgeführten Symptomgruppen und Krankheitsbilder werden in der Praxis gerne mit einem einheitlichen Therapieschema behandelt, das hier dargestellt werden soll. Wichtig ist, dass der Patient von seinem Arzt eine adäquate Therapielampe angeboten bekommt. Eine große Zahl von angebotenen Therapielampen, die meist dem billigen Marktsegment entstammen, hat entweder das falsche Wellenlängenspektrum oder ist in der Leistung zu schwach, was dazu führt, dass entweder kein therapeutischer Effekt auftritt, oder dass sich dieser erst nach irrelevant langen Beleuchtungszeiten von mehreren Stunden nachweisen lässt. Die vorgeschriebene Helligkeit von 10000 Lux muss darüber hinaus über eine ausreichend große Lichtfläche vorhanden sein, das es sonst zu subjektiv sehr unangenehmen Blendungseffekten und Schwindelbeschwerden kommen kann.

Die Lampen können in einer gepolsterten Tragetasche transportiert werden und sind als Vorraussetzung für diesen Einsatz recht robust. Üblicherweise erhalten die Patienten diese Lampen direkt vom Arzt, benutzen sie dann morgens während der Frühstückszeit für ca. 30 Minuten und sofern möglich und nötig nochmals am frühen Nachmittag vor 15 Uhr. Bei späterem Einsatz kann es zu einer Verschiebung des Tag- Nachtrhythmus mit Schlafstörungen kommen.

Wie bereits dargestellt eignet sich die Kombination mit einem Serotonin-Wiederaufnahmehemmer (SSRI) in dann sehr niedriger Dosierung (z.B 10 mg Citalopram). Dieses Medikament wird dann morgens zum Frühstück genommen und hat dabei auch in niederer Dosierung einen Effekt, der der üblichen doppelt so hohen Standarddosierung entspricht.

Krankheitsbilder Behandlungindikationen

SAD Erkrankungen, Depressionen

Die klinischen Symptome und de Diagnostik und Besonderheiten wurden bereits in Teil 2 dieses Buches ausführlich beschrieben. Der niedergelassenen Arzt ist darüber hinaus jedoch mit einer Vielzahl von „subklinischen" depressiven Krankheitsbildern konfrontiert, die einer skalierten Depressionsdiagnostik oft nicht gerecht werden, aber im Leben der Betroffenen trotzdem eine leidvolle Rolle spielen, da sie oft jahreszeitlich abhängige Verstimmungszustände darstellen, die für die Betroffenen und deren Angehörige sehr einschneidend und belastend sind. Häufig finden sich dabei auch Schlafstörungen, Appetitstörungen (auch als Appetitzunahme, oft mit Heißhunger auf Süßigkeiten und Schokolade), Spannungskopfschmerzen, Magen- Darmstörungen und unspezifische Symptome als vegetative Symptome. In der Praxis hat sich hier die Lichttherapie täglich morgens so wie oben beschrieben bewährt.

Gynäkologische Probleme

Depressionen in und nach der Schwangerschaft

Während „echte" Depressionen in der Schwangerschaft oder im Wochenbett eindeutig zu diagnostizieren und aufgrund des hohen Suizidrisikos auch medikamentös suffizient zu therapieren sind, finden sich in der Phase der hauptsächlichen Hormonumbrüche auch eine große Zahl von Frauen, die in ihrer erlebten Depressivität an eine dysthyme Störung oder eine leichte Depression denken lassen, die aber nicht bereit sind, eine orale Medikation zu akzeptieren, aus dem nachvollziehbaren Gedanken heraus, dem wachsenden Kind nicht schaden zu wollen. Diese Frauen können aber gefahrlos an einer ambulanten Lichttherapie zu Hause teilnehmen.

Prämenstruelles Syndrom (PMDD – premenstrual dysphoric disorder)

Dies ist ein sehr häufiges und oft nicht adäquat eingeschätztes gynäkologisches Problem: Bei Frauen in der späten Lutealphase tritt eine dysphore Störung auf mit nächtlichen Essattacken, Esssucht oder Essstörung wie bei der Bulimie, v.a. bei Frauen, die kombinierte SAD Erkrankung und Essstörung haben. Neben dem Einsatz von antidepressiven Mitteln der SSRI Reihe (oft in Kombination mit einer Hormontherapie) wird gerne auch die Lichttherapie wie oben beschrieben eingesetzt und ermöglicht im günstigsten Fall das Absetzen jeder Medikation.

Chronic Fatigue Syndrom (CFS)

Erst seit relativ kurzer Zeit ist das CFS im klinischen und im niedergelassenen Bereich als eigene Krankheitsentität anerkannt. Neben vielen vegetativen Störungen, wechselnden somatischen Beschwerden finden sich anhaltende depressive Stimmungsschwankungen mit einem Gefühl des Unwohlseins, einer erhöhten Irritierbarkeit, auch Schlafstörungen und wechselnden Körperbeschwerden. Aufgrund der Chronifizierung dieser Störung kommt es fast regelmäßig zu familiären Belastungssituationen und häufigen Krankschreibungen mit entsprechenden Folgeproblemen am Arbeitsplatz. Tatsächlich beruht diese Krankheit jedoch auf einer immunologischen Störung im Serotonin-Transmitter-System. Sehr häufig können sogar Autoantikörper gegen Serotonin nachgewiesen werden. Die Betroffenen reagieren oft auch auf minimale und therapeutisch nur suboptimale Medikamentendosierungen mit für sie nicht tolerablen Nebenwirkungen, sprechen aber auf Lichttherapie als einem „sanften Weg" sehr gut an. Da es sich um eine chronische Störung handelt, ist diese Therapie natürlich eine Domäne der ambulanten Behandlung (Terman et al. 1998).

Depressionen bei Kindern

Depressive Störungen bei Kindern und Jugendlichen sind wesentlich häufiger, als allgemein diagnostiziert wird. Auch eine hohe Anfälligkeit für winterdepressive Störungen ist zu beobachten, allerdings klagen Kinder fast nie über „Traurigkeit", sondern ziehen sich aus dem Familienleben zurück, schulische Leistungen verschlechtern sich und eine Vielzahl von Körpersymptomen, meist im gastrointestinalen Bereich oder als Kopfschmerzen und Schwindel werden berichtet. Eine medikamentöse Behandlung kommt oft nicht in Frage, da diese oft weder von den Kindern, noch von deren Eltern akzeptiert wird und es auch nur wenig gute Daten gibt, die eine „off label" Indikation begründen können. Da bei manchen Kindern echte Lernschwächen ganz deutlich im Vordergrund stehen, gibt es erste Versuche, diese Störungen primär mit Lichttherapie zu behandeln (Swedo et al. 1997).

Schlafstörungen bei Alterspatienten

Jeder geriatrisch tätige Arzt kennt die ständigen Klagen der Alterspatienten über deren quälende Ein- und Durchschlafstörungen. Verstärkt werden diese Symptome oft durch typische weitere Alterskrankheiten wie Demenz, Folgestörungen nach Schlaganfall, Nykturie, Atemnot usw. Als Folge der Multimorbidität erhält diese Patientengruppe bereits eine Vielzahl von Medikamenten und der Arzt gibt nur ungern ergänzende Schlafmittel, zumal diese häufig zu einem Überhang und einer Verstärkung von Schwindelbeschwerden und anderen Störungen führen. Auch hier hat sich, besonders im Bereich des Altenheims, die Lichttherapie bewährt. Daneben ist es immer wichtig, die alten Menschen auf einen geregelten Tag-Nacht-Rhythmus aufmerksam zu machen und die Nachtruhe nicht vor 23 Uhr beginnen zu lassen.

Einsatz der Lichttherapie zur Vorbeugung der Winterdepression

Wenn Arzt und Patient sich bewusst gemacht haben, dass in der dunklen Jahreszeit festgestellte Symptome dem Äquivalent einer winterdepressiven Erkrankung entsprechen, ist ab Ende September eine tägliche Vorbeugung sinnvoll. Das hat sich bei den Patienten des Autors bestens bewährt, viele besitzen aus diesem Anlass ihre eigene Lichtlampe (Partonen et al. 1996).

Depressionsbehandlung bei Krebskranken

Krebskranke Patienten stellen mit ihren Problemen eine große Herausforderung für den niedergelassenen Arzt dar, da sie neben einer adäquaten Schmerztherapie auch regelmäßig über eindeutige depressive Symptome klagen. Sie wünschen dann meist weder eine chemische Medikation noch eine stationäre Behandlung und sind damit für eine alternative Depressionsbehandlungsform sehr zugänglich. Ein Versuch mit einer Lichttherapie ist in jedem Fall angezeigt, hat sich in der Praxis des Autors mehrfach bewährt und ist auch wissenschaftlich fundiert (Cohen 1994).

Nebenwirkungen

In über 10 Anwendungsjahren der Lichttherapie in der Praxis des Autors wurden bislang keine gravierenden Nebenwirkungen beobachtet. Bei einer zu späten Anwendung am Tag, z.B. nach 19 Uhr, kann es zu Schlafstörungen kommen, die sich dann auch mit innerer Unruhe und allgemeiner Nervosität paaren können.

Ist die Lichtaustrittsfläche zu gering, kommt es regelmäßig zu einem unangenehmen Blendungseffekt. Insbesondere bei den oft, vermeintlich preisgünstig angebotenen, kleinen Lampen ist dies ein echtes Problem, da die notwendigen 10000 Lux Lichtstärke nur bei minimalem Augenabstand von der Lampe und daraus resultierender starker Blendwirkung erreicht werden. Hier kann nur eine größere Bestrahlungsfläche Abhilfe schaffen. Auch ist die Konstruktion der in die Lampe eingebauten Reflektoren und der Streuscheibe, die die immer vorhandene Blendwirkung der Leuchtstoffröhren ausgleicht, ein wichtiger Faktor für die Therapieverträglichkeit. Die gelegentlich geklagten Schwindelbeschwerden sind nach Beobachtung des Autors auf ein fehlendes oder schlecht abgestimmtes elektronisches Vorschaltgerät zurückzuführen. Dies waren die wichtigsten Gründe, warum sich der Autor auf das obengenannte Gerät festgelegt hat.

Bei Patienten mit Netzhautproblemen oder echten Makulopathien sollte der Abstand zur Lichtquelle erhöht werden, da die Lichtintensität nimmt im Quadrat der Distanz ab und der augenärztliche Kollege sollte sein Einverständnis geben.

Die wenigen wissenschaftlichen Untersuchungen beziehen sich meist auf das Nebenwirkungsspektrum der Kombinationstherapie (z.B. Lichttherapie und Gabe von Trimipramin). Dabei soll es zu einer Verstärkung des medikamentös bedingten psychomotorischen Dämpfungseffektes kommen. Die in der Literatur immer wieder beschriebene Appetithemmung und Gewichtsabnahme wird vom Großteil der Betroffenen als angenehm erlebt (Muller et al. 1997).

Abrechnungsfragen

Aufgrund der Veränderungen des öffentlichen Gesundheitssystems in der BRD wird den niedergelassenen Kassenärzten die Einführung von IGel-Leistungen (individuelle Gesundheitsleistungen) empfohlen, die über eine Mischfinanzierung die Praxisumsätze stabilisieren sollen. Die Lichttherapie stellt eine solche Leistung dar, da es sich um eine ethisch vertretbare, wissenschaftlich fundierte und praktisch nebenwirkungslose Therapiemethode handelt. In Deutschland wird es nach der GOÄ Ziff 567 (Fototherapie mit selektivem UV-Spektrum je Sitzung) abgerechnet und liegt in Abhängigkeit vom angesetzten Steigerungsfaktor bei ca. 10 € pro Sitzung. Denkbar ist es auch, die Lampen, die in einem praktischen Handkoffer kommen, wochenweise zu verleihen. Üblicherweise sind drei bis vier Behandlungswochen ausreichend, damit ein Patient feststellen kann, ob diese Behandlungsmethode bei seinem Störungsbild Abhilfe schafft. In diesem Fall ist es dann sinnvoll, dass sich der Patient selbst eine Lampe kauft.

Literatur

Cohen SR (1994) Phototherapy in the treatment of depression in the terminally ill. J Pain Symptom Manage 9: 534–536

Jorm et al (2002) Effectivness of complementary and self-help treatments for depression. Med J Aust 176: 84–95

Muller MJ et al (1997) Side effects of adjunct light therapy in pagens wife major depression. Eur Arch Psychiatry Clin Neurosci 247: 252–258

Partonen T et al (1996) Prevention of winter seasonal affective disorder by bright-light treatment. Psychol Med 26: 1075–1080

Swedo S et al (1997) Controlled trial of light serpie for w treatment of pediatric seasonal affective disorder. J Am Acad Child Adolesc Psychiatry 36: 816–821

Terman M et al (1998) Chronic fatigue syndrome and seasonal affective disorder: comorbidity, diagnostic overlap, and implications for treatment. Am J Med 105: 115–124

Korrespondenz: Dr. G.-D. Roth, Hindenburgstraße 35, D-73760 Ostfildern, Deutschland, E-mail: gerhard-dieter.roth@dgn.de

Die Lichttherapie in der polnischen Medizin*

I. Krupka-Matuszczyk und **M. Krzystanek**

Klinik und Lehrstuhl für Psychiatrie und Psychotherapie Schlesische Akademie für Medizin, Katowice, Polen

In vielen Gebieten der Medizin wird Licht als Heilmittel angewandt. Ultraviolettes Licht hat z.B. in der Dermatologie, sichtbares Licht in der Onkologie, Neonatologie und Psychiatrie Anwendung gefunden (Creamer und McGregor 1998).

Lichttherapie

Die Chronobiologie, eine biologische Disziplin, untersucht die Auswirkungen des zirkadianen Rhythmus (Tag-Nacht-Rhythmus) auf die Lebensweise von Organismen. Sie nimmt an, dass das Leben ein durch biologische Rhythmen gesteuerter Prozess ist (Vandel et al. 1997). Mit dem Wissen über den Einfluss dieser Tagesrhythmen auf das menschliche Leben, kann man Störungen behandeln, die durch ihre Desynchronisation verursacht wurden.

Viele Vorgänge im menschlichen Organismus lassen rhythmische Muster erkennen. Um 15 Uhr beispielsweise haben körperliche Leistung und Reizempfindlichkeit den höchsten Wert, um 16 Uhr steigen Herzaktion, Blutdruck und Körpertemperatur. Um 18 Uhr produziert die Niere den meisten Harn. Um 2 Uhr nachts kommt es zu einer vermehrten Ausschüttung des Wachstumshormons (Somatotropin) im Blut. Um 6 Uhr steigt der Blutspiegel des Nebennierenrindenhormons Kortisol an, dagegen sinkt die Konzentration des Zirbeldrüsenhormons Melatonin, und die Pankreasinseln produzieren am wenigsten Insulin (Young 2000).

Der Tag-Nacht-Zyklus in der menschlichen Aktivität, auch Tagesrhythmus oder biologische Uhr genannt, ist angeboren. Er wird durch die so genannte genetische Uhr kontrolliert (Young 2000). Für den Menschen wurde die natürliche Tagesdauer experimentell bestimmt. Sie beträgt 24 Stunden und 18 Minuten (Young 2000). Damit der Schlaf-Wach-Rhythmus

---

* Überarbeitet von E. Pjrek und D. Winkler, Klinische Abteilung für Allgemeine Psychiatrie, Universitätsklinik für Psychiatrie, Wien, Österreich

des Organismus mit dem in der Natur vorkommenden Tag-Nacht-Rhythmus übereinstimmt, wird die biologische Uhr durch natürliches Sonnenlicht synchronisiert.

Bei zahlreichen psychischen Störungen kommt es zu einer Desynchronisierung der inneren Uhr. Als ein wichtiges psychiatrisches Krankheitsbild ist hier die saisonal abhängige Depression (SAD) zu nennen. Sie kommt in der Gesamtbevölkerung in 10%, unter depressiven Patienten sogar in 20% vor (Betrus und Elmore 1991). SAD ist wahrscheinlich genetisch bedingt (Yoshimura et al. 1994). Frauen erkranken dreimal häufiger als Männer, selten findet sich ein Krankheitsbeginn jenseits des 55. Lebensjahres (Gross und Gysin 1996). Heute wissen wir, dass die Prävalenz der SAD mit nördlichen Breitengraden zunimmt, da es hier weniger sonnenreiche Tage gibt (Birtwistle und Martin 1999). Therapie der Wahl ist Lichttherapie, die von N. E. Rosenthal in der Psychiatrie eingeführt wurde (Betrus und Elmore 1991, Birtwistle und Martin 1999, Gross und Gysin 1996, Rosenthal et al. 1984). Lichttherapie wird sowohl als Basistherapie als auch in Kombination mit Pharmakotherapie angewandt (Gross und Gysin 1996).

Die Therapie mit sichtbarem Licht ist eine anerkannte und populäre Heilmethode in der polnischen Psychiatrie. Die Behandlung erfolgt entweder stationär oder ambulant. Lichttherapeutische Laboratorien befinden sich in vielen akademischen Zentren, beispielsweise in der Medizinischen Akademie in Gdansk, im Institut für Psychiatrie und Neurologie in Warschau und in der Schlesischen Akademie für Medizin in Katowice. Da die saisonal abhängige Depression in Polen in der letzten Zeit an Interesse gewonnen hat, werden Lichttherapiegeräte immer häufiger auch in psychiatrischen Ambulanzen und Tageskliniken verwendet. Die Lichttherapie wurde zum Inhalt zahlreicher Präsentationen, Fallstudien, Forschungsarbeiten und Kongressberichte polnischer Autoren (Jernajczyk und Swiecicki 1997, Krzystanek et al. 2001, 2002, Krzystanek und Krupka-Matuszczyk 2001a, b, Swiecicki und Szafranski [im Druck], Swiecicki 1992, 1993, 1996, 1997).

Lichttherapie wird in der Psychiatrie seit Anfang der achtziger Jahre angewandt, obwohl der Einfluss von Licht auf das menschliche Gehirn noch nicht gänzlich erforscht ist. Es können unterschiedliche Mechanismen in Betracht gezogen werden. Am wahrscheinlichsten scheint jedoch eine Entgleisung des Schlaf-Wach-Rhythmus zu sein (Gross und Gysin 1996). Die Neurophysiologie nimmt an, dass Störungen im Serotoninhaushalt für das Auftreten von SAD verantwortlich sind (Birtwistle und Martin 1999, Neumeister et al. 1998, Wallin und Rissanen 1994). Dafür spricht auch, dass selektive Serotoninwiederaufnahmehemmer (SSRI) bei SAD wirksam sind (Birtwistle und Martin 1999, Wallin und Rissanen 1994). Zusammenfassend führt die Lichttherapie zur Synchronisierung von biologischen Rhythmen und intensivierter Serotonintransmission (Birtwistle und Martin 1999, Endicott 1993, Neumeister et al. 1998, Praschak-Rieder et al. 2001, Rapkin 1992, Wallin und Rissanen 1994). An dieser Stelle sollten die Berichte von Swiecicki und Szafranski erwähnt werden (im Druck). Sie beschreiben zwei Fälle, in denen Patienten neben einem SSRI auch Lichttherapie erhielten. Nach fünftägiger Lichttherapie (10.000 Lux, 30 Minuten) traten bei der

Patientin, die zusätzlich 150 mg/die Sertralin bekommen hatte, und bei dem Patienten, der drei Tage lang mit 20 mg/die Fluoxetin behandelt wurde, unerwünschte durch Serotonin verursachte Symptome wie Diarrhöe, Agitiertheit, Tremor, Hyperhidrosis und subfebrile Temperaturen auf. Alle diese Symptome remittierten nach Abbruch der Lichttherapie innerhalb von drei bis sieben Tagen. Der männliche Patient wurde zwei Monate später neuerlich mit Lichttherapie behandelt, die nach zwei Sitzungen wiederum wegen Diarrhöe abgebrochen wurde. Für Nebenwirkungen kann wahrscheinlich die Wechselwirkung von zwei gleichzeitig angewandten Heilmethoden verantwortlich gemacht werden, die beide über die Aktivierung des Serotoninsystems wirken.

Die Wirksamkeit der Lichttherapie bei SAD wird von fast allen bisher durchgeführten Untersuchungen bestätigt (Gross und Gysin 1996, Terman et al. 1989). Swiecicki stellt drei Fälle von ambulant behandelten SAD Patienten vor, bei denen Lichttherapie angewandt wurde (Swiecicki 1993). Bei zwei Patientinnen bediente man sich Lampen mit 2500 Lux, eine Patientin bekam ein Gerät mit 1500 Lux. Schon in der zweiten Woche bildeten sich die Krankheitssymptome zurück. Bei einer Patientin kam es aber zum Auftreten passagerer hypomanischer Symptome. In unserem lichttherapeutischen Laboratorium wurden bisher acht Patientinnen behandelt, die an SAD litten. Sie wurden täglich, außer Samstag und Sonntag, 60 Minuten lang mit einer Lichtstärke von 5000 Lux in Augenhöhe bestrahlt. Bei allen Patientinnen kam es nach 7–15 Sitzungen zur Vollremission (unveröffentlichte Daten).

Lichttherapie kann erfolgreich bei Schlafstörungen bei SAD Patienten eingesetzt werden. Jernajczyk und Swiecicki ermittelten, dass eine tägliche, zweistündige Lichtbestrahlung mit 2500 Lux, über 14 Tage hinweg, eine signifikante Verlängerung der Schlafzeit bei zwölf ambulant behandelten SAD Patienten verursacht hat. Alle diese Probanten erhielten sieben Tage vor und auch während der Untersuchung keine Pharmakotherapie.

Nebenwirkungen

Noch immer wird Lichttherapie auf etwaige Nebenwirkungen und Unverträglichkeiten überprüft. Das lichttherapeutische Laboratorium des Lehrstuhls und der Klinik für Psychiatrie und Psychotherapie der Schlesischen Akademie für Medizin in Katowice existiert seit Oktober 2000. Vier Beleuchtungsplätze stehen derzeit zur Verfügung. Jedes Lichttherapiegerät besitzt eine Lichtstärke von 5000 Lux in einem Abstand von 50cm vom Gerät. Die Bestrahlungsdauer beträgt 60 Minuten. Während der Bestrahlung sollen die Patienten die Augen geöffnet halten. Nach 2–3 Minuten passen sich die Photorezeptoren an die therapeutische Lichtstärke an. Auch eigene Erfahrungen der Autoren zeigen, dass es sich bei den Nebenwirkungen am häufigsten um Augentränen, Kopfschmerzen, motorische Unruhe, Bulbusschmerzen und Augenbrennen handelt. Diese Daten wurden Studien entnommen, die in zwei aufeinander folgenden Jahren in der Herbst-Winter-

Tabelle 1. Patienten, die im Lichttherapeutischen Laboratorium der Schlesischen Akademie für Medizin in Katowice mit Lichttherapie behandelt wurden

Patientenzahl	Geschlecht		Alter Durchschnitt ± SD	Durchschnittliche Anzahl der lichttherapeutischen Sitzungen ± SD
	Frauen	Männer		
74	64	10	41,2 ± 10,4	14,2 ± 3

Zeit durchgeführt wurden (Krzystanek und Krupka-Matuszczyk, im Druck). Die Ergebnisse dieser Untersuchung können Tabelle 1 entnommen werden.

Erschienen während einer lichttherapeutischen Sitzung unerwünschte Symptome (Augentränen, Augenbrennen, Bulbusschmerzen), wurden die Patienten angewiesen, sich von der Lichtquelle zu entfernen, nach ihrem Abklingen sollten sie mit der Therapie fortfahren. Augentränen und Bulbusschmerzen verschwanden meist schon in den ersten fünfzehn Minuten der Sitzung, andere Symptome dagegen erst zwei Stunden nach Beendigung der Sitzung. Bei zwei Patienten wurde die Therapie wegen Augentränen unterbrochen, bei weiteren zwei wegen Augenbrennen. Insgesamt beschreiben die Autoren die Lichttherapie als eine gut verträgliche und gefahrlose Heilmethode.

Weitere Indikationen

Es wird immer wieder nach neuen Indikationen für Lichttherapie in der Psychiatrie gesucht. Die Wirksamkeit der Methode wurde außer bei SAD und Schlafstörungen auch bei endogenen Depressionen (Compton und Nemeroff 2000), Recurrent Brief Depression (RBD; kurze wiederkehrende Depressionen) (Kasper et al. 1994) und beim Sonnenuntergangssyndrom im Verlauf der Alzheimer-Krankheit (Graf et al. 2001) bestätigt. Beim prämenstruell dysphorischen Syndrom (PMDS) handelt es sich sowohl um eine

Tabelle 2. Häufigkeit des Auftretens von unerwünschten Symptomen bei Lichttherapie und die Rate an Therapieabbrechern (Drop-outs) in der Patientengruppe. Die Ergebnisse betreffen 74 Patienten, die in den zwei Herbst-Winter-Saisonen im lichttherapeutischen Laboratorium der Schlesischen Akademie für Medizin in Katowice behandelt wurden

	Patientenanzahl (%)	Drop-outs (%)
Augentränen	8 (11%)	2 (3%)
Cephalea	4 (5,5%)	0
Erregung, Unruhe	4 (5,5%)	0
Bulbusschmerzen	2 (3%)	0
Augenbrennen	2 (3%)	2 (3%)
Gesamt	20 (28%)	4 (5,5%)

Störung der biologischen Rhythmen als auch um eine Dysfunktion des serotonergen Systems (Endicott 1993, Praschak-Rieder et al. 2001, Rapkin 1992). Die normale sexuelle Aktivität und Sexualstörungen können durch biologische Rhythmen beeinflusst werden.

In unserem Labor versuchen wir, die Lichttherapie bei funktionellen Störungen des serotonergen Systems und/oder Störungen der biologischen Rhythmen (Panikstörung, Bulimie, pathologische Spielsucht, Zwangsstörungen, Trichotillomanie, PMDS und Sexualstörungen) anzuwenden. Bei den oben genannten Krankheiten wird die Lichtbehandlung als eine die Pharmakotherapie unterstützende Heilmethode verwendet. Außer bei SAD wird die Lichttherapie 3–4 Wochen angewandt; Lichtbehandlung intensiviert die Serotonintransmission im Gehirn, wie das auch bei den SSRI der Fall ist. Der therapeutische Effekt von Antidepressiva ist erst nach 2–3-wöchiger Anwendung erkennbar. Die vorläufigen Behandlungsergebnisse durch Lichttherapie sind zwar vielversprechend, jedoch sollte man nicht voreilig über die Wirksamkeit urteilen, da es noch zu wenig behandelte Patienten gibt. Da die meisten Patienten während der Lichttherapie auch Psychopharmaka erhalten, ist es schwer, den Erfolg der Lichtbehandlung von dem der Medikamente zu unterscheiden. Laut Autoren ist es notwendig, die Studien weiterzuführen, um die Wirksamkeit der Lichttherapie bei Störungen der biologischen Rhythmen und einer Dysfunktion des Serotoninsystems im Gehirn zu beurteilen.

Vielversprechend sind die Ergebnisse der Lichttherapie bei Schwangerschaftsdepression; bei zwei in unserem Labor behandelten Schwangeren kam es durch Lichtmonotherapie zur völligen Remission der Symptome (unveröffentlichte Daten). Eine von ihnen litt an einer leichten, die andere an einer mäßiggradigen Depression. Die beiden Patientinnen wurden drei Wochen lang (außer Samstag und Sonntag) behandelt. Eine Besserung wurde in der dritten Behandlungswoche beobachtet.

Forschungsperspektiven

Forschungsergebnisse über Lichttherapie ermöglichen die Festlegung von optimaler Sitzungsdauer, Lichtstärke, Behandlungszeitpunkt und Gesamtbehandlungsdauer. Diese Parameter wurden durch Variierung der therapeutischen Bedingungen experimentell bestimmt. Die Autoren werden mit ihrem Forschungsprojekt wahrscheinlich zur Standardisierung der Lichttherapie beitragen können. In der Annahme, dass das von der Lampe freigesetzte Licht das Serotoninsystem beeinflussen kann, überprüften wir den Spiegel der Serotoninstoffwechselprodukte im Gehirn. Der Hauptmetabolit von 5-HT ist die im Harn nachweisbare 5-Hydroxyindolessigsäure (5-HIAA). Die Veränderung der 5-HIAA-Konzentration im Harn lässt auf Veränderungen des 5-HT-Stoffwechsels im Gehirn schließen. Die Konzentration ist jedoch auch vom Serotoninstoffwechsel in anderen Geweben abhängig. Zum gegenwärtigen Zeitpunkt befindet sich diese Untersuchung in der Durchführungsphase.

Zusammenfassung

Zusammenfassend kann gesagt werden, dass sich die Lichttherapie in der polnischen Psychiatrie, vor allem im ambulanten Bereich, immer größerer Beliebtheit erfreut. Lichttherapie ist eine gut verträgliche und bei den Patienten ausgesprochen beliebte Heilmethode. Licht wird außer bei SAD auch immer mehr bei anderen psychischen Störungen als Therapie eingesetzt, die Standardisierung der Lichttherapie kann die Behandlungssicherheit noch um einiges steigern, insbesondere wenn eine Kombinationstherapie mit SSRIs erfolgt.

Literatur

Betrus PA, Elmore SK (1991) Seasonal affective disorder, part I. A review of the neural mechanisms for psychosocial nurses. Arch Psychiatr Nurs 5: 357–364

Birtwistle J, Martin N (1999) Seasonal affective disorder: its recognition and treatment. Br J Nurs 8: 1004–1009

Compton MT, Nemeroff CB (2000) The treatment of bipolar depression. J Clin Psychiatry 61: 57–67

Creamer D, McGregor J (1988) Photo(chemo)therapy: advances for systemic or cutaneous disease. Hosp Med 59: 23–27

Endicott J (1993) The menstrual cycle and mood disorders. J Affect Disord 29: 193–200

Graf A, Wallner C, Schubert V, Willeit M, Wlk W, Fischer P, Kasper S, Neumeister A (2001) The effects of light therapy on Mini-Mental State examination scores in demented patients. Biol Psychiatry 50: 725–727

Gross F, Gysin F (1996) Phototherapy in psychiatry: clinical update and review of indications. Encephale 22,: 143–148

Jernajczyk W, Swiecicki L (1997) Effect of phototherapy on sleep pattern in patients with seasonal affective disorder (SAD). Der Kongressstoff. 10-th ECNP Congress, Vienna, 1997, P.1.118

Kasper S, Ruhrmann S, Haase T, Moller HJ (1994) Evidence for a seasonal form of recurrent brief depression (RBD-seasonal). Eur Arch Psychiatry Clin Neurosci 244: 205–210

Krzystanek M, Krupka-Matuszczyk I (2001) Obserwacje wlasne dotyczace tolerancji i wskazan do leczenia swiatlem widzialnym. Psychiatr Pol 35 [Suppl]: 120–121

Krzystanek M, Krupka-Matuszczyk I (2003) Obserwacje dotyczace tolerancji i wskazan do leczenia swiatlem widzialnym w psychiatrii (im Druck)

Krzystanek M, Krupka-Matuszczyk I (2001) Bright light treatment in psychiatry – side effects and contemporary indications. World J Biol Psychiatry 2: 340S

Krzystanek M, Matuszczyk M, Krupka-Matuszczyk I (2001) The effects of phothotherapy in treatment of bipolar depression. Der Kongressstoff. Bipolar Spectrum Disorders: Therapeutic Advances 68–69

Krzystanek M, Krupka-Matuszczyk I, Matuszczyk M (2002) Phototherapy: treatment agent in psychiatry. Der Kongressstoff. XII World Congress of Psychiatry – Partnership for Mental Health, S 139

Loving RT, Kripke DF (1992) Daily light exposure among psychiatric inpatients. J Psychosoc Nurs Ment Health Serv 30: 15–19

Neumeister A, Turner EH, Matthews JM, Postolache TT, Barnett RL, Rauh M, Vetticad RG, Kasper S, Rosenthal NE (1998) Effects of tryptophan depletion vs catecholamine depletion in patients with seasonal affective disorder in remission with light therapy. Arch Gen Psychiatry 55: 524–530

Praschak-Rieder N, Willeit M, Neumeister A, Hilger E, Stastny J, Thierry N, Lenzinger E, Kasper S (2001) Prevalence of premenstrual dysphoric disorder in female patients with seasonal affective disorder. J Affect Disord 63: 239–242

Rapkin AJ (1992) The role of serotonin in premenstrual syndrome. Clin Obstet Gynecol 35: 629–636
Rosenthal NE, Sack DA, Gillin JC, Lewy A, Goodwin F, Davenport Y, Mueller P, Newsome D, Wehr T (1984) Seasonal affective disorder:a description of the syndrome and preliminary findings with light therapy. Arch Gen Psychiatry 41: 72–80
Swiecicki L (1992) Choroba afektywna sezonowa (ChAS) i fototerapia. Post Psychiatr Neurol 1: 327–334
Swiecicki L (1993) Leczenie swiatlem depresji zimowej, opis trzech przypadkow. Psychiatr Pol 27: 667–672
Swiecicki L (1996) Hipotetyczne mechanizmy patogenezy choroby afektywnej sezonowej. Lek i Depresja 3: 212–223
Swiecicki L (1997) Choroba afektywna sezonowa – kryteria diagnostyczne, epidemiologia i zasady leczenia swiatlem. Post Psychiatr Neurol 6: 133–140
Swiecicki L, Szafranski T, Wystepowanie dzialan niepozadanych typowych dla leków serotoninergicznych po dolaczeniu fototerapii do kuracji fluoksetyna lub sertralina (im Druck)
Terman M, Terman JS, Quitkin FM, McGrath PJ, Stewart JW, Rafferty B (1989) Light therapy for seasonal affective disorder. A review of efficacy. Neuropsychopharmacology 2: 1–22
Vandel P, Boiteux J, Sechter D (1989) Biological rhythms and psychiatric syndromes. Rev Prat 47: 1878–1883
Wallin MS, Rissanen AM (1994) Food and mood: relationship between food, serotonin and affective disorders. Acta Psychiatr Scand 377: 36–40
Yoshimura R, Abe K, Egashira K (1994) Light therapy of patients with seasonal affective disorder. Nippon Rinsho 52: 1245–1248
Young MW (2000) The tick-tock of the biological clock. Sci Am 282: 64–71

Korrespondenz: Prof. med. I. Krupka-Matuszczyk, Klinik für Psychiatrie und Psychotherapie, Schlesische Akademie für Medizin, Ul. Ziolowa 45/47, 40–635 Katowice, Polen, E-mail: marek84@mp.pl

Die SAD Association in Großbritannien und die Rolle von Selbsthilfegruppen*

J. Eastwood

SAD Association, Steyning, United Kingdom

Es gibt viele Stufen, auf denen Organisationen zur Unterstützung von Patienten, manchmal auch Selbsthilfegruppen genannt, arbeiten können. Zum Beispiel kleine, lokal beschränkte Gruppen können gelegentliche Treffen anbieten, wo man mit anderen Betroffenen Erfahrungen besprechen kann. Das andere Extrem ist eine große Organisation mit hunderten Mitarbeitern, die den Bedürfnissen ihrer Mitglieder Rechnung tragen und deren Versorgung in der Hand haben. Diese Organisation kann finanzielle Ressourcen für medizinische Forschung akquirieren und die Regierung, Gesundheitsberufe und andere große Institutionen beeinflussen.

Die Größe der Organisation hängt von verschiedenen Faktoren ab: Die Anzahl der von einem medizinischen Problem Betroffenen, die sie unterstützt, der Schweregrad der hervorgerufenen Behinderung, die Fähigkeit der Betroffenen, ihr Leben zu meistern und die Anzahl der eingebundenen Mitarbeiter. Die Größe einer Organisation ist jedoch nicht für deren Qualität ausschlaggebend; kleinere Organisationen können manchmal ihren individuellen Mitgliedern mehr Zeit und Unterstützung bieten, auch wenn sie nicht die Möglichkeit besitzen, z.B. die Gesetzgebung zu ändern oder große Geldsummen für medizinische Forschung oder verbesserte Patientenbetreuung zu akquirieren.

Das wichtigste Element einer Selbsthilfeorganisation ist eine Gruppe engagierter, hilfswilliger Menschen. Mindestens zwei oder drei, bevorzugt mehrere, müssen Zeit und Talent frei zur Verfügung stellen. Nur in seltenen Fällen ist es möglich, am Anfang Gelder zur Anstellung von Personal zu akquirieren. Normalerweise ist es notwendig, Jahre mit endloser harter Arbeit ohne finanzielle Belohnung zuzubringen, und dies sollte von jedem bedacht werden, der daran denkt, solch eine Organisation zu gründen.

Publicity spielt eine entscheidende Rolle in solchen Organisationen, da die Schwere und gefühlsbedingte Art der Behinderung die Quantität und Art der Medienberichterstattung bestimmen und folglich, zumindest in fi-

---

* Übersetzung: I. Schinnerl

nanzieller Hinsicht, auch den Erfolg der Selbsthilfegruppe. Über weit verbreitete und potentiell tödliche Erkrankungen wie z.B. Krebs oder Herzerkrankungen, die die meisten Leute aus dem Familien- oder Freundeskreis kennen, wird in den Medien viel berichtet. In den letzten Jahren haben auch psychiatrische Erkrankungen, im speziellen die Saisonal Abhängige Depression (SAD), das Interesse der Medien auf sich gezogen.

Es gibt eine große Anzahl von Patientenorganisationen in Großbritannien, die als eingetragene Stiftungen eingerichtet wurden. Sie sind nonprofit Organisationen auf freiwilliger Basis und dem Stiftungsgesetz unterworfen. Verwaltet werden sie von einem Kuratorium, dessen Mitglieder kein finanzielles Interesse an der Arbeit der Stiftung haben dürfen, und die Regulierung erfolgt durch die Stiftungskommission.

Die SAD Association (SADA) in Großbritannien ist solch eine Organisation. Sie hat einen bezahlten Vollzeit-Angestellten, wird aber von einem Freiwilligen-Komitee geführt, dessen Mitglieder selbst alle von SAD betroffen sind. Es umfasst einen Vorsitzenden, Sekretär und Schatzmeister, die gemäß der Verfassung der SADA bei der jährlichen Generalversammlung gewählt werden. Alle Mitarbeiter stellen ihre Arbeitskraft kostenlos zur Verfügung. Die Einkünfte der Organisation (hauptsächlich aus Mitgliedsbeiträgen, Verkauf von Informationsmaterial und Büchern, und einigen privaten Sponsorengeldern) werden zur Abdeckung der laufenden Kosten verwendet. Darüber hinausgehende Einkünfte werden zur Unterstützung von Forschung, Behandlung und Ausbildung in britischen SAD-Zentren zur Verfügung gestellt.

Im letzten Jahrzehnt hat SAD das Interesse der Medien geweckt, teilweise weil sich viele Menschen damit identifizieren können (obwohl dies oft ein Nachteil ist), teilweise weil es ein Novum ist, und auch weil es in Verbindung mit Licht und Wetter gebracht wird, welche Themen von allgemeinem Interesse sind. SADA betont die positive Seite: Von SAD Betroffene können effektiv behandelt werden und ein normales Leben führen, daher treten auch nur muntere sprachgewandte Personen als Sprecher vor die Medien.

Die SAD Association – Ziele und Aktivitäten

Ziele

- Problembewusstsein für SAD zu schaffen
- Die Öffentlichkeit und in Gesundheitsberufen Tätige zu weiterzubilden

Aktivitäten

- Verbreitung von Informationen
- Medienkampagnen
- Lobbying
- Akquirierung von Spendengeldern
- Fortbildung von in Gesundheitsberufen Tätigen

Dies sind keine Aktivitäten, die leichthin gemacht werden können. Es dauert viele Jahre, bis gehaltvolle und genaue Informationen zu den Menschen durchsickern, nach Erfahrung der SADA sind davon auch Psychiater betroffen! Zehn Jahre nach Beginn der SADA Kampagne, die SAD in den Mittelpunkt stellte, scheint der Großteil der Öffentlichkeit von SAD gehört zu haben und sich bewusst zu sein, dass es eine depressive Erkrankung ist, verursacht durch Lichtmangel und hauptsächlich im Winter auftretend.

Oft hört die SADA von Patienten, dass ihre Ärzte gegenüber der SAD skeptisch oder ahnungslos sind oder sie wissen nicht, wie sie SAD behandeln sollen. In den letzten Jahren gab es jedoch deutliche Verbesserungen. Viele Menschen mit Fragen wurden von ihrem Arzt an die SADA verwiesen und viele Allgemeinmediziner in der Primärversorgung, Psychiater, psychiatrisches Pflegepersonal, Therapeuten, Sozialarbeiter und weitere Angestellte in Gesundheitsberufen kontaktieren die SADA, um Informationen und Rat zu erhalten, wie sie ihren Patienten helfen können.

Der Jahreszyklus der SADA beginnt im Frühsommer mit einem Treffen des Komitees, um die Arbeit des vergangenen Winters nachzubesprechen und für das kommende Jahr zu planen. Über den Sommer werden alle außerroutinemässigen Aktivitäten, Verwaltungstätigkeiten, rechtlichen und finanziellen Angelegenheiten, Planungen, Vorbereitungen für neue Veröffentlichungen und Postaussendungen vorbereitet, sodass wenn der mit dem Winter verbundene Ansturm hereinbricht alle Leistungen der SADA abrufbar sind. Ziel ist es, am 1. September alles fertig zu haben, da an diesem Tag der Ansturm normalerweise beginnt.

Journalisten und andere Medienangehörige kontaktieren die SADA, sobald der Herbst vor der Türe steht und die Stories der neuen Saison stehen damit in Verbindung: z.B. eine neue Art von Beleuchtungskörper, interessante neue Forschungsergebnisse, die neuesten Statistiken und Anekdoten. Die meisten Zeitungen veröffentlichen in jeder Saison einen großen Artikel und dazu einige kürzere Artikel zu bestimmten Schlüsselzeiten, so z.B. in der letzten Oktoberwoche vor der Zeitumstellung. Dann verbringen vier bis acht SADA-Mitarbeiter den Großteil des Tages mit Gesprächen mit Reportern, sprechen live im Radio (normalerweise von ihren privaten Telefonen aus, da sie keine Zeit haben, um in die Studios zu fahren) und treten im Fernsehen auf.

In den vergangenen Jahren war die SADA zwischen November und Januar vier bis zwanzig Mal pro Woche im Radio präsent (sieben Auftritte waren die höchste Anzahl an einem Tag!) und ein bis sechs Mal im Fernsehen. Nationale und lokale Zeitungen, Magazine und Journale haben über SAD täglich berichtet und es wird deutlich, dass fast jedermann in Großbritannien weiß, was SAD ist und dass man sie erfolgreich mit Lichttherapie behandeln kann. Dies ist zweifellos der Erfolg der Öffentlichkeitsarbeit der SADA. Ein gehaltvoller TV-Bericht oder Artikel in einer nationalen Tageszeitung kann 1000–2000 Anfragen an die SADA nach sich ziehen.

Die Kontaktmöglichkeiten für die SADA werden am Ende jedes Medienberichts gezeigt; Anfragen sollen mit einem frankierten und beschrifteten Antwortkuvert an die Postfachadresse geschickt werden und werden innerhalb von ein bis zwei Tagen mit einem kostenlosen Informationsblatt beantwortet. Dieses beschreibt SAD, ihre Symptome, Behandlungen und wie man weitere Informationen bekommt. Die Empfänger werden eingeladen, £5 für ein umfangreiches Informationspaket zu schicken, das *The Little SAD Book* und andere Broschüren enthält, darunter ein Behandlungsprotokoll für den Arzt, zusätzlich Kontaktinformationen zu empfohlenen Vertreibern für Lichttherapiegeräte, SAD Spezialisten, Verleihmöglichkeiten von Lichttherapiegeräten und SADA Kontakte.

Interessenten werden auch eingeladen, der SADA beizutreten – die Vorteile einer Mitgliedschaft werden weiter unten beschrieben. Das Einkommen der SADA aus dem Verkauf von Informationspaketen und Mitgliedsbeiträgen dient zur Bezahlung der Gehälter der Angestellten und der laufenden Kosten der Organisation.

In den letzten Jahren war die Schaffung von Problembewusstsein bei Angehörigen von Gesundheitsberufen eines der Hauptziele und einige der bekannten medizinischen Zeitschriften und Journale, z.B. *Pulse, General Practitioner* oder *Nursing Times*, waren durch ihre vorteilhafte Berichterstattung hilfreich. Zusätzlich werden von Zeit zu Zeit zielgerichtete Postaussendungen gemacht, z.B. als 1996/97 die Broschüre *SAD in Children*, geschrieben von einem 16jährigen SAD-Patienten, an alle britischen Spitäler mit kinder- und jugendpsychiatrischen und pädiatrischen Abteilungen ausgesendet wurde.

SADA Vorstandsmitglieder verfassen Konferenzpapiere, halten Vorlesungen und Seminare ab und besuchen wichtige psychiatrische Veranstaltungen und Konferenzen (v.a. wenn sich die Gelegenheit ergeben könnte, einflussreichen Personen SAD in das Bewusstsein zu rufen und Lobbying zu betreiben). Dies kann sehr wertvoll sein, ist aber zeitaufwendig und oft predigt man vor bereits Bekehrten.

Unterstützung von Patienten

Ziel

– Patienten Rat und Unterstützung zu geben

Aktivitäten

– Informationspaket
– Newsletter
– Jährliche Konferenz
– Treffen/lokale Gruppen
– Telephonische Helpline
– Brieffreundschaften
– Erprobung der Lichttherapiegeräte
– Mietung/Vermietung/Kauf von Lichttherapiegeräten
– Verkauf von Büchern/Sweatshirts
– Hilfe bei rechtlichen bzw. Arbeitsrechtproblemen

Ziel der SADA ist es, allen von SAD Betroffenen zu helfen, dazu gehören auch Partner und Familienmitglieder, die Rat für den Umgang mit ihren Angehörigen brauchen. Um ihr Bestehen zu sichern, sah sich die Organisation in den letzten Jahren gezwungen, für Informationspakete und Mitgliedschaft Beiträge einzuheben, um genügend Mittel für die Aufrechterhaltung der tagtäglichen Aktivitäten zu schaffen, da keine regelmäßigen staatlichen Gelder zur Verfügung stehen.

Anfragen und Mitgliedschaften aus Übersee werden akzeptiert, SADA möchte jedoch andere Länder ermutigen, ihre eigenen Selbsthilfegruppen zu gründen. Es kann sehr zeitaufwendig sein, nach Kontaktmöglichkeiten für SAD-Spezialisten oder Lichttherapiegeräte-Hersteller in Neuseeland, Brasilien, Nord-Kanada, im Mittleren Osten oder auf den Falkland Inseln zu suchen. SADA Vorstandsmitglieder sind immer bereit, denjenigen mit Rat zu helfen, die in Übersee Selbsthilfegruppen etablieren wollen.

Drei- bis viermal jährlich erscheint der SADA Newsletter, der sowohl Berichte über den neuesten Stand der SAD-Forschung und -Behandlung enthält sowie auch weitere informative Beiträge. Er soll Unterstützung und Einfühlung zeigen, die Mitglieder aber gleichzeitig ermutigen, eine positive Haltung einzunehmen, das beste aus den zur Verfügung stehenden Behandlungsmöglichkeiten herauszuholen und ihr Leben so normal und erfüllt wie möglich zu leben. Wichtig sind außerdem Tipps zur Ausschaltung stressreicher Aktivitäten im Winter, zur Delegierung von Aufgaben und zur Gestaltung eines Sommer/Winter-Zyklus.

Zu Beginn jeder Saison (Ende September/Anfang Oktober) organisiert die SADA ihre jährliche eintägige Konferenz, die normalerweise in London stattfindet. Ihre Mitglieder reisen aus allen Teilen des Landes an, um daran teilzunehmen und ein neues Komitee zu wählen, um informative Vorträge zu hören und die Vortragenden (meist führende SAD-Spezialisten) zu befragen und an ergänzenden Gesprächen und lebhaften Debatten teilzunehmen. Ausstellungen von Lichttherapiegeräten und anderen Produkten bieten die seltene Gelegenheit, diese Gegenstände zu sehen und zu vergleichen und mit Herstellern vor der Kaufentscheidung zu sprechen.

Lokale Gruppentreffen bieten eine intimere und entspanntere Möglichkeit für SADA-Mitglieder zur Diskussion aller Aspekte ihrer Erkrankung. Familienmitglieder und Freunde können noch so verständnisvoll sein – es gibt keinen besseren Gesprächspartner als einen anderen Betroffenen, um Erfahrungen über SAD auszutauschen. Diese Treffen finden in verschiedenen Teilen von Großbritannien statt; immer dort, wo jemand bereit ist, sie zu organisieren. Für diejenigen, die andere Mitglieder nicht persönlich treffen können oder wollen, bietet ein landesweites Forum von Freiwilligen eine telephonische Helpline an, ein „hörendes Ohr" zum Austausch von Ideen, für Ratschläge oder um einfach jemanden zu haben, der zuhört. Manche Leute bevorzugen es, Briefe zu schreiben und viele langjährige Freundschaften haben als Brieffreundschaften begonnen.

Praktische Hilfestellung ist das zentrale Anliegen bei Leihmöglichkeiten für Lichttherapiegeräte. Die SADA empfiehlt bei Anfragen, dass sich Betroffene medizinischen Rat holen und Lichttherapie mit Hilfe ihres Arztes ausprobieren, bevor sie in ihre eigene Lichtlampe investieren. Dies ist nicht immer möglich, da nur relativ wenige Ärzte diese Lampen an ihre Patienten verborgen können. Die SADA bietet daher die Möglichkeit, sich für zwei Wochen Lichtlampen für den Hausgebrauch auszuborgen und zu testen. Lokale Vertreter der Organisation erklären und führen den Gebrauch vor, so dass die Kunden ihre zweiwöchige Testzeit ohne Verzögerung oder Fehler durchziehen können. Nach Ablauf der Testphase kann der Mieter entscheiden, ob er von der langfristigen Benützung der Lampe profitieren würde und sicher seine eigene Wahl treffen.

Obwohl vergleichbare Geschäftsbedingungen zwischen den verschiedenen Anbietern bestehen, ziehen es viele Menschen vor, bei der SADA zu kaufen, da sie keine finanziellen Interessen hat oder einer bestimmten Lichtlampe gegenüber voreingenommen ist, da man der Organisation vertrauen kann und sie auch persönliche Erfahrung mit der Lichttherapie widerspiegelt. Die SADA testet alle neuen Lampen bevor sie sie ihren Mitgliedern oder der Öffentlichkeit empfiehlt, v.a. in Bezug auf Effizienz und Benutzerfreundlichkeit, und erwartet von den von ihr empfohlenen Händlern ein hohes Maß an Ehrlichkeit, Effizienz und Sorgfalt.

Die SADA möchte auch britische SAD Kliniken unterstützen, indem sie ihre Mitglieder ermutigt, an klinischen Studien teilzunehmen, Gelder und Ressourcen zur Verfügung zu stellen und bei Bedarf Informationen und Unterstützung anzubieten. Die Organisation unterhält gute Beziehungen zu britischen SAD-Spezialisten, die bei der Herausgabe von Fachliteratur behilflich sind, Beiträge für den Newsletter schreiben, bei Treffen sprechen und Rat und Unterstützung anbieten.

Die Hilfestellung für einzelne SAD-Patienten umfasst Unterstützung und Intervention bei Problemen am Arbeitsplatz und bei Gericht, Rat zum Erhalt von Hilfe durch die Sozialversicherung und Hilfe in juristischen Fragen. Obwohl die meisten Anfragen durch den kostenlosen Informationsbogen beantwortet werden können, erfordern manche detaillierte Antworten und individuelle Hilfe, und die SADA stellt dies soweit wie möglich zur Verfügung.

Eine große Reihe von Erfahrungen und Talenten existieren in einer Organisation wie der SADA und dies kann zu wechselseitigem Vorteil genützt werden. Das Konzept der Selbsthilfe bedeutet, dass die SADA von ihren Mitgliedern zu deren eigenem Wohl geführt wird. Anderen mit ähnlichen Problemen zu helfen ist ein wichtiger Teil der Behandlung der SAD; dadurch werden Selbstwertgefühl und Selbstsicherheit wieder hergestellt. Menschen mit SAD finden es mitunter schwierig, ihre Lebensaufgaben zu bewältigen und haben selten Zeit und Energie übrig, um anderen zu helfen. Die SADA schlägt vor, dass alle, die daran denken, eine Selbsthilfegruppe auf die Beine zu stellen oder in einer solchen mitzuarbeiten, sich diesen Schritt vorher genau überlegen. Es ist aber zweifelsohne ein wertvoller Weg sich selbst und anderen Betroffenen zu helfen, mit den schwerwiegenden Auswirkungen der SAD zurechtzukommen.

Korrespondenz: J. Eastwood, SAD Association, PO Box 989, Steyning, West Sussex BN44 3HG, United Kingdom, E-mail: j.eastwood@ic.ac.uk

Andere Therapieverfahren bei SAD

Lichttherapie und therapeutischer Schlafentzug bei depressiven Störungen

J. Stastny[1], A. Konstantinidis[1] und A. Neumeister[2]

[1] Klinische Abteilung für Allgemeine Psychiatrie, Universitätsklinik für Psychiatrie, Wien, Österreich
[2] National Institute of Mental Health, Bethesda, MD, USA

Einführung

Vor etwa 30 Jahren führte der erste experimentelle totale Schlafentzug bei einem Patienten mit schwerer Insomnie im Rahmen einer Depression zu einer damals unerwarteten Besserung der Befindlichkeit am folgenden Tag (Pflug und Tölle 1971). Zahlreiche nachfolgende Studien bestätigten die antidepressive Wirksamkeit des therapeutischen Schlafentzuges.

Die Lichttherapie wurde zuerst am Anfang des zwanzigsten Jahrhunderts zur Behandlung der Rachitis und der Tuberkulose eingesetzt (Kasper et al. 1988). In den Achtziger Jahren wurde die Lichttherapie zur Therapie saisonaler Herbst/Winter-Depressionen eingeführt (Rosenthal et al. 1984).

Saisonale Depressionen wurden bereits 400 v. Chr. beschrieben. Vor etwa 20 Jahren erfolgte die Einführung des Syndroms der saisonal affektiven Störung (SAD) und später die ihrer subsyndromalen Form (S-SAD) (Rosenthal et al. 1984, Kasper et al. 1989) in die wissenschaftliche Literatur. Weitere Studien bestätigten die antidepressive Wirksamkeit der Lichttherapie unabhängig von der syndromatologischen Klassifikation der depressiven Störung.

Beide Therapien stellen nicht-medikamentöse, biologisch orientierte Behandlungsformen der Depression dar. Das folgende Kapitel soll eine Zusammenfassung der Möglichkeiten beider Therapien, auch in Kombination, im Rahmen saisonaler und nicht-saisonaler Depressionen darstellen.

Die Anwendung der Lichttherapie bei der Saisonal abhängigen Depression (SAD) und subsyndromalen saisonal abhängigen Depression (S-SAD)

Gemäß der Kriterien des DSM-IV werden Patienten während der Herbst/Wintermonate depressiv und remittieren vollständig während der Frühjahrs- und Sommermonate. Ein Teil der Patienten entwickelt im Frühjahr hypomane Symptome.

Zahlreiche Studien demographischer, diagnostischer oder symptomatischer Charakteristika der SAD kamen zu dem Ergebnis, dass das Vorhandensein atypischer Symptome wie zum Beispiel Hypersomnie, Hyperphagie und Kohlehydratheißhunger in Kombination mit niedrigem Alter und weiblichem Geschlecht Prädiktoren für ein gutes Ansprechen auf die Lichttherapie sind (Oren et al. 1992, Lam 1994, Boenink et al. 1997, Reichborn-Kjennerud und Lingjaerde 1996).

In klinischen Untersuchungen zur Wirksamkeit der Lichttherapie bei SAD und S-SAD wurden Therapiegeräte mit unterschiedlichen Lichtstärken zwischen 500 und 10000 Lux, sowie die Simulation des Sonnenaufganges (Dawn Simulation) geprüft. Als wirksame Standardlichttherapie gilt heute die Lichttherapie von SAD Patienten mit hellem weißem Licht mit einer Lichtintensität von 10 000 Lux und einer täglichen Anwendungsdauer von zumindest 30 Minuten pro Tag. Ein anhaltender antidepressiver Effekt hängt von der täglichen Anwendung der Lichttherapie ab. Absetzen der Therapie führt in der Regel innerhalb weniger Tage zum Wiederauftreten depressiver Symptome.

In den vergangenen zwei Jahrzehnten wurden unterschiedliche ätiologische Modelle der SAD, insbesondere mögliche Störungen der circadianen Rhythmizität und der Funktion zentralnervöser monoaminerger Systeme untersucht. Zahlreiche internationale Arbeitsgruppen untersuchten diese Modelle auch im Hinblick auf den Wirkmechanismus der Lichttherapie.

Aufgrund der Annahme, dass die Wirkung der Lichttherapie auf einem photoperiodischen Mechanismus basiert und aufgrund der Annahme, die SAD entwickelt sich aufgrund einer Phasenverzögerung des circadianen Systems im Winter, wurde angenommen, dass die morgendliche Anwendung der Lichttherapie eine bessere antidepressive Wirkung zeigen werde als die mittägliche oder abendliche Anwendung (Lewy et al. 1987). Diese Annahme wurde in grossen, plazebo-kontrollierten Studien bestätigt (Abb. 1) (Avery et al. 1990, Sack et al. 1990). Jedoch zeigten andere kleinere Studien keine Abhängigkeit der antidepressiven Wirksamkeit der Lichttherapie vom Tageszeitpunkt der Anwendung (Wehr et al. 1986, Wirz-Justice et al. 1993). Jüngere Daten zeigten, dass die morgendliche Lichttherapie etwa 8,5 Stunden nach Beginn der nächtlichen Melatoninsekretion oder 2,5 Stunden nach der Schlafhalbzeit der späteren morgendlichen oder abendlichen Lichttherapie überlegen ist (Terman et al. 2001). Diese Daten unterstützen chronobiologisch orientierte Modelle zur Ätiologie der SAD und des Wirkmechanismus der Lichttherapie (Terman et al. 1998, Eastman et al. 1998, Lewy et al. 1998)

Basierend auf diesen Studien stellt die morgendliche Lichttherapie (mindestens 30 Minuten täglich mit einer Lichtintensität von 10 000 Lux) die Therapie der ersten Wahl in der Behandlung der SAD und S-SAD dar. Bei mangelhaftem Ansprechen empfiehlt sich die Verlängerung der täglichen morgendlichen Therapiedauer auf 60 Minuten und die Verordnung einer zusätzlichen abendlichen Lichttherapie. Bei Nicht-Ansprechen kann die zusätzliche Therapie mit Antidepressiva in Erwägung gezogen werden. Selektive Serotoninwiederaufnahmehemmer (SSRI) sollten auf-

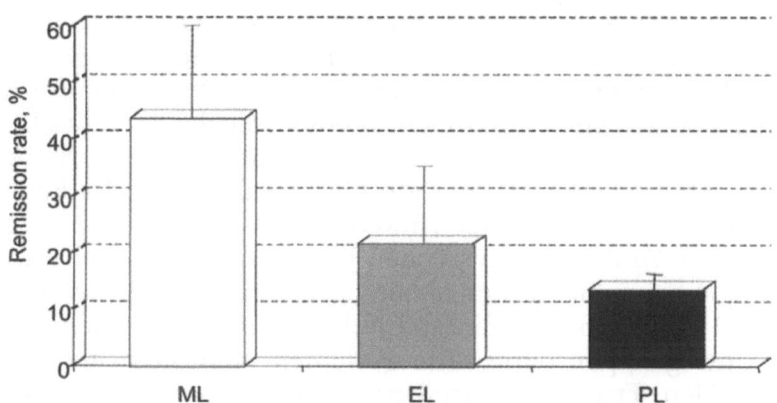

Abb. 1. Vergleich zwischen morgendlicher (*ML*) und abendlicher (*EL*) Lichttherapie und Placebo (*PL*) in the Behandlung der SAD

grund der vorliegenden Daten als adjuvante Therapie der 1. Wahl verwendet werden.

Obwohl klinische Untersuchungen die chronobiologischen Hypothesen über die Ursachen der SAD und der Wirkungsweise der Lichttherapie unterstützen, überlegen neuere Studien Störungen in serotonergen (Neumeister et al. 1997a, 1998a) und katecholaminergen Systemen (Neumeister et al. 1998b) in der Pathogenese der SAD und dass die Lichttherapie Defizite in diesen Systemen kompensiert (Lam et al. 1996, Neumeister et al. 1997b).

Eine Alternative zu der herkömmlichen Lichttherapie der SAD stellt die von Terman et al. entwickelte Dawn Simulation dar (Terman et al. 1989). Dabei handelt es sich um eine Lichtquelle, die in den Morgenstunden heller wird und am hellsten zu der Zeit des geplanten Erwachens. In Studien erwies sich die Dawn Simulation effektiver als die Placebokondition (Avery et al. 1993, 1994). Zwei kontrollierte Studien, die die Dawn Simulation mit der Standardlichttherapie verglichen, ergaben ein früheres Einsetzen der antidepressiven Wirkung bei der Standardlichttherapie. In einer jüngeren Studie mit einem längerem Beobachtungszeitraum über 6 Wochen erwies sich allerdings die Dawn Simulation bezüglich der Remissionsraten effektiver als die Standartlichttherapie und die Placebokondition (Avery 2001).

In der Zusammenschau ergibt sich, dass die Lichttherapie die Therapie der ersten Wahl bei Patienten mit SAD und S-SAD darstellt. Diese Therapie hat sich als sicher (Terman et al. 1999), nebenwirkungsarm und effektiv erwiesen und wird von den meisten Patienten gut akzeptiert.

Die Lichttherapie bei der nicht saisonalen Depression

Die gut dokumentierte Effizienz der Lichttherapie bei SAD steht in krassem Gegensatz zu den wenigen Untersuchungen zur Wirksamkeit der Lichttherapie bei nicht-saisonal abhängigen Depressionen. Interessanterweise wurde die Lichttherapie bei der nicht-saisonalen Depression für ineffektiv gehalten. Hingegen gibt es zahlreiche Studien, die den Wert der Lichttherapie in der Behandlung der nicht-saisonalen Depression hervorheben (siehe Tabelle 1). Methodische Mängel wie kleine Fallzahlen, das Fehlen einer Placebokondition und zu kurze Anwendungsdauer (meistens nur wenige Tage) scheinen zu der pessimistischen Einschätzung des Stellenwertes der Lichttherapie bei nicht-saisonal abhängigen Depressionen zu führen.

Kantor (1982) erwog den Einsatz der Lichttherapie als Therapiemöglichkeit bei Untergruppen depressiver Patienten ohne tatsächliche saisonale affektive Zyklen. Frühere kontrollierte Untersuchungen mit kurzfristiger Lichttherapie als Monotherapie (meistens über 1 Stunde) bei nicht-saisonaler Depression zeigten aber nicht jene Besserung, die wir von der Anwendung der Lichttherapie über 1 Woche oder länger bei der SAD kennen (Kripke et al. 1983, Volz et al. 1990, Stewart et al. 1990, Kasper et al. 1990, Mackert et al. 1991, Kripke et al. 1992, Yamada et al. 1995). Dennoch zeigten die Daten einen Vorteil der Lichttherapie mit hellem, weißen Licht gegenüber der Placebo-Lichttherapie mit gedämpftem Licht. Es gab keinen Unterschied der Effektivität zwischen abendlich und morgendlich angewendeter Lichttherapie. Die Ansprechraten während des Winters waren die gleichen wie während des Sommers. Dennoch muss festgehalten werden, dass alle genannten Studien verschiedene methodische Schwächen aufweisen, die derzeit keine eindeutigen Stellungnahme zur Rolle der Lichttherapie bei saisonal unabhängigen Depressionen zulassen.

Gemäß der oben genannten Studien sprechen nicht-saisonal depressive Patienten im Vergleich mit SAD Patienten nur mäßig auf die Lichttherapie an, wenn diese als Monotherapie angewendet wird. In der Literatur ergeben sich Hinweise, dass die Lichttherapie als Zusatz zu einer Pharmakotherapie bei der saisonal unabhängigen Depression effektiv ist (Levitt et al. 1991, Kasper et al. 1994, Beauchemin et al. 1997) (Tabelle 1). Leider wurden etliche dieser Studien nur über einen Zeitraum von 1 Woche oder weniger durchgeführt, was sich jedoch als zu kurz erwiesen hat, um das antidepressive Potential der Lichttherapie bei der nicht-saisonalen Depression demonstrieren zu können. Immerhin wurden auch in diesen kurzfristigen Untersuchungen deutliche antidepressive Effekte aufgezeigt, die zwischen 12% und 27% variierten (Kripke 1998). Außerdem erfolgte ein früheres Einsetzen der antidepressiven Wirkung der Therapiekombination von Medikation und Lichttherapie verglichen mit der alleinigen medikamentösen Therapie.

Eine Studie (Kasper et al. 1994) untersuchte die Effektivität der Lichttherapie in Kombination mit einer antidepressiven Medikation mit dem SSRI Fluoxetin über einen Zeitraum von 4 Wochen. In die Studie wurden 30 depressive ambulante Patienten eingeschlossen, die auf eine initiale Behandlung mit Fluoxetin 20 mg/d nicht angesprochen haben. Diese Patienten erhielten randomisiert eine Lichttherapie mit entweder 3000 Lux oder eine Therapie mit Placebolicht (< 300 lux) zusätzlich zu der Pharmakotherapie, die während der Sudie unverändert weitergeführt wurde. Beide Behandlungsformen führten zu einer 10 Prozentigen Reduktion der HRDS Depressionsscores nach der ersten Behandlungswoche. Nach 4 Behandlunswochen fand sich ein 53%-iger Rückgang der Hamilton Depressionsscores bei den Patienten, die mit hellem, weissen Licht behandelt wurden. Kein weiterer signifikanter Rückgang der Depressionsscores fand sich in der Gruppe von Patienten, die mit Placebolicht behandelt wurden. Diese Ergebnisse lassen vermuten, dass Lichttherapie als zusätzliche Therapie zur Pharmakotherapie eventuell auch bei manchen schwer-behandelbaren depressiven Patienten effektiv sein kann. Eine endgültige Klärung kann nur mittels Studien mit alleiniger Lichttherapie mit und ohne begleitende medikamentöse Therapie erfolgen.

Zusammenfassend muss festgestellt werden, dass Patienten mit nicht saisonalen Depressionen im Vergleich zu Patienten mit einer SAD oder s-SAD mit einer Lichttherapie wahrscheinlich nicht ausreichend behandelt sind, wenn die Lichttherapie als Monotherapie angewendet wird. Hingegen zeigen Studien, die die Lichttherapie als Zusatztherapie zu einer Pharmakotherapie untersuchten, dass es sich um eine gut antidepressiv wirksame Kombination handeln könnte.

Lichttherapie als Zusatz zu einer psychotropen Medikation bei Patienten mit Rapid Cycling hat sich ebenfalls als effektiv erwiesen (Leibenluft et al. 1995). Bemerkenswerterweise wird von diesen Patienten die mittägliche

Tabelle 1. Kontrollierte Studien zur Lichttherapie bei nicht-saisonaler Depression

Autoren	Anzahl Patienten	Dauer der Lichttherapie		Ergebnis
		Tage	Anwendungsdauer/Tag, h	
Kripke et al. (1983)	12	1	1	BL > DL
Volz et al. (1990)	30	7	2	BL = DL
Stewart et al. (1990)	8	14	4	BL ohne Effekt
Kasper et al. (1990)	7	7	2	BL = DL
Mackert et al. (1991)	42	7	2	BL = DL
Kripke et al. (1992)	51	7	3	BL > DL
Yamada et al. (1995)	27	7	2	BL > DL
Patienten mit antidepressiver Medikation				
Levit et al. (1991)	10	14	X	BL > DL
Kasper et al. (1994)	30	28	2	BL > DL
Beauchemin und Hays (1997)	22	7	1/2	BL > DL

BL bright light, *DL* dim light

Lichttherapie am besten toleriert und dieser Anwendungszeitpunkt scheint auch effektiver als die morgendliche oder abendliche Anwendung zu sein. Dies stimmt mit einem Fallbericht (Schwitzer et al. 1990) überein, der berichtet, dass die morgendliche Lichttherapie bei Patienten mit nicht-saisonal abhängigen Depressionen im Rahmen bipolarer Störungen manische Befindlichkeitsveränderungen induzieren kann.

Schlafentzug bei depressiven Patienten

Seit der ersten Beschreibung der günstigen antidepressiven Wirkung des therapeutischen Schlafentzuges bei depressiven Patienten (Schulte 1969), bestätigte die folgende systematische Forschung Hinweise antidepressive Effektivität des therapeutischen Schlafentzuges (Wehr 1990, Wu und Bunney 1990). Die unterschiedlichen Methoden des Schlafentzuges werden in Tabelle 2 beschrieben. Bis heute sind die Wirkmechanismen des therapeutischen Schlafentzuges weitgehend unbekannt. Die Ergebnisse einer Studie von Neumeister et al. legen aber nahe, dass im Rahmen eines Schlafentzuges sowohl serotonerge als auch noradrenerge Mechanismen wirksam werden (Neumeister et al. 1998).

Es gibt substantielle Hinweise in der Literatur, dass der Schlafentzug einen raschen und eindrücklichen, aber kurz dauernden antidepressiven Effekt bei der Mehrheit der depressiven Patienten entfaltet (Leibenluft und Wehr 1992). Am ersten Tag nach dem Schlafentzug kommt es zu einer Besserung der depressiven Symptomatik bei etwa 50–60% der depressiven Patienten (Wehr 1990, Kuhs und Tölle 1986). Dieses rasche und dramatische Ansprechen wird nach der erneut durchgeschlafenen Nacht wieder rückgängig gemacht.

Obwohl die antidepressive Aktivität des Schlafentzuges in vielen Studien beschrieben wird, ist sein Wirkmechanismus bisher unbekannt geblieben.

Tabelle 2. Formen des therapeutischen Schlafentzuges

• Totaler Schlafentzug (TSE)	Patienten werden angehalten 40 Stunden wach zu bleiben, beginnend am Morgen vor der Nacht mit dem Schlafentzug bis zum Abend nach der Schlafentzugsnacht
• Partieller Schlafentzug (PSE)	Patienten werden angehalten ab 1:00 or 2:00 früh bis zum Abend des selben Tages wach zu bleiben. PSE in der ersten Nachthälfte hat eine geringe antidepressive Wirkung
• Phase advance therapy	Verschiebung des Schlaf-Wach-Rhythmus um 6 Stunden. Patienten werden für die Dauer von 14 Tagen angehalten um 6:00 abends schlafen zu gehen und um 1:00 früh aufzustehen
• Selektive Unterdrückung des REM-Schlafes	Nur in Schlaflaboratorien durchführbar

Einige Untersuchungen konzentrieren sich auf chronobiologische Mechanismen (Borbély und Wirz-Justice 1982). Obwohl es keinen Hinweis gibt, dass biologische Rhythmen durch Schlafentzug resynchronisiert werden (Gerner et al. 1979), scheint es dennoch wichtig zu sein, dass die Patienten während einer kritischen Phase der Nacht wach bleiben, insbesondere in der zweiten Hälfte der Nacht (Wehr und Wirz-Justice 1981). Kripke et al. (1983) nahmen an, dass Licht der effektive Stimulus während des Schlafentzuges ist und die Autoren demonstrierten einen größeren antidepressiven Effekt während kurzer morgendlicher Wachphasen zwischen 5 und 6 Uhr in der Lichttherapie-Bedingung als unter Placebobedingungen. Daneben werden auch Placebo- und psychologische Effekte, sowie die Existenz einer im Schlaf freigesetzten depressiogenen Substanz diskutiert. Bislang sind die antidepressiven Eigenschaften des Schlafentzuges in etwa 60 Studien mit insgesamt etwa 1700 Patienten untersucht worden. Wegen der ausgezeichneten antidepressiven Wirksamkeit bei bester Verträglichkeit wird der Schlafentzug in der klinischen Praxis häufig angewendet (Leibenluft und Wehr 1992), obwohl plazebo-kontrollierte Studien aufgrund der mangelnden Plazebokondition praktisch nicht durchführbar sind.

Auch spezielle klinische Eigenschaften wurden systematisch untersucht. Es ergaben sich Hinweise, dass der Schlafentzug das Ansprechen auf eine antidepressive Medikation potenziert. Allerdings handelt es sich insgesamt um methodisch mangelhafte oder heterogene Studien, die zusammen noch keinen eindeutigen Schluss zulassen. Auch ergaben sich Hinweise, dass Schlafentzug das Ansprechen auf eine antidepressive Medikation oder eine Behandlung mit Lithium beschleunigt. Bessere Studien mit größerer Patientenanzahl, Kontrollen und verblindeten Studiendesigns sind noch notwendig, um die bislang vorläufigen Ergebnisse von Fallberichten zu verifizieren oder zu verwerfen.

Der Schlafentzug eignet sich auch als differentialdiagnostisches Werkzeug, das dem Kliniker helfen kann zwischen einer depressiven Pseudodemenz und einer primär degenerativen Demenz mit Depression zu unterscheiden. Nach einem absolvierten Schlafentzug bessern sich bei depressiven Patienten neben der Befindlichkeit auch die kognitiven Symptome.

Aufgrund weniger und methodisch heterogener Studien kann gegenwärtig nicht davon ausgegangen werden, dass das Ansprechen oder nicht-Ansprechen auf einen Schlafentzug eine Vorhersage auf das Ansprechen auf eine medikamentöse Therapie oder einen bestimmten pharmakodynamischen Wirkmechanismus erlaubt.

Die Kombination von Lichttherapie und therapeutischem Schlafentzug bei depressiven Patienten

Patienten, die nach erfolgtem Schlafentzug eine Besserung ihrer Symptomatik erfahren haben, erleben zumeist einen Rückfall nach der folgenden Schlafphase. Eine Strategie, um diesen Rückfall zu verhindern, ist die Kombination des therapeutischen Schlafentzuges mit der Lichttherapie. Die

Lichttherapie während des Schlafentzuges vermochte jedoch weder den antidepressiven Effekt des Schlafentzuges zu verstärken, noch den Rüchfall nach der nächsten durchgeschlafenen Nacht zu verhindern (Wehr et al. 1985, van den Burg et al. 1990). Die Autoren berichten allerdings ein rascheres Einsetzen der antidepressiven Wirkung unter Lichttherapie als unter Placebobedingungen. Der insgesamte Behandlungserfolg am Morgen nach dem Schlafentzug unterschied sich jedoch nicht von der Placebobedingung.

In einer weiteren Studie wurden der Schlafentzug, Pharmakotherapie und Lichttherapie kombiniert. Neumeister et al. (1996). untersuchten nicht-saisonal depressive Patienten, die nicht auf eine Pharmakotherapie ansprachen. Während der gesamten Studie blieb die jeweilige antidepressive Medikation unverändert, gleichzeitig wurde ein partieller Schlafentzug durchgeführt. Die Lichttherapie während 2 Stunden am Morgen und 2 Stunden am Abend, nicht aber das Placebolicht, vermochte den Rückfall nach der nächsten Nacht zu verhindern und induzierte eine anhaltende Besserung der Befindlichkeit der Patienten während des gesamten Beobachtungszeitraumes von einer Woche.

In einer Untersuchung von Fritzsche et al. (2001) an 40 stationären Patienten mit einer nicht-saisonalen Depression wurde untersucht ob das Ansprechen auf einen Schlafentzug auch eine prädiktive Aussage über das Ansprechen auf eine Lichttherapie ermöglicht. In einer randomisierten Weise wurden die Responder und die non-Responder auf Schlafentzug entweder einer Lichttherapie oder einer Therapie mit Placebolicht 2 Wochen lang unterzogen. Die Responder auf Schlafentzug sprachen signifikant besser auf Lichttherapie an als die Schlafentzug-non-Responder. Ein Einfluss der gleichzeitig weitergeführten medikamentösen Therapie kann jedoch nicht ausgeschlossen werden.

Weitere placebokontrollierte Studien werden notwendig sein um den antidepressiven Effekt einer Kombination des Schlafentzuges mit Lichttherapie bei der Behandlung der nicht saisonalen Depression zu bestimmen.

Zusammenfassung

Die Lichttherapie als Monotherapie empfiehlt sich als Methode der ersten Wahl bei der SAD und S-SAD. Bei nicht-saisonalen Depressionen sollte die Lichttherapie mit einer anderen antidepressiven Behandlungsart kombiniert werden, also mit Schlafentzug oder einer Pharmakotherapie. Solche Behandlungen sind durch ein rasches Einsetzen der antidepressiven Wirkung charakterisiert und können allein oder in Kombination mit einer medikamentösen Behandlung additive Eigenschaften haben. Die Wirksamkeit des Schlafentzuges wurde bereits durch zahlreiche Studien belegt. Im Allgemeinen entfaltet der Schlafentzug eine rasch einsetzende, aber kurzdauernde antidepressive Wirkung, wenn er nicht mit einer anderen Therapieform, wie der Pharmakotherapie oder einer Lichttherapie kombiniert wird. Patienten, die durch einen Schlafentzug eine Besserung der depressiven Symptomatik erfahren, profitieren auch von einer Lichttherapie.

Nicht-pharmakologische Behandlungsformen der Depression, wie der Schlafentzug und die Lichttherapie, sind oft in den Behandlungsplänen überaschenderweise unterrepräsentiert, obwohl sie als klinisch hoch effektiv und nebenwirkungsarm bekannt sind. Außerdem könnten sie einen Einblick in die biologischen Mechanismen der Depression ermöglichen. Systematische Untersuchungen werden in der Zukunft dazu beitragen, diese Behandlungen in einem sinnvollen Gesamtbehandlungsplan für depressive Patienten zu etablieren.

Literatur

Avery DH, Khan A, Dager SR, Cox GB, Dunner DL (1990) Bright light treatment of winter depression: morning versus evening light. Acta Psychiatr Scand 82: 335–338

Avery DH, Bolte MA, Dager SR, Wilson LG, Weger M, Cox GB, Dunner DL (1993) Dawn simulation treatment of winter depression: a controlled study. Am J Psychiatry 150: 113–117

Avery DH, Bolte MA, Wolfson JK, Kazaras AL (1994) Dawn simulation compared with a dim red signal in the treatment of winter depression. Biol Psychiatry 36: 180–188

Avery DH, Eder DN, Bolte MA, Hellekson CJ, Dunner DL, Vitiello MV, Prinz PN (2001) Dawnsimulation and bright light in the treatment of SAD: a controlled study. Biol Psychiatry 50: 205–216

Beauchemin KM, Hays P (1997) Phototherapy is a useful adjunct in the treatment of depressed in-patients. Acta Psychiatr Scand 95: 424–427

Boenink AD, Bouhuys AL, Beersma DGM, Meesters Y (1997) Prediction of acute and late responses to light therapy from vocal (pitch) and self-rated activation in seasonal affective disorder. J Affect Disord 42: 117–126

Borbély AA, Wirz-Justice A (1982) Sleep, sleep deprivation, and depression. Hum Neurobiol 1: 205–210

Eastman CI, Young MA, Fogg LF, Liu L, Meaden PM (1998) Bright light treatment of winter depression. A placebo-controlled trial. Arch Gen Psychiatry 55: 883–889

Fritzsche M, Heller R, Hill H, Kick H (2001) Sleep deprivation as a predictor of response to light therapy in major depression. J Affect Disord 62 (3): 207–215

Gerner RO, Post RM, Gillin JC, Bunney WE (1979) Biological and behavioural effects of one night's sleep deprivaton in depressed patients and normals. J Psychiat Res 15: 21–40

Kantor JS (1983) Light as a treatment for non-seasonal depression. Am J Psychiatry 140: 1262

Kasper S, Wehr TA, Rosenthal NE (1988) Saisonal abhängige Depresionsformen (SAD). I. Grundlagen und klinische Beschreibung des Syndroms. Nervenarzt 59: 191–199

Kasper S, Rogers LBS, Yancey A, Schulz PM, Skwerer RG, Rosenthal NE (1989) Phototherapy in individuals with and without subsyndromal seasonal affective disorder. Arch Gen Psychiatry 46: 837–844

Kasper S, Rogers SLB, Madden PA, Joseph-Vanderpool JR, Rosenthal NE (1990) The effects of phototherapy in the general population. J Affect Disord 18: 211–219

Kasper S, Ruhmann S, Schuchardt HM (1994) The effects of light therapy in treatment indications other than seasonal affective disorder. In: Holick MF, Jung EG (eds) Biologic effects of light. Walter de Gruyter, Berlin

Kripke DF, Risch SC, Janowsky D (1983) Bright white light alleviates depression. Psychiatry Res 10: 105–112

Kripke DF, Mullaney DJ, Klauber MR, Risch SC, Gillin JC (1992) Controlled trial of bright light for nonseasonal major depressive disorder. Biol Psychiatry 31: 119–134

Kripke DF (1998) Light treatment for nonseasonal depression: speed, efficacy, and combined treatment. J Affect Disord 49: 109–117

Kuhs H, Tölle R (1986) Schlafentzug (Wachtherapie) als Antidepressivum. Fortschr Neurol Psychiat 54: 341–355

Lam RW (1994) Morning light therapy for winter depression: predictors of response. Acta Psychiatr Scand 89: 97–101

Lam RW, Zis AP, Grewal A, Delgado PL, Charney DS, Krystal JH (1996) Effects of tryptophan depletion in patients with seasonal affective disorder in remission after light therapy. Arch Gen Psychiatry 53: 41–44

Leibenluft E, Wehr TA (1992) Is sleep deprivation useful in the treatment of depression? Am J Psychiatry 149: 159–168

Leibenluft E, Turner EH, Feldman-Naim S, Schwartz PJ, Wehr TA, Rosenthal NE (1995) Light therapy in patienst with rapid cycling bipolar disorder: preliminary results. Psychopharmacol Bull 31: 705–710

Levitt AJ, Joffe RTJ, Kennedy SH (1991) Bright light augmentation in antidepressant nonresponders. J Clin Psychiatry 52: 336–337

Lewy AJ, Sack RL, Singer CM, White DM (1987) The phase shift hypothesis for bright light's therapeutic mechanism of action: theoretical considerations and experimental evidence. Psychopharmacol Bull 23: 349–353

Lewy AJ, Bauer VK, Cutler NL, Sack RL, Ahmed S, Thomas KH, Blood ML, Jackson JM (1998) Morning vs evening light treatment of patients with winter depression. Arch Gen Psychiatry 55: 890–896

Mackert A, Volz HP, Stieglitz RD, Müller-Örlinghausen B (1991) Phototherapy in nonseasonal depression. Biol Psychiatry 30: 257–268

Neumeister A, Goessler R, Lucht M, Kapitany T, Barnas C, Kasper S (1996) Bright light therapy stabilizes the antidepressant effect of partial sleep deprivation. Biol Psychiatry 39: 16–21

Neumeister A, Praschak-Rieder N, Heßelmann B, Vitouch O, Rauh M, Barocka A, Kasper S (1997a) Rapid tryptophan depletion in drug-free depressed patients with seasonal affective disorder. Am J Psychiatry 154: 1153–1155

Neumeister A, Rieder-Praschak N, Heßelmann B, Rao M-L, Glück J, Kasper S (1997b) Effects of tryptophan depletion on drug-free patients with seasonal affective disorder during a stable response to bright light therapy. Arch Gen Psychiatry 54: 133–138

Neumeister A, Praschak-Rieder N, Heßelmann B, Vitouch O, Rauh M, Barocka A, Kasper S (1998a) Effects of tryptophan depletion in fully remitted patients with seasonal affective disorder during summer. Psychol Med 28: 257–264

Neumeister A, Turner EH, Matthews JR, Postolache TT, Barnett RL, Rauh M, Vetticad R, Kasper S, Rosenthal NE (1998b) Effects of tryptophan depletion vs catecholamine depletion in patients with seasonal affective disorder in remission with light therapy. Arch Gen Psychiatry 55: 524–530

Neumeister A, Praschak-Rieder N, Hesselmann B, Vitouch O, Rauh M, Barocka A, Tauscher J, Kasper S (1998c) Effects of tryptophan depletion in drug-free depressed patients who respondes to total sleep deprivation. Arch Gen Psychiatry 55 (2): 167–172

Oren DA, Jacobsen FM, Wehr TA, Cameron CL, Rosenthal NE (1992) Predictors of response to phototherapy in seasonal affective disorder. Compr Psychiatry 33: 111–114

Pflug B, Tölle R (1971) Therapie endogener Depressionen durch Schlafentzug. Nervenarzt 42: 117–124

Reichborn-Kjennerud T, Lingjaerde O (1996) Response to light therapy in seasonal affective disorder: personality disorders and temperament as predictors of outcome. J Affect Disord 41: 101–110

Rosenthal NE, Sack DA, Gillin JC, Lewy AJ, Goodwin FK, Davenport Y, Mueller PS, Newsome DA, Wehr TA (1984) Seasonal affective disorder: a description of the syndrome and preliminary findings with light therapy. Arch Gen Psychiatry 41: 72–80

Sack RL, Lewy AJ, White DM, Singer CM, Fireman MJ, Vandiver R (1990) Morning vs evenig light treatment for winter depression: evidence that the therapeutic effects of light are mediated by circadian phase shifts. Arch Gen Psychiatry 47: 343–351

Schulte W (1969) Über die Bedeutung des klinischen Details: Protrahiertes Herausgeraten aus melancholischen Phasen. In: Hippius H, Selbach H (Hrsg) Das Depressive Syndrom. Karger, Basel, S 415–420

Schwitzer J, Neudorfer C, Blecha H, Fleischhacker WW (1990) Mania as a side effect of phototherapy. Biol Psychiatry 28: 532–534

Stewart JW, Quitkin FW, Terman M, Terman JS (1990) Is seasonal affective disorder a variant of atypical depressive disorder? Psychiatry Res 33: 121–128

Terman M, Terman JS (1999) Bright light therapy: side effects and benefits across the symptom spectrum. J Clin Psychiatry 60 (11): 799–808

Terman M, Schlager D, Fairhurst S, Perlman B (1989) Dawn and dusk simulation as a therapeutic intervention. Biol Psychiatry 25: 966–970

Terman M, Terman JS, Ross DC (1998) A controlled trial of timed bright light and negative air ionization for treatment of winter depression. Arch Gen Psychiatry 55: 875–882

Terman JS, Terman M, Lo E-S, Cooper TB (2001) Circadian time of morning light administration and therapeutic response in winter depression. Arch Gen Psychiatry 58: 69–75

van den Burg W, Bouhhuys AL, van den Hoofdakker RH, Beersma DGM (1990) Sleep deprivation in bright and dim light: Antidepressant effects on major depressive disorder. J Affect Disord 19: 109–117

Volz HP, Mackert A, Stieglitz RD, Müller-Örlinghausen M (1990) Effect of bright white light therapy on non-seasonal depressive disorder: preliminary results. J Affect Disord 19: 15–21

Wehr TA (1990) Effects of wakefulness and sleep on depression and mania. In: Montplaisier J, Godbout R (eds) Sleep and biological rhythms. Basic mechanisms and applications to psychiatry. Oxford University Press, New York Oxford, pp 42–86

Wehr TA, Wirz-Justice A (1981) Internal coincidence model for sleep deprivation and depression. In: Koella WP (ed) Sleep 1980. Karger, Basel, pp 26–33

Wehr TA, Rosenthal NE, Sack DA, Gillin JC (1985) Antidepressant effects of sleep deprivation in bright and dim light. Acta Psychiatr Scand 72: 161–165

Wehr TA, Jacobsen FM, Sack DA, Arendt J, Tamarkin L, Rosenthal NE (1986) Phototherapy of seasonal affective disorder. Time of day and suppression of melatonin are not critical for antidepressant effects. Arch Gen Psychiatry 43: 870–875

Wirz-Justice A, Graw P, Kräuchi K, Gisin B, Jochum A, Arendt J, Fisch HU, Buddeberg C, Pöldinger W (1993) Light therapy in seasonal affective disorder is independent of time of day or circadian phase. Arch Gen Psychiatry 50: 929–937

Wu JC, Bunney WE Jr (1990) The biological basis of an antidepressant response to sleep deprivation and relapse: review and hypothesis. Am J Psychiatry 147: 14–21

Yamada N, Martin-Iverson M, Daimon K, Tsujimoto T, Takahashi S (1995) Clinical and chronobiological effects of light therapy on nonseasonal affective disorders. Biol Psychiatry 37: 866–873

Korrespondenz: Dr. J. Stastny, Klinische Abteilung für Allgemeine Psychiatrie, Universitätsklinik für Psychiatrie, Währinger Gürtel 18–20, A-1090 Wien, Österreich

Die Pharmakotherapie der Saisonal Abhängigen Depression

E. Hilger

Klinische Abteilung für Allgemeine Psychiatrie, Universitätsklinik für Psychiatrie, Wien, Österreich

Einleitung

Die Lichttherapie hat sich, nicht zuletzt aufgrund ihrer ausgezeichneten Verträglichkeit, zurecht als wissenschaftlich anerkannte Behandlungsmethode in der Indikation der Saisonal Abhängigen Depression (SAD) und deren subsyndromaler Form (S-SAD) etabliert (siehe Kapitel „Lichttherapie bei SAD und sSAD)). Dennoch muss davon ausgegangen werden, dass nicht alle SAD-Patienten unter dieser Therapie remittieren (Terman et al. 1996). Darüber hinaus sind nicht alle Patienten in der Lage, den für einen antidepressiven Effekt entscheidenden Zeitaufwand zu leisten, so dass es notwendig werden kann, einen pharmakologischen Therapieansatz zu wählen.

Die Suche nach aussichtsreichen Kandidaten einer antidepressiven Pharmakotherapie der SAD wird von Arbeitshypothesen zur bislang unvollständig aufgeklärten Ätiologie dieser Erkrankung mitbestimmt. Ergebnisse der wissenschaftlichen Arbeiten der letzten beiden Jahrzehnte lassen vermuten, dass der Dysfunktion zentraler monoaminerger Transmittersysteme eine Schlüsselrolle in der Pathophysiologie dieser Erkrankung zukommen dürfte.

Substanzen mit vorwiegender oder selektiver serotonerger Wirkkomponente (siehe Tabelle 1)

In den beiden letzten Jahrzehnten hat sich das Wissen um die pathophysiologischen Grundlagen der SAD eindrucksvoll vermehrt. Bildgebungsstudien, pharmakologische Stimulationstests und Depletionsstudien haben gezeigt, dass Serotonin (5 HT), der in diesem Zusammenhang am besten untersuchte Transmitter, eine Schlüsselrolle in der Pathophysiologie dieser Erkrankung spielen dürfte (zur Übersicht: Lam und Levitan 2000). In Übereinstimmung mit der Annahme einer Störung zentraler serotonerger Trans-

Tabelle 1. Studien zur Pharmakotherapie der SAD: Vorwiegend oder selektiv serotonerg wirksame Substanzen

Substanz	Autor(en)	Design	N	Ergebnisse
D-Fenfluramin	O'Rourke et al. (1989)	plazebokontrolliert	18	Signifikante Überlegenheit von D-Fenfluramin gegenüber Plazebo
L-Tryptophan	McGrath et al. (1990)	plazebokontrolliert	13	L-Tryptophan versus Plazebo oder Lichttherapie: vergleichbare und Plazebo überlegene Wirksamkeit von L-Tryptophan und Lichttherapie
Fluoxetin	Lam et al. (1995)	plazebokontrolliert	78	Kein signifikanter Unterschied zwischen Fluoxetin und Plazebo, jedoch deutlich höhere Responderrate unter Fluoxetin
Fluoxetin	Partonen und Lönnqvist (1996)	kontrolliert	32	Fluoxetin versus Moclobemid: Keine signifikante Überlegenheit einer der beiden Substanzen
Fluoxetin	Ruhrmann et al. (1998)	kontrolliert	0	Fluoxetin versus Lichttherapie: Antidepressive Wirksamkeit der Lichttherapie ist mit jener von Fluoxetin vergleichbar, jedoch kürzere Wirklatenz des antidepressiven Effektes unter Lichttherapie
Sertralin	Moscovitch et al. (im Druck)	plazebokontrolliert	187	Signifikante Überlegenheit von Sertralin gegenüber Plazebo
Metergolin	Turner et al. (2002)	plazebokontrolliert	14	Plazebo überlegener, jedoch passagerer Effekt von Metergolin

mittersysteme zählen serotonerg wirksame Substanzen nach heutigem Erfahrungsstand somit zu den aussichtsreichen Kandidaten für eine Pharmakotherapie der SAD.

Serotonerg wirksame Substanzen

Frühe offene Studien haben gute Behandlungserfolge mit den serotonerg wirksamen Substanzen d-Fenfluramin und L-Tryptophan erkennen lassen (McGrath et al. 1990, O'Rourke et al. 1989).

Entgegen der ursprünglichen Erwartung einer Aggravierung depressiver Symptome unter einer Therapie mit einem Serotonin-Antagonisten, berichtet eine jüngst publizierte plazebokontrollierte Studie über gute, wenngleich passager (2–3 Tage) andauernde Behandlungsfolge mit dem unspezifischen Serotonin-Antagonisten Metergolin (Turner et al. 2002). In einem Cross-Overdesign wurden SAD-Patienten (N=14) entweder in die Plazebo- oder die Verum-Gruppe (Einmalgabe von 8 mg Metergolin) randomisiert. Zusätzlich wurden 14 Patienten nach zweiwöchiger (der kontrollierten Behandlungsphase folgenden) Lichttherapie nachuntersucht. Während sich in der Off-Light-Condition zunächst ein gegenüber Plazebo signifikant überlegener Therapieeffekt von Metergolin zeigte, konnte dieser Effekt nach zweiwöchiger Therapie mit Licht nicht mehr bestätigt werden. Als möglicher Wirkmechanismus für diesen überraschenden, wenngleich passageren Therapieeffekt werden die dopamin-agonistischen Eigenschaften von Metergolin sowie eine paradoxe Down-Regulation von Serotoninrezeptoren, wie sie bei chronischer Administration von Serotonin-Antagonisten beschrieben wurde, vermutet.

Selektive Serotonin-Wiederaufnahme-Hemmer

Ruhrmann et al. (1998) konnten zeigen, dass die antidepressive Wirksamkeit der Lichttherapie mit jener von Fluoxetin vergleichbar ist. Je 20 SAD-Patienten erhielen 4 Wochen lang Lichttherapie (Lichttherapie plus Plazebomedikament) oder Fluoxetin (Fluoxetin 20 mg/Tag plus Plazebolicht). Es zeigte sich kein Unterschied hinsichtlich des antidepressiven Therapieerfolges. Die mit Lichttherapie behandelten Patienten berichteten jedoch über eine kürzere Wirklatenz des antidepressiven Wirkeintrittes sowie über eine niedrigere Nebenwirkungsrate.

In einer Multizenterstudie von Lam et al. (1995) wurden 78 SAD-Patienten 5 Wochen lang mit Fluoxetin in einer Tagesdosis von 20 mg oder Plazebo behandelt. In beiden Gruppen kam es zu einer signifikanten Verbesserung der depressiven Symptomatik. Trotz der insgesamt niedrigeren Depressionsscores in der Fluoxetingruppe konnte kein statistisch signifikanter Unterschied zwischen beiden Gruppen gefunden werden. Dennoch lag die Remissionsrate, definiert als 50%iger Abfall des Baseline-Depressionsscores, in der Fluoxetingruppe bei 59% und damit deutlich höher als in der Plazebogruppe (34%). Eine Post-hoc-Analyse zeigte, dass die Ansprechrate auf Fluoxetin mit dem Ausmaß des Depressionsgrades zunahm und umso größer war, je später in der Saison die Patienten untersucht wurden.

Der Arbeitsgruppe um Moscovitch et al. (im Druck) gelang es erstmals, in einer Multizenterstudie mit 178 SAD-Patienten die statistisch signifikante Überlegenheit von Sertralin gegenüber Plazebo zu belegen. Siebzig der mit Sertralin (50 –200 mg/Tag) und 72 der mit Plazebo behandelten Patienten beendeten die Untersuchung. Sertralin erwies sich gegenüber Plazebo als signifikant überlegen. Von jenen Patienten, die die Studie aufgrund mangelhafter Wirksamkeit abbrachen, war der Prozentsatz in der Plazebogruppe mit 15% wesentlich höher als in der Sertralingruppe (3%). Bei Patienten, die aufgrund von Nebenwirkungen aus der Studie ausschieden, fand sich kein signifikanter Unterschied zwischen der Sertralingruppe (11%) und der Plazebogruppe (4%).

Substanzen mit vorwiegender oder selektiver noradrenerger Wirkkomponente (siehe Tabelle 2)

Hinsichtlich einer möglichen Beteiligung noradrenerger Systeme an der Entstehung der SAD liegen weniger Untersuchungen vor. Trotz teils uneinheitlicher Ergebnisse lassen jüngere Forschungsergebnisse jedoch eine potenzielle Rolle des Neurotransmitters Noradrenalin (NA) vermuten (zur Übersicht: Neumeister et al. 2001).

Mirtazapin, Reboxetin, Bupropion

An der Klinischen Abteilung für Allgemeine Psychiatrie in Wien wurde die antidepressive Wirksamkeit von Mirtazapin und Reboxetin bei SAD-Patienten untersucht. Mirtazapin stellt ein noradrenerg und selektiv serotonerg wirksames Antidepressivum dar, welches über eine Blockade postsynaptischer 5HT2-und 5HT3-Rezeptoren zu einer vermehrten Stimulation anderer, vornehmlich 5HT1A-Serotoninrezeptoren führt. Darüber hinaus entfaltet Mirtazapin eine antagonistische Wirkung an Alpha 2-adrenergen Auto- und Heterorezeptoren sowie an Histamin-1-Rezeptoren. In einer offenen Studie (N = 8) zeichnete sich Mirtazapin (30 mg/Tag) durch eine gute antidepressive Wirksamkeit aus (Heßelmann et al. 1999). Nur ein Patient brach die Behandlung aufgrund von Nebenwirkungen ab.

Tabelle 2. Studien zur Pharmakotherapie der SAD: Serotonerg-noradrenerg, vorwiegend noradrenerg oder selektiv noradrenerg wirkende Substanzen

Substanz	Autor(en)	Design	N	Ergebnisse
Bupropion	Dilsaver et al. (1992)	offen	15	Vollremission bei etwa 2/3 der untersuchten Patienten
Tranylcypromin	Dilsaver und Jaeckle (1990)	offen	14	Gute Wirksamkeit bei allen untersuchten Patienten
Moclobemid	Lingjaerde et al. (1993)	plazebo-kontrolliert	34	Kein signifikanter Unterschied zwischen Moclobemid und Plazebo, jedoch raschere und signifikant ausgeprägtere Remission atypischer Depressionssymptome unter Moclobemid
Mirtazapin	Heßelmann et al. (1999)	offen	8	Gute Wirksamkeit bei sieben Patienten
Reboxetin	Hilger et al. (2001)	offen	16	Vollremission bei elf Patienten, Teilremission bei einem Patienten. Auffallend rasche Remission atypischer Depressionssymptome

In einer 6-wöchigen Anwendungsbeobachtung mit dem selektiven Noradrenalin-Wiederaufnahmehemmer Reboxetin (8 mg/Tag) erfuhren 11 von insgesamt 16 Patienten eine Vollremission der depressiven Symptomatik (Hilger et al. 2001). Zwei Patienten brachen die Behandlung aufgrund unerwünschter Wirkungen (Miktionsbeschwerden, Insomnie) ab. Neun Patienten aus der Respondergruppe berichteten über eine unerwartet rasche Reduktion atypischer Depressionssymptome (Hypersomnie, Hyperphagie) innerhalb der ersten Behandlungswoche.

Bupropion, ein selektiver Inhibitor der Noradrenalin- und Dopamin-Wiederaufnahmehemmung, zeichnete sich in einer offenen Untersuchung bei der Mehrzahl der untersuchten Patienten (N = 15) als gut wirksam aus (Dilsaver et al. 1992).

Monoamonooxidase-Hemmer

Eine offene Untersuchung mit dem (wegen seines Nebenwirkungs- und Interaktionspotentials nicht mehr verfügbaren) irreversiblen Monoaminoxidase-Hemmer Tranylcypromin berichtet über zufriedenstellende Behandlungserfolge in einer Gruppe von 14 SAD-Patienten (Dilsaver und Jaeckle 1990).

In einer 14-wöchigen Doppelblindstudie (N = 34) untersuchten Lingjaerde et al. (1993) die Wirksamkeit von Moclobemid, einem selektiven, reversiblen Hemmer der Monoaminooxidase A, im Vergleich zu Plazebo. Während sich in den Summenscores der Montgomery Asberg Depression Rating Scale und des CGI (Clinical Global Impression) kein signifikanter Unterschied zwischen Verum- und Plazebogruppe zeigte, kam es bei der Moclobemidgruppe (Tagesdosis: 400 mg) bereits innerhalb der ersten Behandlungswoche zu einer signifikanten Reduktion der atypischen Depressionssymptome.

In einer Doppelblindstudie von Partonen und Lönnqvist (1996) wurde Moclobemid (300–450 mg/Tag) mit Fluoxetin (20–40 mg/Tag) verglichen. 79% von insgesamt 32 untersuchten SAD-Patienten profitierten von einer Therapie mit entweder Moclobemid oder Fluoxetin. Es zeigte sich somit keine signifikante Überlegenheit einer der beiden Substanzen, wenngleich die mit Moclobemid behandelten Patienten etwas besser hinsichtlich der subjektiv empfundenen Lebensqualität abschnitten.

Andere Studien zur Pharmakotherapie der SAD (siehe Tabelle 3)

Hypericum

Martinez et al. (1994) untersuchten die antidepressive Wirksamkeit von Johanniskraut in der Indikation SAD und stellten darüber hinaus die Frage nach einem möglichen additiven Wirkeffekt einer Kombination dieses Phytopharmakons mit Lichttherapie. Von 20 SAD-Patienten, die ein Johanniskrautpräparat (Jarsin 300 mg®) in einer Tagesdosis von 900 mg erhielten,

Tabelle 3. Studien zur Pharmakotherapie der SAD. Beta-Blocker, Dopaminagonisten, Benzodiazepine, Phytopharmaka, Vitamine

Substanz	Autor(en)	Design	N	Ergebnisse
Atenolol	Rosenthal et al. (1988)	plazebo-kontrolliert	19	Kein signifikanter Unterschied zwischen Atenolol und Plazebo
Propanolol	Schlager (1994)	plazebo-kontrolliert	23	Signifikant höhere Rückfallrate in der Plazebogruppe im Vergleich zur Propanololgruppe
Levodopa/Carbidopa	Oren et al. (1994a)	plazebo-kontrolliert	25	Kein signifikanter Unterschied zwischen Levodopa + Carbidpoa und Plazebo
Alprazolam	Teicher und Glod (1990)	offen	6	Hinweis auf gute Wirksamkeit bei Vorherrschen atypischer Depressionssymptome
Alprazolam	Yamadery et al. (2001)	offen	6	Gute Wirksamkeit bei 2 von 6 Patienten
Hypericum	Martinez et al. (1994)	kontrolliert	20	Johanniskraut mit/ohne Lichttherapie: Kein signifikanter Unterschied zwischen adjuvanter Anwendung von Lichttherapie oder Plazebolicht
Vitamin B 12	Oren et al. (1994b)	plazebo-kontrolliert	27	Kein signifikanter Unterschied zwischen Vitamin B 12 und Plazebo
Vitamin D	Gloth et al. (1999)	kontrolliert	15	Vitamin D versus Lichttherapie: signifikante Überlegenheit von Vitamin D gegenüber Lichttherapie

wurden 10 adjuvant dazu mit Lichttherapie, 10 mit Plazebolicht behandelt. Es konnte kein statistisch signifikanter Unterschied zwischen beiden Gruppen hinsichtlich des antidepressiven Effektes gefunden werden, was angesichts der geringen Fallzahl jedoch als Hinweis auf eine Wirksamkeit des Johanniskrautpräparates gelten mag.

Betablocker

Mehrere Arbeitsgruppen versuchten, einmal mehr die kontrovers diskutierte Rolle des Melatonin in der Entstehung der SAD zu beleuchten. Basierend auf der zentralen Bedeutung dieses pinealen Hormons für die Regulation saisonaler Rhythmen in der Tierphysiologie waren die Anfänge der biologischen Forschung zur SAD von der „Melatonin-Hypothese" (Lewy et al. 1980) dominiert. Beobachtungen, wonach die nächtliche Melatoninsekretion bei SAD-Patienten in den lichtarmen Wintermonaten eine Phasenverschiebung („phase delay") erfährt und Lichttherapie die nächtliche Melatoninsekretion zu supprimieren vermag, ließen Substanzen, die in den Melatoninmetabolismus eingreifen, zunächst als interessante Kandidaten einer antidepressiven Pharmakotherapie erscheinen. Schlager (1994) untersuchte die antidepressive Wirksamkeit des Beta-Blockers Propanolol, durch dessen Gabe eine Suppression der nächtlichen Melatoninsynthese induziert werden kann. Dreiundzwanzig Patienten wurden zwischen 5.30 Uhr und 6.00 Uhr morgens nach einer zunächst offenen Behandlung mit Propanolol (33 mg) mit Propanolol oder Plazebo weiter behandelt. Die Patienten im Plazeboarm erfuhren signifikant häufiger einen Rückfall als jene der Propanololgruppe. Aufgrund der geringen Fallzahl und der Tatsache, dass diese Ergebnisse nur auf eine Subpopulation von Patienten, nämlich jene der Propanolol-Responder, anwendbar sind, bedürfen diese Daten jedoch weiterer kritischer Überprüfung.

Die Arbeitsgruppe um Rosenthal (1988) prüfte, ebenfalls auf Basis der Melatoninhypothese, die antidepressive Wirksamkeit von Atenolol. In einer Doppelblindstudie mit Cross-over-Design erhielten 19 Patienten entweder Atenolol oder Plazebo. Es konnte kein signifikanter Unterschied im antidepressiven Effekt zwischen Atenolol und Plazebo gefunden werden. Erwähnenswert scheint jedoch, dass drei der mit Atenolol behandelten Patienten eine anhaltende Remission der depressiven Symptomatik erfuhren und über ein Wiederauftreten der Depressionssymptome nach Absetzen von Atenolol berichteten.

Zusammenfassend ist davon auszugehen, dass Melatonin zwar weiterhin als Marker zirkadianer Phasen eine Rolle in der chronobiologischen Forschung spielen wird, der zunächst vermutete zentrale Stellenwert dieses Hormons in der Pathophysiologie der SAD jedoch nicht bestätigt werden konnte.

Benzodiazepine

Zur Wirksamkeit von Benzodiazepinen in der Indikation der SAD liegen wenige Daten vor. In einer offenen Untersuchung zur Wirksamkeit von Alprazolam (1,2–2,4 mg/Tag) erfuhren nur zwei der insgesamt sechs untersuchten SAD-Patienten eine klinisch relevante Verbesserung der depressiven Symptomatik, wenngleich für alle Patienten Verbesserungen im CGI beschrieben wurden (Yamadera et al. 2001). Eine weitere offene Untersuchung (N = 6) berichtete über rasch einsetzende, zufriedenstellende Behandlungserfolge mit Alprazolam (0,5–1,5 mg/Tag), wobei die Anwesenheit atypischer Depressionssymptome als positiver Prädiktor für eine gute Therapieantwort auf Alprazolam beschrieben wurde (Teicher und Glod 1990). Angesichts dieser limitierten Datenlage und der hinlänglich bekannten Problematik einer längerfristigen Benzodiazepinneinnahme ist nicht davon auszugehen, dass die SAD ein Indikationsgebiet für den Einsatz von Benzodiazepinen darstellt. Von Interesse ist jedoch, dass der als endogener

Zeitgeber fungierender Nucleus suprachiasmaticus GABA-erge Zellkörper und Axone enthält. In diesem Zusammenhang wurde postuliert, dass Benzodiazepine ihre Wirkung möglicher Weise auch über eine direkte Beeinflussung zirkadianer Rhythmen vermitteln könnten (Turek und Losee-Olson 1986).

Dopaminagonisten

Vor dem Hintergrund einer möglichen Bedeutung katecholaminerger Mechanismen in der Ätiologie der SAD untersuchten Oren et al. (1994) die Wirksamkeit von Dopaminagonisten. Nach einer 2-wöchigen Washout-Periode wurden die Patienten für weitere 2 Wochen mit Levodopa (bis zu einer Dosis von 7 mg/kg KG) plus Carbidopa (100 mg/Tag) oder Plazebo behandelt. Es fand sich kein signifikanter Unterschied zwischen beiden Gruppen und damit kein Hinweis auf einen nennenswerten Stellenwert von Levodopa in der Pharmakotherpie der SAD.

Vitamine

Auch Vitamin B12 (Cyanocobalamin) wurde als mögliches antidepressiv wirksames Agens untersucht, nachdem gezeigt werden konnte, dass Vitamin B12 die lichtinduzierte nächtliche Melatoninsuppression augmentiert und damit in der Lage sein dürfte, die Sensitivität endogener Zeitgeber gegenüber einer Lichtexposition zu modulieren (Honma et al. 1991). In einer Doppelblindstudie (N = 27) von Oren et al. (1994) zeigte sich jedoch keine Überlegenheit von Cyanocobalamin (4,5 mg/Tag) gegenüber Plazebo und somit kein Hinweis für eine antidepressive Wirksamkeit von Vitamin B12.

Die Hypothese, wonach ein Vitamin D-Mangel eine Rolle in der Entstehung der SAD spielen könnte, erklärt sich aus der Tatsache, dass das von Lichttherapiegeräten emittierte Wellenspektrum unter anderem Wellenlängen zwischen 280 und 320 nm beinhaltet. Wellenlängen dieser Größenordnung sind auch für die Synthese des Vitamin D innerhalb der Haut verantwortlich. In einer kontrollierten randomisierten Studie (Gloth et al. 1999) wurden 15 Patienten entweder mit Lichttherapie (N = 7) oder mit Vitamin D (Gesamtdosis: 100 000 I. E.) behandelt (N = 8). Während sich in der Vitamin D-Gruppe signifikante Verbesserungen der depressiven Symptomatik objektivieren ließen, zeigten sich innerhalb der mit Licht behandelten Patientengruppe keine signifikanten Behandlungserfolge. In beiden Behandlungsgruppen kam es zu einer Verbesserung des Vitamin D-Status, wobei sich insgesamt eine signifikante Assoziation zwischen der Erhöhung der 5-Hydroxy-Vitamin-D-Serumspiegel und der antidepressiven Therapieantwort zeigte. Es handelt sich hierbei um zweifelsfrei interssante Ergebnisse, eine Replikation dieser Daten unter Verwendung von methodisch einwandfreiem Design und repräsentativeren Fallzahlen steht jedoch noch aus.

Auch aufgrund der klinischen Folgen einer theoretisch denkbaren Vitamin-D-Hypervitaminose (z.B. ossäre Entkalkung durch gesteigerte Osteoklastenaktivität) ist Vitamin D nach heutigem Wissenstand jedoch kein Kandidat für eine längerfristige und unbedenkliche Pharmakotherapie in der Indikation der SAD.

Schlussbemerkung

Die Lichttherapie hat sich in der Behandlung der saisonalen Depression zunehmend mit breiter Akzeptanz durchgesetzt. Aus verschiedenen Gründen kann es dennoch notwendig werden, einen pharmakotherapeutischen Ansatz zu wählen. Zur antidepressiven Wirksamkeit von Substanzen in der Behandlung der SAD liegen eine Reihe offener, kontrollierter sowie plazebokontrollierter Studien vor. Die Ergebnisse mancher Untersuchungen sind aufgrund methodischer Limitationen von bedingter Aussagekraft, so dass der Bedarf weiterer plazebokontrollierter Studien auf diesem Gebiet evident ist. Dennoch spiegeln sämtliche Studien zur Pharmakotherapie der SAD die der Pathophysiologie dieser Erkrankung zugrundeliegenden Arbeitshypothesen wider, sodass diese Untersuchungen stets auch interessante und die Grundlagenforschung stimulierende Einblicke in die vermuteten pathophysiologischen Mechanismen der SAD gewähren.

Der Stellenwert der sog. „älteren" Antidepressiva in der Behandlung der SAD ist nicht vollständig geklärt. Angesichts der bei SAD-Patienten häufig im Vordergrund stehenden atypischen Depressionssymptome (Tagesmüdigkeit, Hypersomnie, Hyperphagie oder Kohlehydrat-Heißhunger), scheint es insgesamt jedoch eher ungünstig, Substanzen mit stark sedierenden Effekten wie etwa tri- und tetrazyklische Antidepressiva einzusetzen.

Übereinstimmend mit der Annahme einer zentralen serotonergen Dysfunktion bei der SAD haben sich insbesondere serotonerg wirksame Substanzen als vorteilhaft ausgewiesen. Darüber hinaus unterstützen unsere klinischen Erfahrungen mit serotonerg-noradrenerg sowie selektiv noradrenerg wirksamen Antidepressiva neueste Forschungsergebnisse, die eine Mitbeteiligung katecholaminerger Systeme an der Pathophysiologie der SAD annehmen lassen.

Literatur

Dilsaver SC, Jaeckle RS (1990) Winter depression responds to an open trial of tranylcypromine. J Clin Psychiatry 51 (8): 326–329

Dilsaver SC, Qamar AB, Del Medico VJ (1992) The efficacy of bupropion in winter depression: results of an open trial. J Clin Psychiatry 53 (7): 252–255

Eastman Cl, Young MA, Fogg LF, Liu L, Meaden PM (1998) A placebo-controlled trial of bright light treatment for winter seasonal affective disorder. Arch Gen Psychiatry 55: 883–889

Gloth FM 3rd, Alam W, Hollis B (1999) Vitamin D vs broad spectrum phototherapy in the treatment of seasonal affective disorder. J Nutr Health Aging 3 (1): 5–7

Heßelmann B, Habeler A, Praschak-Rieder N, Willeit M, Neumeister A, Kasper S (1999) Mirtazapine in seasonal affective disorder (SAD): a preliminary report. Hum Psychopharmacol 14: 59–62

Hilger E, Willeit M, Praschak-Rieder N, Stastny J, Neumeister A, Kasper S (2001) Reboxetine in seasonal affective disorder: an open trial. Eur Neuropsychopharmacol 11 (1): 1–5

Honma K, Honma S, Kohsaka M, Morita N, Fukuda N (1991) Does methylcobalamin (vitamin B12) increase the light of human circadian clock? Jpn J Psychiatr Neurol 45: 171–72

Lam RW, Levitan RD (2000) Pathophysiology of seasonal affective disorder: a review. J Psychiatry Neurosci 25 (5): 469–480

Lam RW, Gorman CP, Michalon M et al (1995) Multi-centre, placebo-controlled study of fluoxetine in seasonal affective disorder. Am J Psychiatry 152: 1765–1770

Lewy AJ, Wehr TA, Goodwin FK, Newsome DA, Markey SP (1980) Light suppresses melatonin cretion in humans. Science 210: 1267–1269

Lingjaerde O, Haggag A, Gartner I, Narud K, Berg EM (1993) Treatment of winter depression in Norway II. A comparison of the selective monoamine oxidase A inhibitor moclobemide and placebo. Acta Psychiatr Scand 88 (5): 372–380

Martinez B, Kasper S, Ruhrmann S, Möller HL (1994) Hypericum in the treatment of seasonal affective disorder. J Geriatr Psychiatry Neurol 7: 29–33

McGrath RE, Buckwald B, Resnick EV (1990) The effect of L-tryptophan on seasonal affective disorder. J Clin Psychiatry 51: 162–163

Moscovitch A, Blashko CA, Eagles JM, Darcourt G, Thompson C, Kasper S, Lane RM (2003) A placebo-controlled study of sertraline in the treatment of outpatients with seasonal affective disorder. Int Clin Psychopharmacol (in press)

Neumeister A, Konstantinidis A, Praschak-Rieder N, Willeit M, Hilger E, Stastny J, Kasper S (2001) Monoaminergic function in the pathogenesis of seasonal affective disorder. Int J Neuropsychopharmacol 4 (4): 409–420

Oren DA, Mould DE, Schwartz PJ, Wehr TA, Rosen-thal NE (1994a) A controlled trial of levodopa plus carbidopa in the treatment of winter seasonal affective disorder: a test of the dopamine hypothesis. J Clin Psychopharmacol 41: 93–99

Oren DA, Teicher MH, Schwartz PJ et al (1994B) A controlled trial of cyanocobalamin (vitamin B12) in the treatment of winter seasonal affective disorder. J Affect Disord 32 (3): 197–200

O'Rourke D, Wurtman JJ, Wurtman RJ, Chebli R, Gleason R (1989) Treatment of seasonal affective disorder with d-fenfluramine. J Clin Psychiatry 50: 343–347

Partonen T, Lönnqvist J (1996) Moclobemid and fluoxetine in the treatment of seasonal affective disorder. J Affect Disord 41: 93–99

Rosenthal NE, Jacobsen FM, Sack DA, Arendt J, James SP, Parry BL, Wehr TA (1988) Atenolol in seasonal affective disorder: a test of the melatonin hypothesis. Am J Psychiatry 145 (1): 52–56

Ruhrmann S, Kasper S, Hawellek B, Martinez B, Höflich G, Nickelsen T, Möller HJ (1998) Effects of fluoxetine versus bright light in the treatment of seasonal affective disorder. Psychol Med 28: 923–933

Schlager DS (1994) Early-morning administration of short-acting-blockers for treatment of winter depression. Am J Psychiatry 151: 1383–1385

Teicher MH, Glod CA (1990) Seasonal affective disorder: rapid resolution by low-dose alprazolam. Psychopharmacol Bull 26 (2): 197–202

Terman M, Amira L, Terman JS, Ross DC (1996) Predictors of response and nonresponse to light treatment for winter depression. Am J Psychiatry 153 (11): 1423–1429

Turek FW, Losee-Olson S (1986) A benzodiazepine used in the treatment of insomnia phase-shifts the mammalian circadian clock. Nature 321 (6066): 167–168

Turner EH, Schwartz PJ, Lowe CH, Nawab SS, Feldman-Naim S, Drake CL, Myers FS, Barnett RL, Rosenthal NE (2002) Double-blind, placebo-controlled study of single-dose metergoline in depressed patients with seasonal affective disorder. J Clin Psychopharmacol 22 (2): 216–220

Yamadera H, Okawa M, Takahashi K (2001) Open study of effects of alprazolam on seasonal affective disorder. Psychiatry Clin Neurosci 55 (1): 27–30

Korrespondenz: Dr. E. Hilger, Klinische Abteilung für Allgemeine Psychiatrie, Universitäts Klinik für Psychiatrie, Währinger Gürtel 18–20, A-1090 Wien, Österreich, E-mail: eva.assem-hilger@akh-wien.ac.at

Transkranielle Magnetstimulation

Th. E. Schläpfer

Brain Stimulation Group, Klinik und Poliklinik für Psychiatrie und Psychotherapie,
Medizinische Fakultät der Rheinischen Friedrich-Wilhelms-Universität, Bonn,
Deutschland, und
Department of Psychiatry, The Johns Hopkins University School of Medicine,
Baltimore, MD, USA

Einführung

Es gibt viele Patientengruppen, welche aus subjektiven und objektiven Gründen eine Therapie mit Antidepressiva ablehnen. Auch heute gibt es keine wirksame Pharmakotherapie der Depression ohne Nebenwirkungen, die subjektiv sehr unterschiedlich wahrgenommen werden (Tollefson 1991). Dies ist vor allem dann der Fall, wenn eine relativ milde depressive Symptomatik vorliegt oder diese in ihrer Ausprägung rasch wechselt; so wie das bei einigen Patienten mit Herbst- oder Winterdepressionen der Fall ist. Für solche Patienten wären neue, wenig invasive Therapienmethoden mit nachgewiesener antidepressiver Wirkung sehr interessant. Eine solche Methode, die sich im Moment noch in einem frühen Forschungsstadium befindet, ist die repetitive Transkranielle Magnetstimulation (rTMS), die im Folgenden vorgestellt werden soll (Schlaepfer et al. 2003).

Bei der repetitiven transkraniellen Magnetstimulation handelt es sich um eine Methode der Hirnstimulation, bei der sehr starke Magnetfelder in einer direkt am Schädel anliegenden Spule generiert werden, praktisch verlustfrei durch den Schädel hindurchgehen, und im darunter liegenden Hirngewebe Ströme induzieren. Die Frequenz und die Stärke dieser Ströme kann durch die Regelung der induzierenden Ströme, die durch die Spule geleitet werden, variiert werden.

Diese Methode unterscheidet sich sowohl technisch wie auch prinzipiell von alternativmedizinischen Therapiemethoden die auch zur Depressionsbehandlung angewendet werden die mit sehr schwachen Magnetfeldern arbeiten und wissenschaftlich nicht untersucht sind. Bei der TMS wirken die induzierenden Ströme, die durch die Spule geleitet werden, extrem kurz (110 msec) und von sehr großer Stärke C ca. 4000 A), welches sehr kurzzeitig Magnetfelder in der Stärke von etwa dem 10.000- bis 100.000-Fachen der Erdmagnetfeldstärke induzieren kann. 1985 demonstrierte Barker als erster, dass mit dieser Stimulationsmethode kortikale Regionen depolarisiert werden und konsekutiv zu einer Kontraktion von Muskeln führen (Barker et al. 1985). Er begründete damit ein wichtiges Forschungsgebiet in der Neurologie; die Methode wird heute breit in Forschung und Klinik zur Untersuchung der zentralen Reizleitung verwendet, und hat wichtige Fortschritte z.B. bei demyelinisierenden Krankheiten wie bei der Multiplen Sklerose gebracht, bei der die zentrale Reizleitung gestört ist.

Im Jahre 1987 brachte Bickford diese Methode in das Gebiet der neuropsychiatrischen Forschung: Er war der erste, der eine kurzzeitige Verbesserung der Stimmung bei gesunden Probanden die Einzelpulsstimulationen des motorischen Cortex erhielten, beschrieb (Bickford et al. 1987). Kurz danach wurden erste offene Pilotstudien durchgeführt, bei denen depressive Patienten mit Einzelpuls-TMS stimuliert wurden (Grisaru et al. 1994, Höflich et al. 1993, Kolbinger et al. 1995). Diese frühen Studien zeigten erste, relativ viel versprechende klinische Verbesserungen in den untersuchten Patientengruppen. Es wurden dabei relativ große kortikale Areale bilateral unter dem Vertex stimuliert. Trotz den methodischen Limitationen legten diese Studien den Grundstein für die heutige aktive Erforschung in größeren und kontrollierten Studien.

Effekte auf zellulärer und systemischer Ebene

Die Untersuchung der Expression von immediate early genes ist eine wichtige Methode in der psychopharmakologischen Forschung; dabei wird die unspezifische aber sensible Aktivierung dieser Gensysteme durch verschiedene interne und externe Stimuli untersucht. Mit dieser Technik haben Ji und Koautoren gezeigt, dass eine kurze Serie von TMS Impulsen bei Ratten die c-fos und c-jun Genexpression in Regionen, die zirkadiane biologische Rhythmen steuern – wie die Retina, der paraventrikuläre Nukleus des Thalamus, paraventrikuläre Nucleus des Hypothalamus, der suprachiasmatische Nucleus und die Zirbeldrüse – signifikant erhöht (Ji et al. 1998). Mit derselben Methode und den exakt gleichen Stimulationsparametern hat eine andere Gruppe vorher gezeigt, dass die Stimulation in einem Tiermodel der Depression (Porsolt Schwimmtest) wirksam ist und das Verhalten der Tiere in derselben Weise wie Antidepressiva oder elektrische Stimulation verändert (Fleischmann et al. 1995). Diese Resultate sind deshalb wichtig, weil sie darauf hindeuten, das TMS evtl. via die Beeinflussung zirkadiane Rhythmen, die bei der Depression massiv gestört sind, einen therapeutischen Einfluss haben könnte. Andere Gruppen haben mittlerweile diese Resultate *in vivo* und *in vitro* repliziert (Doi et al. 2001, Hausmann et al. 2001).

Keck untersuchte modulatorische Effekte von frontaler TMS in Rattenhirnen *in vivo* mittels intrazerebraler Mikrodialyse. Er war in der Lage zu zeigen, dass im paraventrikularen Nucleus des Hypothalamus die Ausschüttung von Vasopressin um bis zu 50% reduziert war (Keck et al. 2000). Noch interessanter war der Nachweis, dass die extrazelluläre Konzentration von Dopamin im dorsalen Hippokampus in Antwort auf die TMS-Stimulation signifikant erhöht war. Später hat die gleiche Gruppe gezeigt, dass TMS von frontalen Hirnregionen einen modulatorischen Effekt auf mesolimbische und mesostriatale Dopaminsysteme hat, was zur Erklärung des therapeutischen Effekts der Methode bei affektiven Erkrankungen beitragen könnte (Keck et al. 2002). Eine andere Gruppe hat mit der Technik der Positronenemissionstomographie (PET) gezeigt, dass die rTMS Stimulation auch beim Menschen zu einer messbaren Ausschüttung von Dopamin führt, und damit nachgewiesen, dass die im Tiermodel gefundene Modulation dopaminerger Systeme, auch beim Menschen eine Rolle spielt (Strafellea et al. 2001).

Verschiedene Studien haben gezeigt, dass TMS den Plasmaspiegel einer Anzahl von Hormonen wie Cortisol, Prolaktin und TSH beeinflusst (Cohrs et al. 1998, George et al. 1996b, Szuba et al. 2001). Leider sind die Resultate dieser Studien ziemlich inkongruent, zeigen aber dass die transkranielle Magnetstimulation die neuroendokrine Funktion beim Menschen beeinflusst.

Ausgesprochen interessant ist die heute bestehende Möglichkeit durch die Kombination der nicht-invasiven rTMS Hirnstimulationen in Verbindung mit funktionellen bildgebenden Verfahren ganz neue Verfahren zur Untersuchung der menschlichen Hirnfunktion zu entwickeln. So ist es zum Beispiel möglich, Effekte von TMS nicht nur an der Stelle der unmittelbaren Stimulation, sondern im ganzen Hirn nachzuweisen und damit Informationen über das Funktion und Zusammenspiel von Hirnsystemen zu geben (Paus 1999, Paus et al. 1997). Eine ganze Reihe von Studien haben sich dieses Modell zu eigenen gemacht (Bohning et al. 1997, 2000, George et al. 1996a).

Die in diesem Abschnitt besprochenen Resultate von verschiedenen Disziplinen der Hirnforschung zeigen, dass TMS signifikante und reproduzierbare Effekte auf das menschliche Hirn hat. Dies ist bemerkenswert und im Vergleich mit anderen möglichen Behandlungsmethoden von neuropsychiatrischen Erkrankungen einzigartig. Ein Problem – welches allerdings auch bei anderen antidepressiven Methoden eine Rolle spielt ist – ist, dass die logische Verbindung zwischen Veränderungen auf zellulärer Ebene und komplexem Verhalten, wie dasjenige, welches bei depressiven Patienten beobachtet werden kann, ausgesprochen schwierig herzustellen ist. Es ist eigentlich schade, dass die Erforschung der Effekte von TMS in der Neuropsychiatrie mit einem ‚top down approach' angegangen wurde, in dem frühe viel versprechende Resultate in der Depressionsbehandlung zu einem allzugroßen Enthusiasmus für klinische Studien geführt haben, ohne dass zuerst genügend Daten über die zu Grunde liegende Neurobiologie auf zellulärer und systemischer Ebene erarbeitet wurden. Dies sollte in der zukünftigen Forschung korrigiert werden, indem Studien geplant werden, die Resultate von allen Ebenen der Hirnsysteme integrieren. Das magnetische Feld, welches bei der transkraniellen Magnetstimulation verwendet wird, interagiert mit einem ausgesprochen komplexen biologischen System, in dem das Zusammenspiel zwischen Hirn und Seele stattfinden. Es ist offensichtlich schwierig, diese Feldwirkungen reproduzierbar zu evaluieren, weil die Funktion des lebenden menschlichen Hirn nur durch die Messung von Summensignalen von hunderttausenden von Hirnzellen angenähert werden kann.

Effekte auf die Stimmung von gesunden Probanden

Um die Neurobiologie der Depression und damit eventuelle therapeutische Interventionen gegen diese Krankheit zu entwickeln ist es wichtig, die genauen strukturellen und funktionellen Grundlagen der Stimmungskontrolle bei gesunden Probanden zu erforschen. Heute ist es klar, dass die Stimmung beim Menschen durch ein Netzwerk von Hirnregionen zu denen der präfrontale, parietale und temporale Kortex, das Cingulum und Teile des Striatums und Hypothalamus gehören. Von zentraler Wichtigkeit ist das limbische System, welches externe Stimuli und interne Triebe integriert und Teil eines neuronalen Netzwerks ist, welches Stimuli mit negativen oder positiven Werten belegt (Aggleton 1993, George et al. 1995, Lane et al. 1997, Paradiso et al. 1997). Läsionen dieses Netzwerkes durch Tumore, Infarkt oder transiente Stimulation resultieren deshalb in Änderungen der Stimmung. Daneben konnte klar gezeigt werden, dass bei depressiven Patienten Blutflussveränderungen und damit metabolische Veränderungen in dorsolateralen, ventrolateralen, orbitofrontalen und frontalen Hirnregionen vorliegen (Mayberg 1997, Mayberg et al. 1999, Soares and Mann 1997).

Sechs verschiedene Studien haben den Effekt von präfrontaler transkranieller Stimulation auf die Stimmung von gesunden Probanden untersucht. Die Hälfte dieser Studien haben nachgewiesen, dass eine Stimulation des linken präfrontalen Cortex zu einer Verminderung der Selbstratings für Glück und zu einer Zunahme derjenigen für Traurigkeit führen (Dearing et al. 1997, George et al. 1997, Pascual-Leone et al. 1996). Drei weitere, später publizierte Studien konnten diesen interessanten Effekt allerdings nicht reproduzieren (Cohrs et al. 1998, Mosimann et al. 2000, Nedjat et al. 1998).

Effekte auf die Stimmung bei klinischer Depression

Wegen seiner Fähigkeit, ausgesprochen präzise, lokal begrenzt und direkt auf lokale Netzwerke einzuwirken, wurde die transkranielle Magnetstimulation als mögliches Verfahren zur Behandlung der therapieresistenten Depression vorgeschlagen und dann auch untersucht. Wie bei den beschriebenen Studien über die Beeinflussung von Stimmung von gesunden Probanden, war der dorsolaterale präfrontale Kortex auch in den Depressionsstudien das hauptsächliche Ziel der Stimulation. George und Mitarbeiter waren die Ersten, die über eine offene Studie berichteten, in der 6 Patienten mit therapierefraktärer Depression mit 5-mal täglich mit transkranieller Stimulation des dorsolateralen präfrontalen Cortex behandelt wurden (George et al. 1995). Die Gruppe war in der Lage bei den untersuchten Patienten eine Reduktion der Depressivität (gemessen mit der Hamilton Rating Scale for Depression, HAM-D) um 26% abnahm. Danach wurde eine ganze Reihe von kontrollierten Studien zur TMS und Depression publiziert, die allerdings unterschiedliche Resultate zeigten. Eine ziemlich große, offene Studie zeigte eine Verbesserung der depressiven Symptomatik bei 42% von 56 Patienten nach fünf täglichem TMS-Sitzungen; interessanterweise zeigten die älteren depressiven Patienten in dieser Studie eine wesentlich tiefere Ansprechensrate (Figiel et al. 1998). Eine andere Studie, bei der Patienten über zwei Wochen mit täglichem TMS behandelt wurden, zeigte sogar einen Rückgang der Depressivität von 41% gemessen mit der HAM-D Skala (Triggs et al. 1999). Allerdings gibt es auch einige offene Studien, in denen kein antidepressiver Effekt vom TMS gefunden wurde (Schouten et al. 1999). In einigen Studien wurde die relativ tiefe Stimulationsintensität von nur 80% der motorischen Schwelle (derjenigen Stimulationsstärke die zu einer Kontraktion von Muskeln führt) gebraucht. Generell hat sich erwiesen, dass eine höhere Stimulationsstärke auch einen höheren antidepressiven Effekt hat (Padberg et al. 2002). Allerdings konnte Loo keinen Unterschied zwischen Stimulation des dorsolateralen präfrontalen Cortex und einer Placebo-Stimulation bei relativ hoher Stimulationsstärke von 110% zeigen (Loo et al. 1999), ein Resultat das kürzlich in einer etwas älteren ambulanten Patientenpopulation reproduziert wurde (Mosimann et al. submitted). In einer interessanten, relativ großen Studie mit 71 Patienten, konnte gezeigt werden, dass tieffrequente TMS bei einer Stimulationsfrequenz von 1 Hz zum *rechten* dorsolateralen präfrontalen Cortex deutlich wirksamer war als die Placebo-Stimulation (Klein et al. 1999). Wie besprochen, wurden bei fast allen Studien zur Therapie der Depression der *linke* dorsolaterale präfrontale Kortex stimuliert. Für die Studie von Klein ist es klar, ob die Stimulation des *linken* dorsolateralen präfrontalen Cortex denselben Effekt gehabt hätte.

Der Einfluss von verschiedenen Stimulationsfrequenzen auf den Effekt, wurde kürzlich in einer Studie mit 18 Patienten überprüft, bei der Patienten entweder in eine Gruppe mit Einzelpuls TMS, 10 Hz rTMS oder Placebo TMS zum linken dorsolateralen präfrontalen Kortex randomisiert wurden (Padberg et al. 1999). Diese Studie zeigte einen milden antidepressiven Effekt von Einzelpuls TMS. Kürzlich wurde auch in einer Placebo kontrollierten Studie an 20 Patienten, die zufällig entweder eine gleiche Anzahl von Pulsen bei einer Stimulationsfrequenz von 5 oder von 20 Hz über eine Zeit von zwei Wochen erhielten, eine Reduktion des Depressionsratings um 45 Prozent gezeigt, währenddem bei den Patienten in der Placebogruppe kein antidepressiver Effekt gezeigt werden konnte (George et al. 2000). Dies zeigt, dass auch tiefere Stimulationsfrequenzen, also solche von weniger als 20 Hz einen therapeutischen Effekt haben könnten. Dies ist deshalb wichtig, weil TMS bei tiefen Frequenzen weniger häufig zu unerwünschten Krampfanfällen führt. Eine Analyse von therapeutischer Effizienz und cerebralem Blutfluss zeigte, dass Patienten mit einem Hypometabolismus zu Beginn der Studie besser auf eine hochfrequente Stimulation reagierten während dem solche mit einem Hypermetabolismus bei Eintritt der Studie besser auf eine Stimulation mit 1 Hz reagierten (Kimbrell et al. 1999).

Wie bereits beschrieben, gibt es Anzeichen dafür, dass TMS-Stimulation bei höheren Amplituden eine größere Wirkung hat (Padberg et al. 2002). Kürzlich wurde gezeigt, dass es eine negative Korrelation zwischen der Distanz von der stimulierenden Spule zum Kortex und dem antidepressiven Effekt gibt (Mosimann et al. 2002). Diese Studie zeigte auch, dass es mit großer Wahrscheinlichkeit einen Prozess von präfrontaler Atrophie gibt, der schneller vorschreitet als die Atrophie des motorischen Kortex. Diese Daten über die Stärke und Wirksamkeit von höheren Stimulationsamplituden zusammen mit der Beobachtung, dass therapeutische Krampfanfälle einen starken und verlässlichen Effekt bei Depression haben, hat zur Entwicklung einer ganz neuen Methode, nämlich der konvulsiven repetitiven transkraniellen Magnetstimulation oder Magnetic Seizure Therapy (MST) geführt. Effektstärke und Nebenwirkungsprofil der elektrokonvulsiven Therapie scheinen etwas damit zu tun zu haben, wo der elektrische Strom bei der Auslösung der Krampanfälle das Hirn passiert (Sackeim 2000, Sackeim et al. 1993). Es könnte wichtig sein, präzise und fokal solche Gebiete zu stimulieren, bei denen besonders wenig Nebenwirkung der Therapie auftreten und Gebiete auszulassen die (wie die Hippocampi) für die kognitiven Nebenwirkungen der Elektrokrampftherapie verantwortlich sein könnten. Wir haben gezeigt, dass es möglich ist mit starken Magnetfeldern therapeutische Krampfanfälle bei depressiven Patienten auszulösen (Lisanby et al. 2001b), und erst die Resultate zeigen, dass die kognitiven Nebenwirkungen kleiner sind als bei der traditionellen Elektrokrampftherapie (Lisanby et al. 2003, 2001a).

Vor kurzem ist auch eine Reihe von Metaanalysen erschienen, welche die Effizienz von transkranieller Magnetstimulation bei der Depression untersucht haben (Burt et al. 2002, Holtzheimer et al. 2001, Martin et al. 2003). Alle diese Metaanalysen haben verschiedene Studien eingeschlossen und haben deutlich verschiedene analytische Methoden, zeigen aber alle, dass der antidepressive Effekt von rTMS Stimulation höher ist als derjenige von Placebo-Stimulation (George et al. 2003). Über alle Studien hinweg gesehen, ist dieser antidepressive Effekt mild bis moderat, und diese Metaanalysen sind sich nicht einig darüber, ob dieser *statistisch* signifikante Unterschied auch *klinisch* signifikant ist.

Eigentlich wäre die transkranielle Magnetstimulation eine ausgesprochen interessante Methode zur Behandlung von saisonalen Stimmungsstörungen, besonders wegen ihrer einfachen Einsetzbarkeit und der relativen Nicht-Invasivität. Es gibt auch aus tierexperimentellen Untersuchungen Hinweise darauf, dass elektromagnetische Stimulation mit rTMS genau jene Zentren beeinflusst, die auch durch Licht beeinflusst werden. Es konnte gezeigt werden, dass eine einzige rTMS-Stimulation von 2 Sekunden die Expression von c-fos in all jenen Regionen des Hirns anregt die für die Steuerung von zirkadianen Rhythmen verantwortlich sind (Ji et al. 1998). Es besteht also die theoretische Möglichkeit, dass die verschiedenen elektromagnetischen Wellen verschiedener Wellenlänge, Licht und die elektromagnetischen Felder der transkraniellen Magnetstimulation ähnliche Wirkungen auf Zentren der zirkadianenn Steuerung (Retina, suprachiasmatischer

Nukleus, paraventrikularer Nukleus des Thalamus, paraventrikularer Nukleus des Hypothalamus und Hypophyse) haben. Dies würde TMS zur idealen Behandlungsmethode bei saisonalen Depressionen machen. Leider wurde gerade dieser Bereich sehr wenig untersucht, was vor allem daran liegen mag, dass Patientenpopulationen mit saisonalen affektiven Störungen sehr heterogen sind, und es wegen dem saisonalen Auftreten der Symptomatik schwierig ist, eine genügend große Studiengruppe zu finden.

Diskussion und Ausblick

Heute ist es klar, dass transkranielle Magnetstimulation einen statistisch signifikanten, allerdings milden Effekt auf die depressive Symptomatik bei schwer depressiven Patienten hat. Es ist allerdings noch nicht überzeugend gezeigt worden, dass dieser *statistisch* signifikante Effekt auch *klinisch* signifikant ist. Zurzeit fehlen rigoros kontrollierte doppelblinde Multizenterstudien mit großen Patientenzahlen, die eine definitive Beantwortung dieser Frage erlauben würden. Bevor aber solche Studien unternommen würden, sind noch einige technische Probleme des Studienablaufes zu lösen. So wäre es wichtig, eine befriedigende Placebo Stimulationsmethode zu entwickeln, bei der sowohl Patient wie auch Behandler nicht wissen, welche Behandlungskondition vorliegt. In der Sprache der pharmakologischen Registrationsstudien für Antidepressiva müssten erst valide Phase II-Studien durchgeführt werden. Heute ist es auch nicht klar, ob die transkranielle Magnetstimulation eine Langzeitwirkung hat und ob sie für die Rückfallprävention geeignet ist.

Im Weiteren gibt es keinen Konsensus darüber, wie transkranielle Magnetstimulation seine antidepressive Wirkung erreichen kann. Allerdings ist dies auch bei den meisten anderen antidepressiven Methoden der Fall. TMS-Forschung war bis heute vor allem empirisch und viele Variabeln der Applikation wie Frequenz, genauer Stimulationsort, Amplitude, Behandlungsdauer und Behandlungshäufigkeit müssen bezüglich iher Effizienz zuerst etabliert werden. Mit großer Wahrscheinlichkeit wird dieser Prozess relativ lange dauern, da Studien zur Hirnstimulation praktisch nur mit öffentlichen Forschungsgeldern durchgeführt werden können.

Wie die Studien zu molekularen und systemischen Mechanismen von TMS gezeigt haben, hat TMS klare Effekte auf das Hirn und das ist bemerkenswert und vielversprechend. Es ist sehr gut möglich, dass TMS eine Behandlungsoption auf der Suche nach einer geeigneten Anwendung darstellt; und diese geeignete Anwendung könnte durchaus die Therapie von saisonalen Stimmungsstörungen sein.

Danksagung

Diese Arbeit wurde durch die Grants 4038-044046 und 3231-044523 von Schweizerischen Nationalfonds zur Förderung der wissenschaftlichen Forschung unterstützt.

Literatur

Aggleton JP (1993) The contribution of the amygdala to normal and abnormal emotional states. Trends Neurosci 16: 328–333

Barker AT, Jalinous R, Freeston IL (1985) Noninvasive magnetic stimulation of human motor cortex. Lancet ii: 1106–1107

Bickford RG, Guidi M, Fortesque P, Swenson M (1987) Magnetic stimulation of human peripheral nerve and brain: response enhancement by combined magnetoelectrical technique. Neurosurgery 20: 110–116

Bohning D, Pecheny A, Epstein C et al (1997) Mapping transcranial magnetic stimulation (TMS) fields in vivo with MRI. Neuroreport 8: 2535–2538

Bohning DE, Shastri A, Wasserman EM et al (2000) BOLD-fMRI response to single-pulse transcranial magnetic stimulation (TMS). J Magn Reson Imag 11: 569–574

Burt T, Lisanby SH, Sackeim HA (2002) Neuropsychiatric applications of transcranial magnetic stimulation: a meta analysis. Int J Neuropsychopharmacol 5: 73–103

Cohrs S, Tergau F, Riech S et al (1998) High-frequency repetitive transcranial magnetic stimulation delays rapid eye movement sleep. Neuroreport 9: 3439–3443

Dearing J, George MS, Greenberg BD et al (1997) Mood effects of prefrontal repetitive high frequency transcranial magnetic stimulation (rTMS) in healthy volunteers. CNS Spectrums 2: 53–68

Doi W, Sato D, Fukuzako H, Takigawa M (2001) c-Fos expression in rat brain after repetitive transcranial magnetic stimulation. Neuroreport 12: 1307–1310

Figiel GS, Epstein C, McDonald WM et al (1998) The use of rapid-rate transcranial magnetic stimulation (rTMS) in refractory depressed patients. J Neuropsychiatry Clin Neurosci 10: 20–25

Fleischmann A, Prolov K, Abarbanel J, Belmaker RH (1995) The effect of transcranial magnetic stimulation of rat brain on behavioral models of depression. Brain Res 699: 130–132

George M, Nahas Z, Molloy M et al (2000) A controlled trial of daily left prefrontal cortex TMS for treating depression. Biol Psychiatry 48: 962–970

George MS, Wasserman EM, Williams WA et al (1995) Daily repetitive transcranial magnetic stimulation (rTMS) improves mood in depression. Neuroreport 6: 1853–1856

George MS, Wassermann EM, Post RM (1996a) Transcranial magnetic stimulation: a neuropsychiatric tool for the 21st century. J Neuropsychiatry Clin Neurosci 8: 373–382

George MS, Wassermann EM, Williams WA et al (1996b) Changes in mood and hormone levels after rapid-rate transcranial magnetic stimulation (rTMS) of the prefrontal cortex. J Neuropsychiatry Clin Neurosci 8: 172–180

George MS, Wassermann EM, Kimbrell TA et al (1997) Mood improvement following daily left prefrontal repetitive transcranial magnetic stimulation in patients with depression: a placebo-controlled crossover trial. Am J Psychiatry 154: 1752–1756

George MS, Nahas Z, Lisanby SH, Schlaepfer TE, Kozel A, Greenberg BD (2003) Transcranial Magnetic Stimulation (TMS). Neurosurg Clin North Am 283–301

Grisaru N, Yaroslavsky Y, Abarbanel JM, Lamberg T, Belmaker R (1994) Transcranial magnetic stimultation in depression and schizophrenia. Eur Neuropsychopharmacol 4: 287–288

Hausmann A, Marksteiner J, Hinterhuber H, Humpel C (2001) Magnetic stimulation induces neuronal c-fos via tetrodotoxin-sensitive sodium channels in organotypic cortex brain slices in rat. Neurosci Lett 310: 105–108

Höflich G, Kasper S, Hufnagel A, Ruhrmann S, Möller HJ (1993) Application of transcranial magnetic stimulation in the treatment of drug-resistant major depression: a report of two cases. Hum Psychopharmacol 8: 361–365

Holtzheimer PE 3rd, Russo J, Avery DH (2001) A meta-analysis of repetitive transcranial magnetic stimulation in the treatment of depression. Psychopharmacol Bull 35: 149–169

Ji RR, Schlaepfer TE, Aizenman CD et al (1998) Repetitive transcranial magnetic stimulation activates specific regions in rat brain. Proc Natl Acad Sci USA 95: 15635–15640

Keck M, Welt T, Muller M et al (2002) Repetitive transcranial magnetic stimulation increases the release of dopamine in the mesolimbic and mesostriatal system. Neuropharmacology 43 (1): 101–109

Keck ME, Sillaber I, Ebner K et al (2000) Acute transcranial magnetic stimulation of frontal brain regions selectively modulates the release of vasopressin, biogenic amines and amino acids in the rat brain. Eur J Neurosci 12: 3713–3720

Kimbrell TA, Little JT, Dunn RT et al (1999) Frequency dependence of antidepressant response to left prefrontal repetitive transcranial magnetic stimulation (rTMS) as a function of baseline cerebral glucose metabolism. Biol Psychiatry 46: 1603–1613

Klein E, Kreinin I, Chistyakov A et al (1999) Therapeutic efficacy of right prefrontal slow repetitive transcranial magnetic stimulation in major depression: a double-blind controlled study. Arch Gen Psychiatry 56: 315–320

Kolbinger HM, Höflich G, Hufnagel A, Möller HJ, Kasper S (1995) Transcranial magnetic stimulation (TMS) in the treatment of major depression. Hum Psychopharmacol 10: 305–310

Lane RD, Reiman EM, Ahern GL, Schwartz GE, Davidson RJ (1997) Neuroanatomical correlates of happiness, sadness, and disgust. Am J Psychiatry 154: 926–933

Lisanby S, Luber B, Barroilhet L, Neufeld E, Schlaepfer T, Sackeim H (2001a) Magnetic Seizure Therapy (MST): acute cognitive effects of MST compared with ECT. Journal of ECT 17

Lisanby SH, Schlaepfer TE, Fisch HU, Sackeim HA (2001b) Magnetic seizure therapy of major depression. Arch Gen Psychiatry 58: 303–305

Lisanby SH, Luber B, Schlaepfer TE, Sackeim HA (2003) Safety and feasibility of magnetic seizure therapy (MST) in major depression: randomized within-subject comparison with electroconvulsive therapy. Neuropsychopharmacology 28: 1852–1865

Loo C, Mitchell P, Sachdev P, McDarmont B, Parker G, Gandevia S (1999) Double-blind controlled investigation of transcranial magnetic stimulation for the treatment of resistant major depression. Am J Psychiatry 156: 946–948

Martin JL, Barbanoj MJ, Schlaepfer TE, Thompson E, Perez V, Kulisevsky J (2003) Effectiveness of repetitive transcranial magnetic stimulation for the treatment of depression: systematic review and meta-analysis. Br J Psychiatry 182: 480–491

Mayberg HS (1997) Limbic-cortical dysregulation: a proposed model of depression. J Neuropsychiatry Clin Neurosci 9: 471–481

Mayberg HS, Liotti M, Brannan SK et al (1999) Reciprocal limbic-cortical function and negative mood: converging PET findings in depression and normal sadness. Am J Psychiatry 156: 675–682

Mosimann UP, Rihs TA, Engeler J, Fisch HU, Schlaepfer TE (2000) Mood effects of repetitive transcranial stimulation (rTMS) of left prefrontal cortex in healthy volunteers. Psychiatry Res 94: 251–256

Mosimann U, Marré SC, Werlen S et al (2002) Antidepressant effects of repetitive transcranial magnetic stimulation in the elderly – correlation between effect size and coil-cortex distance. Arch Gen Psychiatry 59: 560–561

Mosimann UP, Schmitt W, Berkhoff M et al (2003) Repetitive transcranial magnetic stimulation as a putative treatment in affective disorders. Brain Res Rev (submitted)

Nedjat S, Folkerts HW, Michael ND, Arolt V (1998) Evaluation of the side effects after rapid-rate transcranial magnetic stimulation over the left prefrontal cortex in normal volunteers. Electroencephalogr Clin Neurophysiol 107: 96

Padberg F, Zwanzger P, Thoma H et al (1999) Repetitive transcranial magnetic stimulation (rTMS) in pharmacotherapy-refractory major depression: comparative study of fast, slow and sham rTMS. Psychiatry Res 88: 163–171

Padberg F, Zwanzger P, Keck M et al (2002) Repetitive transcranial magnetic stimulation (rTMS) in major depression. Relation between efficacy and stimulation intensity. Neuropsychopharmacology 27: 638

Paradiso S, Robinson RG, Andreasen NC et al (1997) Emotional activation of limbic circuitry in elderly normal subjects in a PET study. Am J Psychiatry 154: 384–389

Pascual-Leone A, Catala MD, Pascual-Leone Pascual A (1996) Lateralized effect of rapid-rate transcranial magnetic stimulation of the prefrontal cortex on mood. Neurology 46: 499–502
Paus T (1999) Imaging the brain before, during, and after transcranial magnetic stimulation. Neuropsychologia 37: 219–224
Paus T, Jech R, Thompson CJ, Comeau R, Peters T, Evans AC (1997) Transcranial magnetic stimulation during positron emission tomography: a new method for studying connectivity of the human cerebral cortex. J Neurosci 17: 3178–3184
Sackeim HA (2000) Repetitive transcranial magnetic stimulation: what are the next steps? Biol Psychiatry 48: 959–961
Sackeim HA, Prudic J, Devanand DP et al (1993) Effects of stimulus intensity and electrode placement on the efficacy and cognitive effects of electroconvulsive therapy. N Engl J Med 328: 839–846
Schlaepfer TE, Kosel M, Nemeroff CB (2003) Efficacy of repetitive transcranial magnetic stimulation (rTMS) in the treatment of affective disorders. Neuropsychopharmacology 28 (2): 201–205
Schouten EA, D'Alfonso AA, Nolen WA, De Haan EH, Wijkstra J, Kahn RS (1999) Mood improvement from transcranial magnetic stimulation. Am J Psychiatry 156: 669–670
Soares JC, Mann JJ (1997) The anatomy of mood disorders – review of structural neuroimaging studies. Biol Psychiatry 41: 86–106
Strafellea AP, Paus T, Barrett J, Dagher A (2001) Repetitive transcranial magnetic stimulation of the human prefrontalt cortex induces dopamine release in the caudate nucleus. J Neurosci 21: RC157 1–4
Szuba MP, O'Reordon JP, Rai AS et al (2001) Acute mood and thyroid stimulating hormone effects of transcranial magnetic stimulation in major depression. Biol Psychiatry 50: 22–27
Tollefson GD (1991) Antidepressant treatment and side effect considerations. J Clin Psychiatry 52 [Suppl]: 4–13
Triggs WJ, McCoy KJM, Greer R et al (1999) Effects of left frontal transcranial magnetic simulation on depressed mood, cognition, and corticomotor threshold. Biol Psychiatry 45: 1440–1445

Korrespondenz: Prof. Dr. Th. E. Schläpfer, Klinik für Psychiatrie und Psychotherapie, Universitätsklinikum Bonn, Sigmund-Freud-Straße 25, D-53105 Bonn, Deutschland, E-mail: thomas.schlaepfer@ukb.uni-bonn.de

Ergebnisse zur Psychobiologie der SAD

Circadiane und saisonale Rhythmen

A. Wirz-Justice[1] und T. Roenneberg[2]

[1] Zentrum für Chronobiologie, Psychiatrische Universitätsklinik, Basel, Schweiz
[2] Zentrum für Chronobiologie, Institut für Medizinische Psychologie,
Ludwig-Maximilians-Universität, München, Deutschland

Dass wir uns heute die Wirkung des Lichts bei der Behandlung der Winterdepression zunutze machen können, verdanken wir direkt der neurobiologischen Grundlagenforschung. Die folgende Einführung in die Neurobiologie der inneren Uhr und ihrer Regulation von Tages- und Jahresrhythmen dient deshalb als Grundlage für ein besseres Verständnis der Psychobiologie der SAD und deren Behandlungsmethoden.

Unsere Umwelt besitzt nicht nur eine räumliche, sondern auch eine zeitliche Struktur, geprägt durch die rhythmischen Einflüsse von Sonne und Mond. Neben der Ökologie des Raumes gibt es eine Chrono-Ökologie, eine Ökologie der biologischen Zeit. Die wiederkehrenden Zeitstrukturen von Tag und Nacht, Sommer und Winter, Voll- und Neumond stellen an die Organismen andere Aufgaben, als sie durch die Raumstrukturen von Land und Wasser, Wüste und Feuchtgebiet usw. entstehen. Begriffe wie Nische oder Biotop sind im weiteren Sinne auf die Chrono-Ökologie übertragbar.

Die ökologischen Probleme der Zeit unterscheiden sich jedoch grundlegend von denen des Raumes. Während sich die meisten Organismen innerhalb eines Entwicklungsstadiums vollkommen an räumliche Nischen (Biotope) anpassen und diese normalerweise nicht verlassen, müssen sie im Verlauf der Zeit (Tag, Jahr ...) verschiedene zeitliche Nischen (Chronotope) durchleben. Ähnlich wie eine innere Abbildung des äußeren Raumes notwendig ist, um sich in diesem zu orientieren, scheint eine innere Zeitrepräsentation einen Selektionsvorteil bei der Orientierung in astronomischen Zeiträumen darzustellen. Diese Aufgabe haben innere Uhren und ihre biologischen Rhythmen übernommen (Roenneberg und Merrow 2001).

Biologische Rhythmen zeichnen sich dadurch aus, dass sie auch bei Ausschluss aller zeitlichen Informationen aus der Umwelt im Labor weiter schwingen. Sie werden also von endogenen, selbsterregten Oszillatoren gesteuert. Von den zahlreichen biologischen Rhythmen, mit denen sich die Forschung beschäftigt, kommt dem Tagesrhythmus eine zentrale Rolle zu. Die innere Tagesuhr wurde als erste entdeckt und beschrieben, ihre Mechanismen sind am besten untersucht und ihre anatomische Lokalisation ist in den meisten Tieren bekannt. Da die Periodenlänge der endogenen Tagesuhr unter konstanten Bedingungen von 24 Stunden abweichen kann, wird sie auch „circadiane" (ungefähr ein Tag) Uhr genannt. Eine circadiane Uhr tickt praktisch in allen Organismen, von bakteriellen Blaualgen und eukaryotischen Einzellern bis hin zu höheren Pflanzen, Tieren und dem Menschen.

Die Erforschung circadianer Systeme muss zwei wichtige Fragenkomplexe beantworten: Wo ist der Rhythmus-generierende Prozess (der Oszillator oder Schrittmacher) lokalisiert und wie kommt der endogene „Tag" zustande, d.h. wie funktioniert der Oszillator? Was sind die Mechanismen, mit denen das circadiane System auf Außenreize reagiert und diejenigen, durch die er die einzelnen Körperrhythmen reguliert?

Obwohl sich seine Lage von Organismus zu Organismus unterscheidet, ist der circadiane Schrittmacher in den meisten Tierarten immer eng mit dem visuellen Sinnessystem verbunden (Moore 1992). Bei Wirbeltieren liegt er im Nucleus Suprachiasmaticus (SCN, über der Kreuzung der Sehnerven) und/oder in der Zirbeldrüse (auch Pinealorgan oder Epiphyse, eine dorsale Hirnanhangsdrüse, die das Hormon Melatonin produziert). Die biologische Uhr im Pineal ist stammesgeschichtlich älter als die des SCN (Weaver 1999). Bei Reptilien und einigen Vögeln tickt die Uhr im Pineal noch selbstständig, während bei Säugern die tagesrhythmische Melatoninproduktion der Zirbeldrüse allein vom SCN gesteuert wird. Bei allen Wirbeltieren ist Melatonin das biochemische Signal für Dunkelheit (Weaver 1999). Bei Säugern liegt die Funktion des Pineals auch in der Kontrolle jahresrhythmischer Prozesse wie der Reproduktion und des Winterschlafes (Pévet 2000). Nach neuesten Erkenntnissen sind das Pineal und der SCN nicht die einzigen circadianen Schrittmacher bei Tieren. Selbst die Augen besitzen jeweils eigene Uhren (Tosini und Fukuhara 2002), aber auch alle anderen Organe des Körpers, wie die Leber und die Niere (Buijs und Kalsbeek 2001).

Circadiane Experimente werden meist unter konstanten Laborbedingungen durchgeführt. Der circadiane Rhythmus läuft unter diesen Bedingungen „frei" mit seiner eigenen Periodenlänge (τ), die je nach Bedingung und Organismus zwischen etwa 19 und 28 Stunden betragen kann. Auch wenn Menschen unter Isolationsbedingungen leben, zeigen sie eine Periodenlänge um 24 Stunden, meist ein wenig länger (Wever 1979, Czeisler et al. 1995). Normalerweise sind hierbei alle messbaren Rhythmen miteinander gekoppelt (Aktivität, Temperatur, Blutwerte oder Bestandteile des Urins, Konzentrationsvermögen, Reaktionsgeschwindigkeit und vieles mehr). Bei etwa einem Drittel aller Versuchspersonen kann es jedoch zu einer Entkopplung zwischen den Rhythmen der Körpertemperatur und dem Schlaf-Wach-Wechsel kommen. Während die Periode des ersteren immer um 24 Stunden bleibt, kann sich der rhythmische Wechsel zwischen Schlafen und Wachen wesentlich verlängern (30–50 Stunden) und in seltenen Fällen auch wesentlich verkürzen (16 Stunden), es kommt zu einer sogenannten internen Desynchronisierung (Wever 1979).

Die Ein- und Ausgänge des Systems

Die Bezeichnung „Tagesuhr" ist zwar sehr bildhaft, allerdings auch ein wenig irreführend. Von einer Uhr erwarten wir Zeitangaben, die während des ganzen Tages so exakt wie möglich die 24 Stunden der Erdumdrehung wiedergeben, damit wir die Tageszeit genau messen und voraussagen können (Roenneberg und Merrow 2001).

Das circadiane System kann zwar auch mit einer erstaunlichen Präzision oszillieren, muss aber deshalb nicht unbedingt zu allen Tageszeiten mit der gleichen Geschwindigkeit schwingen. Es braucht eine gewisse Flexibilität, damit sich die zeitliche Ordnung der Physiologie und des Verhaltens an Veränderungen der inneren und äußeren Bedingungen anpassen kann. Eine der Aufgaben des circadianen Systems ist das koordinierte An- und Ausschalten von Stoffwechselsreaktionen, je nachdem ob sie zum jeweiligen Zeitpunkt benötigt werden oder nicht (z.B. durch den Wechsel von Schlafen und Aktivität oder den Wechsel von Licht und Dunkelheit, der vor allem für den Stoffwechsel von Pflanzen eine wichtige Rolle spielt) (Roenneberg und Merrow 1999). Da die Verfügbarkeit von Umweltfaktoren oder der Ablauf von zeitlich geordneten Verhaltensprogrammen voraussagbar ist, macht es Sinn, die biochemischen „Werkzeuge", die für die Verarbeitung dieser Faktoren oder das Regeln von Verhalten verantwortlich sind, den Umständen entsprechend an- oder abzuschalten. Das zeitliche Tagesprogramm muss Voraussagen machen können, um die Werkzeuge rechtzeitig bereitzuhalten (z.B. sollten die Elemente der Photosynthese schon vor Sonnenaufgang und nicht erst als Reaktion auf Licht einsatzbereit sein, um das Tageslicht optimal ausnutzen zu können). Da die Verfügbarkeit von Umweltfaktoren zwar relativ exakt vorausgesagt werden kann, sich aber dennoch von Tag zu Tag verändern kann, sollte das System flexibel sein, so dass ein Stoffwechselweg nicht einfach zu einer bestimmten inneren Tageszeit abgeschaltet wird, obwohl die Biochemie die Umwelt an diesem Tag noch weiter ausnützen könnte. Im Gegensatz zur herkömmlichen Uhr schafft die biologische innerhalb eines Zyklus, also eine relative innere Unabhängigkeit von der exakt ablaufenden physikalischen Außenzeit.

Andererseits darf sie sich langfristig nicht gegenüber der Außenzeit verschieben und muss daher täglich mit ihr synchronisiert werden. Diese Synchronisierung wird in der Natur von den rhythmischen „Zeitgebern" der Umwelt gewährleistet – der wichtigste hierbei ist der Licht-Dunkel Wechsel. Aber auch andere Zeitgeber tragen dazu bei, das circadiane System ein- oder umzustellen. Wechselblütler werden z.B. auch durch Temperaturschwankungen synchronisiert, manche Vogelarten durch den Wechsel von Artgesang und Stille und die Alge *Gonyaulax* auch durch Nährstoffe, wie Nitrat.

Zeitgeber können grob in folgende Gruppen eingeteilt werden: Reize, die über Rezeptoren den Oszillator mehr oder weniger direkt erreichen, und solche, die über die Physiologie oder das Verhalten des Organismus den Oszillator indirekt beeinflussen. Zur ersten Gruppe gehört das Licht. Licht ist das zuverlässigste Umweltsignal, was sich auch in der anatomischen Lage der circadianen Zentren widerspiegelt. Die Lichtrezeptoren des circadianen Systems sind anatomisch und physiologisch verschieden von den visuellen Rezeptoren, mit denen die räumliche Umwelt verarbeitet wird (Berson et al. 2002). Die Wirkung eines Zeitgebers auf die innere Uhr hängt davon ab, zu welchem inneren Zeitpunkt der Reiz den Verlauf der circadianen Uhr beeinflusst (Roenneberg et al. 2003). So reagiert die innere Uhr während des inneren Tages nicht oder sehr schwach auf Lichtreize, zu Begin der inneren Nacht wird sie bei Lichtstimulation nachgestellt, und gegen Ende der inneren Nacht stellt sich die innere Uhr durch einen Lichtreiz vor. Diese systematischen Antworten gelten für alle inneren Uhren und werden als „Phasen-Response-Kurven" dargestellt. Licht ist für den Menschen der wichtigste Zeitgeber (Honma et al. 2003), aber auch die regelmäßige, gezielte Gabe des Hormons Melatonin kann die innere Uhr des Menschen synchronisieren (Dijk und Cajochen 1997, Pévet 2000).

Die molekulare Grundlage des Oszillators

Molekulargenetiker haben einen direkten Ansatz entwickelt, um die Mechanismen des Oszillators zu entschlüsseln: sie versuchen, zufällig entstandene oder experimentell hervorgerufene Mutanten zu isolieren, deren circadiane Rhythmik vom „Wildtyp" abweicht. Die Organismen, die für diesen Ansatz bevorzugt untersucht werden, sind die Fruchtfliege *Drosophila*, der Schimmelpilz *Neurospora* und die Maus (Roenneberg und Merrow 2002, 2003). Durch den Vergleich der Gene von Wildtyp und Mutante kann versucht werden, das Gen zu isolieren, das für den neuen circadianen Phänotyp verantwortlich ist. Das erste „Uhren-Gen" wurde bei *Drosophila* entschlüsselt. Die innere Uhr von Mutanten, die verschiedene Varianten (Allele) dieses so genannten *per*-Gens (*per* für „period") besitzen, läuft langsamer oder schneller als der „Wildtyp", oder wird arrhythmisch. Diese Gene (bei *Neurospora* heißt das circadiane Gen *frq*, für „frequency") und ihre Protein-Produkte sind also für die beobachtbare circadiane Rhythmik essentiell. Zur Zeit sind bei verschiedenen Organismen zahlreiche Uhren-Gen-Familien bekannt, *period, clock, Bmal1, cryptochrome, dec* und *Rev-erbα* bei Säugetieren, sowie *frequency, white collar* und *vivid* bei *Neurospora*. Darüber hinaus sind an allen molekularen Prozessen der inneren Uhr Proteinkinasen beteiligt. Sowohl die Konzentration der Boten-RNA als auch die des Proteins selbst sind bei den meisten dieser molekularen Uhrenkomponenten tagesrhythmisch.

Eine der wichtigsten Entdeckungen auf dem Gebiet der circadianen Molekularbiologie war der Nachweis, dass das Gen-Produkt dieser Uhren-Gene direkt oder indirekt seine eigene Produktion hemmt. So entstehen Rückkopplungs-Schleifen, die für den zellulären Mechanismus der inneren Uhr verantwortlich sind. Solange innerhalb einer dieser Rückkopplungsschleifen kein Gen-Produkt in der Zelle vorhanden ist, kann das Gen im Zellkern abgelesen und in die entsprechende Sequenz einer Boten RNA übersetzt werden. Nach dieser Vorlage wird dann außerhalb des Zellkerns ein Protein gebaut, das daraufhin langsam verändert (phosphoryliert) wird. Die modifizierten Proteine gelangen dann wieder in den Zellkern, lagern sich (als hemmende „Transkriptionsfaktoren") an die Regulations-Einheit der eigenen Gene an und verhindern so eine weitere Produktion der mRNA. Dadurch kann kein Protein mehr hergestellt werden, und die bereits produzierten Genprodukte werden langsam abgebaut. So kann der Zyklus nach einer Weile wieder von vorne beginnen.

Die Komplexität des circadianen Systems

Bei der Erforschung des circadianen Systems ging man anfangs von einer einfachen Hypothese aus: Der Rhythmus wird durch den Oszillator generiert (Rhythmusgenerator). Dieser wird über Zeitgebersignale als „Input" beeinflusst und kontrolliert als „Output" die einzelnen, beobachtbaren Rhythmen. Dieses einfache Schema berücksichtigte nicht die Möglichkeit von Rückkopplungen (feed-back) zwischen dem Oszillator und seinen Ein- und Ausgängen. Heute wissen wir, dass diese sowohl auf der Input- als auch auf der Outputseite existieren (Roenneberg und Merrow 2001). So kann der circadiane Oszillator seine eigene Empfindlichkeit gegenüber Außenreizen kontrollieren. Ein anderes Beispiel für Rückkopplungen ist die motorische Aktivität, die eigentlich ein klassischer „Ausgang" des Systems ist, aber auch selbst die circadiane Rhythmik – also den Oszillator – beeinflusst (Mistlberger und Holmes 2000).

Zahlreiche Befunde zeigen, dass der Rhythmusgenerator in vielen Organismen aus mehreren Oszillatoren besteht, die untereinander gekoppelt sind, aber unter bestimmten Bedingungen auch relativ unabhängig von einander schwingen können. Wir wissen erst seit kurzem, dass circadiane Uhren in praktisch jeder Zelle und in jedem Gewebe vorkommen, die, unter normalen Bedingungen, durch den SCN synchronisiert werden (Buijs und Kalsbeek 2001, Balsalobre 2002, Storch et al. 2002). Mit innovativen genetischen Methoden konnte man die verschiedenen Uhren im Körper „ticken sehen" und auch ihre unterschiedliche Antwort auf verschiedene Zeitgeberstimuli messen (Yamazaki et al. 2000). Diese neue Forschung gibt uns einen ganz anderen Einblick in die komplexe temporale Orchestrierung des Gesamtorganismus, als die Lehrmeinung es uns bisher vermittelt hat (Abb.1).

Durch Experimente an Mäusen weiss man, dass die „Uhren-Gene" im SCN sich an neue Zeitzonen ähnlich adaptieren wie der Tagesrhythmus des Tieres selbst (z.B. nach einer 6-stündigen Zeitverschiebung). Auch die inneren Zelluhren in Geweben und Organen wie Muskeln, Lunge und Leber passen sich mit ihren eigenen Zeitverläufen an die neue Zeit an (Yamazaki et al. 2000). Die Geschwindigkeit der Adaptation hängt auch von der Richtung der Zeitverschiebung ab (Ost vs. West, Vor- oder Nachstellen der inneren Uhr). Bei den allmählichen Umstellungen kommt es nicht nur zu einer Desynchronisierung zwischen der inneren (z.B. SCN) und der äußeren Zeit (z.B. der Licht-Dunkel-Rhythmus), sondern auch zwischen verschiedenen Uhren und Geweben im Körper selbst. Wir wissen heute, dass verschiedene Organ-Uhren auf verschiedene Zeitgeber anders reagieren –

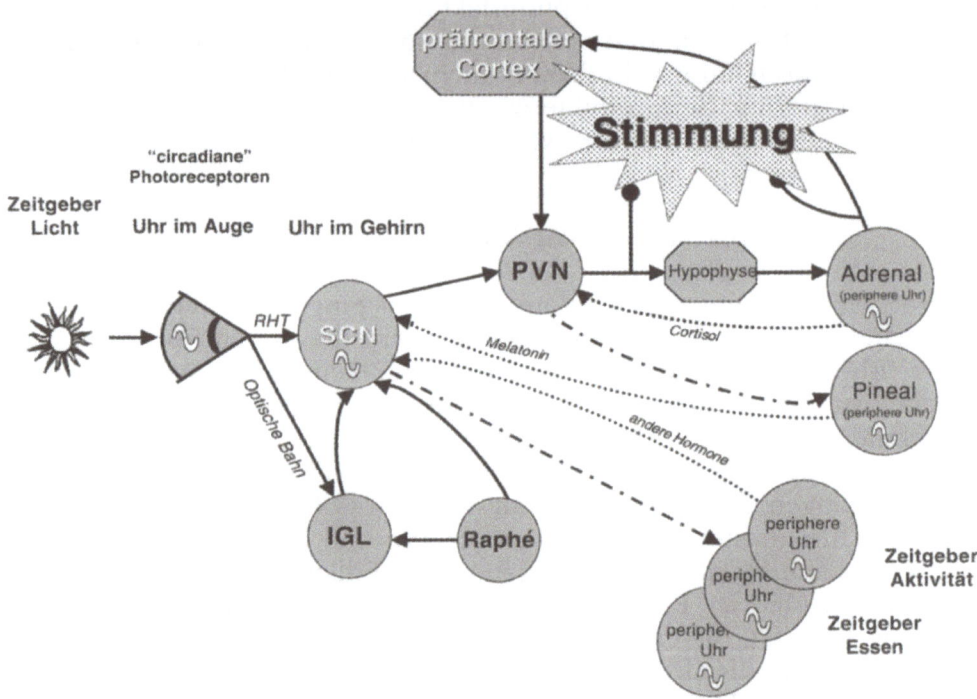

Abb. 1. Schematische Darstellung des circadianen Systems. Der zentrale Schrittmacher im SCN empfängt Lichtsignale direkt via RHT vom Auge (auch der Sitz einer biologische Uhr). Indirekte Zeitgebersignale kommen via Melatonin und anderen Hormonen. Periphere Uhren werden vom SCN koordiniert und können durch ihre spezifischen Zeitgeber (z.B. Essen für die Leber-Uhr, Aktivität für die Muskel-Uhr) synchronisiert werden. *SCN* Nucleus Suprachiasmaticus; *IGL* Intergeniculate Leaflet; *PVN* Nucleus Paraventricularis; *RHT* Retinohypothalamischer Tract

der SCN reagiert direkt auf Licht (Auge – Sehnerv – SCN), reagiert aber nicht auf Nahrung, die Leber dagegen reagiert direkt auf Nahrung (über das Blut), aber nur indirekt (über den SCN) auf Licht (Damiola et al. 2000, Stokkan et al. 2001, Storch et al. 2002). Dieser Befund öffnet die Frage nach spezifischen Zeitgebern für entsprechende periphere Uhren. Werden zum Beispiel die peripheren Uhren im Muskelgewebe durch körperliche Aktivität synchronisiert (etwa durch lokalen Glukosemangel)? Einige Studien haben eine Zeitgeberwirkung von körperlicher Bewegung nachgewiesen (Miyazaki et al. 2001, Youngstedt et al. 2002). Diese Komplexität verweist auf eine hohe Adaptivität des zeitlichen Programms.

Saisonale Rhythmen

Bei vielen Organismen müssen Verhaltensprogramme, wie z.B. Reproduktion oder Winterschlaf, nicht nur tagesrhythmisch, sondern auch jahresrhythmisch vorprogrammiert werden (Pittendrigh 1988). Eine innere Uhr für die Messung der Jahreszeit ist bisher weder auf anatomischer, noch auf molekularer Ebene entschlüsselt worden. Der SCN spielt auch bei dieser Aufgabe eine wichtige Rolle: er vergleicht den inneren Rhythmus, vor allem die Dauer des inneren Tages (z.B. über das tägliche Feuern der SCN Neurone (Mrugala et al. 2000), oder über lichtabhängige Genexpression von *c-fos* (Sumova et al. 1995), mit dem äußeren Rhythmus (etwa der Tages- oder der Nachtlänge) (Daan et al. 2001). Die nächtliche Sekretion von Melatonin ist ebenfalls eine „Übersetzung" des Lichtsignals in ein Hormonsignal: beim Menschen wie beim Tier dauert sie im Winter länger als im Sommer (Wehr 1998).

Wie die innere Tagesuhr, so schwingt auch die Jahresuhr weiter, selbst wenn sie keine saisonalen Informationen erhält. Die endogene Natur der jährlichen Rhythmik wurde bei verschiedenen Tieren gezeigt, so etwa die saisonalen Rhythmen von Gewicht und Reproduktion bei Nagern und Vögeln (Lee et al. 1986, Gwinner 1996). Auch bei konstanter Tageslänge zeigen sie einen ca. elfmonatigen („circannualen") „Freilauf". Circannuale Rhythmen beim Menschen können nicht untersucht werden, da solche kontrollierten Bedingungen über Jahre unmöglich eingehalten werden können. Einen scheinbaren circannualen Rhythmus haben wir aber bei einer winterdepressiven Patientin dokumentiert (Wirz-Justice et al. 2001). Über mehr als zwölf Jahre wurden die Depressionstiefe (von Zerssen Depressionsskala) und das Gewicht wöchentlich gemessen. Obwohl ihre Depression anfangs meistens in der winterlichen Jahreshälfte auftrat, verschob

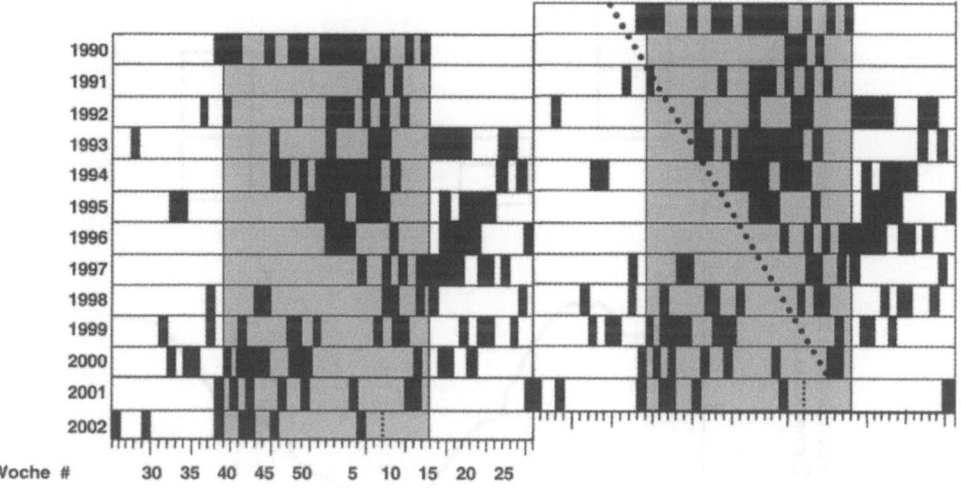

Abb. 2. Zwölf Jahre wöchentliche Selbstratings der Depressivität (von Zerssen Befindlichkeitsskala) einer SAD Patientin (geb. 1947). Werte ≥9 (milde Depressivität) sind als schwarze Balken dargestellt. Die Daten sind doppelt aufgetragen d.h. die Jahre 1990 und 1991 erscheinen auf der ersten Linie, 1991 und 1992 auf der zweiten Linie, etc. Die Winterjahreshälfte ist grau bezeichnet. Zu Beginn des Herbstes 1991 hatte sie Lichttherapie verwendet, danach keine mehr. Der Beginn ihrer Depression scheint jedes Jahr später anzufangen (nach Wirz-Justice et al. 2001)

sie sich eher in den Sommer und ist jetzt wieder mehr im Winter vorhanden (Abb. 2). Ist mangelnde Lichtexposition für diese „circannuale" Vulnerabilität der Depression verantwortlich?

Neurotransmitter und Saisonalität

Beim Menschen sind viele Aspekte der Saisonalität untersucht worden. Postmortem Analysen zeigen starke circadiane und saisonale Veränderungen in der Konzentration hypothalamischer Neurotransmitter (Carlsson et al. 1980). Auch die Abbauprodukte von Neurotransmittern im CSF unterliegen saisonalen Schwankungen (Losonczy et al. 1984, Brewerton et al. 1988). Langzeitstudien bei Einzelpersonen zeigten, dass viele Marker im Blut (z.B. Serotoninaufnahme in Thrombozyten) sich mit den Jahreszeiten deutlich verändern (Wirz-Justice und Richter 1979). Eine neue Studie über die serotonerge Funktion im ZNS bei gesunden Männern ließ eine klare Saisonalität mit einem Minimum im Winter erkennen (Abb. 3) (Lambert et al. 2002). Noch interessanter sind die kurzfristigen Reaktionen des serotonergen Systems auf die vorherrschende Tageslichtintensität (Lambert et al. 2002). Diese verschiedenen Befunde zur Saisonalität auf der Ebene von

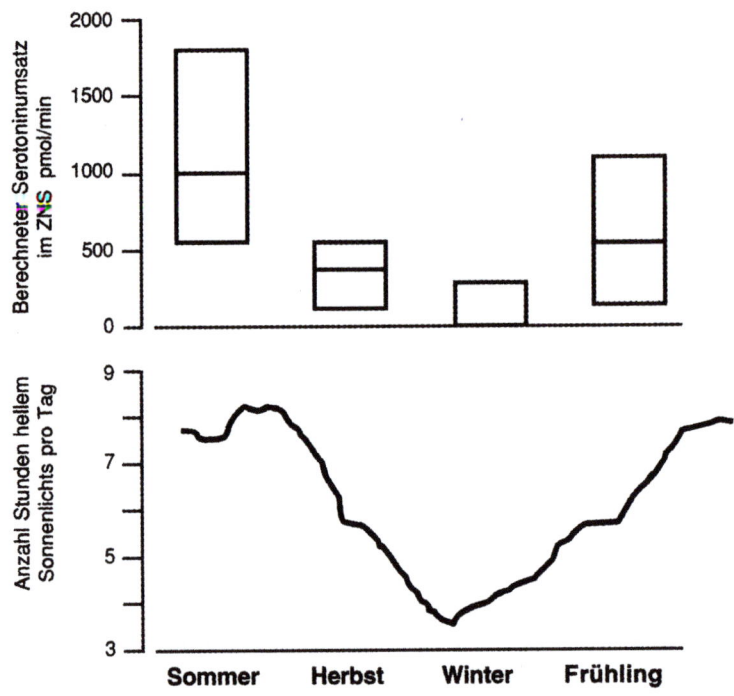

Abb. 3. Umsatz des Serotonins im ZNS bei gesunden Männern während der vier Jahreszeiten (oben; 25-, 50- und 75-Perzentil). Parallel dazu die Anzahl Stunden Sonnenlicht pro Tag (unten; 3-Monate-Gleitmittelwert) (nach Lambert et al. 2002)

Neurotransmittern stellen eine Verbindung her zu klassischen Konzepten in der Psychiatrie wie dem „Serotonin-Mangel" bei der Depression.

Schlussbemerkung

Auch wir Menschen sind, zusammen mit der gesamten Pflanzen- und Tierwelt, von den Jahreszeiten und ihren Einflüssen auf Körper und Psyche abhängig (Wehr 1998). Unser Gehirn registriert die Tageslänge, zählt die tägliche Rate an Photonen und passt unser Verhalten (z.B. Schlafzeiten, Melatoninphase) diesen äußeren Umständen an: es erzielt eine Art Feinabstimmung der inneren Uhr mit der Umwelt (Wirz-Justice et al. 1984). Auch Neurotransmitter im ZNS wie z.B. Serotonin unterliegen einem circadianen und saisonalen Rhythmus (Carlsson et al. 1980, Swade und Coppen 1980, Brewerton et al. 1988). Diese Veränderungen könnten eine Verknüpfung mit der saisonalen Vulnerabilität für die Depression darstellen.

Literatur

Balsalobre A (2002) Clock genes in mammalian peripheral tissues. Cell Tissue Res 309: 193–199

Berson DM, Dunn FA, Takao M (2002) Phototransduction by retinal ganglion cells that set the circadian clock. Science 295: 1070–1073

Brewerton TD, Berrettini WH, Nurnberger JI, Linnoila M (1988) Analysis of seasonal fluctuations of CSF monoamine metabolites and neuropeptides in normal controls: findings with 5HIAA and HVA. Psychiatry Res 23: 257–265

Buijs RM, Kalsbeek A (2001) Hypothalamic integration of central and peripheral clocks. Nature Rev Neurosci 2: 521–526

Carlsson A, Svennerholm L, Winblad B (1980) Seasonal and circadian monoamine variations in human brains examined post mortem. Acta Psychiatr Scand 280 [Suppl]: 75–85

Czeisler CA, Duffy JF, Shanahan TL, Brown EN, Mitchell JF, Dijk DJ, Rimmer DW, Ronda JM, Allan JS, Emens JS, Kronauer RE (1995) Reassessment of the intrinsic period (τ) of the human circadian pacemaker in young and older subjects. Sleep Res 24 A: 505

Daan S, Albrecht U, Van der Horst GTJ, Illnerova H, Roenneberg T, Wehr TA, Schwartz WJ (2001) Assembling a clock for all seasons: are there M and E oscillators in the genes? J Biol Rhythms 16: 105–116

Damiola F, Le Minh N, Preitner N, Kornmann B, Fleury-Olela F, Schibler U (2000) Restricted feeding uncouples circadian oscillators in peripheral tissues from the central pacemaker in the suprachiasmatic nucleus. Genes & Dev 14: 2950–2961

Dijk DJ, Cajochen C (1997) Melatonin and the circadian regulation of sleep initiation, consolidation, structure, and the sleep EEG. J Biol Rhythms 12: 627–635

Gwinner E (1996) Circadian and circannual programmes in avian migration. J Exp Biol 199: 39–48

Honma KI, Hashimoto S, Nakao M, Honma S (2003) Period and phase adjustments of human circadian rhythms in the real world. J Biol Rhythms 18: 261–270

Lambert GW, Reid C, Kaye DM, Jennings GL, Esler MD (2002) Effect of sunlight and season on serotonin turnover in the brain. Lancet 360: 1840–1842

Lee T, Carmichael M, Zucker I (1986) Circannual variations in circadian rhythms of ground squirrels. Am J Physiol 250: R831–836

Losonczy MF, Mohs RC, Davis KL (1984) Seasonal variations of human lumbar CSF neurotransmitter metabolite concentrations. Psychiatry Res 12: 79–87

Mistlberger RE, Holmes MM (2000) Behavioral feedback regulation of circadian rhythm phase angle in light-dark entrained mice. Am J Physiol Regulatory Integrative Comp Physiol 279: R813–R821

Miyazaki T, Hashimoto S, Masubuchi S, Honma S, Honma KI (2001) Phase-advance shifts of human circadian pacemaker are accelerated by daytime physical exercise. Am J Physiol Regulatory Integrative Comp Physiol 281: R197–R205

Moore R (1992) The organization of the human circadian timing system. Progress in Brain Res 93: 101–117

Mrugala M, Zlomanczuk P, Jagota A, Schwartz WJ (2000) Rhythmic multiunit neural activity in slices of hamster suprachiasmatic nucleus reflect prior photoperiod. Am J Physiol Regulatory Integrative Comp Physiol 278: R987–R994

Pévet P (2000) Melatonin and biological rhythms. Biol Sign Recept 9: 203–212

Pittendrigh CS (1988) The photoperiodic phenomena: seasonal modulation of the „day within". J Biol Rhythms 3: 173–188

Roenneberg T, Merrow M (1999) Circadian systems and metabolism. J Biol Rhythms 14: 449–459

Roenneberg T, Merrow M (2001) Circadian systems: different levels of complexity. Phil Trans Roy Soc Lond B 356: 1687–1696

Roenneberg T, Merrow M (2002) „What watch? ... such much! " Complexity and evolution of circadian clocks. Cell Tissue Res 309: 3–9

Roenneberg T, Merrow M (2003) The network of time: understanding the molecular circadian system. Curr Biol 13: R198–207

Roenneberg T, Daan S, Merrow M (2003) The art of entrainment. J Biol Rhythms 18: 183–194

Stokkan KA, Yamazaki S, Tei H, Sakaki Y, Menaker M (2001) Entrainment of the circadian clock in the liver by feeding. Science 291: 490–493

Storch KF, Lipan O, Leykin I, Viswanathan N, Davis FC, Wong WH, Weitz CJ (2002) Extensive and divergent circadian gene expression in liver and heart. Nature 4/7: 78–83

Sumova A, Travnickova Z, Peters R, Schwartz W, Illnerova H (1995) The rat suprachiasmatic nucleus is a clock for all seasons. Proc Natl Acad Sci USA 92: 7754–7758

Swade C, Coppen A (1980) Seasonal variations in biochemical factors related to depressive illness. J Affect Disord 2: 249–255

Tosini G, Fukuhara C (2002) The mammalian retina as a clock. Cell Tissue Res 309: 119–126

Weaver DR (1999) Melatonin and circadian rhythmicity in vertebrates. In: Turek FW, Zee P (eds) Neurobiology of sleep and circadian rhythms. Dekker, New York, pp 197–262

Wehr TA (1998) Effect of seasonal changes in daylength on human neuroendocrine function. Horm Res 49: 118–124

Wever R (1979) The circadian system of man: results of experiments under temporal isolation. Springer, New York

Wirz-Justice A, Richter R (1979) Seasonality in biochemical determinations: a source of variance and a clue to the temporal incidence of affective illness. Psychiatry Res 1: 53–60

Wirz-Justice A, Wever R, Aschoff J (1984) Seasonality in freerunning circadian rhythms in man. Naturwissenschaften 71: 316–319

Wirz-Justice A, Kräuchi K, Graw P (2001) An underlyng circannual rhythm in seasonal affective disorder? Chronobiol Int 18: 309–313

Yamazaki S, Numano R, Abe M, Hida A, Takahashi R, Ueda M, Block GD, Sakaki Y, Menaker M, Tei H (2000) Resetting central and peripheral circadian oscillators in transgenic rats. Science 288: 682–685

Youngstedt SD, Kripke DF, Elliott JA (2002) Circadian phase-delaying effects of bright light alone and combined with exercise in humans. Am J Physiol Regulatory Integrative Comp Physiol 282: R259–R266

Korrespondenz: Prof. Dr. A. Wirz-Justice, Zentrum für Chronobiologie, Psychiatrische Universitätsklinik, Wilhelm-Klein-Straße 27, CH-4025 Basel, Schweiz, E-mail: anna.wirz-justice@unibas.ch

Zirkadiane und zirkannuale Rhythmen der Befindlichkeit

D. Kunz[1] und J. Zulley[2]

[1] Klinik für Psychiatrie und Psychotherapie, Charité – Universitätsmedizin, Berlin, und
[2] Klinik und Poliklinik für Psychiatrie und Psychotherapie der Universität, Bezirksklinikum Regensburg, Deutschland

Zirkadiane Rhythmik der Befindlichkeit

Das zirkadiane System des Menschen generiert und moduliert einen zirka 24-Stunden Rhythmus fast jeder physiologischen und psychologischen Variable, die bisher untersucht wurde (Pittendrigh 1993). So wird die 24-Stunden Variation von z.B. Körperkerntemperatur, neuroendokriner Sekretion, Pharmokokinetik und -dynamik, Genexpression, Rezeptordichte und -affinität, Schlaf-Wach Organisation, subjektiver Wachheit, kognitiver Leistungsfähigkeit und Gedächtnis nicht nur durch evozierte (abhängig von Schlaf, Nahrungsaufnahme, motorischer Aktivität etc.) sondern auch zirkadiane (d.h. im etwa 24-Stunden-Rhythmus endogen generierte) Faktoren bedingt.

Die tageszeitabhängige Variation der Befindlichkeit ist seit langem bekannt. Bei der Diskussion des Verlaufs der Befindlichkeit ist jedoch immer der Einfluss der Vigilanz mit zu berücksichtigen, deren Einfluss schwierig abzuschätzen ist. Vigilanz ist zum einen durch einen homöostatischen Prozess reguliert (d.h. je länger eine Person wach ist, desto müder wird sie), zum anderen durch einen rhythmischen zirkadianen Prozess mit Zeiten höheren und niedrigeren Schlafdruckes (Borbély 1982). Um einen koordinierten Zyklus von ca. 16 Stunden kontinuierlicher Wachheit und 8 Stunden kontinuierlichem Schlaf entstehen zu lassen, interagieren die zwei Prozesse.

Die zirkadiane Schlafbereitschaft erzeugt in einem 24-Stunden Rhythmus einen eigenen Schlaf- und Wachdruck. Sie wird generiert durch neuronale Prozesse und synchronisiert mit dem äußeren Hell-Dunkel-Zyklus über den Nucleus suprachiasmaticus (SCN) des Hypothalamus. Die zirkadiane Schlafbereitschaft erzeugt maximale Wachheit u.a. in den frühen Abendstunden, in denen der homöostatische Schlafdruck bereits hoch ist, so dass eine abendliche Wachheit möglich wird. Umgekehrt erzeugt die zirkadiane

Schlafbereitschaft maximalen Schlafdruck in den frühen Morgenstunden, wenn der homöostatische Schlafdruck geringer wird. Falls das Individuum zum geeigneten Zeitpunkt Schlaf sucht, entsteht so ein koordinierter Zyklus von ca. einem Drittel des Tages kontinuierlichem Schlaf und zwei Dritteln kontinuierlicher Wachheit. Liegt der Schlafzeitpunkt außerhalb dieses vorgegebenen Zeitraumes, wird Schlaf zumeist verkürzt und/oder qualitativ beeinträchtigt.

Da der 24-Stunden Rhythmus der Befindlichkeit beim Gesunden weitestgehend parallel verläuft zu dem der Vigilanz, wurde ein eigenständig zirkadian generierte Anteil an der Befindlichkeit lange Zeit kontrovers diskutiert. Wichtige Hinweise auf eine zirkadiane Komponente waren insbesondere die diurnale Variation der Befindlichkeit bei den als Morgen- und Abend-Typen bezeichneten Chronotypen sowie bei depressiven Patienten (Wirz-Justice 1995). Wir werden uns im Folgenden auf die diesbezüglichen Befunde konzentrieren, sowie die Ergebnisse zweier Arbeitsgruppen vorstellen, die eine zirkadian bedingte Variation in der Befindlichkeit bei jungen, gesunden Probanden nachweisen konnten.

Experimentelle Befunde

Um den zirkadian und somit endogen generierten Anteil einer 24-Stunden Variation einer Variablen zu bestimmen, reicht es nicht aus, Messungen über einen Zyklus von nur 24 Stunden durchzuführen. Der gemessene rhythmische Verlauf ist bei fast jeder psychologischen und physiologischen Variablen durch die Zeitdauer seit dem letzten Erwachen beeinflusst. Das *forced desynchrony protocol* minimiert diesen Störfaktor, in dem der Schlaf-Wach Zyklus vom zentral generierten zirkadianen Rhythmus entkoppelt wird.

In den hier gemeinsam dargestellten zwei Experimenten lebten 24 Probanden (16 Männer, 8 Frauen; Alter: 18–30 Jahre) zwischen 19 und 36 konsekutiven Tagen in zeitlicher Isolation (Boivin et al. 1997). Die Entkopplung von Schlaf-Wach Zyklus und zirkadianer Rhythmik wurde durch einen 30-Stunden Tag (20 Stunden Wachheit und 10 Stunden Schlaf/Bettruhe) bzw. durch einen 28-Stunden Tag (18,67 Stunden Wachheit und 9,33 Stunden Schlaf/Bettruhe) erreicht. Subjektive Heiterkeit (cheerfulness – englische Probanden) bzw. Zufriedenheit (happiness – amerikanische Probanden) wurde mittels visueller Analogskalen 2-stündlich bzw. 20-minütlich bestimmt.

Der relative Beitrag der zirkadian bzw. wach-abhängigen Prozesse ist in Abb. 1 dargestellt. Auf der linken Seite erkennt man die deutliche Abhängigkeit der subjektiven Zufriedenheit von der Phasenlage des zirkadianen Systems, die durch die Variation der Körperkerntemperatur angezeigt wird. Die subjektiv eingeschätzte Befindlichkeit wird in den frühen Morgenstunden als beeinträchtigter eingeschätzt, unabhängig von der vorherigen Zeit nach Erwachen und verbessert sich über den Tag. Am Abend ist die Zufriedenheit am ausgeprägtesten, um unabhängig von Schlaf während der

Nachtstunden wieder auf das Ausgangsniveau zurückzukehren. Auf der rechten Seite sieht man, dass eine Abhängigkeit der Befindlichkeit von der Zeit vorherigen Wachseins zwar vorhanden ist, allerdings eher gering ausgeprägt.

Abbildung 2 zeigt die zirkadiane und wachabhängige Fluktuation in der Befindlichkeit. Interessanterweise nimmt der zirkadian bedingte Einfluss mit der Dauer der vorhergegangenen Wachheit (linke Seite) ab. Er bleibt aber für alle vier Untergruppen (Zeit Wach) statistisch signifikant erhalten. Umgekehrt bestimmt die Phasenlage des zirkadianen Systems ganz wesentlich (rechte Seite), ob die Dauer des vorherigen Wachseins Einfluss auf die Befindlichkeit nimmt. Nur in den Vormittags- und Mittagsstunden (mittlere Spalte – circadian phase, degrees 0–45, 45–90 und 90–135) ist der Einfluss der Dauer vorherigen Wachseins auf subjektive Befindlichkeit signifikant gegeben. In den Nachmittags-, Abend- und Nachstunden ist die Dauer vorheriger Wachheit nur noch von geringem Einfluss für die Befindlichkeit.

Zusammenfassend kann somit postuliert werden, dass das zirkadiane System beim gesunden jungen Menschen einen wesentlichen Einfluss auf die 24-Stunden-Veränderung der Befindlichkeit nimmt. Dieser Einfluss

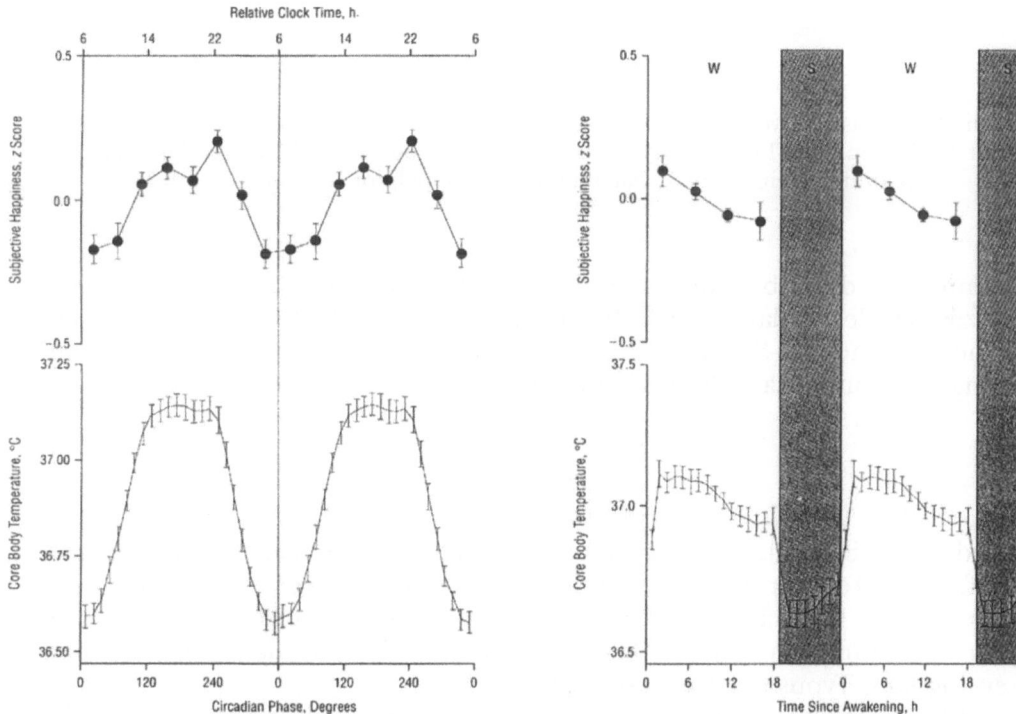

Abb. 1. Zirkadianer und wach-abhängiger Anteil der Befindlichkeit; Mittelwerte und Standardabweichungen sind dargestellt gegen zirkadiane Phase (links) sowie gegen Zeit seit dem Erwachen (rechts); Darstellung im Doppelplot (Boivin et al. 1997)

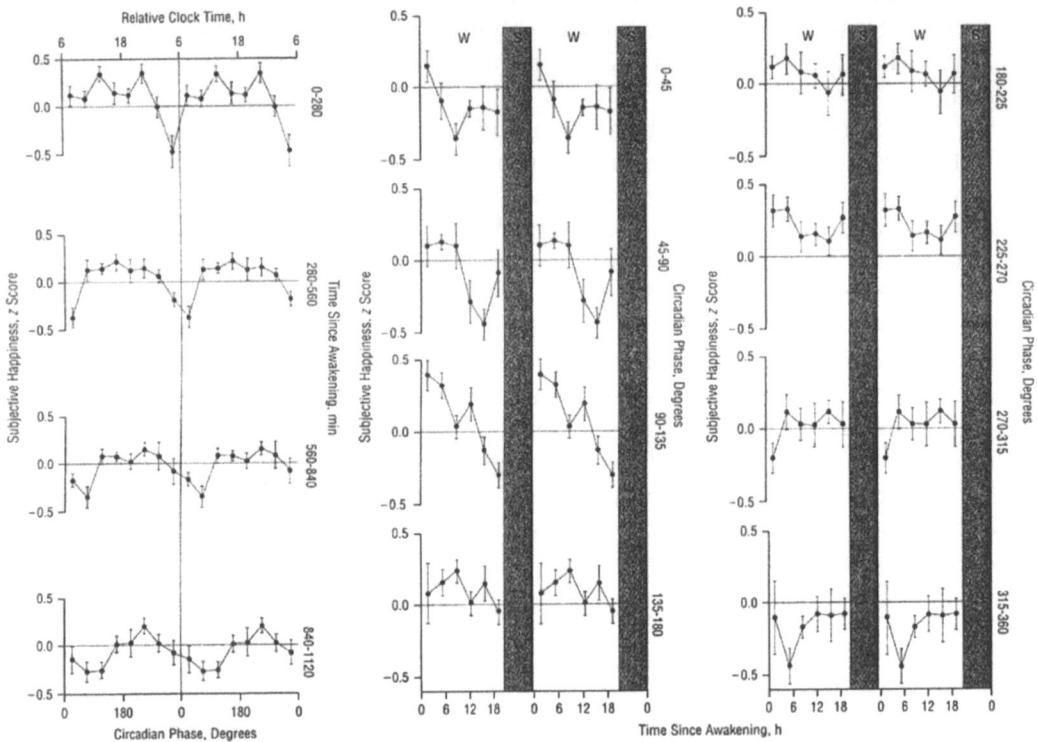

Abb. 2. Einfluss der vorherigen Wachdauer auf die zirkadiane Variation der Befindlichkeit (links) und Einfluss der zirkadianen Phase auf die wach-abhängige Variation der Befindlichkeit (rechts); Darstellung im Doppelplot (Boivin et al. 1997)

nimmt allerdings bei zunehmender Schlafdeprivation ab. Somit dominiert bezüglich des Verlaufs der Befindlichkeit das zirkadiane System innerhalb eines üblichen 24-Stunden-Tages, darüber hinaus wächst aber die Bedeutung der homöostatischen Komponente.

Depression

Gedrückte Stimmung weist häufig charakteristische Tagesschwankungen auf. Sie ist Teil der diagnostischen Leitlinien depressiver Störungen z.B. in der ICD-10. Das häufigste Phänomen ist ein Morgentief mit Verbesserung der Stimmung am Abend. Das Morgentief wird sogar als Marker für den endogenen Typus der Depression angesehen.

Weniger häufig, aber ebenfalls nicht selten ist ein Abendtief, bei dem die Patienten eine Verschlechterung ihrer Herabgestimmtheit gegen Abend erleben. Allerdings sind sowohl Morgentief als auch Abendtief keine stabilen intraindividuellen Marker. Die tageszeitliche Schwankung variiert teilweise bei derselben Person von Tag zu Tag. In einer constant routine Untersuchung wurde kürzlich die zirkadiane Variation der Stimmung sowohl für Probanden als auch für SAD-Patienten nachgewiesen (Koorengevel et al. 2003). Auch wenn SAD eine Sonderform depressiver Störungen darstellt, so unterstreicht der Befund doch, dass bei depressiven Störungen eine endogene zirkadiane Komponente beteiligt ist.

Abbildung 2 (linke Seite) zeigt, dass mit zunehmender Dauer vorherigen Wachseins sich die Phasenlage des zirkadian gesteuerten Befindlichkeitstief um mehrere Stunden auf einen späteren Zeitpunkt verschiebt. Da das zirkadian bedingte Befindlichkeitstief ohne Schlafdefizit zwischen ca. fünf und sechs Uhr morgens liegt, scheint ein Zeitraum längerer Wachheit dieses Tief in die Morgenstunden zu verlagern. Dieser experimentell erhobene Befund könnte somit ein Hinweis dafür sein, dass Schlafstörungen bei depressiv erkrankten Patienten das nächtliche Stimmungstief in den Tag verlegen.

Dieser Befund belebt eine alte Diskussion zur Kausalität depressiver Störungen: Bedingt die depressive Störung Schlafstörungen mit konsekutivem Morgentief oder bedingen die Schlafstörungen ein Morgentief mit konsekutiver depressiver Störung?

Es ist eine interessante Frage, ob die Verschiebung des Befindlichkeitstiefs bei den Probanden parallel zu einer Verschiebung der Phasenlage der Temperaturkurve erfolgte. Falls dies bestätigt würde, könnte man zu den bestehenden chronobiologischen Hypothesen (Wehr und Goodwin 1983) zur Genese der Depression, namentlich der *phase-advance Hypothese* sowie der *Hypothese der abgeflachten Amplitude*, eine *phase-delay Hypothese* hinzufügen.

Der Abendtyp ist gut charakterisiert durch eine Verschiebung der zirkadianen Phase zu späteren Stunden hin. Damit fällt die Zeit der zirkadian regulierten maximalen Wachheit nicht mehr in die Abendstunden, sondern in die frühen Nachtstunden, so dass Abendtypen zu diesen Zeiten Schwierigkeiten haben einzuschlafen. Andererseits wird der Zeitpunkt des zirkadian regulierten stärksten Schlafdruck aus den späten Nachtzeiten in die Morgenstunden verschoben, so dass ein Aufwachen zu sozial verträglichen Zeiten schwer fällt. Die Personen fühlen sich in den Morgenstunden dysphorisch, müde und erschöpft (Kunz und Herrmann 2000).

Das phase delay Syndrom ist überwiegend genetisch determiniert und tritt mit einer Häufigkeit von bis zu 20 Prozent in der Allgemeinbevölkerung auf. Abendtypen leiden vermehrt unter depressiven Symptomen, die medikamentös nur schwierig zu beeinflussen sind. Die Synchronisation der zirkadianen Phase mit dem äußeren Hell-Dunkel-Zyklus durch gezielten Einsatz von Licht führt hingegen häufig zu einer Verbesserungen der depressiven Symptomatik (Regestein und Monk 1995).

Beim phase advance Syndrom als Extremvariante des Morgentyps ist der Zeitpunkt des zirkadian regulierten stärksten Schlafdruckes vorverschoben in die frühen Abendstunden, so dass hier ein Wachbleiben fast unmöglich ist, und der Zeitpunkt der zirkadian regulierten maximalen Wachheit in die frühen Morgenstunden vorverlegt, so dass bei Zu-Bett-Gehen zu sozial verträglichem Zeitpunkt (z.B. 23:00) Früherwachen in den frühen Morgenstunden mit verkürzter Schlafdauer entsteht.

Ein weiteres Phänomen ist eine abgeflachte Amplitude der 24-Variation zirkadian generierter Parameter. Sie ist bekannt bei älteren Menschen insbesondere bei Patienten mit Alzheimer Demenz und bei Schichtarbeitern (Myers und Badia 1995). Konsequenz ist ein polyzyklisches Schlafmuster mit mehreren Schlaf- bzw. Wachzeiten über 24 Stunden. Der naheliegende Schluss, dass das gehäufte Auftreten depressiver Störungen im höheren Lebensalter durch die Abflachung der zirkadianen Amplitude mitbeeinflusst wird, ist allerdings weiterhin spekulativ. Ob überhaupt zirkadiane Störungen bei depressiven Patienten vorliegen, wurde bereits vor längerer Zeit untersucht, allerdings ohne zu einem Ergebnis zu kommen (Zulley 1993).

Zirkannuale Rhythmik der Befindlichkeit

Eine zirkannuale Rhythmik der Befindlichkeit wird von vielen Menschen verspürt. Der Wechsel von eher gehobener Stimmung im Sommer und gedrückter Stimmung im Herbst und Winter wird häufig als „normal" angesehen. Sicher spielen psychologische Elemente eine nicht unerhebliche Rolle. Ob die Pflanzenwelt in voller Blüte steht oder trist und farblos erscheint, Vögel im Sommer zwitschern oder Eiseskälte einen Aufenthalt außerhalb geheizter Räume ungemütlich macht, wird die Befindlichkeit bei vielen Menschen wesentlich beeinflussen.

Allerdings ist nachgewiesen, dass die Beeinflussung der Physiologie durch die Tageslänge auch beim Menschen gut erhalten ist (Wehr et al. 1993). Ob diese Veränderungen der Physiologie durch die Photoperiode auch die zirkannuale Rhythmik der Befindlichkeit bedingt, ist bisher nicht nachgewiesen. Hinweise auf diesen Mechanismus sollen im Folgenden dargestellt werden. Pathologische Veränderungen der Befindlichkeit im Sinne

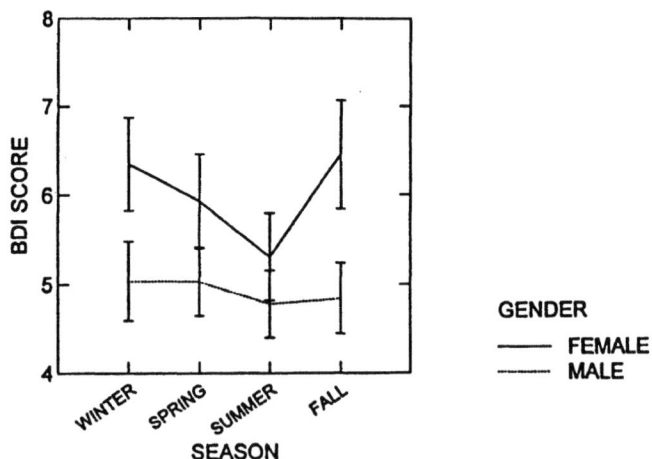

Abb. 3. Zirkannuale Variation der Befindlichkeit abgebildet im BDI – Beck Depressions Inventar (Harmatz et al. 2000)

der SAD oder subsyndrolmalen SAD sind in den vorherigen Kapiteln beschrieben.

Frühere systematische Arbeiten zum Thema bezogen sich auf z.B. saisonale Verteilung von stationären Aufnahmen für depressive Störungen oder erhöhte Suizidraten. Allerdings sagen diese Daten wenig über den Zeitverlauf bzw. den Beginn der Symptomatik aus, so dass Symptome in der einen Jahreszeit entstehen, aber erst in einer späteren Jahreszeit evident werden. Auch könnten saisonale Veränderungen depressiver Störungen anders bedingt sein, als solche der Befindlichkeit. Ein weiterer Nachteil vieler Arbeiten liegt im Studiendesign. Hier wurden zumeist cross-sectional oder retrospektive Untersuchungen vorgenommen.

Eine amerikanische Arbeitsgruppe untersuchte eine Stichprobe von 330 randomisiert ausgewählten gesunden Personen im Alter zwischen 20 und 70 Jahren longitudinal (Harmatz et al. 2000). Derselbe Proband wurde zu vier Zeitpunkten, die jeweils 13 Wochen auseinander lagen, telephonisch interviewt. Abbildungen 3 und 4 zeigen die Ergebnisse, die mittels einer Depressions-Skala bzw. einer Emotions-Rating-Skala erhoben wurden. Es besteht in dieser Untersuchung eine signifikante saisonale Variation für alle untersuchten Variablen: Depressivität, Angst und – ohne Abbildung – für Ärger, Feindseligkeit und Irritierbarkeit. Die Befunde waren jeweils bei Frauen ausgeprägter als bei Männern.

Alle Befunde bestätigen die Annahme, dass eine ausgeprägte zirkannuale Variation in den untersuchten Befindlichkeitsparametern gegeben ist.

Erste vorläufige eigene Ergebnisse weisen darauf hin, dass der Grad der Pinealisverkalkung assoziiert ist mit dem subjektiven Gefühl von unerholsamem Schlaf und dem Fehlen saisonaler Schwankungen in Bezug auf vermehrtes Schlafbedürfnis und erhöhter Müdigkeit (Kunz et al. 1998, 2001). Die Größe des unverkalkten Pinealisvolumens korreliert positiv mit der

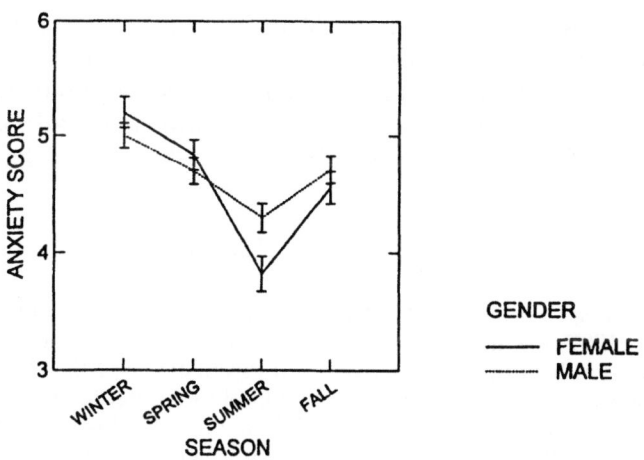

Abb. 4. Zirkannuale Variation der Befindlichkeit abgebildet in einem Angstscore (Harmatz et al. 2000)

Menge an Melatonin-Metaboliten im 24-Stunden Urin (Kunz et al. 1999). Da eine der Hauptfunktionen von endogenem Melatonin in der Stabilisierung des zirkadianen Systems liegt, ist dieser Befund vereinbar mit der Hypothese, dass Saisonalität beim Menschen physiologisch bedingt ist, wobei hier der Änderung der Photoperiode eine zentrale Rolle zukommt und das Fehlen von Saisonalität Ausdruck einer pathologischen Veränderung darstellt.

Der Einfluss des heutigen Lebenstils

Die Erdrotation bedingt die verlässlichste, immer wiederkehrende Veränderung, die Einfluss auf die Natur nimmt: Den täglichen Wechsel von Hell und Dunkel (Pittendrigh 1993). Alle Lebewesen haben sich hieran angepasst.

Ein Großteil der Menschheit ist heute unabhängig geworden von den Zwängen, die die tageszeitlich und jahreszeitlich bedingten Veränderungen für Nahrungssuche und Schutz vor Witterung und Feinden vorgaben. Die Basismechanismen der menschlichen Physiologie und deren Beeinflussbarkeit durch die Photoperiode scheinen aber trotzdem noch immer „in Takt" zu sein.

Das Leben in einer industrialisierten Welt mit Rund-um-die-Uhr Unternehmungen, artifiziellem Licht zu jeder Zeit, Einnahme von Substanzen wie Coffein und Alkohol oder Medikamente wie Betablocker, die auf verschiedene Weise das zirkadiane System beeinflussen, können zu einer Instabilität des zirkadianen Systems führen. Diese Situation ist möglicherweise vergleichbar zu der Situation, die wir bei Jet Lag oder Schichtarbeit finden. Klinische Symptome eines Jet Lag finden sich in fast jedem bisher untersuchten Symptombereich mit den Folgen Schläfrigkeit, Erschöpftheit, gastrointestinale Beschwerden, Übelkeit und Kopfschmerzen. Ehemalige Schichtarbeiter wie auch Menschen mit chronischem Jet Lag haben erhöhte Kortisolspiegel, beeinträchtigte Kognitionen, Schlafstörungen wie auch ein höheres Risiko in Bezug auf Morbidität und Mortalität für gastrointestinale und kardiovaskuläre Erkrankungen (Knutsson et al. 1986). Letztlich muss die Frage gestellt werden, ob nicht viele der sogenannten Befindlichkeitsstörungen oder Subthreshold Disorder, wie sie gerade auch bei älteren Menschen auftreten, Ausdruck einer Instabilität des zirkadianen Systems sind.

Literatur

Boivin DB, Czeisler CA, Dijk DJ, Duffy JF, Folkard S, Minors D, Totterdell P, Waterhouse JM (1997) Complex interaction of the sleep-wake cycle and circadian phase modulates mood in healthy subjects. Arch Gen Psychiatry 54: 145–52

Borbély AA (1982) A two-process model of sleep regulation. Hum Neurobiol 1: 195–204

Harmatz MG, Well AD, Overtree CE, Kawamura KY, Rosal M, Ockene IS (2000) Seasonal variation of depression and other moods: a longitudinal approach. J Biol Rhythms 15: 344–50

Knutsson A, Akerstedt T, Jonsson BG, Orth-Gomer K (1986) Increased risk of ischaemic heart disease in shift workers. Lancet ii: 89–92

Koorengevel KM, Beersma DG, den Boer JA, van den Hoofdakker RH (2003) Mood regulation in seasonal affective disorder patients and healthy controls studied in forced desynchrony. Psychiatry Res 117: 57–74

Kunz D, Herrmann WM (2000) Sleep-wake cycle, sleep-related disturbances, and sleep disorders: a chronobiological approach. Compr Psychiatry 41: 104–115

Kunz D, Bes F, Schlattmann P, Herrmann WM (1982) On pineal calcification and its relation to subjective sleep perception: a hypothesis-driven pilot study. Psychiatry Res 82: 187–191

Kunz D, Schmitz S, Mahlberg R, Mohr A, Stoter C, Wolf KJ, Herrmann WM (1999) A new concept for melatonin deficit: on pineal calcification and melatonin excretion. Neuropsychopharmacology 21: 765–772

Kunz D, Mahlberg R, Tilmann A, Stöter C, Mohr A, Schmitz S (2001) Pineal calcification is related to seasonality in humans. Sleep 24: A116–A117

Myers BL, Badia P (1995) Changes in circadian rhythms and sleep quality with aging: mechanisms and interventions. Neurosci Biobehav Rev 19: 553–571

Pittendrigh CS (1993) Temporal organization: reflections of a Darwinian clock-watcher. Annu Rev Physiol 55: 16–54

Regestein QR, Monk TH (1995) Delayed sleep phase syndrome: a review of its clinical aspects. Am J Psychiatry 152: 602–608

Wehr T, Goodwin FK (1983) Circadian rhythms in psychiatry. Boxwood Press, Pacific Grove, CA

Wehr TA, Moul DE, Barbato G, Giesen HA, Seidel JA, Barker C, Bender C (1993) Conservation of photoperiod-responsive mechanisms in humans. Am J Physiol 265: R846–R857

Wirz-Justice A (1995) Biologcal rhythms in mood disorders. In: Bloom FE, Kupfer DJ (eds) Psychopharmacology: the fourth generation of progress. Raven Press, New York, pp 999–1017

Zulley J (1993) Der chronobiologische Ansatz in der Depressionsforschung. In: Berger M, Möller HJ, Wittchen H-U (Hrsg) Psychiatrie als empirische Wissenschaft. Zuckschwerdt, München, S 119–27

Korrespondenz: Dr. D. Kunz, Psychiatrische Universitätsklinik der Charité im St. Hedwig-Krankenhaus, Turmstraße 21, D-10559 Berlin, Deutschland, E-mail: dieter.kunz@charite.de

Rhythmologische Veränderungen bei Blindheit

A. Wedrich

Universitätsklinik für Augenheilkunde und Optometrie, AKH, Wien, Österreich

Das Auge als Sehorgan

Betrachtet man die Gesamtheit aller Sinneseindrücke eines Menschen, so sind mehr als 80% aller Außenweltinformationen auf visuell-optischer Basis. Das Auge nimmt daher als Empfänger und erste Verarbeitungsstation eine zentrale Stellung ein. Optische Erfahrungen spielen eine große Rolle in der menschlichen Erfahrung der Außenwelt und damit in seinem Erinnerungs- und Vorstellungsvermögenvermögen. Sehen hat auch eine immense soziale Bedeutung, denken wir an Kommunikation, Aus- und Weiterbildung, Arbeitswelt und Freizeitgestaltung und damit soziale Integration. Sehen oder Wiedererlangen des Sehvermögens nach Erkrankungen oder Verletzungen nimmt daher einen sehr hohen Stellenwert bei den betroffenen Personen ein (Sharma et al. 2003, Brown et al. 2001).

Sehen ist ein komplexer Vorgang und umfasst in seiner Gesamtheit mehrere Teilfunktionen wie den Lichtsinn unter verschiedenen Umgebungsleuchtdichten – photopisches (Tageslicht-), mesopisches (Dämmerungs-) und skotopisches (Nacht-)Sehen und dazugehörig die Fähigkeit, an unterschiedliche Leuchtdichten zu adaptieren (Hell-Dunkeladaptation). Ergänzt wird diese Funktion durch Farbensehen, Gesichtsfeld und Sehschärfe in Ferne und Nähe, deren Einstellung mittels Akkomodation erfolgt. Durch die Paarigkeit wird bei gleicher Funktion beider Augen im Rahmen der frühkindlichen Entwicklung Binokularsehen entwickelt. Binokularsehen umfasst mehrere qualitative Stufen. Unter Simultansehen versteht man die gleichzeitige Wahrnehmung zweier verschiedener Bilder durch die Netzhaut beider Augen. Fusion bezeichnet die Fähigkeit, die Bilder beider Augen zu einem Seheindruck zu verschmelzen. Bei Störung tritt ein Horror fusionis, eine unerträgliche Form der Doppelbildbildwahrnehmung auf. Die höchste Stufe ist das stereoskopische Sehen, das heißt die Fähigkeit zur räumlichen Wahrnehmung.

Für die Erfüllung dieser Funktionen ist ein Zusammenspiel der verschiedenen Augenstrukturen notwendig. Entscheidend für den Seheindruck ist zum einen das optische System mit Hornhaut und Augenlinse, das im Zusammenspiel für die optimale Abbildung der Umwelt auf die Netzhaut sorgt, wobei die Linse mit ihrer Fähigkeit der Brechkraftänderung für die Akkomodation, das heißt die Einstellung von Ferne auf Nähe, verantwortlich ist. Zum anderen nimmt die Netzhaut als Rezeptor und erster Verarbeiter von Information eine zentrale Bedeutung ein. Alle anderen Strukturen des Auges wie Iris und Pupille, Ziliarkörper und Aderhaut dienen entweder der Optimierung der Optik, der Ernährung oder der Konstanthaltung optimaler Signalverarbeitungsbedingungen.

In der Netzhaut erfolgt die Umwandlung von Licht in elektrische Potentialänderungen über lichtinduzierte photochemische Reaktionen in den Sinnesrezeptoren, wobei in diesen, im Unterschied zu anderen Rezeptoren, keine Depolarisation, sondern eine Hyperpolarisation stattfindet. Grob unterscheiden wir hinsichtlich der Rezeptoren zwischen Stäbchen und Zapfen, wobei die Relation Stäbchen zu Zapfen 20:1 beträgt (120 Millionen Stäbchen – 6 Millionen Zapfen). Stäbchen sind vereinfacht für Dämmerungs- und Bewegungssehen zuständig. Ihre Signale werden zu „on"-bipolaren Zellen weitergeleitet und über amakrine Zellen letztendlich zu den Ganglienzellen, welche die einzige Verbindung zum Zapfensystem darstellen.

Die Zapfen gliedern sich in ein S-Zapfensystem und ein L-M Zapfensystem. Das S-Zapfensystem leitet ebenfalls zu „on"-bipolaren Zellen, die wiederum zu Ganglienzellen weiterleiten, die auch Input vom L-M Zapfensystem erhalten. Das L-M Zapfensystem ist das wichtigste Rezeptorensystem mit Anschluss an 2 verschiedene Ganglienzellsysteme – kleine Ganglienzellen – tonisches parvozelluläres System – und große Ganglienzellen – phasisches magnozelluläres System – mit unterschiedlichen Aufgaben (Kolb 1994).

Im parvozellulären System ist eine Rezeptorzelle einer bipolaren Zelle und nur einer Ganglienzelle direkt zugeordnet. Damit werden eine hohe Auflösung und Farbensehen ermöglicht. Diese Rezeptoren sind in der Fovea centralis der Retina, der Stelle der größten Sensitivität und damit des schärfsten Sehens konzentriert. Das magnozelluläre System ist ein – schnell antwortendes – „Alarm"-System mit schlechterer Auflösung und fehlender Farbkontrastantwort. Es scheint bei der Leuchtdichten- und Bewegungserkennung eine Rolle zu spielen. Auf der Ebene der inneren plexiformen Schicht der Netzhaut gib es noch zwei Zelltypen, Horizontalzellen und amakrine Zellen. Die Horizontalzellen integrieren Zapfenantworten über größere Netzhautareale hinweg und sind für die Steigerung der räumlichen und zeitlichen Auflösung verantwortlich. Die amakrinen Zellen dienen der Koppelung von bipolaren Zellen zu Ganglienzellen, die mit Stäbchen verbunden sind. Auch auf Ganglienzellniveau findet wie auf Ebene der Bipolaren eine Strukturierung und Organisation der visuellen Information durch Bildung von rezeptiven Feldern – sogenannten on/off-Feldern – statt.

Zusammenfassend findet also bereits auf der Ebene des 2. und 3. Neurons der Sehbahn eine komplexe Bearbeitung der visuellen Information statt.

Die etwas mehr als 1,2 Millionen Axone der Ganglienzellen (Bruesch und Arey 1942, Johnson et al. 1987), verlassen im Bereich der Papille (Sehnervenkopf) den Bulbus und verlaufen als nervös opticus durch die Orbita und den knöchernen canalis opticus zum Chiasma opticum, der Sehnervenkreuzung, in der ein Teil der Nervenfasern zur Gegenseite kreuzt. Der Großteil der Nervenfasern läuft im Tractus opticus zum primären Sehzentrum, dem corpus geniculatum laterale. Ein kleiner Teil der Nervenfasern jedoch verläuft von der Hinterfläche des Chiasma in den Hypothalamus und endet am nucleus suprachiamaticus oder supraoptischen nucleus (Sadun et al. 1984, 1986) Diese beiden Stränge stellen damit möglicherweise die neuroanatomische Basis für die licht-induzierte Beeinflussung des zirkadianen Rhythmus von Körperfunktionen dar. Etwas weiter im Verlauf zweigt ein Bündel Nervenfasern zum medialen nucleus geniculatum und weiter zu tektalen und prätektalen Kernen des rostralen Mesencephalons ab. Diese Fasern repräsentieren den afferenten Schenkel des Pupillenreflexes. Die Mehrzahl der Nervenfasern des Tractus opticus jedoch endet im nucleus geniculatum laterale als größtem primärem visuellen Kern. Auch hier ist eine Teilung in magnozelluläre und parvozelluläre Ganglionzellen zu beobachten, an denen die Axone der korrespondierenden retinalen Ganglenzellen enden. Damit endet auch die „anteriore Sehbahn".

Die posteriore Sehbahn beginnt im nucleus geniculatun laterale, von wo die Sehstrahlung zum primären visuellen Kortex (Brodmann area 17) im Occipitallappen führt. Durch die Calcarina-Furche wird dieses Areal in einen oberen und unteren Anteil geteilt. Die Makula ist anteilsmäßig überproportioniert repräsentiert (Lund und Boothe 1975, Horton und Hoyt 1991). Auch im visuellen Cortex kann zwischen einem magnozellulärem und parvozellulärem System unterschieden werden, die von den entsprechenden Ganglienzellen des nucleus geniculatum laterale ihre Information erhalten. Das magnozelluläre System scheint für die hohe Kontrastsensitivität, Bewegungsempfinden, Richtung und räumliches Sehen verantwortlich, während das parvozelluläre System primär für Farben, hohe Auflösung (Sehschärfe) bei niedriger Kontrastsensitivität zuständig zu sein scheint. Ein drittes System erhält Informationen von den beiden genannten für die Analyse von Farben und Helligkeit. Von dort bestehen Verbindungen zu höheren visuellen Assoziationszentren, auf die hier nicht näher eingegangen werden kann. Daneben existieren jedoch noch visuelle subkortikale Zentren wie im Bereich des Colliculus superior und Pulvinar (Zeki 1969, Polyak 1957, Holden 1976, Kuljis 1994), die für sakkadische Augenbewegungen, visuelle Orientierung und Binokularsehen verantwortlich zu sein scheinen. Erst kürzlich wurde ein akzessorisches optisches System (AOS) auch beim Menschen identifiziert (Fredericks et al. 1988) mit Verbindungen der Netzhaut zu Kernen im Mittelhirn, die eine dynamische Stabilisierung von Augen, Hals und Rumpf während der Bewegung garantieren.

Zusammenfassend beginnt die Verarbeitung photopischer Reize in der Netzhaut und setzt sich über subkortikale visuelle Zentren bis zum zerebralen Cortex fort, wo sie die höchste Komplexität erreicht. Eine Charakteristik ist die Aufteilung der visuellen Information auf verschieden Bahnen und Zentren, wie zum Beispiel für Bewegung, Form, Farbe und Räumlichkeit, die bei Störungen isolierte Ausfälle zur Folge haben.

Einfluss des Lichts auf den Rhythmus von Körpervorgängen

Viele Körpervorgänge zeigen im Tagesverlauf einen rhythmischen Ablauf wie zum Beispiel die Körpertemperatur und endokrinologische Abläufe. Der wichtigste zirkadiane Rhythmus ist der Schlaf/Wach-Rhythmus. Durch Studien an Tieren und klinischen Fällen mit Hypothalamus-Läsionen wurde der suprachiasmale nucleus (SCN) als innere Uhr und Schrittmacher im ventralen Hypothalamus lokalisiert (Cohen und Albers 1991, Eastman et al. 1984, Schwartz et al. 1986). Beim Menschen soll der SCN ein Wachsignal abgeben, das im Laufe der habituellen Wachperiode mit einem Maximum gegen 22 Uhr zunimmt und dann abnehmend seinen Tiefpunkt gegen 6 Uhr ungefähr zeitgleich mit dem Temperaturtiefpunkt erreicht (Dijk und Czeisler 1994). Der Schlaf/Wach-Rhythmus kann sich abhängig von der Tageslänge verändern (Wehr et al. 2001). Die Veränderungen im Schlaf/Wach-Rhythmus sind eng mit dem zirkadianen Rhythmus von Melatonin vergesellschaftet (Dijk und Cajochen 1997). Efferente Signale vom SCN können verschiedene hormonale Systeme wie das adrenerge, serotoninerge, histaminerge und Orexin-System modulieren (Abrahamson et al. 2001, Ashton-Johns et al. 2001, Lu et al. 2000, 2001, Moore et al. 2001).

Lange Zeit wurde dem Licht keine große Rolle bei der Synchronisation des menschlichen zirkadianen Rhythmus beigemessen. Erst vor kurzem konnte gezeigt werden, dass die vielen durch den SCN kontrollierten Körperrhythmen inklusive der pinealen Melatoninsekretion durch okuläre Lichtexposition in der Phase verschoben werden können (Czeisler und Wright 1999, Boivin und Czeisler 1998). Nach derzeitigen Schätzungen hinsichtlich der Lichtsensitivität des menschlichen zirkadianen Schrittmachers dürfte der Effekt von normalem Raumlicht etwa 50% des maximalen Effekts durch sehr starkes Licht ausmachen (Zeitzer et al. 2000). Ähnliche hohe Sensitivitäten wurden in Dose-Response-Studien des Lichteffekts auf die Melatoninsuppression, Wachsamkeit, EEG und Elektrookulogramm gemessen (Cajochen et al. 2000). Der Bereich der Leuchtdichten, die unterschiedliche Effekte auf den Schrittmacher ausüben, beträgt nur zwei bis drei logarithmische Einheiten. Die Ergebnisse im Tierversuch werden dadurch bestätigt und scheinen die Hypothese eines eigenen Photorezeptorsystems unabhängig vom visuellen, weiter oben geschilderten Systems zu stützen (Lucas et al. 1999). Die Beziehung zwischen Stimulusdauer und Lichtintensität einerseits und der Rhythmusphasenverschiebung andererseits wird derzeit untersucht. Erste Ergebnisse zeigen, dass die ersten Minuten der Lichtexposition am effektivsten sind (Rimmer et al. 2000).

Bei der Untersuchung des Effekts verschiedener Wellenlängen auf die Melantoninsuppression zeigten kurze Wellenlängen – blaues Licht – den größten Effekt (Brainard et al. 2001a).

Neben den weiter oben beschriebenen Photorezeptoren – Stäbchen- und den Zapfenzellsystemen – verdichten sich die Hinweise auf ein drittes Photorezeptorensystem. Bei Mäusen ohne Zapfen- und Stäbchenzellen aufgrund einer hereditären Degeneration konnten sowohl eine Phasenverschiebung des Rhythmus als auch eine entsprechende neuroendokrine

Antwort auf einen Lichtreiz gemessen werden (Freedman et al. 1999). Auch beim Menschen zeigen die Daten, dass weder Zapfen noch Stäbchen für die neuroendokrine Reizantwort verantwortlich zu sein scheinen (Brainnard et al. 2001b, Thapan et al. 2001), jedoch extraokulares Licht zu keiner Melatoninsuppression führt und damit ein drittes System anzunehmen ist (Skene et al. 1999). Eine andere Hypothese bringt Melanopsin, ein in den Ganglienzellen der inneren Retinaschicht produziertes Photopigment mit dem zirkadianen Lichtantworten in Verbindung (Provencio et al. 2000). Von dieser Subgruppe von Ganglienzellen könnten die Nervenfasern direkt zum SCN im Hypothalamus führen (retino-hypothalamischer Trakt) mit Verbindungen zum paraventrikulären Kernen des Hypothalamus. Diese wiederum leiten zu den präganglionären sympathischen Neuronen des oberen thorakalen Sympathikustrakts und von dort über das Ganglion cervicale superior zur Epiphyse, dem Ort der Melatoninsynthese (Moore 1996).

Zusammenfassend gibt es viele endogene Rhythmen, deren Schrittmacher im suprachiasmalen Nucleus des Hypothalamus lokalisiert ist. Durch Licht wird der körpereigene Grundrhythmus dem Tag/Nacht-Rhythmus (Solarzyklus) angepasst. Die Existenz eines eigenen Photorezeptor/Gangliensystems mit direkter Leitung zum SCN scheint bewiesen.

Erblindungsursachen

Laut WHO ist Blindheit definiert als Sehschärfe von weniger als 3/60 (1/20) im besseren der beiden Augen oder ein entsprechender Gesichtsfeldverlust geprüft mit optimaler Korrektur (International Classification of Diseases, 10th Edition – ICD10). Damit sind die Stufen 3 bis 5 der visuellen Beeinträchtigung erfasst, wobei die Stufe 5 die beidseitige völlige Erblindung ohne Lichterkennung definiert. Der Begriff „low vision" erfasst Sehschärfen zwischen 3/10 und >1/10 im besseren Auge und optimaler Korrektur (Stufe 1 + 2 der visuellen Beeinträchtigung).

Daneben gibt es in vielen Ländern den Begriff „legally blind", womit eine Sehschärfe am besseren Auge von <1/10 (10%) definiert ist. Somit umfasst die Definition Blindheit ein Spektrum von hochgradiger Sehbeeinträchtigung verschiedenen Ausmaßes, in dem kein Lichterkennen das Maximum der Beeinträchtigung darstellt.

Genaue Zahlen über Betroffene gibt es nicht, so dass man auf Schätzungen angewiesen ist. Im Jahr 1972 wurde die Zahl der Betroffenen weltweit auf 10–15 Millionen geschätzt. Diese Zahl ist 1990 auf etwa 38 Millionen Betroffene und 1997 auf etwa 44,8 Millionen angestiegen (Thylefors et al. 1995a).

Die Ursachen für Erblindung sind von ökonomischen, regionalen und sozialen Faktoren abhängig. 1997 waren 43% der Erblindungen auf Katarakt, 24% auf Diabetische Retinopathie, Makuladegeneration und Sehnervenpathologien, 15% auf Trachom, 11% auf Glaukom, 6% Vitamin A-Mangel und 1% auf Onchozerkiasis zurückzuführen (The World Health

Report 1998). Die Mehrzahl der Erblindungen ist somit auf prinzipiell leicht behandelbare Ursachen zurückzuführen.

Betrachtet man die Ursachen für beidseitige Erblindung weltweit, so ergibt sich ein ähnliches Bild: 42% Katarakt, 23% degenerative und metabolische Erkrankungen (Makuladegeneration und diabetische Retinopathie), 16% Trachom, 14% Glaukom und 5% Vitamin A Mangel und Onchozerkiasis (Thylefors et al. 1995b).

Von den Betroffenen sind 3.8%, in der Altersgruppe bis 14 Jahre, in der Gruppe von 15–44 6,5%, in der Gruppe von 45–59 31,7% und erreicht in der Altersgruppe >60 58%. Das zeigt, das weltweit 42% der Erblindeten in einem Alter der Erwerbstätigkeit oder zukünftigen Erwerbstätigkeit befinden, was auch bedeutende sozioökonomische Aspekte beinhaltet.

Sind schon die Zahlen hinsichtlich der Gesamtzahl der von Erblindung nach WHO-Definition Betroffenen nur Schätzungen, so gibt es hinsichtlich der Zahl der Betroffenen mit beidseits negativen Lichterkennen (völlig Erblindeten) nicht einmal ungefähre Schätzungen.

Veränderungen bei Blindheit

Wie weiter oben diskutiert, ist der Hell/Dunkel-Zyklus essentiell für die Regulation des zirkadianen Schrittmachers, welcher wiederum die zeitliche Organisation von physiologischen Prozessen und Verhalten – beeinflusst vom Schlaf/Wach-Zyklus – steuert.

Ein Fehlen des Lichtstimulus im Rahmen von Blindheit sollte daher zu gravierenden Veränderungen in der Rhythmizität führen.

Blindheit umfasst, wie oben ausgeführt, verschiedene Grade der visuellen Beeinträchtigung. Solange irgendeine Form von Lichtwahrnehmung, auch auf niedrigstem Niveau, besteht, kann ein normaler angepasster (entrained) Rhythmus physiologischer Prozesse aufrecht erhalten werden (Czeisler et al. 1995, Lockley et al. 1997a, b). Bei Personen ohne bewusste Lichtwahrnehmung („total erblindete Personen" = TEP) ist die Wahrscheinlichkeit, einen gestörten zirkadianen Rhythmus auszubilden, deutlich erhöht (Skene et al. 1999). In diesen total erblindeten Personen (TEP) behalten annähernd 25% einen normalen zirkadianen hormonalen Rhythmus. In weiteren 25% ist der hormonale Rhythmus phasenverschoben bei weitgehend normalem Schlafrhythmus. Die restlichen 50% haben einen mehr als 24-stündigen Rhythmus (non-entrained = free-running) und auch der Schlaf/Wachzyklus ist verändert (Lockley et al. 1999).

Das Ausmaß der Veränderung variiert. Betrachtet man die zyklischen Veränderungen des Kalium- und Natriumzyklus, so scheinen die Veränderungen bei angeborener totaler Blindheit stärker ausgeprägt zu sein als bei erworbener Blindheit (Simenhoff 1974). Erste Bericht 1977 berichten über einen Fall, in dem der Rhythmus trotz angepasster sozialer Lebensumstände 24,9 Stunden betrug (Miles et al. 1977). In größeren Studien zeigte sich eine Verlängerung des endogenen Rhythmus auf 24,3 bis 24,79 Stunden (B4) und 24,2 bis 24,9 Stunden (durchschnittlich 24,5 Stunden) (Sack et al.

2000). Die Folge sind Schlaflosigkeit und Schläfrigkeit tagsüber mit einem Maximum, sobald sich der interne Rhythmus in einer anderen Phase als die gewöhnte Schlafenszeit befindet (Sack et al. 1992). Interessanterweise ist die Dauer der Melatoninsekretion bei TEP statistisch nicht signifikant gegenüber gesunden Vergleichspersonen verändert (Klerman et al. 2001). Zwischen der Schläfrigkeit tagsüber und der tagsüber bestehenden Melatoninsekretion besteht allerdings ein direkter zeitlicher Zusammenhang, was den Schluss zulässt, dass die zeitlich gesehen abnorme endogene Melatoninsekretion die Schläfrigkeit über Tag in TEP verursacht (Lockley et al. 1997b).

Während ein Teil der TEP normalen Rhythmus zeigen, war dieser in allen Personen mit beidseitiger Enucleation (=Entfernung des Augapfels) völlig aufgehoben (free-running) (Skene et al. 1999). Diese Ergebnisse bestätigten eine vorangegangen Studie, in der das Fehlen des Bulbus der größte Risikofaktor für einen gestörten zirkadianen Rhythmus darstellte (Lockley et al. 1997a).

Ziel jeder Therapie dieser zirkadianen Rhythmusstörung und der Dissoziation zwischen Solarzyklus und endogenem Zyklus ist die Synchronisierung der unterschiedlichen Rhythmen. Dies kann auf verschiedenen Ebenen initiiert werden.

Da bei TEP eine Synchronisation mittels Licht wenig erfolgversprechend schien, wurde der Einfluss eines strengen 24 Stunden Aktivitäts-Ruhe-Rhythmus auf die Melatoninsynthese und Körpertemperatur untersucht. 60% der untersuchten TEP gelang die Synchronisation, wenn auch phasenverschoben. In einer Person konnte durch diese nicht-photopischen Reize ein von den 24 Stunden abweichender endogener zirkadianer Rhythmus stimuliert werden. Daraus lässt sich ableiten, dass auch durch non-photopische Reize eine Synchronisation erzielt werden kann (Klerman et al. 1998).

Wie oben erwähnt, tritt Desynchronisation der Rhythmen nicht in allen TEP ein. In TEP, die eine licht-induzierte Melatoninsuppression aufwiesen, konnte durch genau zeitlich geplante Lichtstimulation mit hoher Leuchtdichte eine Verschiebung des zirkadianen Systems erzeugt werden. Daraus lässt sich ableiten, dass Licht als Therapie den zirkadianen Schrittmacher von einigen TEP beeinflusst – entweder durch Veränderung der Phase des Schrittmachers oder durch Veränderung der Amplitude des Schrittmachers (Klerman et al. 2002).

Ein dritter Ansatzpunkt ist die exogene Substitution von Melatonin. Melatonin wird in der Nacht produziert und die Produktion ist mit der Länge der Nacht assoziiert (Arendt 1995). Findet Sekretion tagsüber statt, so entsteht Schläfrigkeit (Lockley et al. 1997b), ebenso wie die exogene Zufuhr während des Tages (Arendt 1995). Melatonin in einer Dosis von 5 mg kann die Synchronisation des zirkadianen Rhythmus mit einem 24 Stunden Rhythmus in sehenden Personen unter Bedingungen, die normalerweise eine Entgleisung der Synchronisation bewirken, aufrecht erhalten. Auch in TEP gelang es, mit Melatonin den Schlaf-Wach-Zyklus in einen 24 Stunden Rhythmus zu stabilisieren (Arendt 1995) allerdings ohne wirklich den Schrittmacher zu beeinflussen.

Erst vor kurzem gelang es durch Applikation einer 10 mg Dosis Melatonin, eine komplette Synchronisation zu erwirken. Entscheidende Rolle spielte dabei der Zeitpunkt des Therapiebeginns – eine Stunde vor der gewohnten Schlafenszeit und an einem Tag, an dem der endogenen Rhythmus eine normale Phase im Verhältnis zum Solarzyklus erreichte Diese Synchronisation kann mit einer Dosis von 0,5 mg täglich aufrecht erhalten werden (Sack et al. 2000). Ein ähnliches Ergebnis wurde mit einer niedrigen Dosis von 5 mg erzielte, wenn der richtige Zeitpunkt der Gabe beachtet wurde (Lockley et al. 2000). Allerdings ist die niedrigste mögliche Dosis und die Langzeitsicherheit der Gabe von Melatonin noch nicht ausreichend bekannt (Arendt 1997).

Abschließend lässt sich sagen, dass Licht eine bedeutende Rolle in der Synchronisation von physiologischen Prozessen und dem Wach/Schlaf-Rhythmus spielt. Die Tatsache, dass in einem Teil der völlig erblindeten Personen ein synchroner Rhythmus aufrecht erhalten werden kann, zeigt, dass es neben dem Stäbchen-Zapfensystemen und nachgeordneten Ganglienzellen ein drittes System mit Verbindung zum endogenem Schrittmacher zu geben scheint. Bei diesen Betroffenen kann durch Lichttherapie eine Synchronisation der Rhythmen herbeigeführt werden, wenn eine Licht-induzierte Melatoninproduktionssuppression gegeben ist. In allen anderen Fällen kann eine Melatonintherapie in Abstimmung mit dem endogenem Rhythmus und unter Beachtung des Zeitpunkts der Gabe in höherer Dosierung mit niedriger Erhaltungstherapie erfolgreich sein, wenngleich Langzeitfolgen dieser Therapie noch nicht völlig geklärt sind.

Literatur

Abrahamson EE, Leak RK, Moore RY (2001) The suprachiasmatic nucleus projects to posterior hypothalamic arousal systems. Neuroreport 12: 435–440

Arendt J (1995) Melatonin and the mammalian pineal gland. Chapman & Hall, London

Arendt J (1997) Safety of melatonin in long-term use. J Biol Rhythms 12: 673–681

Ashton-Johns GS, Chen S, Zhu Y, Oshinsky ML (2001) A neural circuit for circadian regulation of arousal. Nat Neurosci 4: 732–738

Boivin, Czeisler CA (1998) Resetting of circadian melatonin and cortisol rhythm in humans by ordinary room light. Neuroreport 30: 779–782

Brainnard GC, Hanifin JP, Rollag MD, Greeson J, Byrne B, Glickman G, Gerner E, Sanford B (2001a) Human melatonin regulation is not mediated by the three cone photopic visual system. J Clin Endocrinol Metab 86: 433–436

Brainnard GC, Hanifin JP, Greeson J, Byrne B, Glickman G, Gerner E, Rollag MD (2001b) Action spectrum for melatonin regulation in humans; evidence for a novel circadian photoreceptor. J Neurosci 21: 6405–6412

Brown MM, Brown GC, Sharma S, Kistler J, Brown H (2001) Utility values associated with blindness in an adult population. Br J Ophthalmol 85: 327–331

Bruesch SR, Arey LB (1942) The number of myelinated and unmyelinated fibers in the optic nerve of vertebrates. J Comp Neurol 77: 631

Cajochen C, Zeitzer JM, Czeisler CA, Dijk DJ (2000) Dose response relationship for light intensity and ocular and electro encephalographic correlates of human alertness. Behav Brain Res 115: 75–83

Cohen RA, Albers HEW (1991) Disruption of human circadian and cognitive regulation following a discrete hypothalamic lesion: a case study. Neurology 41: 726–729

Czeisler CA, Shanahan TL, Klerman EB, Martens H, Brotman DJ, Emens JS, Klein T, Rizzo IHJF (1995) Suppression of melatonin secretion in some blind patients by exposure to bright light. N Engl J Med 332: 6–11

Czeisler CA, Wright KP Jr (1999) Influence of light on circadian rhythmicity in humans. In: Turck FW, Zee PC (eds) Regulations of sleep and circadian rhythms. Marcel Dekker, New York, pp 149–180

Dijk DJ, Czeisler CA (1994) Paradoxical timing of the circadian rhythm of sleep propensity serves to consolidate sleep and wakefulness in humans. Neurosci Lett 16: 63–68

Dijk DJ, Cajochen C (1997) Melatonin and the circadian regulation of sleep initiation, consolidation, structure and the sleep EEG. J Biol Rhythms 12: 627–635

Eastman CI, Mistelberger RE, Rechtschaffen A (1984) Suprachiasmatic nuclei lesions eliminate circadian temparature and sleep rhythms in the rat. Physiol Behav 32: 357–368

Fredericks CA, Giolli RA, Blanks RH, Sadun AA (1988) The human accessory optic system. Brain Res 454: 116

Freedman MS, Lucas RJ, Soni B, von Schantz M, Munoz M, David-Gray Z, Foster R (1999) Regulation of mammalian circadian behavior by non-rod, non-cone ocular photoreceptors. Science 284: 502–504

Holden AL (1976) The central visual pathways. In: Davson H (ed) The eye: visual function in man, vol 2a. Academic Press, New York, pp 357–474

Horton JC, Hoyt WF (1991) The representation of the visual field in human striate cortex. Arch Ophthalmol 109: 816

Johnson BM, Miao M, Sadun AA (1987) Age-related decline of human optic nerve axon populations. Age 10: 5

Klerman EB, Rimmel DW, Dijk DJ, Kronauer RE, Rizzo JF, Czeisler CA (1998) Nonphotic entrainment of the human circadian pacemaker. Am J Physiol 274: R991–996

Klerman EB, Zeitzer JM, Duffy JF, Khalsa SB, Czeisler CA (2001) Absence of an increase in the duration of the circadian melatonin secretori episode in totally blind human subjects. J Clin Endocrinol Metab 86: 3166–3170

Klerman EB, Shanahan TL, Brotman DJ, Rimmer DW, Emens JS, Rizzo JFII, Czeisler CA (2002) Photic resetting of the human circadian pacemaker in the absence of conscious vision. J Biol Rhythms 17: 548–555

Kolb H (1994) The archtecture of functional neural circuits in the vertebrate retina. Invest Ophthalmol Vis Sci 35: 2385

Kuljis RO (1994) Lesions in the pulvinar in patients with Alzheimer's disease. J Neuropathol Exp Neurol 53: 202

Lockley SW, Skene DJ, Arendt J, Tabandeh H, Bird AC, Defrance R (1997a) Relationship between melatonin rhythms and visual loss in the blind. J Clin Endocrinol Metab 82: 3763–3770

Lockley SW, Skene DJ, Tabandeh H, Bird AC, Defrance R, Arendt J (1997b) Relationship between napping and melatonin in the blind. J Biol Rhythms 12: 16–25

Lockley SW, Skene DJ, Butler LJ, Arendt J (1999) Sleep and activity rhythms are related to circadian phase in the blind. Sleep 22: 616–623

Lockley SW, Skene DJ, James K, Thapan K, Wright J, Arendt J (2000) Melatonin administration can entrain the free-running circadian system of blind subjects. J Endocrinol 164: R1–R6

Lu J, Greco MA, Shiromani P, Saper CB (2000) Effect of lesions of the ventrolateral preoptic nucleus on NREM and REM sleep. J Neurosci 20: 3830–3842

Lu J, Zhang YH, Chou TC, Gaus SE, Elmquist JK, Shiromani P, Saper CB (2001) Contrasting effects of ibotenate lesions of the paraventricular nucleus and subparaventricular zone on sleep-wake cycle and temperature regulation. J Neurosci 21: 4864–4874

Lucas RJ, Freedman MS, Munoz M, Garcia-Fernandez JM, Foster RG (1999) Regulation of the mammalian pineal by non-rod, non-cone, ocular photoreceptors. Science 284: 505–507

Lund JS, Boothe RG (1975) Intralaminar connections and pyramidal neuron organisation in the visual cortex, area 17, of the macaque monkey. J Comp Neurol 159: 305

Miles LEM, Raynal DM, Wilson MA (1977) Blind man living in normal society has circadian rhythms of 24.9 hours. Science 198: 421–423
Moore RY (1996) Neural control of the pineal gland. Behav Brain Res 73: 125–130
Moore RY, Abrahamson EA, Van Den Pol A (2001) The hypocretin neuron system in the human brain. Arch Ital Biol 139: 195–205
Polyak S (1957) The vertebrate visual system. University of Chicago Press, Chicago
Provencio I, Rodriguez JR, Jiang G, Hayes WP, Moreira EF, Rollag MD (2000) A novel human opsin in the inner retina. J Neurosci 20: 600–605
Rimmer DW, Boivin DB, Shanahan TL, Kronauer RE, Duffy JF, Czeisler CA (2000) Dynamic resetting of the human circadian pacemaker by intermittent bright light. Am J Physiol Regul Integr Comp Physiol 279: R1574–R1579
Sack RL, Lewy AJ, Blood ML, Keith LD, Nakagawa H (1992) Circadian rhythm abnormalities in totally blind people: incidence and clinical significance. J Clin Endocrinol Metab 75: 127–134
Sack RL, Brandes RW, Adam R, Kendall BS, Lewy AJ (2000) Entrainment of free-running circadian rhythms by melatonin in blind people. N Engl J Med 343: 1070–1077
Sadun AA, Schaechter JD, Smith LEH (1984) A retinohypothalamic pathway in man: light mediation of circadian rhythms. Brain Res 302: 371
Sadun AA, Johnson BM, Schaechter JD (1986) Neuroanatomy of the human visual system, part III. Three retinal projections to the hypothalamus. J Clin Neuro Ophthalmol 6: 351
Schwartz WJ, Busis NA, Hedley-Whyte ET (1986) A discrete lesion of ventral hypothalamus and optic chiasm that disturbed the daily temparature rhythm. J Neurol 233: 1–4
Sharma S, Oliver-Fernandez A, Bakal J, Hollands H, Brown GC, Brown MM (2003) Utilities associated with diabetic retinopathy: results from a Canadian sample. Br J Ophthalmol 87: 259–261
Simenhoff ML (1974) Influence of photic imput on circadian rhythms in man. J Appl Physiol 37: 374–377
Skene DJ, Lockley SW, Thapan K, Arendt J (1999) Effect of light on human circadian rhythms. Reprod Nutr Dev 39: 295–304
Thapan K, Arendt J, Skene DJ (2001) An action spectrum for melatonin suppression evidence for a novel non-rod, non-cone photoreceptor system in humans. J Physiol (Lond) 535: 261–267
Thylefors B, Negrel AD, Pararajasegaram R, Dadzie KY (1995) Global data on blindness. Bull World Health Organisation 73 (1): 115–121
Thylefors B, Negrel AD, Pararajasegaram R, Dadzie KY (1995) Available data on blindness (update 1994). Ophthal Epidemiol 2 (1): 5–39
The World Health Report (1998)
Wehr TA, Aeschbach D, Duncan WC Jr (2001) Evidence for a biological dawn and dusk in the human circadian timingsystem. J Physiol 535: 937–951
Zeitzer JM, Dijk DJ, Kronauer RE, Brown EN, Czeisler CA (2000) Sensitivity of the human circadian pacemaker to nocturnal light melatonin phase resetting and suppression. J Physiol (Lond) 526: 695–702
Zeki SM (1969) Representation of central visual fields in prestriate cortex of monkeys. Brain Res 14: 271

Korrespondenz: Univ.-Prof. Dr. A. Wedrich, Universitätsklinik für Augenheilkunde und Optometrie, AKH Wien, Währinger Gürtel 18, A-1090 Wien, Österreich, E-mail: andreas.wedrich@akh-wien.ac.at

Hormonelle Untersuchungen und Challenge Tests bei der Saisonal Affektiven Störung

J. Stastny[1], A. Konstantinidis[1] und A. Neumeister[2]

[1] Klinische Abteilung für Allgemeine Psychiatrie, Universitätsklinik für Psychiatrie, Wien, Österreich
[2] National Institute of Mental Health, Bethesda, MD, USA

Einleitung

Die saisonal affektive Störung/Winter-Typ (SAD) ist durch regelmäßig auftretende Depressionen in Herbst und Winter, in Abwechslung mit nichtdepressiven Perioden in Frühjahr und Sommer, gekennzeichnet (Rosenthal et al. 1984). Die Lichttherapie ist als effektive Behandlung anerkannt und wird routinemäßig für diese Störung verodnet (Neumeister et al. 1999). Die Forschung der letzten zwei Jahrzehnte beschäftigte sich mit der Pathogenese der SAD und den Wirkmechanismen der Lichttherapie.

Bei SAD Patienten wurden im Vergleich mit Gesunden einige biologische Abweichungen gefunden. Solche Unterschiede inkludierten Veränderungen der hormonalen Profile, unterschiedliche Reaktionen auf biochemische Challenges, Immunantworten usw. Einige dieser Parameter ändern sich im Verlaufe einer erfolgreichen Lichttherapie.

Die Neurotransmitter spielen eine Schlüsselrolle sowohl in der Pathogenese der SAD als auch im Wirkmechanismus der Lichttherapie. Im Verlauf des letzten Jahrzehnts standen zwei Neurotransmittersysteme im Mittelpunkt des Interesses: Serotonin und die Katecholamine. In der Literatur werden diesen Neurotransmittern eine Beteiligung an der SAD und an der Wirkung der Lichttherapie zugeordnet, auch erscheint es wahrscheinlich, dass diese interagieren, u.a. auch in verschiedenen neurobiologischen Bereichen des Gehirns. Dieses Kapitel gibt eine Einführung in die Monoaminhypothese der SAD und Lichttherapie und führt aus, wie diese Hypothesen in der Zukunft Behandlung und Erforschung der SAD beeinflussen werden.

Saisonalität und Serotoninfunktion

In der Literatur gibt es deutliche Hinweise auf saisonale Variationen einiger psychischer Parameter, wie Stimmung, Nahrungsaufnahme und Suizidalität und dass diese Vorgänge im Zusammenhang mit Veränderungen der zentralen und peripheren Serotoninfunktion stehen (Maes et al. 1995). Die folgenden Ausführungen sollen zeigen, dass auch eine Beteiligung der Serotoninfunktion in der Pathogenese der SAD postuliert wird. Es ist außerdem von Interesse ob diese saisonalen Variationen der Serotoninfunktion nur bei SAD-Patienten existieren oder ob diese physiologischer Natur sind.

Diverse Studien haben sowohl bei Gesunden als auch bei psychiatrischen Patienten saisonale Veränderungen in der zentralen und peripheren Serotoninfunktion festgestellt. Studien beim Menschen unterscheiden ob Messungen statisch (z.B. biochemische Spiegel in Körperflüssigkeiten oder Blut) oder dynamisch (z.B. neuroendokrine Veränderungen als Antworten auf pharmakologische Reize) sind. Statische Messungen unterstützen die Hypothese saisonaler Fluktuationen der Serotoninfunktion beim Menschen: 1) hypothalamische Serotoninkonzentrationen in menschlichen postmortalen Hirnproben sind im Winter vermindert nachdem die Werte im Herbst Spitzenwerte erreichen (Carlsson et al. 1980); 2) die Plasmaspiegel des Serotoninvorläufers Tryptophan zeigen ein bimodalen saisonalen Verlauf (Maes et al. 1995); 3) die Serotoninaufnahme und [^{3}H]-Imipraminbindung in Blutplättchen zeigt ein saisonales Muster, wenn auch mit einigen Unterschieden in saisonalen Spitzen- und Tiefstwerten (Whitaker et al. 1984, Tang und Morris 1985, Arora und Meltzer 1988, deMet et al. 1989); 4) die Spiegel von Serotonin und seinen Metaboliten im Liquor weisen saisonale Schwankungen auf, die mit dem Breitengrad variieren (Asberg et al. 1980, Breverton et al. 1988); 5) die Melatoninkonzentrationen im Serum weisen bei gesunden Männern Spitzenwerte im Sommer und Winter auf (Arendt et al. 1977); 6) Neumeister et al. (2000) berichteten über eine in vivo signifikant reduzierte Verfügbarkeit hypothalamischer Serotonintransporter bei gesunden Frauen im Winter, verglichen mit Sommer.

Es gibt nur wenige Berichte über saisonale Schwankungen der Serotoninfunktion unter Verwendung dynamischer Messungen. Joseph-Vanderpool et al. (1993) berichten über saisonale Variationen im Verhalten nach Verabreichung von Meta-Chlorophenylpiperazine (m-CPP) bei SAD-Patienten mit höheren „Aktivierung/Euphorie"-Werten bei Patienten im Winter verglichen mit Sommer oder nach erfolgreicher Lichttherapie. Capiello et al. (1996) demonstrierten saisonale Variationen in der neuroendokrinen (Prolaktin) Antwort nach intravenöser Tryptophanverabreichung bei unipolaren, nicht-melancholischen depressiven Patienten. Die Saisonalität war deutlicher bei weiblichen als männlichen Patienten ausgeprägt. Eine solche saisonale Variabilität wurde bei bipolaren, melancholischen oder psychotischen Patienten oder gesunden Kontrollen nicht beobachtet.

Zusammenfassend wird eine saisonale Variation der zentralen und peripheren Serotoninfunktion sowohl bei depressiven Patienten als auch bei gesunden Kontrollen postuliert. Hypothetisch ist die Saisonalität der zentralen Serotoninfunktion physiologisch und könnte einen Faktor der Prädiposition für nicht-saisonale und im speziellen für saisonale Depressionen darstellen. Bei Frauen ist die Saisonalität stärker als bei Männern ausgeprägt, allerdings sind diese Ergebnisse erst vorläufig und bedürfen weiterer

Forschung. Die Variabilität der spezifischen saisonalen Spitzen- und Tiefstwerte, die von den verschiedenen Forschern berichtet werden, steht im Zusammenhang mit verschiedenen Studiendesigns, Methoden, Größen der untersuchten Gruppen und Messmethoden der Serotoninfunktion. Folglich werden weitere Untersuchungen benötigt, um die Rolle der saisonalen Veränderungen der zentralen und peripheren Serotoninfunktion im Zusammenhang mit dem menschlichen Verhalten und der Pathogenese affektiver Störungen, im Speziellen der SAD, zu klären.

Die Serotoninhypothese der SAD

Zahlreiche Hinweise deuten darauf hin, dass Serotoninsysteme im Gehirn eng in der Pathogenese der SAD involviert sind. Coppen (1967) ordnete diesem Neurotransmitter eine Schlüsselrolle in der Pathogenese affektiver Störungen im Allgemeinen zu. In der ersten klinischen Untersuchung der Lichttherapie nahmen Rosenthal et al. (1984) eine Beteiligung der zerebralen Serotoninsysteme in der Pathogenese der SAD an. Dies stand im Zusammenhang mit der Beobachtung charakteristischer psychopathologischer Profile bei SAD-Patienten mit dem Vorherrschen bestimmter atypischer Symptome (Hyperphagie, Kohlenhydratheißhunger). Zahlreiche neurovegetative Funktionen, die bei der SAD gestört sind, weisen wichtige Verbindungen mit dem serotonergen System auf.

Die Psychopathologie der SAD und Serotonin

Bei SAD-Patienten wurden Abnormalitäten des Essverhaltens und der Nahrungspräferenz beobachtet (Rosenthal et al. 1984). Hyperphagie und Kohlenhydratheißhunger sind typische Symptome der SAD und wurden auch bei Patienten, die an atypischen Depressionen leiden beobachtet (Paykel 1977). Diese Patienten unterscheiden sich von der Mehrzahl der depressiven Patienten mit Appetitmangel dadurch, dass sie öfter weiblich und öfter eher mäßig depressiv sind. Überdies weisen die atypisch depressiven Patienten eine weitaus größere Reduktion des sexuellen Interesses auf. Diese klinischen Symptome treten oft bei SAD-Patienten auf, dabei wird die Hyperphagie mit zunahmeden Schweregrad der Depression stärker.

Einige Studien räumen den Kohlehydraten eine besondere Rolle bei der SAD zu: die Kohlehydrataufnahme ist erhöht während die Patienten symptomatich depressiv sind, nicht aber nach erfolgreicher Lichttherapie oder im Sommer (Kräuchi und Wirz-Justice 1992). Bemerkenswert ist, dass eine erhöhte Kohlehydrataufnahme während der zweiten Tageshälfte ein Prädiktor für ein gutes Ansprechen auf Lichttharapie ist (Kräuchi et al. 1993). Überdies wurde gezeigt, dass die Wahrnehmungsschwelle für die süße Geschmacksempfindung bei SAD-Patienten im Winter, vor und nach Lichttherapie, erhöht ist, als während des Sommers oder im Vergleich mit gesunden Kontrollen (Arbisi et al. 1996). SAD-Patienten zeigen eine signifikante Zunahme des Wohlbefindens nach Kohlehydrataufnahme (Rosenthal et al. 1989, Kräuchi et al. 1998). Es wurde behauptet (Wurtmann et al. 1981), dass das Kohlehydratcraving Ausdruck eines funktionellen Serotonindefizites ist und dass die erhöhte Kohlehydrataufnahme bei SAD-Patienten während des Herbstes und Winters ein Verhalten zwecks Erhöhung der Serotoninverfügbarkeit darstellt (Fernstrom 1977).

Ein interessanter Zusammenhang wurde zwischen der Bulimia nervosa und der Saisonalität gefunden. Zahlreiche Arbeitsgruppen berichteten ausgeprägte saisonale Veränderungen der Stimmung und des Essverhaltens bei Patientinnen mit Bulimia nervosa (Lam et al. 1994, Levitan et al. 1994). Diese Symptome imponieren bulimiespezifisch und werden nicht bei anderen Essstörungen beobachtet. Eine signifikante Korrelation zwischen der binge eating/purge-Frequenz und der täglichen Lichtperiode wurde bei Patientinnen mit Bulimia nervosa berichtet (Blouin et al. 1992). Weiters entwickeln Bulimiepatientinnen höhere Saisonalitätsscores als gesunde Vergleichspersonen (Brewerton et al. 1994, Hardin et al. 1991, Lam et al. 1991). Umgekehrt weisen SAD-Patienten dysfunktionale Esssymptome und Verhaltensweisen wie Patienten mit Essstörungen auf, wenn auch nicht in einer vergleichbaren Ausprägung (Rosenthal et al. 1987, Berman et al. 1993).

Ein anderes charakteristisches Symptom der SAD ist die Hypersomnie. Es wurde spekuliert, dass hypersomne und hyposomne Patienten zwei unterschidliche biologische Gruppen bilden (Kupfer et al. 1972). Dem Serotonin wurde dabei eine Rolle bei der Schlafregulation zugeordnet (Jouvet 1969). Zahlreiche Forscher untersuchten den Zusammenhang zwischen Schlaf und Nahrungsaufnahme und zeigten, dass Veränderungen der Diät Veränderungen der totalen Schlafzeit, Delta Schlaf und REM Schlaf induzieren können. Es kann angenommen werden, dass einige Veränderungen während des Schlafes, welche bei symptomatisch depressiven SAD-Patienten während des Winters beobachtet werden, in Zusammenhang mit Veränderungen der Diät und des Gewichtes stehen und dass serotonerge Mechanismen involviert sein könnten.

Serotonerge Challenge Studien bei SAD

Eine anerkannte Strategie um die spezifische Rolle serotonerger Strukturen in der Ätiologie der SAD und die Mechanismen der Wirkung der Lichttherapie zu klären, ist die Effekte serotonerger Versuche mit verschiedenen pharmakologischen Eingriffen sowol bei Patienten als auch bei Kontrollen zu messen. Serotonerge Neurone senden Kollateralen zu limbischen und neuroendokrinen Arealen des Gehirns. Folglich können hormonelle Antworten, die von der serotonergen Transmission reguliert werden mit serotonergen Reizuntersuchungen (Challenges) gemessen werden. Solche hormonellen Antworten könnten auch als Maß des serotonergen Beteiligung bei affektiver Störungen verwendet werden.

Unterschiedliche pharmakologische Untersuchungen kommen zur Anwendung, um mögliche Störungen der serotonergen Transmission zu messen. Es gibt Hinweise auf abnormale hormonelle Antworten auf nichtselektive sowie auf prä- und postsynaptisch wirkende serotonerge Substanzen bei der SAD.

Serotoninrezeptor Challenge Studien bei SAD

Die Gabe des nicht-selektiven Serotoninrezeptoragonisten 5-Hydroxytryptophan (Jacobsen et al. 1987) resultiert bei einer kleinen Gruppe symptomatisch depressiver SAD Patienten und einer Gruppe alters- und geschlechtsgematchter Vergleichspersonen in einer Verminderung der Prolaktinspiegel und zu einem Ansteig der Cortisolspiegel ohne signifikante Unterschiede zwischen beiden Gruppen. Der deutliche Anstieg der Serumcortisolspiegel bei SAD-Patienten und bei gesunden Kontrollen steht im Gegensatz zu Ergebnissen bei nicht-saisonal Depressiven, die nach 5-Hydroxytryptophangabe eine verstärkte Cortisolantwort zeigten (Meltzer et al. 1984). Dieses Ergebnis wurde als Hinweis auf eine serotonerge Überempfindlichkeit im Rahmen einer Depression interpretiert. Die Unmöglichkeit durch 5-Hydroxytryptophan Unterschiede der Prolaktin- und Cortisolsekretion bei SAD-Patienten und gesunden Kontrollen zu induzieren würde nahelegen, dass beide Gruppen in ihrer serotonergen Transmission gleich sind. Andererseits kann angenommen werden, dass die serotonerge Transmission nach Gabe von 5-Hydroxytryptophan bei SAD-Patienten normalisiert ist. Diese Annahme wird durch Studien unterstützt, in denen sich Tryptophan in der Therapie der SAD als wirksam erwiesen hat, entweder als Monotherapie (McGrath et al. 1990, Ghadirian et al. 1998) oder in Kombination mit Lichttherapie (Lam et al. 1997). Abnormale Prolaktinantworten wurden auch nach der Gabe der serotonergen Substanz d,l-fenfluramin (setzt Serotonin frei und blockiert gleichzeitig die Wiederaufnahme) gefunden, was die Wichtigkeit serotonerger Mechanismen in der Pathogenese der SAD stützt (o'Rourke et al. 1987).

Eine weitverbreitete und potentiell aussagekräftige Untersuchung der zentralen serotonergen Funktion ist die Verabfolgung von Meta-chlorphenylpiperazin (m-CPP). Diese Substanz hat Affinität zu verschieden Serotoninrezeptoren, besonders zu 5-HT 2c, aber auch zu 5-HT 1a, 5-HT 2 und mäßig auch zu a-noradrenergen Rezeptoren und zum Serotonintransporter (Kahn und Weztler 1991, Murphy et al. 1991). Interpretationen der Ergebnisse früherer Studien (Jacobson et al. 1994, Joseph-Vanderpool et al. 1993) sind wegen der Studiendesigns problematisch, wie z.B. dem Fehlen einer Placebokontrollbedingung, dem Fehlen einer Randomisation bzgl. der Lichttherapie, und fehlender Rücksichtnahme auf den Menstrualzyklus der teilnehmenden Frauen.

Neuere Studien (Schwartz et al. 1997, Levitan et al. 1998) vermieden die erwähnten Mängel und die Ergebnisse brachten weitere Hinweise auf die Wichtigkeit serotonerger Mechanismen bei der SAD. m-CPP induzierte eine Abnahme der Depressivität bei symptomatischen SAD-Patienten, keine Effekte wurden bei gesunden Vergleichspersonen beobachtet. Interessanterweise werden normale Antworten auf m-CPP bei SAD-Patienten nach Lichttherapie oder während des Sommers, wenn die Patienten natürlicherweise remittiert sind, beobachtet. Dies führt zu der Annahme, dass die durch m-CPP induzierte Aktivierung oder Euphorie, ein state marker der SAD sein könnte. Hormonelle Antworten (Prolaktin, Corticotropin, Cortisol) auf m-CPP waren bei SAD-Patienten verglichen mit gesunden Kontrollen abgeschwächt. M-CPP induzierte auch abgeschwächte Noradrenalinantworten bei SAD-Patienten verglichen mit gesunden Kontrollen. Das abgeschwächte Ansprechen der hypothalamisch-hypophysären-adrenalen Achse und des sympathischen Systems scheint trait marker der SAD zu sein, weil sie während beider Lichttherapiekonditionen beobachtet wurde.

Um serotonerge Mechanismen bei der SAD weiter zu erforschen, verabreichten Yatham et al. (1997) SAD-Patienten und gesunden Kontrollen Sumatriptan vor und nach Lichttherapie und maßen die Wachstumshormonantwort. Sumatriptan bindet mit höchster Affinität an 5-HT 1D Rezeptoren, gefolgt von 5-HT 1A, hat aber keine Affinität zu anderen serotonergen, adrenergen, dopaminergen oder muscarinischen Rezeptoren. Die Autoren berichten von einer abgeschwächten Wachstumshormonantwort bei symptomatisch depressiven SAD-Patienten vor einer Lichttherapie, verglichen mit gesunden Kontrollen. Diese Abschwächung wurde nach erfolgreicher Lichttherapie nicht festgestellt. Dieses Ergebnis legt nahe, dass 5-HT 1D Rezeptoren bei einer SAD subsensitiv sind, wenn die Patienten depressiv sind, nicht jedoch nach einer Lichttherapie. Daher scheint die erwähnte 5-HT 1D Rezeptor Subsensitivität ein state, nicht jedoch ein trait marker zu sein. Da Sumatriptan auch an 5-HT 1A Rezeptoren bindet wurde von den Autoren angenommen, dass eine Rolle der 5-HT 1A Rezeptoren bei der Wachstumshormonantwort nicht vollständig ausgeschlossen werden kann. Dies ist nicht anzunehmen, da in einer anderen Studie von Schwartz et al. (1999) Hinweise gefunden wurden, dass eine 5-HT 1A Subsensitivität einen trait marker und nicht einen State marker darstellt.

Zusammenfassend haben 5-HT-Rezeptorchallengestudien zu weiteren Erkenntnissen im Bereich der serotonergen Mechanismen der SAD und der Lichttherapie geführt. Rezeptorsubsensitivität wurde für verschiedene Rezeptoren gezeigt, entweder als state marker oder als trait marker. Serotoninrezeptor-Challengestudien bei SAD erbringen wichtige Hinweise auf eine veränderte Aktivität an oder stromabwärts zu den zentralen Serotoninrezeptoren. Der relative Mangel an Spezifität der verwendeten Substanzen lässt die Frage unbeantwortet, welches bestimmte Serotoninrezeptorsystem bei der SAD dysfunktional sein könnte. Weitere Studien werden, abhängig von der Verfügbarkeit, spezifischere Serotoninagonisten verwenden. Dies wird hilfreich sein, um besser zu verstehen, wie serotonerge Mechanismen und welche Strukturen innerhalb des Serotoninsystems in der Pathogenese der SAD involviert sind. Die verfügbaren Daten sind jedoch mit der Hypothese vereinbar, dass bestimmte zentralnervöse Systeme während einer Herbstwinterdepression dysfunktional sind und dass diese durch Lichttherapie beeinflusst werden.

Tryptophandepletionsstudien

Die akute Tryptophandepletion ist eine neue Strategie in der Forschung um die Verhaltenseffekte einer reduzierten serotonergen Funktion zu untersuchen. Bei Menschen wird die Serotoninaktivität manipuliert, indem die Verfügbarkeit der Vorläufersubstanz Tryptophan (Neumeister et al. 1997) kontrolliert wird. Veränderungen des Tryptophans im Gehirn im Zusammenhang mit der Ernährung stehen in relevanter Verbindung mit serotonin-mediierten Funktionen, weil die Serotoninsynthese im Gehirn von der Verfügbarkeit des Tryptophans abhängig ist. Das Ziel der Tryptophandepletion ist es, die Serotoninspiegel im Gehirn zu senken indem die Serotoninsynthese durch eine Reduktion seiner Vorläufersubstanz Tryptophan gesenkt wird. In Tierversuchen wurde die Effektivität dieser Methode durch Messung des Gehirnserotoninspiegels und 5-Hydroxyindolspiegel wiederholt nachgewiesen (Young et al. 1989, Schaechter und Wurtman 1990). Beim Menschen führt die orale Verabfolgung von 50–100 g einer Aminosäurenlösung ohne Tryptophan zu einer deutlichen Reduktion des Plasmatryptophans (Young et al. 1985). Es wird angenommen, dass dies zu einer signifikanten Reduktion der zentralen Serotoninaktivität führt. Eine Positronenemissionstomograpiestudie bei Menschen zeigte, dass die Tryptophandepletion eine deutliche Verringerung der zentralen Serotoninsynthese hervorruft (Nishizawa et al. 1997).

Die Methode der Tryptophandepletion muss reversibel und spezifisch sein um als adäquate Untersuchungsmethode serotonerger Mechanismen zu gelten. Experimentelle Tierversuche und Studien bei Menschen zeigen, dass die Spitzeneffekte der Tryptophandepletion zwischen 5 und 7 Stunden nach der Einnahme des Aminosäurengemisches beobachtet werden, 24 Stunden später waren die Plasmatryptophanspiegel wieder im Normbereich. Außerdem wurde gezeigt, dass sich die Abnahme des Plamatryptophanspiegel proportional zur Aminosäurendosis verhält. Studien am Tier lassen aber vermuten, dass die peripheren biochemischen Korrelate der Tryptophandepletion nicht notwendigerweise den Grad der zentralen Beeinträchtigung der serotonergen Transmission reflektieren (Stancampiano et al. 1997). Tierstudien (Young et al. 1989) und eine neuere Studie beim Menschen (Neumeister et al. 1998) zeigen die Spezifität der Tryptophandepletion für serotonerge Mechanismen, weil andere Neurotransmitter wie Tyrosin und Katecholamine von der Tryptophandepletion unbeeinflusst bleiben. Wenn die Effekte der Tryptophandepletion an die Neurotransmission im Gehirn gekoppelt ist, dann sind also am ehesten die serotonergen Mechanismen betroffen.

Das Tryptophanreduzierende Getränk enthält große Mengen der anderen großen neutralen Aminosäuren, die mit Tryptophan um das selbe Transportsystem über die Blut-Hirnschranke konkurrieren. Die Reduktion des Plasmatryptophans und das Ansteigen der anderen großen neutralen Aminosäuren könnte auch eine Veränderung des Insulin- und Glucagonmetabolismus verursachen (Maes et al. 1990), die die Tryptophanaufnahme im Gehirn beeinflusst oder hat möglicherweise einen eigenen Einfluss auf Verhalten und metabolische Effekte (Baldessarini 1984).

Studien mit Tryptophandepletion an gesunden Personen zeigten inkonsistente Resultate. Gesunde männliche Probanden mit Baseline Depressions-Ratings im oberen Normbereich zeigen eine transiente Verschlechterung ihrer Stimmung während der Tryptophandepletion (Young et al. 1985, Smith et al. 1987). Im Gegensatz dazu blieben gesunde männliche und genau auf psychiatrische sowie somatische Krankheiten untersuchte Probanden, die bei der Baselineuntersuchung euthym waren, durch die Tryptophandepletion unbeeinträchtigt (Abbott et al. 1992, Danjou et al. 1990). Gesunde Kontrollen mit Familienanamnrese affektiver Erkrankungen berichteten über eine augeprägtere Verschlechterung der Stimmung im Rahmen der Tryptophandepletion als gesunde Kontrollen ohne positive Familienanamnese (Benkelfat et al. 1994). Die Effekte der Tryptophandepletion bei gesunden weiblichen Personen sind inkonsistent, nachdem eine Studie (Zimmermann et al. 1993), aber nicht eine andere (Oldman et al. 1994) eine Verschlechterung der Stimmung nach Tryptophandepletion ergab.

Bei Patienten mit nicht-saisonaler Depression vermochte die Tryptophandepletion die therapeutischen Effekte der serotonerg, jedoch nicht der noradrenerg wirkenden Antidepressiva aufzuheben (Delgado et al. 1991), allerdings wurden keine Effekte der Tryptophandepletion auf Fluoxetin-behandelte gesunde Personen beobachtet (Barr et al. 1997).

Bei der SAD wurden Tryptophandepletionsstudien bei symptomatisch depressiven Patienten sowohl vor der Lichttherapie (Neumeister et al. 1997) als auch während einer durch Lichttherapie induzierten Remission (Lam et al. 1996, Neumeister et al. 1997, 1998) durchgeführt. SAD-Patienten wurden auch während des Sommers, als diese vollremittiert und medikationsfrei waren untersucht (Neumeister et al. 1998, Lam et al. 2000). Bei unbehandelten, symptomatisch depressiven SAD-Patienten wurde keine Exazerbation der depressiven Symptome durch eine Tryptophandepletion induziert. Dies steht im Gegensatz zu dem transienten depressiven Rückfall, der durch Tryptophandepletion bei Patienten in einer stabilen Lichttherapie-induzierten Remission induziert wurde. Solche Studien unterstützen die Hypothese, dass die antidepressiven Effekte der Lichttherapie über serotonerge Systeme vermittelt werden. Wie bereits erwähnt, wurden SAD-Patienten auch während des Sommers in voller Remission und medikationsfrei untersucht. Diese Studien erzielten inkonsistente Ergebnisse. Neumeister et al. berichteten einen transienten depressiven Rückfall induziert durch Tryptophandepletion, wobei Lam et al. dies nicht bestätigen konnten. Die Widersprüchlichkeiten der erwähnten Studien können nicht durch unterschiedliche Patientenpopulationen erklärt werden, da in beiden Studien sehr homogene SAD-Patientengruppen untersucht wurden, die in ihren klinischen und demographischen Charakteristika sehr ähnlich waren. Eine mögliche Erklärung ist der Zeitintervall seit der letzten depressiven Episode, der in beiden Studien unterschiedlich war. Erwähnenswert ist, dass während des Sommers der depressive Rückfall früher erfolgte und kurzlebiger war als im Winter. In einer kleineren Studie zeigten Neumeister et al. (1999), dass jene Patienten, die einen depressiven Rückfall während der Tryptophandepletion erfuhren, ein erhöhtes Risiko für eine weitere depressive Episode während des nächsten Winters aufwiesen. Im Gegensatz dazu entwickelten jene Patienten, die währen der Tryptophandepletion im Sommer inbeeinträchtigt blieben, keine depressive Episode im nächsten Winter. Diese Ergebnisse könnten Wichtigkeit erlangen, wenn sie in einer größeren Gruppe von SAD-Patienten repliziert werden könnten, weil so eventuell durch Tryptophandepletion jene Patienten definiert werden können, die von einer antidepressiven Dauertherapie, entweder pharmakologisch oder nicht-pharmakologisch, profitieren können.

Zusammenfassend ergeben die Tryptophandepletionsstudien, welche durch unsere Arbeitsgruppe an verschiedenen Gruppen von SAD-Patienten in unterschiedlichen Stadien der Erkrankung durchgeführt wurden, substantielle Hinweise, dass Serotonin eine Schlüsselrolle in der Pathogenese der SAD spielt. Weiters scheint der Neurotranmitter in dem Wirkmechanismus der Lichttherapie involviert zu sein. In einer kleineren Studie fanden wir eine Assoziation der Genotypen des Serotonintransporters und Veränderungen der Depressionsscores nach Tryptophandepletion (Lenzinger et al. 1999). SAD-Patienten bleiben für Alterationen der zentralen serotonergen Funktion vulnerabel. Daher wird spekuliert, dass die angenommene serotonerge Dysregulation bei der SAD ein trait marker, nicht ein state marker ist und dass die Lichttherapie das zugrundeliegende Defizit ausgleicht. Kein direkter Zusammenhang wurde für den Schweregrad der depressiven Symptomatik und der Tryptophanverfügbarkeit gefunden. Dies lässt eine direkte Beteiligung Serotonins an der Regulation der Stimmung bei der SAD bezweifeln. Die Tryptophanstudien lassen außerdem nicht den Schluss zu, dass nicht andere neurobiologische Systeme außer dem serotonergen an der Pathogenese der SAD beteiligt sind.

Serotonerge Verbindungen bei der SAD

Die Hypothese, dass eine Dysregulation innerhalb serotonerger Systeme des Gehirns ein ätiologischer Faktor in der SAD sein könnte wird von der vorteilhaften Wirkung serotonerger Wirkstoffe in der Behandlung der SAD begründet. Unterschiedliche serotonerge Verbindungen wie Sertralin (Blashko et al. 1995), Fluoxetin (Lam et al. 1995) und d,l-Fenfluramin (O'Rourke et al. 1989) haben sich in kontrollierten Studien bei der SAD als wirksam erwiesen. Vor kurzem bewies auch das duale Antidepressivum Mirtazapin seine Effektivität bei der SAD (Hesselmann et al. 1999). Eine detailliertere Beschreibung der pharmakologischen Behandlung der SAD als eine Alternative zur Lichttherapie befindet sich an einer anderen Stelle dieses Buches. In der Zusammenschau ist die antidepressive Wirkung serotonerger Substanzen ein weiterer, wenn auch indirekter, Hinweis für die Wichtigkeit serotonerger Mechanismen in der SAD.

Single Photon Emissions Computertomographie (SPECT) Studien zentraler Serotonintransporter

Um zu untersuchen, ob Veränderungen in der Verfügbarkeit der Monoamin-Transporter auch bei symptomatisch depressiven SAD Patienten vorkommen, haben Willeit et al. (2000) den SPECT-Liganden [^{123}I]-2β-Carbomethoxy-3β-(4-iodophenyl)tropan ([^{123}I]β-CIT) verwendet um die Bindung an den Serotonintransporter im menschlichen Thalamus/Hypothalamus Mittelhirnbereich in vivo zu bestimmen. Das Kokain-Analogon [^{123}I]β-CIT wird verwendet um Serotonin- und Dopamintransporter im menschlichen Gehirn mit SPECT darzustellen. Dabei ist zu beachten, dass [^{123}I]β-CIT kein spezifischer Ligand für den Serotonintransporter ist. Obwohl [^{123}I]β-CIT mit hoher Affinität sowohl an Serotonin- als auch an Dopamintransporter bindet, wurde gezeigt, dass die striatale Aktivität beinahe allein mit dem Dopamintransporter assoziiert ist, während die hypothalamische und Mittelhirnaktivität fast ausschließlich mit dem Serotonintransporter assoziiert ist (Laruelle et al. 1993). Diese offensichtliche regionale Selektivität erlaubt eine Messung der Bindung am Serotonintransporter in vivo. Das Cerebellum enthält vernachlässigbare Konzentrationen der monoaminergen Transporter (Bäckström et al. 1988, Cortes et al. 1998, Laruelle et al. 1988) und dient deshalb als Referenzregion. Es bestehen Hinweise, dass die spezifische [^{123}I]β-CIT-Bindung an den Serotonintransporter durch synaptische Serotoninkonzentrationen beeinflusst wird (Jones et al. 1998).

SAD Patienten weisen eine reduzierte thalamische/hypothalamische Verfügbarkeit von Serotonintransportern im Vergleich mit einer Gruppe alters- und geschlechtsgematchter gesunder Kontrollpersonen auf. In dieser Studie wurde festgelegt, dass jedes Paar aus Patient und gesunder Kontrollperson innerhalb eines Zeitraumes zweier Wochen untersucht wurde. Dies erscheint wesentlich, da vor kurzem signifikante Unterschiede in der Serotonintransporterdichte bei gesunden weiblichen Personen zwischen Sommer und Winter beschrieben wurden (Neumeister et al. 2000). Das Ergebnis einer reduzierten Verfügbarkeit der Serotonintransporter bei depressiven SAD Patienten ist von besonderem Interesse in der Pathogenese der SAD, weil sich die hypothalamische serotonerge Funktion saisonal verändert (Carlson et al. 1980, Neumeister et al. 2000). Zukünftige Studien werden sich mit der Frage beschäftigen, ob die Reduktion der Serotonintransporterverfügbarkeit während des Winters einen trait oder einen State marker repräsentiert, indem Patienten vor und nach Lichttherapie und im Sommer untersucht werden.

Die Katecholaminhypothese der SAD

Der Überblick über die Literatur bezüglich der biologischen Variablen, die in der Pathogenese der SAD und im Wirkmechanismus der Lichttherapie eine Rolle spielen, bringt zum Vorschein, dass in den letzten Jahren den serotonergen Mechanismen weit mehr Aufmerksamkeit als den katecholaminergen geschenkt wurde. Einige Hinweise deuten an, dass neben der serotonergen auch die noradrenerge Transmission in der Pathophysiologie der SAD und in die Wirkmechanismen der Lichttherapie involviert sein könnte. Eine Studie ergab eine umgekehrte Korellation der Plasmanoradrenalinspiegel mit dem Schweregrad der Depression bei unbehandelten SAD-Patienten (Rudorfer et al. 1993). In einer anderen Studie über die Rolle des Noradrenalin im Wirkmechanismus der Lichttherapie führte die Lichttherapie zu einer Reduktion der Ausscheidung von Noradrenalin und seiner Metaboliten im Harn (Anderson et al. 1992). Die Plasmakonzentration des Noradrenalinmetaboliten 3-methoxy-4-hydroxyphenylethylenglycol (MHPG) unterschied depressive SAD-Patienten weder von lichttherapierten SAD-Patienten noch von gesunden Kontrollen (Rudorfer et al. 1993). Auch unterschieden sich die Liquorspiegel von MHPG und des Serotoninmetaboliten 5-Hydroxyindolessigsäure (5-HIAA) bei Patienten und Gesunden nicht (Rudorfer et al. 1993). Einen indirekten Hinweis für die Beteiligung von Noradrenalin in der Pathogenese der SAD lieferten die Ergebnisse einer jüngeren offenen Studie, in der sich der selektive Noradrenalinwiederaufnahmehemmer Reboxtin in der Therapie der SAD als wirksam erwies (Hilger et al. 1999). Bemerkenswert war die besondere Wirksamkeit von Reboxetin gegen die atypischen Symptome der SAD.

Zur Untersuchung dopaminerger Mechanismen in der SAD wurden drei unabhängige Messungen verwendet: Prolaktinsekretion, spontane Lidschlussrate bei Ratten und die Temperaturregulation. Dopamin ist die primäre Substanz, die über tuberoinfundibulare Projektionen zur medianen Erhebung zu einer tonischen Inhibition der Prolaktinsekretion führt (Gudelsky 1981). Darüberhinaus scheinen dopaminerge Systeme die spontane Lidschlussrate zu modulieren (Karson 1983) und auch an der Regulation der Körperkerntemperatur beteiligt zu sein (Lee et al. 1985). Studien berichten einerseits über erhöhte (Jacobson et al. 1984) als auch verringerte (Depue et al. 1990, Oren et al. 1996) basale Prolaktinspiegel bei SAD-Patienten verglichen mit Kontrollen. Eine Studie (Depue et al. 1990), nicht aber eine andere (Barbata et al. 1993), zeigte, dass SAD-Patienten eine erhöhte Lidschlussrate haben. Anfängliche Befunde einer abnormalen thermoregulatorischen Antwort auf thermische Challenges bei SAD-Patienten im Vergleich mit Kontrollen (Arbisi et al. 1989) konnten nicht repliziert werden. Auch hat sich die Kombination von Levodopa und Carbidopa in der Therapie der SAD nicht besser als Placebo erwiesen (Oren et al. 1994). Eine jüngere bildgebende Studie (Neumeister et al. 2001) erzielte neue Einsichten in die dopaminergen Mechanismen der SAD. Die Autoren untersuchten die Dopamintransporterverfügbarkeit bei unbehandelten, depressiven SAD-Patienten und gesunden Kontrollen. SAD-Patienten und gesunde alters- bzw. geschlechtsgematchte Kontrollen nahmen an einer [^{123}I]β-CIT SPECT Studie teil, um die striatale Dopamintransporterdichte mit dem Cerebellum als Referenzregion zu messen. Ergebnis war eine Reduktion der striatalen Dopamintransporterverfügbarkeit bei den SAD-Patienten. Es bleibt unklar, ob diese Reduktion einen primären Defekt darstellt oder einen Versuch, einen Zustand während der depressiven SAD Episode mit möglicherweise reduzierter Dopaminverfügbarkeit im synaptischen Spalt auszugleichen.

Mehr Hinweise für die Beteiligung katecholaminerger Mechanismen an der Pathogenese der SAD und an der Wirkungsweise der Lichttherapie kommen von einer Monoamindepletionsstudie mit Tryptophan- und Katecholamindepletion um den Beitrag dieser Neurotranmitter am Wirkmechanismus der Lichttherapie zu untersuchen (Neumeister et al. 1998). Diese Studie ist nicht nur zur Erforschung der SAD, sondern auch der nichtsaisonalen Depression wichtig, da dies die erste Studie ist, in der Tryptophan- und Katechlamindepletion im selben Patienten untersucht wurden.

Die Tryptophandepletion wurde durch eine 24 Stunden anhaltende tryptophanarme Diät eingeleitet, gefolgt von der Verabreichung eines tryptophanfreien Aminosäurengemisches, die Katecholamindepletion wurde durch die Verabreichung des Tyrosin-hydroxylaseinhibitors Alpha-methyl-para-tyrosin (AMPT) induziert. Diphenhydramin diente als Placebo. Die Effekte dieser Prozedur wurden Messung der Depressionsparameter, Plasmatryptophanspiegel und Plasmakatecholaminmetaboliten gemessen. Wie erwartet senkte die Tryptophandepletion signifikant totale und freie Tryptophanspiegel im Plasma. Die Katecholamindepletion reduzierte signifikant Plasma-MHPG und Homovanillinmandelsäurespiegel (HVA).

Das erste Ergebnis dieser Untersuchung war, dass sowohl die Tryptophan- als auch die Katecholamindepletion, nicht aber die Placebokondition, den therapeutischen Effekt der Lichttherapie unterbrachen. Diphenhydramin erwies sich als brauchbares Placebo, da es einen mit AMPT vergleichbaren Grad an Müdigkeit, nicht aber eine depressive Verstimmung der Patienten verursachte. Es gab keinen Unterschied im Grad der induzierten Depressivität zwischen Tryptophan- und Katecholamindepletion. Die Ergebnisse der Studie sprechen dafür, dass die Lichttherapie nicht allein über serotonerge Wege wirkt und dass katecholaminrge Wege ebenfalls angenommmen werden müssen.

Zusammenfassend lieferten Studien über katecholaminerge Systeme in der SAD weniger einheitliche Ergebnisse bezüglich Abnormitäten dieser Neurotransmittesysteme als dies bei den serotonergen Systemen der Fall ist. Es ist jedoch bekannt, dass Serotonin- und Katecholaminsysteme des Gehirns einander beeinflussen. Gestörte Interaktionen zwischen serotonergen und katecholaminergen Systemen bei der SAD wurden berichtet (Schwartz et al. 1997). Zur Zeit ist unklar, ob Lichttherapie durch eine Wiederherstellung gestörter Interaktionen zwischen diesen beiden Systemen oder durch direkten Einfluss auf die Systeme wirkt.

Photoperiode und Melatoninsekretion

Frühe epidemiologische Untersuchungen haben angenommen, dass die Prävalenz der SAD mit dem nördlichen Breitengrad zunimmt, da dort im Winter die Photperiode kürzer ist (Potkin et al. 1986, Rosen et al. 1990).

Basierend auf solchen Studien wurde angenommen, dass sich die Symptome der SAD auf Grund der kürzeren Photoperiode entwickeln (Rosenthal et al. 1984). Therapien zielten darauf ab, die tägliche Photoperiode zu verlängern, indem eine Lichttherapie 3 Stunden täglich zwischen 6 Uhr und 9 Uhr morgens bzw. 4 Uhr und 7 Uhr abends etabliert wurde (Rosenthal et al. 1984). Die Verbesserung der Zustandsbilder der Patienten stützte diese Hypothese. Nachfolgende Studien zeigten, dass eine Verlängerung der Photoperiode allein die therapeutischen Effekte des Lichtes nicht erklären konnte (Winton et al. 1989). Einzelne tägliche Licht impulse erwiesen sich ebenso effektiv wie wie die morgentliche und abendliche Verlängerung der Photoperiode. Kürzliche epidemiologische Untersuchungen gehen davon aus, dass der Zusammenhang zwischen Photoperiode und SAD geringer ist als zuvor angenommen (Blazer et al. 1998, Mersch et al. 1999). Vor kurzem erlangte die Theorie über die Photoperiode bei der SAD neue Aufmerksamkeit. Die nächtliche Dauer der Melatoninsekretion spiegelt Veränderungen der Photoperiode beim Menschen wieder (Wehr et al. 1991). Gesunde Personen in natürlicher Umgebung weisen keine saisonalen Veränderungen der Melatoninprofile auf, was zur Annahme führt, dass künstliches Licht die Melatoninantwort auf saisonale Veränderungen der Photoperiode unterdrückt (Wehr et al. 1995). Andererseits zeigen SAD-Patienten eine signifikante Variation in der Melatoninantwort auf die Photoperiode mit einer längeren nächtlichen Melatoninabgaben bei SAD-Patienten. Dies wird von einer Studie mit Propranolol bestätigt, in der die Unterdrückung der frühmorgentlichen Melatoninsekretion das Melatoninprofil bei SAD-Patienten normalisiert (Schlager 1994). Weiters wurde postuliert, dass die Photoperiode beim Beginn der atypischen vegetativen Symptome, die die Kernsymptome der SAD darstellen, eine wichtige Rolle spielt (Young et al. 1997, 1991).

Die Melatoninhypothese erfuhr wieder Aufmerksamkeit, als bei Tieren festgestellt wurde, dass das Signal der Photoperiode durch die Dauer der nächtlichen Melatoninsekretion mediiert wird, Licht unterdrückt die Melatoninsekretion. Patienten mit bipolaren affektiven Störungen sind in dieser Hinsicht auf Licht überempfindlich (Lewy et al. 1985). Die Empfindlichkeit der Unterdrückbarkeit der Melatoninsekretion hängt von der Lichtintensität ab (Bojkowski et al. 1987, McIntyre et al. 1989), von der Dauer (McIntyre et al. 1989), war im Vergleich mit normalen Kontrollen größer bei bipolaren Störungen (Lewy et al. 1985, 1981). Jedoch wurde kein Unterschied zwischen unipolar Depressiven und gesunden Kontrollen festgesellt (Commings et al. 1989). Auch wurden keine signifikanten Unterschiede des 24-Stunden-Melatoninrhythmus bei SAD-Patienten und Gesunden festgestellt, der Melatoninrhythmus blieb von der Lichttherapie unbeeinflusst (Checkley et al. 1993; Partonen et al. 1996). Außerdem lassen sich die therapeutischen Effekte der Lichttherapie nicht durch die Unterdrückung der Melatoninsekretion erklären (Wehr et al. 1986). Medikamente, die die Melatoninsekretion unterdrücken, wie kurzwirksame β-Blocker, haben sich bei der SAD wirksam erwiesen (Schlager 1994). Atenolol, ein lang wirksamer β-Blocker war nicht wirksam (Rosenthal et al. 1988). So kann spekuliert werden, dass nicht die Unterdrückung der Melatoninsekretion selbst antidepressiv wirkt, sondern vielmehr der richtige Zeitpunkt.

Melatonin wurde auch wegen einer potentiellen antidepressiven Wirksamkeit bei der SAD untersucht. In einer Studie führte die Verabreichung von 5 mg Melatonin zu keiner Verbesserung der SAD (Wirz-Justice et al. 1990). Studien, die physiologischere Dosierungen zu bestimmten Tageszeiten verwendeten, um eine Vorverschiebung der circadianen Phase bei SAD-Patienten zu induzieren, erwiesen sich als effektiv (Lewy et al. 1998). Außerdem wurde gezeigt, dass das klinische Ansprechen mit dem Grad der Phasenvorverschiebung korreliert war.

Zusammenfassung

Die Literatur über die Rolle der monoaminergen Systeme des Gehirns in der Pathogenese der SAD und der Mechanismen der Wirkung der Lichttherapie zeigt, dass beide Neurotransmittersysteme, sowohl serotonerges und noradrenerges, eine Schlüsselrolle in der Erkrankung und ihrer Therapien spielen. Wie gezeigt wurde, existieren deutliche Hinweise, dass Störungen der monoaminergen Funktion ein trait marker in der SAD sind und dass antidepressive Therapien, wie die Lichttherapie und pharmakologische Behandlungen, diese Defizite ausgleichen.

Literatur

Abbott FV, Etienne P, Franklin KPJ, Morgan MJ, Sewitch MJ, Young SJ (1992) Acute tryptohan depletion blocks morphine analgesia in the cold pressor test in humans. Psychopharmacology 108: 60–68

Anderson JL, Vasile RG, Mooney JJ, Bloomingdale KL, Samson JA, Schildkraut JJ (1992) Changes in norepinephrine output following light therapie for fall/winter seasonal depression. Biol Psychiatry 32: 700–704

Arbisi PA, Depue RA, Spoont MR, Leon A, Ainsworth B (1989) Thermoregulatory response to thermal challenge in seasonal affective disorder: a preliminary report. Psychiatry Res 28: 323–334

Arbisi P, Levine AS, Nerenberg J, Wolf J (1996) Seasonal alteration in taste detection and recognition threshold in seasonal affective disorder: the proximate source of carbohydrate craving. Psychiatry Res 59: 171–182

Arendt J, Wirz-Justice A, Bradke J (1977) Circadiad, diurnal and circannual rhythms of serum melatonin and platelet serotonin in man. Chronobiologia 4: 96–97

Arora RC, Meltzer HY (1988) Seasonal variation of imipramine binding in the blood platelets of normal controls and depressed patients. Biol Psychiatry 23: 217–226

Asberg M, Bertilsson L, Rydin E, Schalling D, Thoren P, Träskman-Bendz L (1980) Monoamine metabolites in cerbrospinal fluid in relation to depressive illness, suicidal behavior and personality. In: Angrist B, Burrows GD, Lader M et al (eds) Recent advances in neuropharmacology. Pergamon, Oxford, pp 257–271

Baeckstroem IT, Marcusson JO (1990) High and low affinity 3H-desipramine binding sites in human postmortem brain tissue. Neuropsychobiology 23 (2): 68–73

Baldessarini RJ (1984) Treatment of depression by altering monoamine metabolism: precursors and metabolic inhibitors. Psychopharmacol Bull 20: 224–239

Barbato G, Moul DE, Schwartz P, Rosenthal NE, Oren DA (1993) Spontaneous eye blink rate in winter seasonal affective disorder. Psychiatry Res 47 (1): 79–85

Barr LC, Heninger GR, Goodman W, Charney DS, Price LH (1997) Effects of fluoxetine administration on mood response to tryptophan depletion in healthy subjects. Biol Psychiatry 41: 949–954

Benkelfat C, Ellenbogen MA, Dean P, Palmour RM, Young SN (1994) Mood-lowering effect of tryptophan depletion. Enhanced susceptibility in young men at genetic risk for major affective disorders. Arch Gen Psychiatry 51: 687–697

Berman K, Lam RW, Goldner EM (1993) Eating attitudes in seasonal affective disorder and bulimia nervosa. J Affect Disord 29 (4): 219–225

Blashko CA (1995) A double blind, placebo controlled of sertraline in the treatment of outpatients with seasonal affective disorders. Eur Neuropsychopharmacol 5: 258

Blazer DG, Kessler RC, Swartz MS (1998) Epidemiology of recurrent major and minor depression with seasonal pattern. The National Comorbidity Survey. Br J Psychiatry 172: 164–167

Blouin A, Blouin J, Aubin P, Carter J, Goldstein C, Boyer H, Perez E (1992) Seasonal patterns of bulimia nervosa. Am J Psychiatry 149 (1): 73–81

Brewerton TD, Berrettini W, Nurnberger J, Linnoila M (1998) An analysis of seasonal fluctuations of CSF monoamines and neuropeptides in normal controls: findings with 5-HIAA and HVA. Psychiatry Res 23: 257–265

Brewerton TD, Krahn DD, Hardin TA, Wehr TA, Rosenthal NE (1994) Findings from the seasonal pattern assesment questionaire in patients with eating disorders and control subjects: effects of diagnosis and location. Psychiatry Res 52: 71–84

Bojkowski CJ, Aldhouse ME, English J (1987) Suppression of nocturnal plasma melatonin and 6-sulphatoxymelatonin to bright and dim light in man. Horm Metab Res 19: 437–440

Cappiello A, Malison RT, McDougle CJ, Vegso SJ, Charney DS, Heninger GR, Price LH (1996) Seasonal variation in neuroendocrine and mood responses to IV L-tryptophan in depressed patients and healthy subjects. Neuropsychopharmacology 15 (5): 475–483

Carlsson A, Svennerholm L, Winblad B (1980) Seasonal and circadian monoamine variations in human brains examined post mortem. Acta Psychiatr Scand 61 [Suppl 280]: 75–83

Checkley SA, Murphy DG, Abbas M (1993) Melatonin rhythms in seasonal affective disorder. Br J Psychiatry 163: 332–337

Coppen A (1967) The biochemistry of affective disorders. Br J Psychiatry 113 (504): 1237–1264

Cortes R, Soriano E, Pazos A, Probst A, Palacios JM (1988) Autoradiography of antidepressant binding sites in the human brain: localization using [3H]imipramine and [3H]paroxetine. Neuroscience 27 (2): 473–496

Cummings MA, Berga SL, Cummings KL (1989) Light suppression of melatonin in unipolar depressed patients. Psychiatry Res 27: 351–355

Danjou P, Hamon M, Lacomblez L, Warot D et al (1990) Psychomotor, subjective and neuroendocrine effects of acute tryptophan depletion in the healthy voluteer. Psychiatr Psychobiol 5: 31–38

Delgado PL, Price LH, Miller HL, Salomon RM, Licinio J, Krystal JH, Heninger GR, Charney DS (1991) Rapid serotonin depletion as a provocative challenge test for patients with major depression; relevance to antidepressant action and the neurobiology of depression. Psychopharmacol Bull 27: 321–330

DeMet EM, Chicz-DeMet A, Fleischmann J (1989) Saeasonal rhythm of platelet 3H-imipramine binding in normal controls. Biol Psychiatry 26: 489–495

Depue RA, Krauss S, Ianoco WG, Leon A, Muir R, Allen J (1990) Saeasonal independence of low prolactin concentration and high spontaneous eye blink rates in unipolar and bipolar II affective disorder. Arch Gen Psychiatry 47: 356–364

Fernstrom JD (1977) Effects of the diet on brain neurotransmitters. Metabolism 26 (2): 207–223

Ghadirian AM, Murphy BE, Gendron MJ (1998) Efficacy of light versus tryptophan therapy in seasonal affective disorder. J Affect Disord 50 (1): 23–27

Gudelsky GA (1981) Tuberoinfundibular dopamine neurons and the regulation of prolactin secretion. Psychoneuroendocrinology 6 (1): 3–16

Hardin TA, Wehr TA, Brewerton TD, Kasper S, Berrettini W, Rabkin J, Rosenthal NE (1991) Evaluation of seasonality in six clinical populations and two normal populations. J Psychiatr Res 25: 75–87

Hesselmann B, Habeler A, Praschak-Rieder N, Willeit M, Neumeister A, Kasper S (1999) Mirtazapine in seasonal affective disorder (SAD): a preliminary report. Hum Psychopharmacol Clin Exp 14 (1): 59–62

Hilger E, Willeit M, Praschak-Rieder N, Neumeister A, Stastny J, Thierry N, Kasper S (1999) Selective noradrenaline reuptake inhibitor reboxetine leads to rapid remission of atypical symptoms in patients with SAD. Society for Light Treatment and Biological Rhythms (Abstract) 11: 19

Jacobsen FM, Sack DA, Wehr TA, Rogers S, Rosenthal NE (1987) Neuroendocrine response to 5-hydroxytryptophan in seasonal affective disorder. Arch Gen Psychiatry 44: 1086–1091

Jacobsen FM, Mueller EA, Rosenthal NE, Rogers S, Hill JL, Murphy DL (1994) Behavioral responses to intravenous meta-chlorphenylpiperazine in patients with seasonal affective disorder and control subjects before and after phototherapy. Psychiatry Res 52: 181–197

Jones DW, Gorey GJ, Zajicek K, Das B, Urbina RA, Lee KS (1998) Depletion-restoration studies reveal the impact of endogenous dopamine and serotonin on $[^{123}I]\beta$-CIT-SPECT imaging in primate brain. J Nucl Med 39 (5): 42 (Abstract)

Joseph-Vanderpool JR, Jacobsen FM, Murphy DL, Hill JL, Rosenthal NE (1993) Seasonal variation in behavioral responses to m-CPP in patients with seasonal affective disorder and controls. Biol Psychiatry 33: 496–504

Jouvet M (1969) Biogenic amines in the states of sleep. Science 163: 32–41

Kahn RS, Wetzker S (1991) M-Chlorophenylpiperazine as a probe of serotonin function. Biol Psychiatry 30: 1139–1166

Karson CN (1983) Spontaneous eye blink rates and dopaminergic systems. Brain 106: 643–653

Kräuchi K, Wirz-Justice A (1992) Seasonal pattern of nutrient intake in relation to mood. In: Anderson GH, Kennedy SH (eds) The biology of feast and famine: relevance to eating disorders. Academic Press, Orlando, FL, pp 157–182

Kräuchi K, Keller U, Leonhardt G, Brunner DP, van der Velde P, Haug H-J, Wirz-Justice A (1998) Accelerated post-glucose glycaemia and altered Alliesthesia-test in seasonal affective diorder. J Affect Disord 53 (1): 23–26

Kupfer DJ et al (1972) Hypersomnia in manic depressive disease: a preliminary report. Dis Nerv Syst 33 (11): 720–724

Lam RW, Solyom L, Tomkins A (1991) Seasonal mood symptoms in bulimia nervosa and seasonal affective disorder. Compr Psychiatry 32: 552–558

Lam RW, Gorman C, Michalon M, Steiner M, Levitt AJ (1994) A multicentre placebo-controlled study of flioxetine in seasonal affective disorder. Annual meeting of the Society for Light Treatment and Biological Rhythms, June 1994, 5, Bethesda, MD (Abstracts)

Lam RW, Gorman CP, Michalon M, Steiner M, Levitt AJ, Corral MR, Watson GD, Morehouse RL, Tam W, Joffe RT (1995) A multi-centre, placebo controlled study of fluoxetin in seasonal affective disorder. Am J Psychiatry 152: 1765–1770

Lam RW, Zis AP, Grewal A, Delgado PL, Charney DS, Krystal JH (1996) Effects of tryptophan depletion in patients with seasonal affective disorder in remission after light therapy. Arch Gen Psychiatry 53: 41–44

Lam RW, Levitan RD, Tam EM, Yatham LM, Lamoureux LM, Zis AP (1997) L-tryptophan augmentation of light therapy in patiuents with seasonal affective disorder. Can J Psychiatry 42 (3): 303–306

Lam RW, Bowering TA, Tam EM, Grewal A, Yatham LM, Shiah IS, Zis AP (2000) Effects of rapid tryptophan depletion in patients with seasonal affective disorder in natural summer remission. Psychol Med 30 (1): 79–87

Laruelle M, Vanisberg MA, Maloteaux JM (1988) Regional and subcellular localization in human brain of [3H]paroxetine binding, a marker of serotonin uptake sites. Biol Psychiatry 24 (3): 299–309

Laruelle M, Baldwin RM, Malison RT, Zea-Ponce Y, Zoghbi SS, al Tikriti MS, Sybirska EH, Zimmerman RC, Wisniewsky G, Neumeyer JL, et al (1993) SPECT imaging of dopamine and serotonin transporters with [123I]beta-CIT: pharmacological characterization of brain uptake in nonhuman primates. Synapse 13 (4): 295–309

Lee TF, Mora F, Myers RD (1985) Dopamine and thermoregulation: an evaluation with special reference to dopaminergic pathways. Neurosci Biobehav Rev 9 (4): 589–598

Lenzinger E, Neumeister A, Praschak-Rieder N, Fuchs K, Gerhard E, Willeit M, Sieghart W, Kasper SF, Hornik K, Aschauer HN (1999) Behavioral effects of tryptophan depletion in seasonal affective disorder associated with the serotonin transporter gene? Psychiatry Res 85 (3): 241–246

Levitan RD, Kaplan AS, Brown GM, Vaccarino FJ, Kennedy SH, Levitt AJ, Joffe RT (1998) Hormonal and subjective responses to intravenous m-Chlorophenylpiperazine in women with seasonal affective disorder. Arch Gen Psychiatry 55: 244–249

Levitan RD, Kaplan AS, Levitt AJ, Joffe RT (1994) Seasonal fluctuations in mood and eating behavior in bulimia nervosa. Int Journal Eating Disord 16 (3): 295–299

Lewy AJ, Bauer VK, Cutler NL, Sack RL (1998) Melatonin treatment of winter depression: a pilot study. Psychiatry Res 77: 57–61

Lewy AJ, Nurnberger JI, Jr, Wehr TA (1985) Supersensitivity to light: possible trait marker for manic depressive illness. Am J Psychiatry 142: 725–727

Lewy AJ, Wehr TA, Goodwin FK, Newsome TA, Rosenthal NE (1981) Manic-depressive patients may be supersensitive to light. Lancet i: 383–384

Maes M, Jacobs MP, Suy E, Minner B, Leclercq C, Christiaens F, Raus J (1990) Suppressant effects of dexamethasone on the availability of plasma L-tryptophan and tyrosine in healthy controls and depressed patients. Acta Psychiatr Scand 81: 19–23

Maes M, Maes L, Suy E (1990) Symptom profiles of biological markers in depression: a multivariate study. Psychoneuroendocrinocrinology 15: 29–37

Maes M, Scharpe S, Verkerk R, D'Hondt P, Peeters D, Cosyns P, Thompson P, De Meyer F, Wauters A, Neels H (1995) Seasonal variation in plasma L-tryptophan availability in healthy volunteers. Arch Gen Psychiatry 52: 937–946

McGrath RE, Buckwald B, Resnick EV (1990) The effect of l-tryptophan on seasonal affective disorder. J Clin Psychiatry 51: 162–163

McIntyre IM, Norman TR, Burrows GD, Armstrong SM (1989) Quantal melatonin suppression by exposure to low intensity light in man. Life Sci 45: 327–332

McIntyre IM, Norman TR, Burrows GD, Armstrong SM (1989) Human melatonin response to light at different times of the night. Psychoneuroendocrinology 14: 187–193

Meltzer HY, Lowy M, Robertson A, Robertson A, Goodnick P, Perline R (1984) Effect of 5-hydroxytryptophan on serum cortisol levels in major affective disorders. Arch Gen Psychiatry 41: 366–397

Mersch PP, Middendorp HM, Bouhuys AL, Beersma DG, van den Hoofdakker RH (1999) Seasonal affective disorder and latitude: a review of the literature. J Affect Disord 53: 35–48

Murphy DL, Lesch KP, Aulakh CS, Pigott TA (1991) Serotonin-selective arylpiperazines with neuroendocrine, behavioral, temperature and cardiovascular effects in humans. Pharmacol Rev 43: 527–552

Neumeister A, Praschak-Rieder N, Heßelmann B, Rao ML, Glück J, Kasper S (1997) Effects of tryptophan depletion on drug free patients with seasonal affective disorder during a stable response to bright light therapy. Arch Gen Psychiatry 54: 133–138

Neumeister A, Praschak-Rieder N, Heßelmann B, Tauscher J, Kasper S (1997) Der Tryptophandepletionstest – Grundlagen und klinische Relevanz. Der Nervenarzt 68: 556–562

Neumeister A, Praschak-Rieder N, Heßelmann B, Vitouch O, Rauh M, Barocka A, Kasper S (1997) Rapid tryptophan depletion in drug-free depressed patients with seasonal affective disorder. Am J Psychiatry 154: 1153–1155

Neumeister A, Praschak-Rieder N, Heßelmann B, Vitouch O, Rauh M, Barocka A, Kasper S (1998) Effects of tryptohan depletion in fully remitted patients with seasonal affective disorder during summer. Psychol Med 28: 257–264

Neumeister A, Turner EH, Matthews JR, Postolache TT, Barnett RL, Rauh M, Vetticad R, Kasper S, Rosenthal NE (1998) Effects of tryptophan depletion vs catecholamine depletion in patients with seasonal affective disorder in remission with light therapy. Arch Gen Psychiatry 55: 524–530

Neumeister A, Habeler A, Praschak-Rieder N, Willeit M, Kasper S (1999) Tryptophan depletion: a predictor of future depressive episodes in SAD? Int Clin Psychopharmacol 14 (5): 313–315

Neumeister A, Stastny J, Praschak-Rieder N, Willeit M, Kasper S (1999) Light treatment in depression (SAD, S-SAD & non-SAD) In: Holik MF, Jung EG (eds) Biologic effects of light 1998. Proceedings of a Symposium, Basel, Switzerland, November 1–3, 1998. Kluwer Academic Press, pp 409–416

Neumeister A, Willeit M, Praschak-Rieder N, Asenbaum S, Stastny J, Hilger E, Pirker W, Brücke T, Kasper S (2001) Dopamine transporter availability in symptomatic depressed patients with seasonal affective disorder and healthy controls. Psychol Med 31 (8): 1467–1473

Neumeister A, Pirker W, Willeit M, Praschak-Rieder N, Asenbaum S, Brücke T, Kasper S (2000) Seasonal variation of availability of serotonin transporter binding sites in healthy female subjects as measured by $[^{123}I]$-2β-Carbomethoxy-3β-(4-iodophenyl)tropan and single photon emission computed tomography. Biol Psychiatry 47: 158–160

Nishizawa S, Benkelfat C, Young SN, Leyton M, Mzengeza S, deMontigny C, Blier P, Diksic M (1997) Differences between males and females in rates of serotonin synthesis in human brain. Proc Natl Acad Sci 94: 5308–5313

Oldman AD, Walsch AES, Salkovski P, Laver DA, Cowen PJ (1994) Effect of acute tryptophan depletion on mood and appetite in healthy female volunteers. J Psychopharmacol 8: 8–13

Oren DA, Moul DA, Schwartz P, Wehr TA, Rosenthal NE (1994) Acontrolled trial of levodopa plus carbidopa in the treatment of winter seasonal affective disorder: a test of the dopamine hypothesis. J Clin Psychopharmacol 14: 196–200

Oren DA, Levendosky AA, Kasper S, Duncan CC, Rodenthal NE (1996) Circadian profiles of cortisol, prolactin, and thyrotropin in seasonal affective disorder. Biol Psychiatry 39: 157–170

O'Rourke D, Wurtman JJ, Brzezinski A, Nader TA, Chew B (1987) Serotonin implicated in etiology of seasonal affective disorder. Psychopharmacol Bull 23 (3): 358–359

O'Rourke D, Wurtman JJ, Wurtman RJ, Chebli R, Gleason R (1989) Treatment of seasonal depression with d-fenfluramine. J Clin Psychiatry 50: 343–347

Partonen T, Vakkuri O, Lamberg-Allardt C, Lonnqvist J (1996) Effects of bright light on sleepiness, melatonin and 25-hydroxyvitamin D3 in winter seasonal affective disorder. Biol Psychiatry 39: 865–872

Paykel ES (1977) Depression and appetite. J Psychosom Res 21 (5): 401–407

Potkin SG, Zetin M, Stamenkovic V, Kripke D, Bunney WE jr (1986) Seasonal affective disorder: prevalence varies with latitude and climate. Clin Neuropharmacol 9: 181–183

Rosen LN, Targum SD, Terman M (1990) Prevalence of seasonal affective disorder at four latitudes. Psychiatry Res 31: 131–141

Rosenthal NE, Sack DA, Gillin JC, Lewy AJ, Goodwin FK, Davenport Y, Mueller PS, Newsome DA, Wehr TA (1984) Seasonal affective disorder. A description of the syndrome and preliminary findings with light therapy. Arch Gen Psychiatry 41: 72–80

Rosenthal NE, Genhart M, Jacobsen FM, Skwerer RG, Wehr TA (1987) Distubances of appetite and weight regulation in seasonal affective disorder. Ann NY Acad Sci 499: 216–230

Rosenthal NE, Genhart M, Caballero B, Jacobsen FM, Skwerer RG, Coursey RD, Rogers S, Spring BJ (1989) Psychobiological effects of carbohydrate- and protein rich meals in patients with seasonal affective disorder and normal controls. Biol Psychiatry 25: 1029–1040

Rosenthal NE, Jacobsen FM, Sack DA, et al (1988) Atenolol in seasonal affective disorder: a test of the melatonin hypothesis. Am J Psychiatry 145: 52–56

Rudorfer M, Skwerer R, Rosenthal N (1993) Biogenic amines in affective disorder: effects of light therapy. Biol Psychiatry 46: 19–28

Schaechter JD, Wurtman RJ (1990) Serotonin release varies with brain tryptophan levels. Brain Res 532 (1–2): 203–210

Schlager DS (1994) Early-morning administration of short-acting beta blockers for treatment of winter depression. Am J Psychiatry 151: 1383–1385

Schwartz PJ, Murphy DL, Wehr TA, Garcia-Borreguero D, Oren DA, Moul DA, Ozaki N, Snelbaker AJ, Rosenthal NE (1997) Effects of meta-chlorophenylpiperazine infusions in patients with seasonal affective disorder and healthy control subjects. Arch Gen Psychiatry 54: 375–385

Schwartz PJ, Turner EH, Garcia-Borreguero D, Sedway J, Vetticad RG, Wehr TA, Murphy DL, Rosenthal NE (1999) Serotonin hypothesis of winter depression: behavioral and neuroendocrine effects of the 5-HT (1A) receptor partial agonist ipsapirone in patients with seasonal affective disorder and healthy control subjects. Psychiatry Res 86 (1): 9–28

Smith SE, Pihl RO, Young SN, Ervin FR (1987) A test of possible cognitive and enviromental influences on the mood lowering effect of tryptophan depletion in normal males. Psychopharmacology 91: 451–457

Stancampiano R, Melis F, Sarais L, Cocco S, Cugusi C, Fadda F (1997) Acute administration of a tryptophan-free amino acid mixture decreases 5-HT release in rat hypocampus in vivo. Am J Physiol 272: R991–R994

Tang SW, Morris JM (1985) Variation in human platelets 3H-imipramine binding. Psychiatry Res 16: 141–146

Wehr TA (1991) The duration of human melatonin secretion and sleep respond to changes in daylength (photoperiod). J Clin Endocrinol Metabol 73: 1276–1280

Wehr TA, Jacobsen FM, Sack DA, Arendt J, Tamarkin L, Rosenthal NE (1986) Phototherapy of seasonal affective disorder. Time of day and suppression of melatonin are not critical for antidepressant effects. Arch Gen Psychiatry 43: 870–875

Whithaker PM, Warsh JJ, Stancer HC, Persade E, Vint CK (1984) Seasonal variation in platelet 3H-imipramine binding: Comparable values in control and depressed populations. Psychiatry Res 11: 127–131

Wirz-Justice A, Graw P, Krauchi K et al (1990) Morning or night-time melatonin is ineffective in seasonal affective disorder. J Psychiatr Res 24: 129–137

Willeit M, Praschak-Rieder N, Neumeister A, Pirker W, Asenbaum S, Vitouch O, Tauscher J, Hilger E, Stastny J, Brücke T, Kasper S (2000) [^{123}I]-β-CIT SPECT imaging shows reduced serotonin transporter availability in drug free depressed patients with seasonal affective disorder. Biol Psychiatry 47: 482–489

Winton F, Corn T, Huson LW, Franey C, Arendt J, Checkley SA (1989) Effects of light treatment upon moodand melatonin in patients with seasonal affective disorder. Psychol Med 19: 585–590

Wurtman RJ, Hefti F, Melamed (1981) Precursor control of neurotransmitter synthesis. Pharmacol Rev 32: 315–335

Yatham LM, Lam RW, Zis AP (1997) Growth hormone response to sumatriptan (5-HT 1D agonist) challenge in seasonal affective disorder: effects of light therapy. Biol Psychiatry 42: 24–29

Young MA, Meaden PM, Fogg LF, Cherin EA, Eastman C (1997) Which enviromental variables are related to the onset of seasonal affective disorder? J Abnorm Psychol 106: 554–562

Young MA, Watel LG, Lahmeyer HW, Eastman C (1991) The temporal onset of individual symptoms in winter depression: differetiating underlying mechanisms. J Affect Disord 22: 191–197

Young SN, Smith SE, Pihl RO, Ervin FR (1985) Tryptophan depletion causes a rapid lowering of mood in normal males. Psychopharmacology 87: 173–177

Young SN, Ervin FR, Pihl RO, Finn P (1989) Biochemical aspects of tryptophan depletion in primates. Psychopharmacology 98: 508–511

Zimmerman RC, McDougle CJ, Schumacher M, Olcese J, Mason JW, Heninger GR, Price LH (1993) Effects of acute tryptophan depletion on noctural melatonin secretion in humans. J Clin Endocrinol Metabol 76: 1106–1164

Korrespondenz: Dr. J. Stastny, Klinische Abteilung für Allgemeine Psychiatrie, Universitätsklinik für Psychiatrie, Währinger Gürtel 18–20, A-1090 Wien, Österreich

Neurochemie und Depletionsuntersuchungen

A. Konstantinidis[1], J. Stastny[1] und A. Neumeister[2]

[1] Klinische Abteilung für Allgemeine Psychiatrie, Universitätsklinik für Psychiatrie, Wien, Österreich
[2] National Institute of Mental Health, Bethesda, MD, USA

Einleitung

Die Bedeutung zentralnervöser serotonerger und katecholaminerger Transmittersysteme für die Pathophysiologie affektiver Störungen und deren Behandlung ist Gegenstand intensiver wissenschaftlicher Forschung. Die saisonale abhängige Depression (SAD) ist eine affektive Störung, die durch regelmäßige depressive Episoden im Herbst/Winter, alternierend mit nicht-depressiven Perioden in Frühling/Sommer, charakterisiert ist (Rosenthal et al. 1984). Als Therapie der ersten Wahl wird die Lichttherapie empfohlen (Neumeister et al. 1999b). Trotz intensiver Forschung in diesem Gebiet kann man bis heute die Ätiologie der SAD und den Wirkmechanismus der Lichttherapie nicht vollständig erklären.

Bisherige Forschungsergebnisse zeigten mehrere biologische Abweichungen bei SAD Patienten im Vergleich zu der gesunden Bevölkerung. In der Literatur sind Unterschiede in den hormonellen Hormonkonzentrationen im Plasma als Antwort auf Stimulation mit verschiedenen Rezeptoragonisten beschrieben, weiters finden sich bei SAD Patienten Abweichungen in immunologischen Mechanismen, und in zahlreichen anderen biochemischen Variablen. Zentralnervösen Neurotransmittern wird eine Schlüsselrolle in der Pathogenese der SAD zugeteilt. Zwei Neurotransmitter Systeme sind wissenschaftlich in den letzten zehn Jahre ausführlich untersucht worden, das serotonerge (5-HT) und katecholaminerge System.

In diesem Kapitel werden die neurochemischen Hypothesen über die Ursachen der SAD und der Wirkung der Lichttherapie erörtert und demonstriert wie diese Hypothesen die Anwendung und weitere Forschung im Bereich der Lichttherapie beeinflussen.

Saisonalität und Serotonin

In mehreren Bereichen, wie der Stimmung oder das Essverhalten, existieren saisonale bedingte Unterschiede. Diese Abweichung wurden mit Änderungen der zentralen und peripheren Serotoninfunktion in Verbindung gebracht (Maes et al. 1995). Änderungen in der 5-HT Funktion werden auch in der Ätiologie der SAD vermutet. Von besonderem Interesse ist, ob diese saisonale Veränderungen in der 5-HT Funktion nur bei SAD Patienten vorkommen oder eher eine physiologische Kondition darstellen.

Forschungen haben bei gesunden Probanden und nicht-psychiatrischen Patienten saisonale Fluktuationen in der zentralen und peripheren 5-HT Funktion beschrieben. Forschungen bei Menschen benutzen entweder statische (z.B. 5-HT Konzentrationen im Plasma) oder dynamische (z.B. neuroendokrinologische Reaktionen auf pharmakologische Stimulation von Rezeptoren) Maßeinheiten. Einige Studien über statische Maßeinheiten stärken die Hypothese der saisonalen Variation der 5-HT Funktion bei Menschen:

1. Hypothalamische 5-HT Konzentrationen in menschlichen post-mortem Hirnpräparaten sind im Winter nach Erreichen des höchsten Wertes im Herbst reduziert (Carlsson et al. 1980).
2. Plasmakonzentrationen von Tryptophan, die Vorstufe von 5-HT im Plasma, zeigen ein bimodales saisonales Muster (Maes et al. 1995).
3. Thrombozyten-5-HT Aufnahme und (3H)-Imipramin Bindung zeigen ein saisonales Muster, obwohl es einige Differenzen im saisonalen Maximum und Minimum (Whitaker et al. 1984, Tang und Morris 1985, Arora und Meltzer 1988, deMet et al. 1989) gibt.
4. Serotonin-Spiegel und Serotonin-Metaboliten in der zerebrospinalen Flüssigkeit zeigen saisonale Variationen (Asberg et al. 1980, Brewerton et al. 1988).
5. Serum Melatonin Konzentrationen zeigen Sommer und Winter Maxima bei gesunden Männern (Arendt et al. 1977).
6. Eine in vivo SPECT Studie hypothalamischer Serotonintransporter (Neumeister et al. 2000) zeigt eine signifikante Reduktion der Serotonintransporterverfügbarkeit im Winter im Vergleich zum Sommer (Abb. 1).

Es gibt in der Literatur nur wenige Berichte über saisonale Variationen der 5-HT Funktion, die dynamische Messungen betreffen. Cappiello et al. (1996) hat über eine saisonale Variation in der neuroendokrinologischen (Prolaktin) Reaktion bei intravenöser Tryptophanapplikation bei unipolaren, nicht-melancholischen depressiven Patienten berichtet. Interessant ist, dass diese Saisonalität bei den Frauen stärker ausgeprägt zu sein scheint. Keine solche Saisonalität wurde bei den bipolaren, melancholischen oder psychotischen Patienten oder bei den gesunden Kontrollen gefunden.

Zusammenfassend gibt es genügend Hinweise in der Literatur, die eine saisonale Variation der zentralen und peripheren 5-HT Funktion bei Patienten, die an Depressionen leiden, aber auch bei gesunden Kontrollen aufzeigen. Wir können also annehmen, dass die Variabilität der zentralnervösen

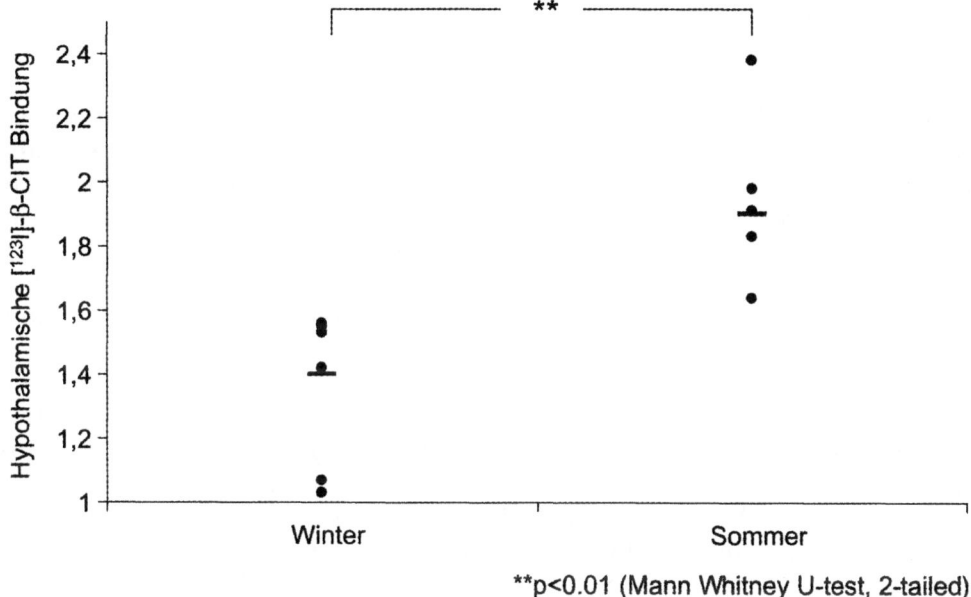

Abb. 1. Hypothalamische Serotonin Transporter Verfügbarkeit bei gesunden weiblichen Probandinnen gemessen mit [^{123}I]-β-CIT während des Sommers und während des Winters

serotonergen Aktivität im Gehirn physiologisch ist. Inwieweit diese Variabilität die Vulnerabilät an einer nicht-saisonalen Depression oder an einer SAD zu erkranken moduliert, ist derzeit Gegenstand wissenschaftlicher Untersuchungen.

Die Serotonin Hypothese

Erstmals hat Coppen (1967) Serotonin als den Neurotransmitter beschrieben, der eine Schlüsselrolle bei der Entstehung der depressiven Störungen hat. Bereits bei der ersten klinischen Untersuchung der Effekte der Lichttherapie durch Rosenthal et al. (1984) wurde die Hypothese aufgestellt, dass das 5-HT System im Gehirn in der Pathogenese der SAD involviert sein kann. Dies basierte auf der Beobachtung, dass SAD-Patienten ein charakteristisches psychopathologisches Muster aufwiesen mit der Dominanz von atypischen Symptomen, wie z.B. Hyperphagie und Kohlenhydrat-Craving. Mehrere neurovegetative Funktionen, die bei der SAD gestört sind, wurden in Bezug mit Veränderungen der 5-HT Systeme des Gehirns gezeigt.

Psychopathologie der SAD und Serotonin

Veränderungen des Essverhaltens und der Speisenpräferenz wurden bei den SAD Patienten beobachtet (Rosenthal et al. 1984). Hyperphagie und

Kohlenhydrat-Heißhunger sind typische Symptome der SAD und wurden auch bei Patienten, die an eine atypischen Depression leiden beschrieben (Paykel 1977). Atypisch depressive Patienten unterscheiden sich von den melancholisch depressiven Patienten unter anderem durch den milderen Ausprägungsgrad der Depression, Appetitsteigerung und Gewichtszunahme, und abendliches Pessimum der Befindlichkeit. Ähnlich wie bei den „typisch" depressiven Patienten wird auch bei der atypischen Depression eine Reduktion der Libido beschrieben. Diese klinischen Charakteristika werden auch bei SAD Patienten beschrieben. Interessanterweise nimmt bei den SAD Patienten die Hyperphagie mit dem Schweregrad der Depression zu.

Mehrere Studien ließen eine wichtige Rolle der Kohlenhydrate bei der SAD vermuten: die Kohlenhydrataufnahme ist erhöht, wenn die Patienten depressiv sind, nicht aber nach erfolgreicher Lichttherapie oder im Sommer, wenn diese Patienten remittiert sind (Kräuchi und Wirz-Justice 1992). Eine vermehrte Aufnahme von Kohlenhydraten in der zweite Hälfte des Tages ist ein positive Prädiktor für ein Ansprechen auf die Lichttherapie (Kräuchi et al. 1993). Weiters wurde gezeigt, dass die Rezeptoren für den Geschmack „süß" eine höhere Reizschwelle bei SAD Patienten im Winter, vor und nach Lichttherapie, im Vergleich zu Sommer oder gesunden Kontrollen aufweisen (Arbisi et al. 1996). SAD-Patienten zeigen eine Anhebung ihre Stimmungslage nach Kohlenhydrat Einnahme (Rosenthal et al. 1989, Kräuchi et al. 1998). Wurtman et al. (1981) hat spekuliert, dass ein Kohlenhydrat Craving einerseits Ausdruck eines funktionellen 5-HT Mangels ist und dass die vermehrte Kohlenhydrataufnahme bei SAD Patienten während der Herbst/Winterzeit im Rahmen der depressiven Episode einen Verhaltens-biochemischen Feedback Kreis für die Erhöhung der 5-HT Verfügbarkeit darstellt (Fernstrom 1977).

Ein anderes charakteristisches Symptom der SAD ist die Hypersomnie. Es wurde spekuliert, dass hypersomnische und hyposomnische depressive Patienten zwei biologisch unterschiedliche Gruppen depressiver Patienten darstellen (Kupfer et al. 1972). Bereits Jouvet (1969) vermutete eine Beeinflussung des Schlafes durch 5-HT. Es kann angenommen werden, dass einige Veränderungen des Schlafmusters, wie es typischerweise bei SAD Patienten während der Wintermonate gefunden wird, Ausdruck einer veränderten 5-HT Funktion sind.

Serotonerge Challenge Studien bei SAD

Eine anerkannte Strategie, die Rolle serotonergen Mechanismen in der Pathogenese der SAD und im Wirkmechanismus der Lichttherapie abzuklären, ist die Bewertung serotonerger Reaktivität auf verschiedene pharmakologischen Stimulationsmethoden bei Patienten und gesunden Kontrollpersonen. Serotonergie Neurone finden sich beinahe ubiquitär im Gehirn, mit besonders hohen Konzentrationen in den Raphekernen, und Verbindungen zu limbischen und neuroendokrinologischen Arealen des Hirns. Es ist von großem wissenschaftlichem Interesse diese spezifischen hormonellen Reaktionen auf serotonerge Stimulationen („Challenges"), die vermutlich im Zusammenhang mit der Kontrolle der serotonergen Transmission stehen, zu untersuchen.

Bei der SAD wurden mehrere unterschiedliche pharmakologische Untersuchungen zur Evaluation von möglichen Veränderungen der serotonergen Transmission verwendet.

Serotonin Rezeptor Challenge Studien in der SAD

Die Verabreichung des nicht-selektiven 5-HT Agonisten 5-hydroxytryptophan (Jacobsen et al. 1987) an eine kleine Gruppe unbehandelter symptomatisch depressiver Patienten mit SAD und alters- und geschlechtsgematchte gesunde Probanden hat eine Verminderung der Prolaktinantwort und eine Erhöhung der Kortisol Werte im Plasma gezeigt. Die Erhöhung der Kortisol Werte bei SAD Patienten ist vergleichbar mit dem Anstieg von Plasmakortisol bei nicht saisonal abhängigen depressiven, die ebenfalls einen Anstieg von Plasmakortisol nach Administration von 5-hydroxytryptophan zeigten (Meltzer et al. 1984). Jedoch scheint die hormonelle Antwort bei SAD Patienten stärker ausgeprägt zu sein. Dieser Befund wurde als eine Übersensibilität serotonerger Rezeptoren bei depressiven Patienten und SAD Patienten interpretiert. Bemerkenswert ist, dass sich die serotonerge Hyperreagibilität nach Zufuhr des 5-hydroxytryptophan bei SAD Patienten wieder zu normalisieren scheint. Diese Hypothese wird durch klinische Studien, die Tryptophan, einzeln (McGrath et al. 1990, Ghadirian et al. 1998) oder in Kombination mit Lichttherapie anwendeten (Lam et al. 1997) und als eine effektive Therapie der SAD darstellten, unterstützt.

Abnorme hormonelle (Prolaktin) Werte wurden auch nach Gabe von d,l-Fenfluramin (erhöht die 5-HT Sekretion, blockiert aber auch seine Wiederaufnahme) gefunden. Dies zeigt die zentrale Rolle serotonerger Mechanismen in der Ätiologie der SAD (O'Rourke et al. 1987).

Ein weit verbreitete und angewendete Substanz zur Untersuchung der zentralen serotonergen Funktion ist m-CPP. Diese Substanz weist eine vergleichbare Affinität für 5-HT-2c, 5-HT-1a, 5-HT-2 und a$_2$-noradrenerge Rezeptoren und zu dem 5-HT Transporter (Kahn und Weztler 1991, Murphy et al. 1991) auf. Die Interpretation der Daten von früheren Studien (Jacobsen et al. 1994, Joseph-Vanderpool et al. 1993) ist wegen methodischer Schwächen des experimentellen Designs der Studien, wie z.B. der Mangel einer Placebokondition, keine randomisierte Zuteilung zur Lichttherapie (Bright Light mit einer Lichtintensität von >2500 Lux versus Dim Light Therapie mit einer Lichtintensität < 100 Lux) und das nicht Kontrollieren der menstruellen Zyklusphase der weiblichen Probanden, nur geschränkt möglich.

Aktuellere Forschungen (Schwartz et al. 1997, Levitan et al. 1998) haben diese Unzulänglichkeiten behoben und die Ergebnisse zeigen wiederum die Bedeutung des serotonergen Systems in der SAD. Es wurde gezeigt, dass m-CPP hypomane Symptome bei einer Untergruppe symptomatisch depressiver Patienten mit SAD verglichen mit gesunden Kontrollpersonen induziert. Dieser Effekt scheint ein „State-Marker" zu sein, da interessanterweise keine Stimmungsveränderungen bei SAD Patienten nach erfolgreicher Lichttherapie oder während des Sommers, wo die Patienten remittiert waren, gefunden wurden. Hormonelle Reaktionen (Prolaktin, Kortikotropin, Kortisol) auf eine m-CPP Einnahme waren bei SAD Patienten im Vergleich zu normale Kontrollen abgeschwächt. Bemerkenswert ist, dass die Gabe von m-CPP auch in Katecholaminergen Systemen wirksam ist. Es konnte gezeigt werden, dass die Plasma Konzentrationen von Norepinephrin bei SAD Patienten im Vergleich zu gesunden Kontrollen abgeschwächt sind. Diese Hyporeagibilität der hypothalamischen-pituitär-adrenalen Achse scheint ein „Trait-Marker" der SAD zu sein, da sie vor und nach erfolgreicher Lichttherapie Konditionen gefunden wurde.

Um serotonergen Mechanismen in der SAD weiter zu untersuchen, hat Yatham et al. (1997) Sumatriptan bei SAD Patienten und gesunden Kontrollen vor und nach Lichttherapie verabreicht und die Plasmakonzentrationen von Wachstumshormon gemessen. Sumatriptan weist eine große Affinität zu 5-HT-1D Rezeptoren und 5-HT-1A Rezeptoren, hat aber keine Affinität zu anderen serotonergen, adrenergen, dopaminergen oder muskarinergen Rezeptoren auf. Die Autoren haben über einen verminderten Anstieg des Wachstumshormons im Plasma bei symptomatischen depressiven SAD Patienten vor der Anwendung einer Lichttherapie im Vergleich zu gesunden Kontrollpersonen berichtet. Diese Verminderung wurde nicht nach erfolgreicher Lichttherapie gefunden. Dieses Resultat zeigt, dass die Reagibilität der 5-HT-1D Rezeptoren bei SAD Patienten reduziert ist, jedoch wiederum im Sinne eines State-Markers. Da aber Sumatriptan auch an 5-HT-1A Rezeptoren bindet, haben die Autoren vermutet, dass die Rolle des 5-HT-1A Rezeptors in der Sumatriptan-induzierten Reaktion des Wachstumshormons nicht völlig ausgeschlossen werden kann. Andere Arbeitsgruppen haben Hinweise für eine 5-HT-1A Rezeptor Subsensibilität als Trait-Marker bei der SAD gefunden (Schwartz et al. 1999).

5-HT Rezeptor-Challenge-Studien haben eindeutige Hinweise auf eine Beteiligung serotonerger Mechanismen in der Entstehung der SAD und in der Wirkungsweise der Lichttherapie erbracht. Die Rezeptorhyposensibilität wurde für mehrere verschiedene Rezeptoren, entweder als State- oder Trait-Marker, gezeigt. 5-HT Rezeptor-Challenge-Studien in der SAD geben Hinweise für eine Veränderung der 5-HT Rezeptor Aktivität. Der relative Mangel an Spezifität der benutzten Substanzen lässt die Frage, welche 5-HT Rezeptorsysteme in der SAD in ihrer Funktion verändert sind, bislang unbeantwortet.

Tryptophan Depletions Studien

– *Biochemische Grundlagen:* Akute Tryptophan Depletion ist eine experimentelle Methode zur Evaluation von Verhaltenseffekten bei reduzierter serotonerger Funktion im Gehirn. Die zentrale 5-HT Aktivität wird reduziert, indem die Verfügbarkeit der 5-HT Vorstufe, Tryptophan, reduziert wird (Neumeister et al. 1997a,b,c). In tierexperimentellen Studien wurde die Effizienz dieser Methode durch Analyse der Konzentration von 5-HT und des 5-HT Metaboliten 5-Hydroxyindolsäure im Gehirn und Liquor verifiziert (Young et al. 1989, Schaechter und Wurtman 1990). Bei Menschen führt die orale Verabreichung von 50–100g der verschiedenen verzweigtkettigen Aminosäuren ohne Tryptophan zu einer deutlichen Reduktion von Tryptophankonzentrationen im Plasma (Young et al. 1985). Dies führt zu einer deutlichen Reduktion der Hirn 5-HT Aktivität. Eine Positronen-Emissions-Tomographie (PET) Studie bei Menschen zeigt in vivo, dass die Tryptophan Depletion eine deutliche Reduktion der Hirn 5-HT Synthese verursacht und unterstützt daher diese Vermutung (Nishizawa et al. 1997).

Um als adäquater Challenge Test für zum Beispiel serotonerge Mechanismen zu gelten, muss die Methode reversibel und spezifisch sein. Tierstudien und Studien bei Menschen zeigen die maximalen Effekte der Tryptophan Depletion zwischen 5 und 7 Stunden nach Einnahme der Aminosäure Mischung. 24 Stunden nach Einnahme des Aminosäuregemischs sind die Plasma Tryptophan Spiegel zu ihrem Ausgangswert zurückgekehrt. Es wurde auch gezeigt, dass die Abnahme von Plasmatryptophankonzentrationen proportional zu der Dosierung der verabreichten Aminosäuren ist. Tierstudien lassen vermuten, dass die periphere biochemische Korrelate der

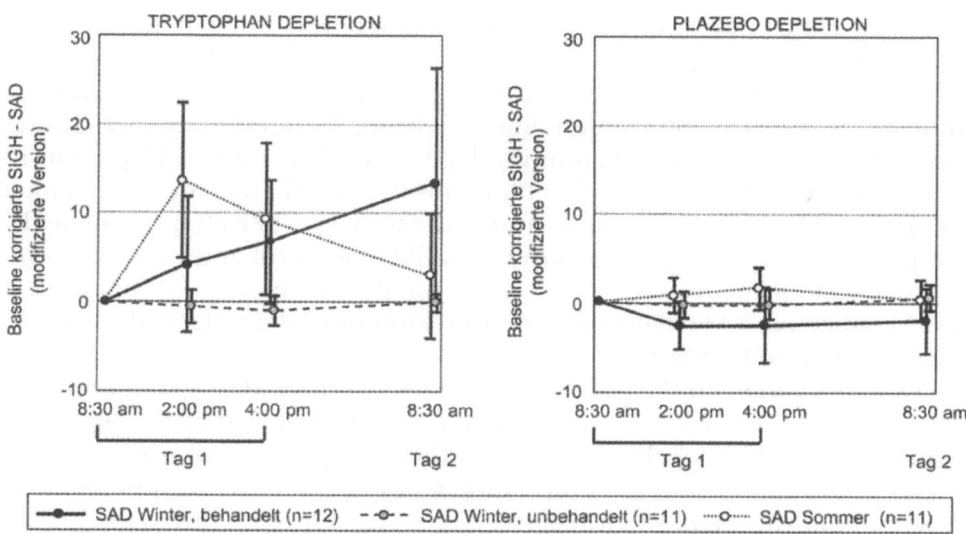

Abb. 2. Verhaltensänderungen gemessen mit dem Strukturierten Interview Guide für die Hamilton Depression Rating Scale, Seasonal Affective Disorder Version (SIGH-SAD) bei Tryptophan Depletion und Sham Depletion bei Patienten mit SAD. Die Patienten hatten die Tryptophan Depletion während des Winters bevor und nach Lichttherapie-induzierte Remission, sowie während des Sommers erhalten. Depressive Symptome wurden nach Lichttherapie und während des Sommers gefunden. Keine Verschlechterung der depressiven Symptome wurde bei unbehandelten, symptomatisch derpessiven Patienten gefunden

Tryptophan Depletion nicht unbedingt den Grad der zentralen Dysfunktion der serotonergen Transmission darstellen können (Stancampiano et al. 1997). Tierstudien (Young et al. 1989) und eine vor kurzem publizierte Studie bei Menschen (Neumeister et al. 1998b) zeigten die Spezifität des Tryptophan Depletion Paradigmas für serotonerge Transmittersysteme, da andere Neurotransmitter, wie Tyrosin oder Dopamin unbeeinflusst blieben.

Es muss berücksichtigt werden, dass die verwendete Aminosäuremischung bei der Tryptophan-Depletion große Mengen von anderen großen Aminosäuren beinhaltet, die mit Tryptophan um dasselbe Transport System an der Blut-Hirn-Schranke konkurrieren. Die Reduktion von Plasma Tryptophan Spiegeln und Erhöhung der Spiegeln der konkurrierenden neutralen Aminosäuren induziert Veränderungen im Metabolismus von Insulin und Glukagon (Maes et al. 1990a, b), die ihrerseits die Tryptophanaufnahme im Gehirn beinflussen und vermutlich Verhaltens- und metabolische Veränderungen herbeiführen (Baldessarini 1984).

– *Tryptophan Depletion bei gesunden Probanden:* Tryptophan Depletions Studien bei gesunden Probanden haben uneinheitliche Ergebnisse gezeigt. Gesunde männliche Probanden, die mit ihre Baseline Ratings bezüglich Depression im oberen Normbereich befanden, zeigten eine transiente Verschlechterung ihrer Stimmungslage während der Tryptophan Depletion (Young et al. 1985, Smith et al. 1987). Gesunde männliche Probanden die bei der Baseline euthym gestimmt waren, und die bezüglich psychiatrischer oder somatischer Störungen untersucht worden sind, blieben im Gegensatz dazu durch die Tryptophan Depletion unbeeinflusst (Abbott et al. 1992, Danjou et al. 1990). Gesunde Kontrollen mit einer positiven Familienanamnese für affektive Störungen über mehrere Generationen berichteten über eine Reduktion ihre Stimmungslage durch Tryptophan Depletion im Vergleich zu gesunde Kontrollen ohne positive Familienanamnese (Benkelfat et al. 1994). Uneinheitlich sind auch die Resultate betreffend Effekte der Tryptophan Depletion bei gesunden weiblichen Probandinnen, da eine Studie (Zimmerman et al. 1993), aber nicht eine andere (Oldman et al. 1994), über eine Verschlechterung der Stimmungslage nach der Tryptophan Depletion berichtete.

Es kann daher die Hypothese formuliert werden, dass genetische Faktoren die Vulnerabilität während einer Tryptophandepletion depressive Symptome zu entwickeln, moduliert. Diese Hypothese wurde von Neumeister et al. untersucht (Neumeister et al. 2002). In einem doppelblinden, placebokontrollierten, randomisierten crossover Design wurden die Effekte der Tryptophan und Plazebo Depletion, unter Berücksichtigung des Polymorphismus des 5-HT Transporters (5-HTTLPR), bei gesunden Probandinnen mit einer positiven oder negativen Familienanamnese für Depressionen untersucht. Eine Reduktion der Plasma Tryptophan Level wurde unter Tryptophan Depletion bei allen Probandinnen, unabhängig vom 5-HTTLPR Genotyp oder Familienanamnese, gefunden. Der s/s Genotyp war, unabhängig von der Familienanamnese, mit einem erhöhtem Risiko für Entwicklung einer depressiven Symptomatik während der Tryptophan

Depletion assoziiert. Probandinnen mit dem 1/1 Genotyp haben im Gegensatz dazu keine depressive Symptomatik, unabhängig von der Familienanamnese, entwickelt. Probandinnen mit dem s/l Genotyp und eine negativen Familienanamnese zeigten eine depressive Symptomatik, die in ihrem Ausprägungsgrad zwischen der Probandinnen der anderen beiden Genotypen lag, und in ihrer Intensität vom Vorhandensein der Familienanamnese abhängig war. Diese Studie konnte zeigen, dass das s-Allel des Serotonintransportpromotorgens und das Vorliegen einer positiven Familienanamnese als additive Risikofaktoren für die Entstehung einer depressiven Symptomatik während der Tryptophan Depletion gelten.

– *Tryptophan Depletion bei depressiven Patienten:* Bei Patienten mit einer nicht-saisonal-bedingten Depression hat sich gezeigt, dass die Tryptophan Depletion die therapeutische Wirkung der serotonergen, aber nicht der noradrenergen Antidepressiva unterbricht (Delgado et al. 1991), wobei keine Effekte der Tryptophan Depletion bei Fluoxetin-behandelnden gesunden Patienten beobachten werden konnten (Barr et al. 1997). Dies kann als Hinweis verstanden werden, dass Antidepressiva tatsächlich die der Depression zugrundeliegende Störung spezifisch behandeln, und nicht als rein symptomatische Therapie verstanden werden sollten.

Patienten mit einer saisonal abhängigen Depression (SAD) wurden mittels Tryptophan Depletion untersucht. Studien sind bei symptomatischen depressiven Patienten vor Anwendung der Lichttherapie (Neumeister et al. 1997c), und auch bei SAD Patienten während einer durch Lichttherapie induzierten Remmission durchgeführt worden (Lam et al. 1996, Neumeister et al. 1997a 1998b). SAD Patienten wurden auch während des Sommers, während sie voll remittiert waren und sich nicht in Behandlung befanden, untersucht (Neumeister et al. 1998a, b, Lam et al. 2000).

Bei unbehandelten, symptomatisch depressiven Patienten mit SAD, wurde keine Exazerbation der depressive Symptomatik durch die Tryptophan Depletion beobachtet. Dies steht im Gegensatz zu der transienten depressiven Symptomatik, die durch die Tryptophan Depletion bei unter Lichttherapie remittierten SAD-Patienten induziert wurde. Solche Studien bestärken die Annahme, dass der antidepressive Effekt der Lichttherapie durch serotonerge Mechanismen vermittelt wird.

SAD-Patienten wurden auch während des Sommers studiert, während diese remittiert und ohne Therapie waren. Neumeister et al. hat über eine transiente Exazerbation der depressiven Symptome durch die Tryptophan Depletion berichtet, wobei in der Studie von Lam et al. keine Unterschiede zwischen der Tryptophandepletion und der Plazebodepletion gefunden wurden. Diese Unterschiede zwischen den beiden erwähnten Studien können nicht durch unterschiedliche Patienten-Populationen erklärt werden, da in beiden Studien sehr homogene Gruppen von SAD Patienten studiert worden sind, die in ihren klinischen und demographischen Eigenschaften sehr ähnlich waren. Eine mögliche Erklärung für den bereits erwähnten Unterschied kann die Zeit seit Beginn der Remission aus der letzten depressiven Episode sein, da dieses zwischen den beiden Studien verschieden war.

An einer kleinen Studienpopulation zeigten Neumeister und Kollegen (1999a), dass die Patienten, die eine kurzdauernde Exazerbation depressiver Symptome unter Tryptophan Depletion während des Sommers erlebt haben, mit einem erhöhten Risiko bezüglich der Entwicklung einer neuerlicher depressiver Episode im kommenden Winter blieben. Im Gegensatz dazu haben die Patienten, die keine Symptomexazerbation während der Tryptophan Depletion entwickelten, keine neuerliche Episode im Herbst/Winter erlebt. Diese vorläufige Resultate können von großem Interesse sein, wenn sie in einer größeren SAD Population reproduzierbar sind, weil die Tryptophan Depletion die Möglichkeit bieten könnte, die Patienten zu definieren, die von einer längerfristigen antidepressiven Therapie, pharmakologisch oder nicht-pharmakologisch, mehr profitieren könnten.

Zusammenfassend geben die Tryptophan Depletions Studien, die bis jetzt durch unsere Gruppe durchgeführt worden sind, einige Hinweise, dass 5-HT eine Schlüsselrolle in der Pathogenese der SAD spielt, wobei SAD-Patienten in verschieden Stadien der Erkrankung inkludiert worden waren (Abb. 2). Weiters lassen die Ergebnisse der Studien vermuten, dass 5-HT möglicherweise in den Wirkmechanismus der Lichttherapie involviert ist. Interessanterweise haben wir in einer kleinen Studie eine Assoziation zwischen den Genotypen des 5-HT Transporters und Veränderungen des depressiven Scores nach Tryptophan Depletion gezeigt (Lenzinger et al. 1999). Patienten mit SAD bleiben vulnerabel gegenüber Veränderungen der zentralen 5-HT Funktion. Weiters kann angenommen werden, dass die vermutete serotonerge Dysregulation bei der SAD ein Trait-Marker und nicht ein State-Marker ist, und dass die Lichttherapie auf Symptomebene das vorliegende Defizit kompensiert, nicht aber die zugrundeliegende biologische Dysregulation. Eine direkte Beziehung zwischen der Schwere der depressive Symptomatik und der Tryptophan Verfügbarkeit wurde nicht gefunden. Dies argumentiert gegen eine direkte Rolle des 5-HT in der Regulation der Stimmung bei der SAD.

Serotonerge Substanzen in der SAD

Die Hypothese, dass eine Dysfunktion innerhalb des serotonegen Systems des Gehirns der ätiologische Faktor der SAD sein könnte, stützt sich auch auf die positive Effekte der serotonergen Substanzen in der Behandlung der SAD. Verschiedene serotonerge Substanzen, wie z.B. Sertralin (Blashko et al. 1995), Fluoxetin (Lam et al. 1995), und d,l-Fenfluramin (O'Rourke et al. 1989), haben in kontrollierten Studien eine Effizienz in der Therapie der SAD gezeigt. Vor kurzem wurde auch für das dual wirkendes Antidepressivum Mirtazapin eine Wirksamkeit in der SAD gezeigt (Hesselmann et al. 1999). Eine detalierte Ausführung der pharmakologische Therapie der SAD als Alternative zur Lichttherapie wird in einem anderem Buchkapitel berichtet. Zusammenfassend ist die Antidepressive Effizienz der serotonergen Substanzen, wenn auch nur indirekt, Beweis für die Rolle serotonerger Mechanismen in der Entstehung der SAD.

Die Katecholamin Hypothese bei der SAD

Eine Übersicht der verfügbaren Literatur bezüglich der biologischen Variablen, die eine Rolle in der Pathogenese der SAD und den Wirkmechanismus der Lichttherapie spielen, zeigte, dass die serotonergen Mechanismen während der vergangenen Jahre mehr Aufmerksamkeit als die katecholaminergen Mechanismen erlangten. Mehrere Hinweise lassen aber vermuten, dass außer der 5-HT Transmission auch die katecholaminerge Transmission in der Pathophysiologie der SAD involviert sein kann. Zum Beispiel zeigte eine Studie eine inverse Korrelation der Depressivität bei unbehandelten SAD Patienten mit dem Plasmaspiegel von Norepinephrin (Rudorfer et al. 1993). In einer anderen Studie bezüglich der Rolle von Norepinephrin im Mechanismus der Lichttherapie, reduzierte die Lichttherapie die Ausscheidung von Norepinephrin und seiner Metaboliten im Urin (Anderson et al. 1992).

Die Plasma Konzentrationen von 3-methoxy-4-hydroxyphenylethylenglycol (MHPG), des wichtigsten Metaboliten von Norepinephrin, zeigten Unterschiede zwischen nicht depressiven SAD-Patienten und remittierten SAD-Patienten oder Kontrollpersonen (Rudorfer et al. 1993). Diese Unterschiede finden sich auch im Liquor der SAD Patienten und gesunden Kontrollen (Rudorfer et al. 1993). Weiters, wenn auch indirekt, können Beweise für eine Beteiligung des Noradrenalins in der Pathogenese der SAD von einer offenen Studie, die eine Effizienz des Selektiven Noradrenalin Wiederaufnahmehemmers Substanz Reboxetin in der Therapie der SAD gezeigt werden (Hilger et al. 1999). Reboxetin war speziell effizient für die Behandlung der atypischen Symptome der SAD.

Um dopaminerge Mechanismen in der SAD zu studieren, wurden drei verschiedene Parameter untersucht: Prolaktinsekretion, spontane Augenblinkrate und Temperatur Regulation. Dopamin ist der wichtigste Inhibitor für die Sekretion von Prolaktin (Gudelsky 1981). Weiters modulieren dopaminerge Systeme des Gehirns die Rate des spontanen Augenblinzelns (Karson 1983) und eine Involvierung in der Regulierung und Einhaltung der Körperkerntemperatur wird vermutet (Lee et al. 1985). Studien berichten über erhöhte (Jacobsen et al. 1987), aber auch reduzierte (Depue et al. 1990, Oren et al. 1996) basale Prolaktinspiegel bei SAD Patienten im Vergleich zu Kontrollpersonen. Eine andere Studie (Depue et al. 1990) zeigte bei SAD Patienten eine erhöhte Augenblinkrate. Dieses Ergebnis konnte jedoch von einer anderen Arbeitsgrupppe nicht verifiziert werden (Barbato et al. 1993). Erste Befunde einer abnormen Thermoregulation bei SAD Patienten im Vergleich zu gesunden Kontrollen wurden nicht repliziert (Arbisi et al. 1989). Auch die Kombination von Levodopa und Carbidopa war nicht besser als Placebo in der Behandlung der SAD (Oren et al. 1994).

Hinweise auf eine Beteiligung dopaminerger Mechanismen in der Entstehung der SAD kommen von einer vor kurzem publizierten Brain Imaging Studie (Neumeister et al. 2001). Die Autoren haben in vivo die Dopamin Transporter (DAT) Verfügbarkeit bei unbehandelten, symptomatisch depressiven Patienten bei SAD und gesunden Kontrollen untersucht. Patienten mit SAD und Alters- und Geschlecht-gematchte gesunde Kontrollen wurden eingeladen an einer [^{123}I]β-CIT SPECT Studie teilzunehmen, um die striatale Dichte der DATs zu messen. Das Cerebellum wurde als Referenz Region benutzt. Die Autoren berichten über eine Reduktion in der Verfügbarkeit der striatalen DAT Bindungsstellen bei unbehandelten symptomatisch depressiven SAD Patienten im Vergleich zu gesunden Kontrollen (Abb. 3). Es bleibt unklar ob diese Reduktion einen primären Defekt oder einen Versuch eine reduzierte Dopaminverfügbarkeit in den synaptischen Spalt während der depressiven Episode der SAD zu überwinden, darstellt.

Hinweise für die Rolle katecholaminerger Mechanismen in der Pathogenese der SAD und im Wirkmechanismus der Lichttherapie wurden durch eine Monoamin Depletionsstudie, die die Effekte von Tryptophan Deple-

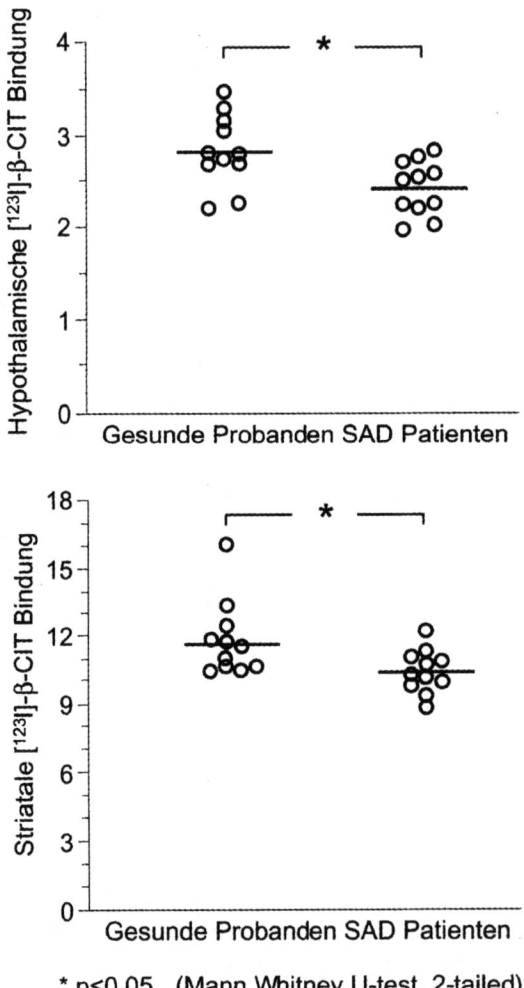

* p<0.05 (Mann Whitney U-test, 2-tailed)

Abb. 3. Hypothalamische Serotonin Transporter Verfügbarkeit (oben) und striatale Dopamin Transporter Verfügbarkeit (unten) bei symptomatischen depressiven Patienten mit SAD und bei gesunden Kontrollen gemessen mit [^{123}I]-β-CIT

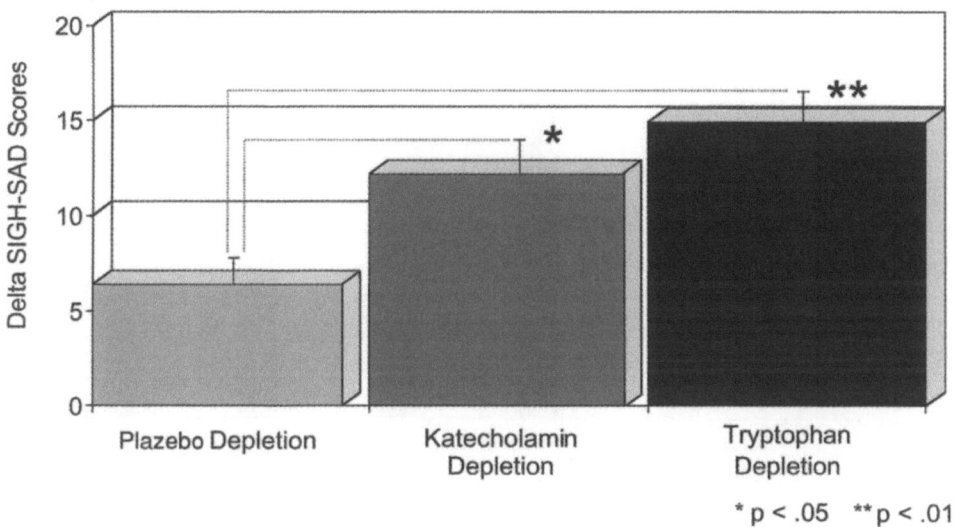

Abb. 4. Tryptophan und Katecholamin Depletion verursachte eine Exazerbation depressiver Symptome, nicht aber die Gabe von Diphenhydramin. Die Graphik zeigt Delta-Scores zum Zeitpunkt der maximalen Ausprägung der depressiven Symptomatik

tion und Katecholamin Depletion miteinander verglich, geliefert (Neumeister et al. 1998b).

Die Tryptophan Depletion wurde durch eine 24-Stunden Tryptophan arme Diät, die durch die Verabreichung von einem Tryptophan-freien Aminosäuren Gemisch gefolgt wurde, durchgeführt. Die Katecholamin Depletion wurde durch die Verabreichung des Tyrosinhydroxylasehemmers Alpha-Methyl-Para-Tyrosin (AMPT) induziert. Diphenhydramin wurde als Plazebo benutzt. Die Effekte dieser Interventionen wurden durch die Messung der depressiven Symptomatik, des Plasma Tryptophan Spiegels und des Spiegels der Plasma Katecholamin Metaboliten beurteilt. Wie erwartet reduzierte die Tryptophan Depletion die Plasma Spiegel von Tryptophan. Während der Katecholamin Depletion kam es zu der erwarteten Abnahme der Katecholaminmetaboliten MHPG Spiegel und Homovanillin Säure (HVA).

Diese Studie zeigte, dass Tryptophan und Katecholamin Depletion, aber nicht die Plazebo Depletion, die therapeutische Effekte der Lichttherapie aufhebt (Abb. 4). Diphenhydramin hat sich als plausibles Plazebo erwiesen, da die Verabreichung einen gewissen Grad von Schläfrigkeit und Müdigkeit erzeugte, ähnlich zu den Nebeneffekten einer AMPT Gabe, es aber nicht zum Auftreten depressiver Symptome bei den Patienten kam. Interessanterweise zeigte die Analyse der einzelnen durch die Depletion induzierten Symptome keine Unterschiede im Symptomprofil während einer Tryptophandepletion und Katecholamindepletion (Abb. 5). Zusammenfassend lässt diese Studie vermuten, dass die Lichttherapie nicht nur über serotonergen Mechanismen wirkt, sondern dass auch katecholaminerge Mechanismen involviert sind.

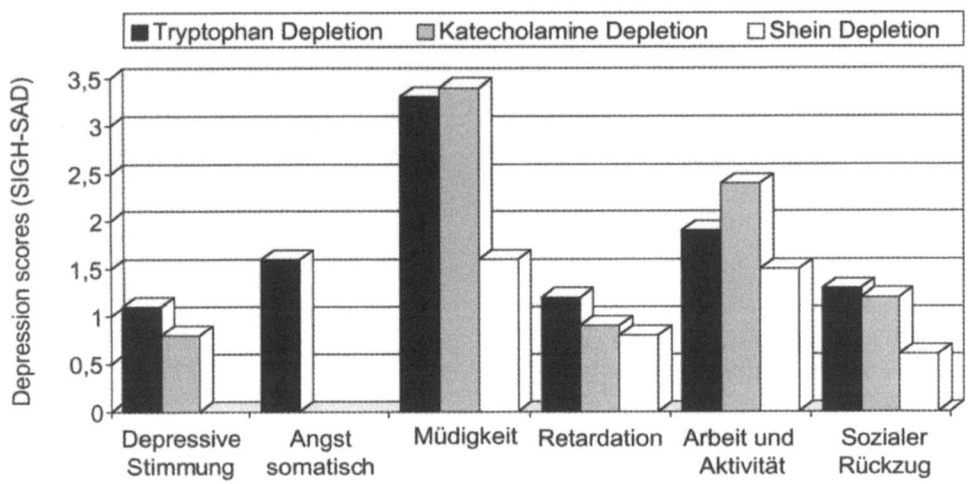

Abb. 5. Die Einzelitemanalyse zeigte keine Unterschiede zwischen der Tryptophan Depletion und Katecholamin Depletion. Die bedeutet, dass sich das Symptomprofil, welches durch Tryptophan Depletion und Katecholamin Depletion hervorgerufen wird, sich nicht voneinander unterscheidet

Aufgrund der publizierten Daten kann festgestellt werden, dass zur Zeit wenige konsistente Beweise für eine Beteiligung katecholaminergen Mechanismen in der Entstehung der SAD vorliegen. Es ist aber gut dokumentiert, dass 5-HT und Katecholaminerge Systeme im Gehirn einander beeinflussen und eng miteinander verknüpft sind. Es wurde über gestörte Interaktionen zwischen serotonergen und katecholaminergen Systemen in der SAD berichtet (Schwartz et al. 1997). Dennoch ist es weiterhin unklar, ob der Wirkmechanismus der Lichttherapie auf einem Aufheben der gestörten Interaktionen zwischen diesen zwei Systemen beruht oder direkt durch Beeinflussung eines der beiden monoaminergen Systeme.

Zusammenfassung

Die Literatur über die Rolle monoaminerger Transmittersysteme des Gehirns in der Pathogenese der SAD und den Wirkmechanismus der Lichttherapie zeigt, dass beide Transmitter Systeme, serotonerge und katecholaminerge, eine Schlüsselrolle bei dieser Störung und in der Behandlung mit Lichttherapie spielen. Wie gezeigt wurde gibt es starke Hinweise dafür, dass Veränderungen in der Funktion dieser Transmittersysteme ein Trait-Marker der SAD sind und dass antidepressive Therapien, wie z.B. Lichttherapie oder pharmakologische Behandlungen, die Symptome der Erkrankung erfolgreich behandeln, dass aber die zugrundelegenden biologische Dysregulation weiter bestehen bleibt.

Literatur

Abbott FV, Etienne P, Franklin KBJ, Morgan MJ, Sewitch MJ, Young SN (1992) Acute tryptophan depletion blocks morphine analgesia in the cold-pressor test in humans. Psychopharmacology 108: 60–66

Anderson JL, Vasile RG, Mooney JJ, Bloomingdale KL, Samson JA, Schildkraut JJ (1992) Changes in norepinephrine output following light therapy for fall/winter seasonal depression. Biol Psychiatry 32: 700–704

Arbisi PA, Depue RA, Spoont MR, Leon A, Ainsworth B (1989) Thermoregulatory response to thermal challenge in seasonal affective disorder: a preliminary report. Psychiatry Res 28: 323–334

Arbisi PA, Levine AS, Nerenberg J, Wolf J (1996) Seasonal alteration in taste detection and recognition threshold in seasonal affective disorder: the proximate source of carbohydrate craving. Psychiatry Res 59: 171–182

Arendt J, Wirz-Justice A, Bradtke J (1977) Circadian, diurnal and circannual rhythms of serum melatonin and platelet serotonin in man. Chronobiologia 4: 96–97

Arora RC, Meltzer HY (1988) Seasonal variation of imipramine binding in the blood platelets of normal controls and depressed patients. Biol Psychiatry 23: 217–226

Asberg M, Bertilsson L, Rydin E, Schalling D, Thorén P, Träskman-Bendz L (1980) Monoamine metabolites in cerebrospinal fluid in relation to depressive illness, suicidal behaviour and personality. In: Angrist B, Burrows GD, Lader M et al (eds) Recent advances in neuropharmacology. Pergamon, Oxford, pp 257–271

Baldessarini RJ (1984) Treatment of depression by altering monoamine metabolism: precursors and metabolic inhibitors. Psychopharmacol Bull 20: 224–239

Barbato G, Moul DE, Schwartz P, Rosenthal NE, Oren DA (1993) Spontaneous eye blink rate in winter seasonal affective disorder. Psychiatry Res 47 (1): 79–85

Barr LC, Heninger GR, Goodman W, Charney DS, Price LH (1997) Effects of fluoxetin administration on mood response to tryptophan depletion in healthy subjects. Biol Psychiatry 41: 949–954

Benkelfat C, Ellenbogen MA, Dean P, Palmour RM, young SN (1994) Mood-lowering effect of tryptophan depletion. Enhanced susceptibility in young men at genetic risk for major affective disorders. Arch Gen Psychiatry 51: 687–697

Blashko CA (1995) A double-blind, placebo-controlled study of sertraline in the treatment of outpatients with seasonal affective disorders. Eur Neuropsychopharmacol 5: 258

Brewerton TD, Berrettini W, Nurnberger J, Linnoila M (1988) An analysis of seasonal fluctuations of CSF monoamines and neuropeptides in normal controls: findings with 5-HIAA and HVA. Psychiatry Res 23: 257–265

Brewerton TD, Krahn DD, Hardin TA, Wehr TA, Rosenthal NE (1994) Findings from the seasonal pattern assessment questionnaire in patients with eating disorders and control subjects: Effects of diagnosis and location. Psychiatry Res 52: 71–84

Cappiello A, Malison RT, McDougle CJ, Vegso SJ, Charney DS, Heninger GR, Price LH (1996) Seasonal variation in neuroendocrine and mood responses to IV L-tryptophan in depressed patients and healthy subjects. Neuropsychopharmacology 15: 475–483

Carlsson A, Svennerholm L, Winblad B (1980) Seasonal and circadian monoamine variations in human brains examined post mortem. Acta Psychiatr Scand 61 [Suppl 280]: 75–83

Coppen A (1967) The biochemistry of affective disorders. Br J Psychiatry 113 (504): 1237–1264

Danjou P, Hamon M, Lacomblez L, Warot D et al (1990) Psychomotor, subjective and neuroendicrine effects of acute tryptophan depletion in the healthy volunteer. Psychiatr Psychobiol 5: 31–38

Delgado PL, Price LH, Miller HL, Salomon RM, Licinio J, Krystal JH, Heninger GR, Charney DS (1991) Rapid serotonin depletion as a provocative challenge test for patients with major depression; relevance to antidepressant action and the neurobiology of depression. Psychopharmacol Bull 27: 321–330

DeMet EM, Chicz-DeMet A, Fleischmann J (1989) Seasonal rhythm of platelet 3H-imipramine binding in normal controls. Biol Psychiatry 26: 489–495

Depue RA, Krauss S, Ianoco WG, Leon A, Muir R, Allen J (1990) Seasonal independence of low prolactin concentration and high spontaneous eye blink rates in unipolar and bipolar II seasonal affective disorder. Arch Gen Psychiatry 47: 356–364

Fernstrom JD (1977) Effects of the diet on brain neurotransmitters. Metabolism 26: 207–223

Ghadirian AM, Murphy BE, Gendron MJ (1998) Efficacy of light versus tryptophan therapy in seasonal affective disorder. J Affect Disord 50 (1): 23–27

Gudelsky GA (1981) Tuberoinfundibular dopamine neurons and the regulation of prolactin secretion. Psychoneuroendocrinology 6 (1): 3–16

Hesselmann B, Habeler A, Praschak-Rieder N, Willeit M, Neumeister A, Kasper S (1999) Mirtazapine in seasonal affective disorder (SAD): a preliminary report. Hum Psychopharmacol Clin Exp 14 (1): 59–62

Hilger E, Willeit M, Praschak-Rieder N, Neumeister A, Stastny J, Thierry N, Kasper S (1999) Selective noradrenaline reuptake inhibitor reboxetine leads to rapid remission of atypical symptoms in patients with SAD. Soc Light Treatment Biol Rhythms (Abstract) 11: 19

Jacobsen FM, Sack DA, Wehr TA, Rogers S, Rosenthal NE (1987) Neuroendocrine response to 5-hydroxytryptophan in seasonal affective disorder. Arch Gen Psychiatry 44: 1086–1091

Jacobsen FM, Mueller EA, Rosenthal NE, Rogers S, Hill JL, Murphy DL (1994) Behavioural responses to intravenous meta-chlorophenylpiperazine in patients with seasonal affective disorder and control subjects before and after phototherapy. Psychiatry Res 52: 181–197

Joseph-Vanderpool JR, Jacobsen FM, Murphy DL, Hill JL, Rosenthal NE (1993) Seasonal variation in behavioral responses to m-CPP in patients with seasonal affective disorder and controls. Biol Psychiatry 33: 496–504

Jouvet M (1969) Biogenic amines and the states of sleep. Science 163: 32–41

Kahn RS, Wetzler S (1991) M-Chlorophenylpiperazine as a probe of serotonin function. Biol Psychiatry 30: 1139–1166

Karson CN (1983) Spontaneous eye-blink rates and dopaminergic systems. Brain 106: 643–653

Kräuchi K, Wirz-Justice A (1992) Seasonal patterns of nutrient intake in relation to mood. In: Anderson GH, Kennedy SH (eds) The biology of feast and famine: relevance to eating disorders. Academic Press, Orlando, FL, pp 157–182

Kräuchi K, Wirz-Justice A, Graw P (1993) High intake of sweets late in the day predicts a rapid and persistent response to light therapy in winter depression. Psychiatry Res 46 (2): 107–117

Kräuchi K, Keller U, Leonhardt G, Brunner DP, van der Velde P, Haug H-J, Wirz-Justice A (1998) Accelerated post-glucose glycaemia and altered alliesthesia-test in seasonal affective disorder. J Affect Disord 53 (1): 23–26

Kupfer DJ et al (1972) Hypersomnia in manic-depressive disease: a preliminary report. Dis Nerv Syst 33 (11): 720–724

Lam RW, Gorman CP, Michalon M, Steiner M, Levitt AJ, Corral MR, Watson GD, Morehouse RL, Tam W, Joffe RT (1995) A multi-centre, placebo-controlled study of fluoxetin in seasonal affective disorder. Am J Psychiatry 152: 1765–1770

Lam RW, Zis AP, Grewal A, Delgado PL, Charney DS, Krystal JH (1996) Effects of tryptophan depletion in patients with seasonal affective disorder in remission after light therapy. Arch Gen Psychiatry 53: 41–44

Lam RW, Levitan RD, Tam EM, Yatham LN, Lamoureux S, Zis AP (1997) L-tryptophan augmentation of light-therapy in patients with seasonal affective disorder. Can J Psychiatry 42: 303–306

Lam RW, Bowering TA, Tam EM, Grewal A, Yatham LN, Shiah IS, Zis AP (2000) Effects of rapid tryptophan depletion in patients with seasonal affective disorder in natural summer remission. Psychol Med 30 (1): 79–87

Lee TF, Mora F, Myers RD (1985) Dopamine and thermoregulation: an evaluation with special reference to dopaminergic pathways. Neurosci Biobehav Rev 9 (4): 589–598

Lenzinger E, Neumeister A, Praschak-Rieder Nicole, Fuchs K, Gerhard E, Willeit M, Sieghart W, Kasper SF, Hornik K, Aschauer HN (1999) Behavioral effects of tryptophan depletion in seasonal affective disorder associated with the serotonin transporter gene? Psychiatry Res 85 (3): 241–246

Levitan RD, Kaplan AS, Levitt AJ, Joffe RT (1994) Seasonal fluctuations in mood and eating behavior in bulimia nervosa. Int J Eating Disord 16: 295–299

Levitan RD, Kaplan AS, Brown GM, Vaccarino FJ, Kennedy SH, Levitt AJ, Joffe RT (1998) Hormonal and subjective responses to intravenous m-chlorophenylpiperazine in women with seasonal affective disorder. Arch Gen Psychiatry 55: 244–249

Maes M, Jacobs MP, Suy E, Minner B, Leclercq C, Christiaens F, Raus J (1990a) Suppressant effects of dexamethasone on the availability of plasma L-tryptophan and tyrosine in healthy controls and in depressed patients. Acta Psychiatr Scand 81: 19–23

Maes M, Maes L, Suy E (1990b) Symptom profiles of biological markers in depression: a multivariate study. Psychoneuroendocrinology 15: 29–37

Maes M, Scharpé S, Verkerk R, D'Hondt P, Peeters D, Cosyns P, Thompson P, De Meyer F, Wauters A, Neels H (1995) Seasonal variation in plasma L-tryptophan availability in healthy volunteers. Arch Gen Psychiatry 52: 937–946

McGrath RE, Buckwald B, Resnick EV (1990) The effect of l-tryptophan on seasonal affective disorder. J Clin Psychiatry 51: 162–163

Meltzer HY, Lowy M, Robertson A, Goodnick P, Perline R (1984) Effect of 5-hydroxytryptophan on serum cortisol levels in major affective disorders. Arch Gen Psychiatry 41: 366–397

Murphy DL, Lesch KP, Aulakh CS, Pigott TA (1991) Serotonin-selective arylpiperazines with neuroendocrine, behavioral, temperature and cardiovascular effects in humans. Pharmacol Rev 43: 527–552

Neumeister A, Praschak-Rieder N, Heßelmann B, Rao M-L, Glück J, Kasper S (1997a) Effects of tryptophan depletion on drug-free patients with seasonal affective disorder during a stable response to bright light therapy. Arch Gen Psychiatry 54: 133–138

Neumeister A, Praschak-Rieder N, Heßelmann B, Tauscher J, Kasper S (1997b) Der Tryptophandepletionstest-Grundlagen und klinische Relevanz. Der Nervenarzt 68: 556–562

Neumeister A, Praschak-Rieder N, Heßelmann B, Vitouch O, Rauh M, Barocka A, Kasper S (1997c) Rapid tryptophan depletion in drug-free depressed patients with seasonal affective disorder. Am J Psychiatry 154: 1153–1155

Neumeister A, Praschak-Rieder N, Heßelmann B, Vitouch O, Rauh M, Barocka A, Kasper S (1998a) Effects of tryptophan depletion in fully remitted patients with seasonal affective disorder during summer. Psychol Med 28: 257–264

Neumeister A, Turner EH, Matthews JR, Postolache TT, Barnett RL, Rauh M, Vetticad R, Kasper S, Rosenthal NE (1998b) Effects of tryptophan depletion vs catecholamine depletion in patients with seasonal affective disorder in remission with light therapy. Arch Gen Psychiatry 55: 524–530

Neumeister A, Habeler A, Praschak-Rieder N, Willeit M, Kasper S (1999a) Tryptophan depletion: a predictor of future depressive episodes in SAD? Int Clin Psychopharmacol 14 (5): 313–315

Neumeister A, Stastny J, Praschak-Rieder N, Willeit M, Kasper S (1999b) Light treatment in depression (SAD, S-SAD & non-SAD). In: Holick MF, Jung EG (eds) Biologic effects of light 1998. Proceedings of a Symposium, Basel, Switzerland, November 1–3, 1998. Kluwer Academic Press, pp 409–416

Neumeister A, Pirker W, Willeit M, Praschak-Rieder N, Asenbaum S, Brücke T, Kasper S (2000) Seasonal variation of availability of serotonin transporter binding sites in healthy female subjects as measured by [^{123}I]-2β-carbomethoxy-3β-(4-iodophenyl)tropane and single photon emission computed tomography. Biol Psychiatry 47: 158–160

Neumeister A, Willeit M, Praschak-Rieder N, Asenbaum S, Stastny J, Hilger E, Pirker W, Brücke T, Kasper S (2001) Dopamine transporter availability in symptomatic depressed patients with seasonal affective disorder and healthy controls. Psychol Med 31 (8): 1467–1473

Neumeister A, Konstantinidis A, Stastny J, Schwarz MJ, Vitouch O, Willeit M, Praschak-Rieder N, Zach J, de Zwaan M, Bondy B, Ackenheil M, Kasper S (2002) Association between serotonin transporter gene promoter polymorphism (5HTTLPR) and behavioral responses to tryptophan depletion in healthy women with and without family history of depression. Arch Gen Psychiatry 59 (7): 613–20

Nishizawa S, Benkelfat C, Young SN, Leyton M, Mzengeza S, deMontigny C, Blier P, Diksic M (1997) Differences between males and females in rates of serotonin synthesis in human brain. Proc Natl Acad Sci 94: 5308–5313

Oldman AD, Walsch AES, Salkovski P, Laver DA, Cowen PJ (1994) Effect of acute tryptophan depletion on mood and appetite in healthy female volunteers. J Psychopharmacol 8: 8–13

Oren DA, Moul DE, Schwartz P, Wehr TA, Rosenthal NE (1994) A controlled trial of levodopa plus carbidopa in the treatment of winter seasonal affective disorder: a test of the dopamine hypothesis. J Clin Psychopharmacol 14: 196–200

Oren DA, Levendosky AA, Kasper S, Duncan CC, Rosenthal NE (1996) Circadian Profiles of cortisol, prolactin, and thyrotropin in seasonal affective disorder. Biol Psychiatry 39: 157–170

O'Rourke D, Wurtman JJ, Brzezinski A, Nader TA, Chew B (1987) Serotonin implicated in etiology of seasonal affective disorder. Psychopharmacol Bull 23: 358–359

O'Rourke D, Wurtman JJ, Wurtman RJ, Chebli R, Gleason R (1989) Treatment of seasonal depression with d-fenfluramine. J Clin Psychiatry 50: 343–347

Paykel ES (1977) Depression and appetite. J Psychosom Res 21 (5): 401–407

Rosenthal NE, Sack DA, Gillin JC, Lewy AJ, Goodwin FK, Davenport Y, Mueller PS, Newsome DA, Wehr TA (1984) Seasonal affective disorder. A description of the syndrome and preliminary findings with light therapy. Arch Gen Psychiatry 41: 72–80

Rosenthal NE, Genhart MJ, Caballero B, Jacobsen FM, Skwerer RG, Coursey RD, Rogers S, Spring BJ (1989) Psychobiological effects of carbohydrate- and protein-rich meals in patients with seasonal affective disorder and normal controls. Biol Psych 25: 1029–1040

Rudorfer M, Skwerer R, Rosenthal N (1993) Biogenic amines in seasonal affective disorder: effects of light therapy. Biol Psychiatry 46: 19–28

Schaechter JD, Wurtman RJ (1990) Serotonin release varies with brain tryptophan levels. Brain Res 532(1–2): 203–210

Schwartz PJ, Murphy DL, Wehr TA, Garcia-Borreguero D, Oren DA, Moul DE, Ozaki N, Snelbaker AJ, Rosenthal NE (1997) Effects of meta-chlorophenylpiperazine infusions in patients with seasonal affective disorder and healthy control subjects. Arch Gen Psychiatry 54: 375–385

Schwartz PJ, Turner EH, Garcia-Borreguero D, Sedway J, Vetticad RG, Wehr TA, Murphy DL, Rosenthal NE (1999) Serotonin hypothesis of winter depression: behavioral and neuroendocrine effects of the 5-HT (1A) receptor partial agonist ipsapirone in patients with seasonal affective disorder and healthy control subjects. Psychiatry Res 86 (1): 9–28

Smith SE, Pihl RO, Young SN, Ervin FR (1987) A test of possible cognitive and environmental influences on the mood lowering effect of tryptophan depletion in normal males. Psychopharmacology 91: 451–457

Stancampiano R, Melis F, Sarais L, Cocco S, Cugusi C, Fadda F (1997) Acute administration of a tryptophan-free amino acid mixture decreases 5-HT release in rat hypocampus in vivo. Am J Physiology 272: R991–R994

Tang SW, Morris JM (1985) Variation in human platelets 3H-imipramine binding. Psychiatry Res 16: 141–146

Whitaker PM, Warsh JJ, Stancer HC, Persade E, Vint CK (1984) Seasonal variation in platelet 3H-imipramine binding: comparable values in control and depressed populations. Psychiatry Res 11: 127–131

Wurtman RJ, Hefti F, Melamed (1981) Precursor control of neurotransmitter synthesis. Pharmacol Rev 32: 315–335

Yatham LN, Lam RW, Zis AP (1997) Growth hormone response to sumatriptan (5-HT1D agonist) challenge in seasonal affective disorder: effects of light therapy. Biol Psychiatry 42: 24–29

Young SN, Smith SE, Pihl RO, Ervin FR (1985) Tryptophan depletion causes a rapid lowering of mood in normal males. Psychopharmacology 87: 173–177

Young SN, Ervin FR, Pihl RO, Finn P (1989) Biochemical aspects of tryptophan depletion in primates. Psychopharmacology 98: 508–511

Zimmerman RC, McDougle CJ, Schumacher M, Olcese J, Mason JW, Heninger GR, Price LH (1993). Effects of acute tryptophan depletion on nocturnal melatonin secretion in humans. J Clin Endocrinol Metabol 76: 1106–1164

Korrespondenz: A. Neumeister, M.D., Mood and Anxiety Disorders Program, National Institute of Mental Health, North Drive, Building 15K, Room 200, Bethesda, MD 20892–2670, USA, E-mail: neumeisa@intra.nimh.nih.gov

Neuroimaging bei SAD

N. Praschak-Rieder und **M. Willeit**

Centre for Addiction and Mental Health, Toronto, Ontario, Canada

Funktionelle Neuroimagingtechniken wie Single Photon Emission Computed Tomography (SPECT) und Positron Emission Tomography (PET) machen es erstmals möglich, die pathophysiologischen Grundlagen psychiatrischer Erkrankungen direkt darzustellen und zu erforschen. Die Anwendung dieser Untersuchungsmethoden bei Patienten mit sekundären depressiven Störungen, wie Depressionen im Rahmen von Schlaganfällen und bei Morbus Parkinson, hat zu wichtigen Erkenntnissen über die funktionelle Neuroanatomie der Depression geführt (Pearlson und Schläpfer 1995, Kennedy et al. 1997, Drevets 1997, 1999, 2000, Davidson et al. 1999). Die Bilder, die PET und SPECT-Untersuchungen depressiver Patienten liefern, geben Aufschluss über funktionelle Störungen in einigen bedeutenden Hirnregionen, wie dem präfrontalen und frontalen Cortex, dem Temporallappen und anderen Strukturen des Limbischen Systems. Eine weitere Zielsetzung von SPECT- und PET ist es auch, genaue Kenntnisse über die physiologische Basis des Ansprechens auf Psychopharmaka zu erlangen (Drevets 2002, Kasper 2002). Damit ergeben sich neue Möglichkeiten, psychiatrische Erkrankungen auf Einzelsymptomebene gezielt und nebenwirkungsarm zu behandeln.

Depressive Störungen sind klinisch, ätiologisch, und höchstwahrscheinlich auch pathophysiologisch heterogen (Winokur 1997). Komplexe Regulationsstörungen auf Neurotransmitterebene sind mit unterschiedlichen Depressionssyndromen und -symptomen assoziiert (Charney et al. 1998, Neumeister et al. 2001a, Willeit et al. 2003, in Druck). Die Neuroimagingtechniken können zur Identifizierung von Subgruppen depressiver Störungen beitragen und dadurch auch zu einer besseren und differenzierteren Behandlung der einzelnen Patienten führen. SPECT und PET Untersuchungen bei Patienten mit SAD dienen potentiell auch Fragestellungen, die über Pathophysiologie und Therapie der SAD weit hinausreichen: es besteht hier die einzigartige Möglichkeit eine ätiologisch und klinisch-syndromatologisch eng umschriebene, sehr homogene Patientenpopulation zu untersuchen, um dann in einem zweiten Schritt zu überprüfen, ob und inwieweit die gewonnenen Erkenntnisse auf depressive Störungen im Allgemeinen übertragbar sind.

Prinzipien des funktionellen Neuroimaging

SPECT und PET liegt eine computerisierte Rekonstruktionstechnik für tomographische Bilder zugrunde, die der räumlichen Verteilung von Radionukliden im Gehirn entsprechen. Unter normalen Bedingungen ist die neuronale Aktivität im Gehirn direkt mit der zerebralen Durchblutung (cerebral blood flow, CBF) und der Glukoseutilisation (Cerebral Metabolic Rate, CMR_{glu}) assoziiert (Cummings 1993). Mit der SPECT-Technik wird die regionale zerebrale Durchblutung (rCBF), mit PET der zelluläre Glukosemetabolismus gemessen. Eine weitere Möglichkeit von SPECT und PET, die in den letzten Jahren zunehmend an Bedeutung gewonnen hat, ist die Darstellung der Verteilung von Neurotransmitterrezeptoren und präsynaptischen Neurotransmittertransportern im Gehirn mittels spezieller Radioliganden, die an diese Strukturen binden.

Radionuklide sind Moleküle, die im Falle von PET in einem Zyklotron, in dem Protonen und Deuteronen mittels Hochfrequenz-Wechselspannung beschleunigt werden, mit geladenen Partikeln markiert worden sind. Die Partikel werden so stark beschleunigt, dass ihre kinetische Energie groß genug ist, den Nukleus eines angepeilten Atoms zu durchdringen. Dabei wird ein instabiles Isotop erzeugt. Der radioaktive Zerfall der Isotope führt zur Freisetzung von α, β und γ-Strahlung. Die β-Strahlung geht mit einem Neutrino einher. Das Neutrino besitzt keine elektrische Ladung und nahezu keine Masse. Die Kombination eines Neutrino mit einem Proton führt zur Bildung eines Positrons, einem Antielektron. Wenn ein Positron mit einem Elektron kollidiert, werden 2 Photonen in die genau entgegengesetzte Richtung (180°) freigesetzt. Diese freigesetzten Photonen werden von den Kopf vollständig umgebenden Szintillatoren detektiert. Im Moment des Auftreffens der Photonen emittieren die Szintillatoren entsprechende Lichtimpulse, die verstärkt und in ein Elektronensignal konvertiert und dann von einem Computer als Bild rekonstruiert werden.

SPECT ist eine ähnliche Technik, welche die dreidimensionale Verteilung einer radioaktiv markierten Substanz (Radiotracer) im Gehirn misst. SPECT ist einfacher in der Durchführung, da es im Gegensatz zu PET nicht die Verfügbarkeit eines Zyklotrons zur Erzeugung Positron-emittierender Radionuklide erfordert. Ein Radiotracer, zum Beispiel Technetium 99 (^{99m}Tc) oder Jod 123 (^{123}I) wird verabreicht, ein einzelnes freigesetztes Photon wird detektiert und computertomographisch rekonstruiert. Das räumliche Auflösungsvermögen, definiert als die Möglichkeit, zwei nahe beieinander liegende Punkte gerade noch als getrennt wahrzunehmen, ist bei SPECT geringer als bei PET. SPECT ist in erster Linie ein semiquantitatives bildgebendes Verfahren, bei dem Verhältnisse zwischen der Traceraufnahme in einer spezifischen Region und dem Gesamtgehirn bzw. einer Referenzregion gerechnet werden, während PET eine absolute Quantifizierung der Traceraufnahme in einer spezifischen Region zulässt.

Funktionelle Neuroimagingstudien bei SAD

Messung der zerebralen Durchblutung

^{99m}Tc-hexamethylpropylenamine (^{99m}Tc-HMPAO) ist ein häufig verwendeter SPECT Radiotracer für die Untersuchung der Regionalen Zerebralen Durchblutung (rCBF) als Index der regionalen neuronalen Aktivität. Zahlreiche ^{99m}Tc-HMPAO SPECT Studien (Ebert et al. 1991, Austin et al. 1992, Mayberg et al. 1994, Galynker et al. 1998, Ogura et al. 1998) beschreiben eine Minderung der Gesamtdurchblutung und/oder der frontalen Durchblutung während depressiver Episoden. Weniger konsistent als frontale Hypoperfusionen werden auch Durchblutungsminderungen in parietalen und temporalen Regionen berichtet (Ebert et al. 1991, Austin et al. 1992, Galynker et al. 1998, Ogura et al. 1998). Einige HMPAO-SPECT Studien finden auch einen Rückgang der umschriebenen relativen Durchblutungsdefizite nach Remission der depressiven Symptomatik (Goodwin et al. 1993, Ogura et al. 1998).

Das hauptsächlich verwendete PET-Radionuklid zur Messung der CMR ist 2-Fluoro-2-Deoxyglucose (FDG). PET Studien an depressiven Patienten berichten über eine Minderung der Glukoseutilisation (CMR_{glu}) im linken (Baxter et al. 1985, 1989, 1991, Martinot et al. 1990, Hurwitz 1990, Dolan et al. 1992, Bench et al. 1993 1995, Drevets 1997) bilateralen (Buchsbaum 1986, Biver et al. 1994, Smith 1999) oder rechten (Mayberg et al. 1999) dorsolateralen präfrontalen Cortex sowie im Nukleus Caudatus (Baxter et al. 1985,1989, Smith 1999) und im anterioren Cingulum (Bench et al. 1993, 1995, Smith 1999). Einige Studien fanden auch eine Assoziation zwischen Remission der depressiven Symptomatik und Rückgang der beschriebenen Glukoseutilisationsdefizite (Baxter et al. 1985, 1989, Martinot et al. 1990, Bench et al. 1995, Mayberg et al. 1999, Buchsbaum et al. 1997, Kennedy et al. 2001).

Bislang existieren fünf Berichte in der Literatur über Regionale Zerebrale Durchblutung (rCBF) und Glukoseutilisation (CMR_{glu}) bei SAD Patienten vor und nach Lichttherapie (Murphy et al. 1993, Vasile et al. 1997, Praschak-Rieder et al. 1998, Goyer et al. 1992, Cohen et al. 1992; Tabelle 1). Diese SAD-Studien sind nur eingeschränkt untereinander vergleichbar und auch schwer mit den anderen Studien bei nicht-saisonal depressiven Patienten in Beziehung zu setzen: Gründe hierfür sind Unterschiede in den Diagnosen (bipolare oder unipolare Patienten), der Medikation, dem Studiendesign (logitudinale Untersuchungen von Patienten mit depressiven Störungen vor und nach Remission oder Vergleich depressiver Patienten mit gesunden Probanden), den Imagingtechniken, der Wahl der Regionen (regions of interest, ROIs) und der Datenanalyse. Ein weiteres Problem vieler funktioneller Neuroimagingstudien sind die kleinen Fallzahlen und der Mangel an Replikationsstudien, sodass manche Ergebnisse mit Vorsicht interpretiert werden müssen.

Murphy et al. (1993) testeten in ihrer Studie die Hypothese, dass SAD-Patienten im Vergleich zu gesunden Probanden unterschiedliche physiolo-

Tabelle 1. SPECT und PET Studien zur zerebralen Durchblutung bei SAD

Autor	Fallzahl	Methodik	Ergebnis
Murphy (1993)	4 SAD-Patienten, 4 Kontrollen	Xe-SPECT, matched pairs vor und nach 2 h LT	Patienten: globale Perfusion 7.9% ↑ nach LT; Kontrollen: globale Perfusion 19% nach LT
Vasile (1997)	10 SAD-Patienten	HMPAO-SPECT vor und nach ca. 7 d LT	LT-Responder (n=5): rCBF ↑ im frontalen Cortex, Cingulum, Thalamus im Vergleich zu LT-Nonrespondern
Praschak-Rieder (1998)	24 SAD-Patienten	HMPAO-SPECT vor und nach 14 d LT	LT-Responder (n=16): vor LT rCBF links frontal < rechts frontal; nach LT rCBF ↑ links frontal
Cohen (1992)	7 SAD-Patienten, 38 Kontrollen	F^{18} FDG PET, zusätzl. PET bei 6 Patienten. nach 10 d LT, crossover design	Patienten: CMR global und im superioren u. medialen präfrontalen Cortex ↓ vor und nach LT im Vergleich zu Kontrolen; Assoziation CMR ↓ im superioren u. medialen präfrontalen Cortex und Schweregrad der Depression. Vor LT CMR links parietal ↓, rechts parietal und medial orbitofrontal ↑
Goyer (1992)	9 Sommer SAD-Patienten, 45 Kontrollen	F^{18} FDG PET	Patienten: CMR global u. links parietal ↓, orbitofrontal ↑ im Vergleich zu Kontrollen

gische Reaktionen auf Lichttherapie (LT) zeigen. Zwischen 10 SAD Patienten und 11 Kontrollen fanden sich keinerlei Unterschiede in der retinalen Kontrastsensitivität, den visuellen evozierten Potentialen und der Melatoninsuppression durch Licht. Je 4 Patienten und Kontrollen wurden mit der planaren Xenon Inhalations-SPECT Methode vor und nach einmaliger 2-stündiger LT untersucht. Vor LT fanden sich keine Unterschiede in der globalen und regionalen Durchblutung. Nach LT stieg die Gesamtdurchblutung in der SAD-Gruppe um 7.9% an, in der Kontrollgruppe sank die globale Durchblutung um 19%. Die Autoren schlussfolgern, dass sich SAD-Patienten nicht in ihren physiologischen Reaktionen auf Lichttherapie von gesunden Kontrollen unterscheiden, die Gesamtdurchblutung möglicherweise ausgenommen.

In einer HMPAO-SPECT Studie untersuchten Vasile et al. (1997) 10 SAD Patienten vor und nach circa einwöchiger LT. Vor LT fanden sich keine

Unterschiede im rCBF zwischen Therapieansprechern und den Patienten, die auf LT refraktär waren. Nach LT zeigten die 5 Patienten, die auf LT angesprochen hatten, eine Zunahme des rCBF im frontalen Cortex, Cingulum und Thalamus im Vergleich zu den fünf refraktären Patienten. Dieses Ergebnis ist dem einer HMPAO-SPECT Studie von Goodwin et al. (1993) bei nicht-saisonal depressiven Patienten vergleichbar, die einen Anstieg des rCBF im frontalen Cortex, Cingulum und Thalamus nach erfolgreicher Antidepressivatherapie fand. Eine Schwäche der Studie von Vasile et al. ist der Umstand, dass die Patienten teilweise gleichzeitig zur LT Antidepressiva erhalten hatten, sowie das Fehlen einer gesunden Kontrollgruppe.

Unsere Arbeitsgruppe (Praschak-Rieder et al. 1998) untersuchte 24 medikationsfreie SAD-Patienten mit HMPAO-SPECT vor und nach zweiwöchiger LT. Bei den 16 Therapieansprechern war die links frontale Durchblutung vor Behandlung niedriger als die rechts frontale Durchblutung. Nach erfolgreicher LT kam es zu einem Anstieg des links frontalen rCBF, während der rechts frontale rCBF unverändert blieb. Bei den 8 Patienten, die nicht auf LT ansprachen, war weder vor noch nach der Behandlung eine frontale rCBF-Asymmetrie nachweisbar, auch kam es zu keiner rCBF-Änderung durch LT. Das Ergebnis einer frontalen Durchblutungszunahme nach erfolgreicher LT ist im Einklang mit der Vasile et al. (1997) Studie. Vasile et al. zogen allerdings eine einzelne gesamtfrontale Region als Grundlage der Berechnungen heran, sodass Aussagen über Seitenunterschiede im rCBF vor und nach BLT nicht möglich waren. Auch die Aussagekräftigkeit unserer Studie ist durch das Fehlen einer gesunden Kontrollgruppe eingeschränkt.

Cohen et al. (1992) untersuchte in einer ^{18}F FDG PET Studie 7 Patienten mit SAD im Vergleich zu 38 gesunden Kontrollen. Bei 6 Patienten wurde ein zweiter PET-Scan nach zehntägiger LT durchgeführt. Die globale CMR sowie die CMR im superioren und medialen präfrontalen Cortex war bei den Patienten sowohl vor, wie auch nach LT niedriger als bei den gesunden Kontrollen, obwohl alle Patienten auf LT angesprochen hatten. Weiters fand sich bei den Patienten eine Assoziation zwischen erniedrigter CMR im superioren und medialen präfrontalen Cortex und Schweregrad der Depression. Vor Lichttherapie hatten die Patienten im Vergleich zu den gesunden Kontrollen eine erniedrigte CMR im linken parietalen Cortex und eine erhöhte CMR im rechts parietelen und medialen orbitofrontalen Cortex.

In einer FDG PET Studie von Goyer et al. (1992) wurde die CMR_{glu} von 9 Patienten mit Sommer-SAD mit der CMR_{glu} von 45 gesunden Kontrollen verglichen. Bei den SAD Patienten war die gesamtkortikale CMR_{glu} erniedrigt, während die regionale CMR_{glu} im orbitofrontalen Cortex erhöht war. Weiters fand sich bei SAD Patienten eine erniedrigte CMR_{glu} links inferiorparietal.

Untersuchungen einzelner Neurotransmittersysteme

Bestimmte PET und SPECT Radiotracer eignen sich auch für „Molekulares Imaging", d.h. zur Messung bestimmter Proteinmoleküle wie Rezeptoren,

Transporter und Enzyme im Gehirn. PET und SPECT sind hier den auf Magnetresonanz basierenden Techniken überlegen, da sie weitaus größere Sensitivität besitzen. Während z.B. die Magnetresonanz-Spektroskopie nur Moleküle von zumindest mikromolarer (10^{-6}) Quantität messen kann, kann PET und SPECT Neurotransmitterrezeptoren bereits im nanomolaren (10^{-9}) und pikomolaren (10^{-12}) Konzentrationsbereich messen (Talbot und Laruelle 2002). Die Anwendbarkeit von PET und SPECT für molekulares Imaging von Rezeptoren, Transportern und Enzymen ist komplett von der Verfügbarkeit eines geeigneten Radiotracers abhängig, dessen chemische Eigenschaften aus der geeigneten Kombination von Lipophilie, Molekulargewicht und Affinität bestehen müssen. Dopaminerge und serotonerge Neurotransmittersysteme sind bislang am häufigsten beim Menschen untersucht worden.

Ausgehend von zahlreichen Befunden, die eine Dysfunktion des serotonergen Systems bei SAD nahe legen (Kasper et al. 1996), untersuchte unsere Arbeitsgruppe (Willeit et al. 2000) die Serotonintransporterdichte im Mittelhirn bei 11 medikationsfreien depressiven Patienten mit SAD im Vergleich zu alters- und geschlechtsgemachten gesunden Kontrollen. Als Radioligand wurde [^{123}I]-2-β-carbomethoxy-3-β-(4-iodophenyl)-tropane ([^{123}I]-β-CIT) verwendet. [^{123}I]-β-CIT hat eine geeignete Affinität zu Dopamintransportern (DAT) im Striatum wie auch zu Serotonintransportern (5-HTT) im Mittelhirn (Regionen Thalamus/Hypothalamus und Mesencephalon/Pons) (Boja et al. 1992, Neumeyer et al. 1991; Abb. 1). Der 5-HTT

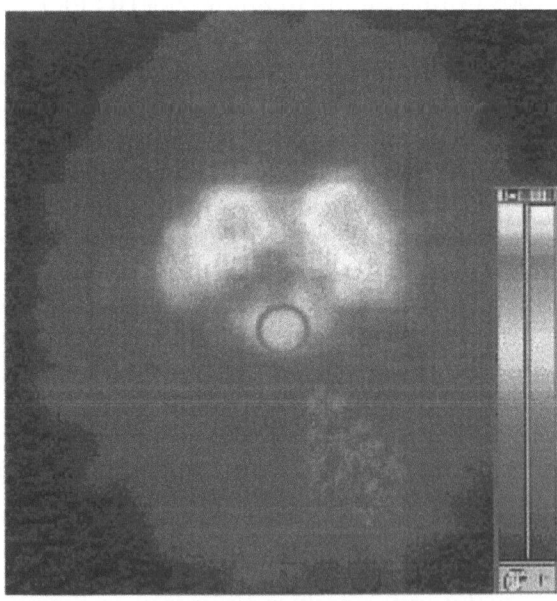

Abb. 1. Darstellung der [^{123}I]-β-CIT Bindung bei einem 33-jährigen gesundem Probanden. Der Kreis beinhaltet die an serotonergen Neuronen reiche Region Thalamus/Hypothalamus

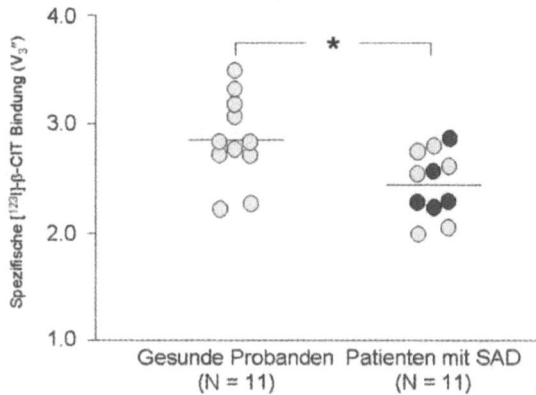

Abb. 2. Spezifische [^{123}I]-β-CIT Bindung in der an Serotonintransportern reichen Region Thalamus/Hypothalamus bei symptomatisch depressiven Patienten mit SAD und gesunden Probanden (Mann-Whitney U Test: p = 0,026) (Willeit et al. 2000)

gehört zur Familie der Natrium/Chlorid abhängigen Membrantransporter. Die wichtigste biologische Funktion des 5-HTT ist die Wiederaufnahme von Serotonin (5-HT) aus dem synaptischen Spalt. Auf diese Weise reguliert der Serotonintransporter die Konzentration von 5-HT im synaptischen Spalt und die zeitabhängige Interaktion von 5-HT mit prä- und postsynaptischen Rezeptoren (Barker und Blakely 1995). Die 5-HTT- Dichte ist in der Region Thalamus/Hypothalamus und der Region Mittelhirn/Pons besonders hoch, in letzterer liegen auch die Raphekerne, der Ursprung der serotonergen Hirninnervation. In kortikalen Regionen ist die 5-HTT-Dichte niedrig, und das Cerebellum ist praktisch frei von 5-HTT (Bäckström et al. 1989). Bei depressiven Patienten mit SAD fand sich eine erniedrigte Bindung von [^{123}I]-β-CIT in der Region Thalamus/Hypothalamus als Ausdruck einer erniedrigten 5-HTT Dichte (Abb. 2) In der Region Mittelhirn/Pons konnte kein signifikanter Unterschied in der [^{123}I]-β-CIT-Bindung zwischen Patienten und gesunden Kontrollen gefunden werden, was möglicherweise auch auf die kleine Größe dieser ROI zurückzuführen ist. Analog zu der Studie von Willeit et al. fand die Arbeitsgruppe von Malison et al. (1998) eine erniedrigte 5-HTT Dichte in der ROI Thalamus/Hypothalamus bei nicht saisonal depressiven Patienten, sodass dieser Befund möglicherweise depressionsassoziiert, aber nicht SAD-spezifisch sein dürfte.

Eine weitere [^{123}I]-β-CIT SPECT Studie an 16 gesunden Probanden (Willeit et al. 2001) untersuchte den möglichen Einfluss eines genetischen Polymorphismus im 5-HTT Steuerungsgen (serotonin transporter promoter gene region, 5-HTTLPR) auf die 5-HTT-Verfügbarkeit in Thalamus/Hypothalamus und Mesencephalon/Pons. Von 5-HTTLPR existieren zwei häufige Allele, ein langes *(l)* und ein kurzes *(s)*. In vitro Studien an humanen Zelllinien konnten zeigen, dass das *(s)* Allel transkriptionell weniger aktiv und mit einer erniedrigten Exprimierung von 5-HTT und einer erniedrigten 5-HTT Dichte assoziiert ist (Heils et al. 1997). Großangelegte Studien legen nahe, dass Individuen, die homozygot oder heterozygot für das (s) Allel sind, ein höheres Risiko für Depressionen und ängstliche Persönlichkeitszüge haben (Collier et al. 1996, Lesch et al. 1996). Für SAD ist der 5-HTTLPR-Polymorphismus insofern von Bedeutung, als eine Studie an SAD-Patienten eine Assoziation zwischen dem (s) Allel und SAD sowie dem Merkmal Saisonalität fand (Rosenthal et al. 1998). Eine weitere genetische Studie konnte keinen Einfluss von 5-HTTLPR auf die Diagnose SAD finden, jedoch war das (s) Allel mit dem bei SAD häufigen atypischen Depressionssubtyp, das (l) Allel mit dem melancholischen Depressionssubtyp assoziiert (Willeit et al. 2003, in Druck). Willeit et al. (2001) fanden jedoch keinerlei Einfluss des 5-HTTLPR Genotyps auf die mit [^{123}I]-β-CIT SPECT gemessene 5-HTT Verfügbarkeit (Abb. 3).

Über die Rolle katecholaminerger Neurotransmittersysteme wie Dopamin und Noradrenalin in der Pathophysiologie der SAD ist noch wenig bekannt. Eine Monoamindepletionsstudie an durch LT remittierten SAD Patienten von Neumeister et al. (1998) konnte zeigen, dass eine vorübergehende Erniedrigung des synaptischen Dopamingehaltes durch den Tyroxinhydroxylasehemmer AMPT zu einem Wiederauftreten von SAD-Symptomen führt. Ausgehend von diesem Hinweis einer dopaminergen Beteiligung an der Pathophysiologie der SAD und am Wirkmechanismus der LT untersuchte unsere Arbeitsgruppe auch die Dopamintransporter (DAT)-Verfügbarkeit im Striatum bei 11 medikationsfreien, depressiven SAD-Patienten im Vergleich zu alters- und geschlechtsgematchten gesunden Probanden mittels [^{123}I]-β-CIT SPECT (Neumeister et al. 2001b). Ähnlich der Rolle des 5-HTT

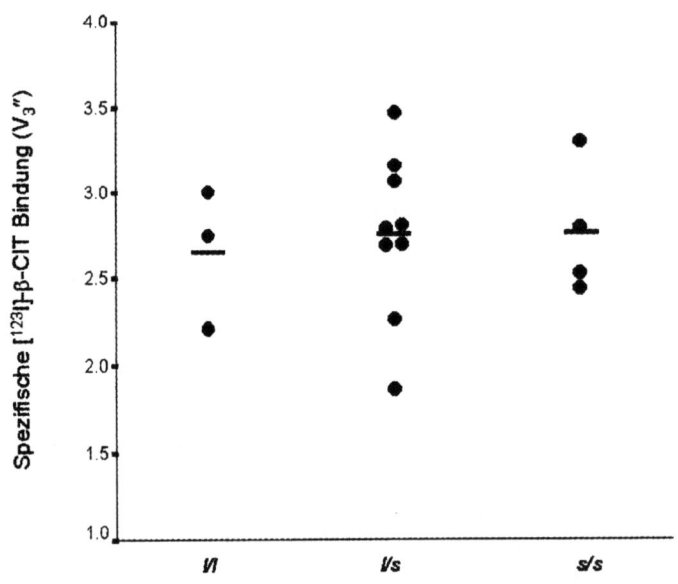

Abb. 3. Spezifische [^{123}I]-β-CIT Bindung in der Region Thalamus/Hypothalamus bei gesunden Probanden mit l/l (n = 3), l/s (n = 9) und s/s (n = 4) 5-HTTLPR Genotyp (ANOVA: F = 0,11; p = ns) (Willeit et al. 2001)

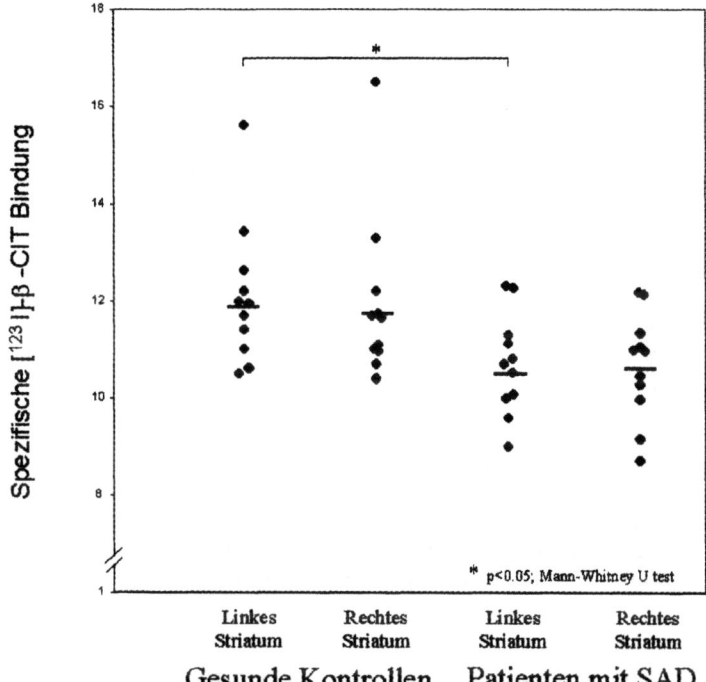

Abb. 4. Spezifische [^{123}I]-β-CIT Bindung im Dopamintransporter-reichen Striatum bei symptomatisch depressiven Patienten mit SAD (n = 11) und gesunden Kontrollen (n = 11; * Mann-Whitney U Test: p < 0,05) (Neumeister et al. 2001b)

für die intrasynaptische 5-HT-Konzentration, reguliert der präsynaptische DAT die intrasynaptische Dopaminkonzentration durch Wiederaufnahme von Dopamin aus dem synaptischen Spalt in das präsynaptische Neuron (Bannon et al. 1995). Bei SAD-Patienten fand sich eine im Vergleich zu gesunden Probanden erniedrigte DAT-Verfügbarkeit im linken Striatum (Abb. 4). Es fand sich allerdings kein Zusammenhang zwischen Schweregrad der Depression und DAT-Verfügbarkeit. Im Lichte der Hinweise für gestörte Interaktionen zwischen serotonergen und katecholaminergen Neurotransmittersystemen bei SAD (Schwartz et al. 1997) wäre es interessant zu wissen, ob die erniedrigte DAT-Verfügbarkeit bei depressiven SAD Patienten primär vorhanden oder ein Ergebnis einer funktionellen Imbalance zwischen diesen beiden Systemen ist. Das Ergebnis der Neumeister et al. Studie steht im Widerspruch zu einer [^{123}I]-β-CIT SPECT Studie bei nicht saisonal depressiven Patienten, die eine erhöhte DAT Verfügbarkeit im Vergleich zu gesunden Kontrollen fand (Laasonen-Balk et al. 1999). Eine mögliche Erklärung für diese diskrepanten Befunde wäre, dass die SAD-Patienten unserer Studie ein hohes Ausmaß an psychomotorischer Verlangsamung aufwiesen, während die nicht saisonal depressiven Patienten in der Studie von Laasonen-Balk et al. kaum verlangsamt waren. Der Zusammenhang zwischen psychomotorischer Verlangsamung und niedrigem Dopaminagonismus bei Patien-

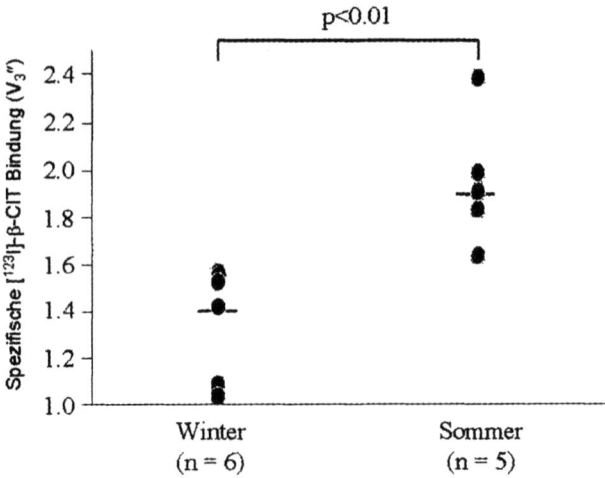

Abb. 5. Spezifische [^{123}I]-β-CIT Bindung in der an Serotonintransportern reichen Region Thalamus/Hypothalamus bei gesunden Probanden im Winter und im Sommer (Mann-Whitney U Test: p=0,006) (Neumeister et al. 2000)

ten mit Morbus Parkinson (Detresangle et al. 1999), depressiven Patienten (Shah et al. 1997), aber auch gesunden Probanden (Volkow et al. 1998) ist hinlänglich bekannt. Eine Stärke der [^{123}I]-β-CIT SPECT-Studien von Willeit et al. (2000) und Neumeister et al. (2001b) ist der Umstand, dass Patienten und gesunde Kontrollen nicht nur im Hinblick auf Alter, Geschlecht und Menstruationsstatus, sondern auch auf den Untersuchungszeitpunkt hin gematcht waren, in dem Sinne, dass alle gematchten Paare innerhalb von 2 Wochen im Winter untersucht wurden. Eine weitere [^{123}I]-β-CIT SPECT Studie an 5 im Sommer und 6 im Winter untersuchten gesunden Probandinnen von Neumeister et al. (2000) weist nämlich darauf hin, dass die 5-HTT-Verfügbarkeit in der Region Thalamus/Hypothalamus im Winter niedriger ist als im Sommer (Abb. 5). Ob diese jahreszeitliche Schwankung der 5-HTT-Verfügbarkeit auch bei Patienten mit psychiatrischen Störungen, insbesondere bei Patienten mit SAD, gegeben ist, ist nicht bekannt.

Zusammenfassung und Ausblick

PET und SPECT- Untersuchungen an SAD-Patienten sind von potentiell großer Bedeutung für die Erforschung der depressiven Störungen zugrundeliegenden funktionellen Defizite: SAD-Patienten stellen eine ätiologisch und syndromatologisch homogene Population dar und sind im Sommer typischerweise medikationsfrei und frei von relevanten depressiven Symptomen. Da es Hinweise gibt, dass unterschiedliche komplexe Neurotransmitterdysfunktionen mit verschiedenen Depressionssymptomen assoziiert sind, wären Untersuchungen an größeren Fallzahlen, die atypische und melancholische Depressionssubtypen gesondert würdigen, von besonderem Interesse. Vielversprechend sind neue Forschungsansätze, die versuchen, den Einfluss von mit SAD oder mit dem Merkmal Saisonalität assoziierten genetischen Markern mittels Neuroimaging auf molekularer Ebene darzustellen.

Die bislang existierenden funktionellen Neuroimagingstudien zur Messung der zerebralen Durchblutung bei Patienten mit SAD stehen in gutem Einklang mit einer Vielzahl von PET- und SPECT-Untersuchungen bei nicht saisonal depressiven Patienten. Unterschiede in Studiendesign, Diagnosen, Medikationsstatus, Imagingtechniken, Auswahl der Regionen und Datenanalyse machen Vergleiche allerdings oft schwierig. Aufgrund der oft kleinen Fallzahlen müssen viele Ergebnisse mit Vorsicht interpretiert werden. Vorläufige Ergebnisse deuten darauf hin, dass sich Lichttherapie-Ansprecher von therapierefraktären Patienten im Hinblick auf die regionale neuronale Aktivität unterscheiden. Von besonderer klinischer Relevanz für SAD-Patienten wäre die Identifizierung von Baseline-Durchblutungsmustern, die prädiktiv für das Ansprechen auf Lichttherapie sind.

Untersuchungen auf Neurotransmitterebene („Molekulares Imaging") mit dem Radioliganden [^{123}I]-β-CIT zeigen eine im Vergleich zu gesunden Kontrollen erniedrigte Serotonintransporter-Verfügbarkeit in der Region Thalamus/Hypothalamus und eine erniedrigte Dopamintransporter-Verfügbarkeit im linken Striatum. Studien mit neuen, besseren PET und SPECT-Radiotracern, die spezifischer als [^{123}I]-β-CIT sind, könnten diese Befunde erhärten und auch Aufschluss über mit SAD assoziierte serotonerge, dopaminerge und noradrenerge Auffälligkeiten in anderen Hirnregionen geben.

Literatur

Austin MP, Dougall N, Ross M, Murray C, O'Carroll RE, Moffoot A, Ebmeier KP, Goodwin GM (1992) Single photon emission tomography with ^{99m}Tc-exametazime in major depression and the pattern of brain activity underlying the psychotic/neurotic continuum. J Affect Disord 26: 31–43

Bäckström I, Bergström M, Marcusson J (1989) [3H] paroxetine binding to serotonin uptake sites in human brain tissue. Brain Res 486: 261–268

Bannon MJ, Granneman JG, Kapatos G (1995) The dopamine transporter. Potential involvement in neuropsychiatric disorders. In: Bloom FE, Kupfer DJ (eds) Psychopharmacology. The fourth generation of progress. Raven Press, New York, pp 179–188

Barker EL, Blakely RD (1995) Norepinephrine and serotonin transporters: molecular targets of antidepressant drugs. In: Bloom FE, Kupfer DJ (eds) Psychopharmacology. The fourth generation of progress. Raven Press, New York, pp 321–333

Baxter LR (1991) PET studies of cerebral function in major depression and obsessive-compulsive disorder. The emerging prefrontal cortex consensus. Ann Clin Psychiatry 3: 103–109

Baxter LR, Phelps ME, Mazziotta JC, Schwartz JM, Gerner RH, Selin CE, Sumida RM (1985) Cerebral metabolic rates for glucose in mood disorders: studies with positron emission tomography and fluorodeoxyglucose F 18. Arch Gen Psychiatry 42: 441–447

Baxter LR, Schwartz JM, Phelps ME, Mazziotta JC, Guze BH, Selin CE, Gerner RH, Sumida R (1989) Reduction of prefrontal cortex glucose metabolism common to three types of depression. Arch Gen Psychiatry 46: 243–250

Bench CJ, Friston KJ, Brown RG, Scott LC, Frackowiak RS, Dola RJ (1993) Regional cerebral blood flow in depression measured by positron emission tomography: the relationship with clinical dimensions. Psychol Med 23: 579–590

Bench CJ, Frackowiak RS, Dolan RJ (1995) Changes in regional cerebral blood flow on recovery from depression. Psychol Med 25: 247–261

Biver F, Goldman S, Delvenne V, Luxen A, De Maertelaer V, Hubain P, Mendlewicz J, Lotstra F (1994) Frontal and parietal metabolic disturbances in unipolar depression. Biol Psychiatry 36: 381–388

Boja JW, Mitchell WM, Patel A, Kopajtic TA, Carroll FI, Lewin AH, Abraham P, Kuhar MJ (1992) High affinity binding of [125I]RTI 55 to dopamine and serotonin transporters in the rat brain. Synapse 12: 27–36

Buchsbaum MS, Wu J, DeLisi LE, Holcomb H, Kessler R, Johnson J, King AC, Hazlett E, Langston K, Post RM (1986) Frontal cortex and basal ganglia metabolic rates assessed by positron emission tomography with [18F] 2-deoxyglucose in affective illness. J Affect Disord 10: 137–152

Buchsbaum MS, Wu J, Siegel BV, Hackett E, Trenary M, Abel L, Reynolds C (1997) Effect of sertraline on regional metabolic rate in patients with affective disorder. Biol Psychiatry 41: 15–22

Charney DS (1998) Monoamine dysfunction and the pathophysiology and treatment of depression. J Clin Psychiatry 59 [Suppl 14]: 11–14

Cohen RM, Gross M, Nordahl TE, Semple WE, Oren D, Rosenthal NE (1992) Preliminary data on the metabolic brain pattern of patients with winter seasonal affective disorder. Arch Gen Psychiatry 49: 545–552

Collier DA, Stober G, Li T, Heils A, Catalano M, Di Bella D, Arranz MJ, Murray RM, Vallada HP, Bengel D, Müller CR, Roberts GW, Smeraldi E, Kirov G, Sham P, Lesch KP (1996) A novel functional polymorphism within the promoter of serotonin transporter gene: possible role in susceptibility to affective disorders. Mol Psychiatry 1: 453–460

Cummings JL (1993) The neuroanatomy of depression. J Clin Psychiatry 54 [Suppl 11]: 14–20

Davidson RJ, Abercrombie H, Nitschke JB, Putnam K (1999) Regional brain function, emotion and disorders of emotion. Curr Opin Neurobiol 9: 228–234

Detresangle C, Veyre L, Le Bars D, Pierre C, Lavenne F, Pollak P, Guerin J, Froment JC, Brousolle E (1999) Striatal D_2 dopamine receptor status in Parkinson's disease: an [^{18}F]dopa and [^{11}C]raclopride PET study. Mov Disord 14: 1025–1030

Dolan RJ, Bench CJ, Brown RG, Scott LC, Friston KJ, Frackowiak RS (1992) Regional cerebral blood flow abnormalities in depressed patients with cognitive impairment. J Neurol Neurosurg Psychiatry 55: 768–773

Drevets WC (1999) Prefrontal cortical-amygdalar metabolism in major depression. Ann NY Acad Sci 877: 614–637

Drevets WC (2000) Functional anatomical abnormalities in limbic and prefrontal cortical structures in major depression. Prog Brain Res 126: 413–431

Drevets WC (2002) Functional anatomical correlates of antidepressant drug treatment assessed using PET measures of regional glucose metabolism. Eur Neuropsychopharmacol 12: 527–544

Drevets WC, Price JL, Simpson JR, Todd RD, Reich T, Vannier M, Raichle M (1997) Subgenual prefrontal cortex abnormalities in mood disorders. Nature 386: 824–827

Ebert D, Feistel H, Barocka A (1991) Effects of sleep deprivation on the limbic system and the frontal lobes in affective disorders. a study with Tc-99m-HMPAO SPECT. Psychiatry Res 40: 247–251

Galynker II, Cai J, Ongseng F, Finestone H, Dutta E, Serseni D (1998) Hypofrontality and negative symptoms in major depressive disorder. J Nucl Med 39: 608–612

Goodwin GM, Austin MP, Dougall N, Ross M, Murray C, O'Carroll RE, Moffoot A, Prentice N, Ebmeier KP (1993) State changes in brain activity shown by the uptake of ^{99m}Tc-exametazime with single photon emission tomography in major depression before and after treatment. J Affect Disord 29: 243–253

Goyer PF, Schulz PM, Semple WE, Gross M, Nordahl TE, King AC, Wehr TA, Cohen RM (1992) Cerebral glucose metabolism in patients with summer seasonal affective disorder. Neuropsychopharmacology 7: 233–240

Heils A, Mossner R, Lesch KP (1997) The human serotonin transporter gene polymorphism-basic research and clinical implications. J Neural Transm 104: 1005–1014

Hurwitz TA, Clark C, Murphy E, Klonoff H, Martin WRW, Pate BD (1990) Regional cerebral glucose metabolism in major depressive disorder. Can J Psychiatry 35: 684–688

Kasper S, Neumeister A, Praschak-Rieder N, Ruhrmann S, Hesselmann B (1996) Serotonergic mechanisms in the pathophysiology and treatment of seasonal affective disorder. In: Holick MF (ed) Biologic effects of light 1995. Proceedings of a Symposium, Atlanta, USA, October 8–11, 1995. de Gruyter, Berlin, pp 325–331

Kasper S, Tauscher J, Willeit M, Stamenkovic M, Neumeister A, Küfferle B, Barnas C, Stastny J, Praschak-Rieder N, Pezawas L, de Zwaan M, Quiner S, Pirker W, Asenbaum S, Podreka I, Brücke T (2002) Receptor and transporter imaging studies in schizophrenia, depression, bulimia, and Tourette's disorder: implications for psychopharmacology. World J Biol Psychiatry 3: 133–146

Kennedy SH, Javanmard M, Vaccarino FJ (1997) A review of functional neuroimaging in mood disorders: positron emission computed tomography and depression. Can J Psychiatry 42: 467–475

Kennedy SH, Evans KR, Krüger S, Mayberg HS, Meyer JH, McCann S, Arifuzzman AI, Houle S, Vaccarino FJ (2001) Changes in regional brain glucose metabolism measured with positron emission tomography after paroxetine treatment of major depression. Am J Psychiatry 158: 899–905

Laasonen-Balk T, Kuikka J, Viinamäki H, Husso-Saastamoinen M, Lehtonen J, Tiihonen J (1999) Striatal dopamine transporter density in major depression. Psychopharmachol 144: 282–285

Lesch KP, Bengel D, Heils A, Sabol SZ, Greenberg BD, Petri S, Benjamin J, Müller CR, Hamer DH, Murphy DL (1996) Association of anxiety-related traits with a polymorphism in the serotonin transporter gene regulatory region. Science 274: 1527–1531

Malison RT, Price LH, Berman R, van Dyck CH, Pelton GH, Carpenter L, Sanacora G, Owens MJ, Nemeroff CB, Rajeevan N, Baldwin RM, Seibyl JP, Innis RB, Charney DS (1998) Reduced brain serotonin transporter availability in major depression as measured by [123I]-2 beta-carbomethoxy-3 beta-(4-iodophenyl)tropane and single photon emission computed tomography. Biol Psychiatry 44: 1090–1098

Martinot J, Hardy P, Feline A, Huret J, Mazoyer B, Attar-Levy D, Pappata S, Syrota A (1990) Left prefrontal glucose hypometabolism in the depressed state: a confirmation. Am J Psychiatry 147: 1313–1317

Mayberg, HS, Lewis PJ, Regenold W, Wagner HN (1994) Paralimbic hypoperfusion in unipolar depression. J Nucl Med 35: 929–934

Mayberg HS, Liotti M, Brannan SK, McGinnis S, Mahurin RK, Jerabek PA, Silva JA, Tekell JL, Martin CC, Lancaster JL, Fox PT (1999) Reciprocal limbic-cortical function and negative mood: converging PET findings in depression and normal sadness. Am J Psychiatry 156: 675–682

Murphy DG, Murphy DM, Abbas M, Palazidou E, Binnie C, Arendt J, Campos Costa D, Checkley SA (1993) Seasonal affective disorder: response to light as measured by electroencephalogram, melatonin suppression, and cerebral blood flow. Br J Psychiatry 163: 327–331, 335–337

Neumeister A, Turner EH, Matthews JR, Postolache TT, Barnett RL, Rauh M, Vetticad R, Kasper S, Rosenthal NE (1998) Effects of tryptophan depletion vs catecholamine depletion in patients with seasonal affective disorder in remission with light therapy. Arch Gen Psychiatry 55: 524–530

Neumeister A, Willeit M, Praschak-Rieder N, Pirker W, Asenbaum S, Brücke T, Kasper S (2000) Seasonal variation of availability of serotonin transporter binding sites in healthy female subjects as measured by [^{123}I]-2β-carbomethoxy-3β-(4-iodophenyl)tropane and single photon emission computed tomography. Biol Psychiatry 47: 158–160

Neumeister A, Konstantinidis A, Praschak-Rieder N, Willeit M, Hilger E, Stastny J, Kasper S (2001a) Monoaminergic function in the pathogenesis of seasonal affective disorder. Int J Neuropsychopharmacol 4: 409–420

Neumeister A, Willeit M, Pirker W, Praschak-Rieder N, Stastny J, Asenbaum S, Brücke T, Kasper S (2001b) Dopamine transporter availability in symptomatic depressed patients with seasonal affective disorder and healthy controls. Psychol Medicine 31: 1467–1473

Neumeyer JL, Wang SY, Milius RA, Baldwin RM, Zea-Ponce Y, Hoffer PB, Sybirska E, al-Tikriti M, Charney DS, Malison RT (1991) [^{123}I]-2 beta-carbomethoxy-3 beta-(4-iodophenyl)tropane: high-affinity SPECT radiotracer of monoamine reuptake sites in brain. J Med Chem 34: 3144–3166

Ogura A, Morinobu S, Kawakatsu S, Totsuka S, Komatani A (1998) Changes in regional brain activity in major depression after successful treatment with antidepressant drugs. Acta Psychiatr Scand 98: 54–59

Pearlson GD, Schläpfer TE (1995) Brain imaging in mood disorders. In: Bloom FE, Kupfer DJ (eds) Psychopharmacology. The fourth generation of progress. Raven Press, New York

Praschak-Rieder N, Neumeister A, Willeit M, Podreka I, Vitouch O, Asenbaum S, Kasper S (1998) HMPAO-SPECT in SAD patients before and after light therapy. Biol Psychiatry 43: 17S (Abstract 55)

Rosenthal NE, Mazzanti CM, Barnett RL, Hardin T, Turner EH, Lam GK, Ozaki N, Goldman D (1998) Role of serotonin transporter promoter repeat length polymorphism (5-HTTLPR) in seasonality and seasonal affective disorder. Mol Psychiatry 3: 175–177

Shah PJ, Ogilvie AD, Goodwin GM, Ebmeier KP (1997) Clinical and psychometric correlates of dopamine D_2 binding in depression. Psychol Med 27: 1247–1256

Smith KA, Morris JS, Friston KJ, Cowen PJ, Dolan RJ (1999) Brain mechanisms associated with depressive relapse and associated cognitive impairment following acute tryptophan depletion. Br J Psychiatry 174: 525–529

Schwartz PJ, Murphy DL, Wehr TA, Garcia-Borreguero D, Oren DA, Moul DE, Ozaki N, Snelbaker AJ, Rosenthal NE (1997) Effects of meta-chlorophenylpiperazine infusions in patients with seasonal affective disorder and healthy control subjects: diurnal responses and nocturnal regulatory mechanisms. Arch Gen Psychiatry 54: 375–385

Talbot PS, Laruelle M (2002) The role of in vivo molecular imaging with PET and SPECT in the elucidation of psychiatric drug action and new drug development. Eur Neuropsychopharm 12: 503–511

Vasile RG, Sachs G, Anderson JL, Lafer B, Matthews E, Hill T (1997) Changes in regional cerebral blood flow following light treatment for seasonal affective disorder: responders versus nonresponders. Biol Psychiatry 42: 1000–1005

Volkow ND, Gur RC, Wang GJ, Fowler JS, Moberg PJ, Ding YS, Hitzemann R, Smith G, Logan J (1998) Association between decline in brain dopamine activity with age and cognitive and motor impairment in healthy individuals. Am J Psychiatry 155: 344–349

Willeit M, Praschak-Rieder N, Neumeister A, Pirker W, Asenbaum S, Vitouch O, Tauscher J, Hilger E, Stastny J, Brücke T, Kasper S (2000) [^{123}I] β-CIT SPECT imaging shows reduced brain serotonin transporter availability in drug-free depressed patients with seasonal affective disorder. Biol Psychiatry 47: 482–489

Willeit M, Stastny J, Pirker W, Praschak-Rieder N, Neumeister A, Asenbaum S, Tauscher J, Fuchs K, Sieghart W, Hornik K, Aschauer H, Brücke T, Kasper S (2001) No evidence for in-vivo regulation of midbrain serotonin transporter availability by serotonin transporter promoter gene polymorphism. Biol Psychiatry 50: 8–12

Willeit M, Praschak-Rieder N, Neumeister A, Stastny J, Zill P, Hilger E, Thierry N, Bondy B, Fuchs K, Lenzinger E, Sieghart W, Aschauer HN, Ackenheil M, Kasper S (2003) A polymorphism (5-HTTLPR) in the serotonin transporter promoter gene is associated with DSM-IV depression subtypes in seasonal affective disorder. Mol Psychiatry (in press)

Winokur G (1997) All roads lead to depression: clinically homogenous, etiologically heterogenous. J Affect Disord 45: 97–108

Korrespondenz: Dr. N. Praschak-Rieder, Centre for Addiction and Mental Health, 250 College Street, Ontario M5T 1R8, Toronto, Canada, E-mail: nicole.praschak-rieder@akh-wien.ac.at, nicole@camhpet.on.ca

Ergebnisse zur Psychobiologie der SAD: Untersuchungen im Schlaflabor (inkl. Temperatur) – Baseline und Effekte der Lichttherapie

U. Hemmeter[1, 2] und E. Holsboer-Trachsler[2]

[1] Universitätsklinik für Psychiatrie und Psychotherapie, Marburg, Deutschland
[2] Abteilung für Depressionsforschung, Schlafmedizin, klinische Neurophysiologie, Psychiatrische Universitätsklinik Basel, Schweiz

Theoretischer Hintergrund

Sowohl die Pathophysiologie der Winterdepression (engl. seasonal affective disorder, SAD) – wie auch die Mechanismen, die den Wirkungen der Lichttherapie unterliegen, sind noch weitgehend unklar. Untersuchungen zur Schlaf-Wach-Regulation sowie zur Erfassung des cirkadianen Temperaturrhythmus können jedoch Informationen liefern, die zur Entwicklung und Überprüfung der Hypothesen zu diesen Fragen wesentlich beitragen.

Derzeit werden im Zusammenhang mit der Schlaf-Wach-Regulation und des circadianen Rhythmus drei unterschiedliche Hypothesen für die pathophysiologische Grundlage der SAD diskutiert; die Hypothese der Phasenverschiebung („phase delay", Lewy et al. 1987), die der Amplitudenreduktion (Czeisler et al. 1987), sowie die Hypothese der Störung eines von der Schlaf-Wach-Regulation abhängigen Prozesses i.S. eines Defizits von Prozess S, der homöostatischen Komponente der Schlaf-Wach-Regulation (Borbély 1982, s.u.).

Zudem ist im Zusammenhang mit den Fragen nach der Pathophysiologie der SAD, wie auch den Wirkmechanismen der Lichttherapie die Photonenhypothese von Relevanz (Wehr et al. 1986). Sie geht von einer psychotropen Wirkung des Lichts in Abhängigkeit von der Dosis und unabhängig vom circadianen Rhythmus aus.

Die Daten der bisher vorliegenden Studien zu den Einflüssen von hellem weißem Licht (bright light, BL) auf das Schlaf-EEG sowohl bei gesunden Probanden, wie auch bei Patienten mit SAD ergeben kein einheitliches Bild. Die Gründe hierfür liegen in einer Vielzahl von möglichen Einflussvariablen, die einerseits mit der Strategie der applizierten Lichtbehandlung (Zeitpunkt, Dauer, Intensität) sowie mit den nicht klar zu definierenden Zielvariablen, die selbst unterschiedlichen und wechselseitigen

Einflüssen unterliegen (homöostatische × circadiane Interaktion, s.u.), verbunden sind.

Das Zwei-Prozess-Modell der Schlafregulation (Borbély 1982)

Ein wesentlicher Grund für die Schwierigkeit der Bewertung polysomnographischer Daten liegt darin, dass die Schlafregulation sowohl durch eine homöostatische, wie auch durch eine cirkadiane Komponente bestimmt ist. Diese Interaktion ist im Rahmen des Zwei-Prozess-Modells der Schlafregulation als eine Interaktion der Prozesse S und C von Borbély (1982) formuliert.

Der Prozess S akkumuliert mit zunehmender Wachzeit und nimmt während des Schlafs ab. Er repräsentiert damit die Schlafintensität und entspricht der vom Schlaf-Wach-Verhalten abhängigen Schlafbereitschaft im Wachzustand. Der Prozess C stellt einen schlafunabhängigen cirkadian modulierten Oszillator im Sinne einer inneren Uhr dar, der u.a. durch das Auftreten des REM-Schlafs angezeigt wird. Das Zusammenspiel zwischen Prozess S und Prozess C, bzw. deren Differenz bestimmt die Schlafzeit und Schlafqualität.

Als valide Messgröße für das Schlafbedürfnis und die Schlaftiefe erwies sich der durch Zerlegung des Frequenzspektrums des Schlaf-EEGs ermittelte Anteil tiefer Frequenzen, die „Slow Wave" Aktivität (SWA).

Das beobachtete Schlaf-Wachmuster resultiert daher aus einer Interaktion des endogenen cirkadianen Schrittmachers und der regulatorischen Prozesse der Schlafhomöostase (Webb und Agnew 1971, Borbély 1982).

Die Bewertung des Schlafprofils von Patienten mit SAD, wie auch der Einfluss einer Lichtapplikation auf das Schlaf-EEG muss somit i.R. des Modells im Hinblick auf eine Störung bzw. Beeinflussung der cirkadianen und/ oder der homöostatischen Komponente erfolgen.

Für die Applikation von Lichttherapie sind bei gesunden Probanden (s.u.) Effekte sowohl auf die cirkadiane Phasenlage (chronobiotische Eigenschaften), wie auch auf die homöostatische Komponente unabhängig von der Veränderung der Phasenlage als kurzdauernde zentralnervöse Effekte

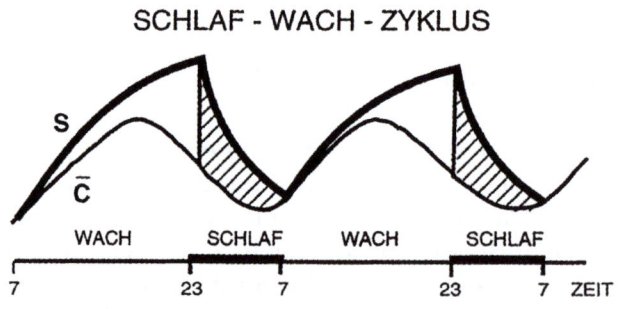

Abb. 1. Das Zwei-Prozess-Modell der Schlafregulation (n. Borbély 1982)

beschrieben. Bis heute ist letztlich nicht eindeutig geklärt, welche Komponente der Schlafregulation durch die Lichttherapie primär beeinflusst wird.

Nicht zuletzt aufgrund der homöostatisch wirksamen Komponente auf die Schlafbereitschaft ist beim Menschen der Schlaf-Wach-Zyklus nur lose an den endogenen cirkadianen Schrittmacher gekoppelt. Er dient daher nicht als exaktes Maß für die Evaluation der Aktivität des cirkadianen Schrittmachers (Dijk et al. 1995). Als wesentlich besserer Indikator des endogenen Schrittmachers gilt der cirkadiane Rhythmus der Körperkerntemperatur, die ihr Maximum (Akrophase) in den späten Abendstunden und das Minimum in den frühen Morgenstunden aufweist (Abb. 2) (Czeisler et al. 1987, Avery et al. 1997). Auch der REM-Schlaf sowie der Cortisol- und der Melatoninrhythmus gelten als Variablen, die zumindest temporär mit dem circadianen Prozess assoziiert sind (Czeisler et al. 1987).

Zusammenhänge zwischen Schlaf und Temperatur

Der endogene cirkadiane Schrittmacher ist die wesentliche Determinante der Schlafneigung, der Schlafzeiten, der Schlafstruktur und der Konsolidierung von Schlaf- und Wachzeit (Dijk et al. 1995). Die cirkadiane Variation der Schlafneigung hat ihr Maximum zum Zeitpunkt der basalen Werte der cirkadianen Kerntemperatur. Die Schlafdauer ist am längsten, wenn der Schlaf kurz nach dem Maximum der Kerntemperatur begonnen wird (Czeisler et al. 1980, Zulley et al. 1981, Dijk und Czeisler 1994). Der REM-Schlaf erreicht kurz nach dem Temperaturminimum seinen maximalen Wert. Die tiefen Schlafstadien des NonREM-Schlafs (Stadium 3 und 4) erscheinen durch den cirkadianen Schrittmacher weniger beeinflusst (Hume und Mills 1977, Campbell et al. 1995).

Für die Erfassung der hier formulierten Zusammenhänge und die Bewertung der Schlaf-EEG-Veränderungen bei SAD und unter Lichttherapie sind bestimmte Voraussetzungen für die Ableitung eines Schlaf-EEGs und die Messung der Temperatur notwendig.

Die Messung des Schlaf-EEGs und der Temperatur

Schlaf-EEG

Zur Erfassung des Schlafs im Schlaflabor ist als Minimalforderung der Abgriff des EEG von C3 und/oder C4 in Referenz zur Mastoid-(A1, A2) oder Ohr-Elektrode der Gegenseite gefordert. Zudem werden zwei EOG Ableitungen (für beide Augen), sowie eine EMG-Ableitung der Kinnregion benötigt.

Die Analyse des aufgezeichneten Schlaf-EEGs kann visuell nach den Kriterien von Rechtschaffen und Kales (1968) erfolgen, wodurch sich der Schlaf in die NonREM-Schlafstadien 1 bis 4 und den REM-Schlaf einteilen lässt. Zudem kann der Schlaf mit frequenzanalytischen Methoden („Fast

Fourier" Transformation, FFT) zerlegt werden. Daraus lassen sich einzelne Frequenzbereiche (Frequenzbins, je nach Auflösung in 0,25 bis 1 Hz Schritten) in einem Bereich von 0,25 bis ca 30 Hz bestimmen, die dann für einzelne Frequenzbänder (Delta [SWA]- bis Beta-Bereich) zusammengefasst werden können.

Die Temperaturmessung

Während die Hauttemperatur sehr stark von den Umgebungsbedingungen abhängt, ist es zur Erfassung des circadianen Rhythmus notwendig, die Körperkerntemperatur möglichst genau zu bestimmen. Zur Feststellung der tiefen Körperkerntemperatur, die beim Menschen, wie bei den meisten Säugetieren zwischen 36 und 39 Grad C liegt und von den Schwankungen der Außentemperatur kaum berührt wird (homoiothermer Körperkern), wird vorzugsweise die kontinuierliche Messung der Rektaltemperatur empfohlen, hierbei sollte eine Standardtiefe von 10 cm eingehalten und das Kabel fixiert werden. Weitere Möglichkeiten sind die Messung der Mundhöhlen- und der Ösophagustemperatur, die aber stärkeren Schwankungen unterworfen sind, sowie die Temperaturmessung im Gehörgang nahe dem Trommelfell, die jedoch schlechter toleriert wird (Zulley 1997).

Die im Schlaflabor erhobenen Ergebnisse sind durch externe Zeitgeber beeinflusst und können somit nicht als direkter Hinweis für die endogenen cirkadianen Prozesse dienen. Dies kann durch Studien vorgenommen werden, die unter Zeitgeber freien „unmaskierten" Bedingungen, z.B. i.R. einer sog. „Constant Routine" (CR) Untersuchung (e.g. Brunner et al. 1996) oder einer forcierten Desynchronisation (forced desynchrony protocol, e.g. Koorengevel et al. 2002a) durchgeführt werden, das im Gegensatz zur CR die Schlafentzugseffekte eliminiert.

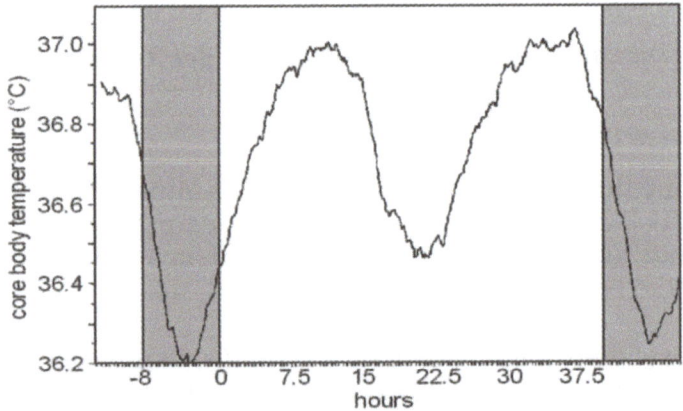

Abb. 2. Temperaturverlauf während einer Constant Routine (n. Kräuchi, unpubliziert)

Schlaf-EEG Befunde bei Patienten mit Winterdepression

Aus den bisherigen Studien, in denen das Schlaf-EEG bei Patienten mit SAD evaluiert wurde, finden sich uneinheitliche Befunde, die z.T. Veränderungen der Schlafkontinuität, des NonREM-Schlafs wie auch des REM-Schlafs beschreiben (Tabelle 1). Eine verlängerte Gesamtschlafzeit, die sich phänomenologisch als Hypersomnie äußert, wurde in mehreren Arbeiten (Skwerer et al. 1988, Rosenthal et al. 1989, Anderson et al. 1994 und (mit Einschränkung) Brunner et al. 1996) beobachtet. Eine schlechtere Schlafeffizienz im Vergleich zu Gesunden sowie zu den Schlaf-EEG Befunden der gleichen Patienten im remittierten Zustand im Sommer ergab sich in zwei Studien (Thase 1989, Anderson et al. 1994). In der Studie von Brunner et al. (1996), die unter Zeitgeber freien Bedingungen i.R. einer „Constant Routine" durchgeführt wurde, war die Schlafeffizienz der SAD Patienten besser als bei der gesunden Vergleichsgruppe. Es ist jedoch anzumerken, dass die gesunde Kontrollgruppe in dieser Arbeit mit einer Schlafeffizienz von nur ca 69% zur Baseline ausgesprochen schlecht schlief. Übereinstimmend berichten mehrere Studien von einer Reduktion des Tiefschlafs (Skwerer et al. 1988, Thase 1989, Rosenthal et al. 1989, Anderson et al. 1994, Palchikov et al. 1997), sowie einem vermehrten Auftreten von Stadium 2. Die für nicht saisonal depressive Patienten charakteristischen REM-Schlafstörungen (verkürzte REM-Latenz, vermehrter REM-Schlaf zu Beginn der Nacht, erhöhte REM-Dichte) (Benca et al. 1992, Riemann et al. 2001) wurden bei Patienten mit SAD nicht gefunden. In drei Arbeiten wird jedoch eine erhöhte REM-Dichte bei diesen Patienten im Winter, ohne Veränderung der REM-Latenz oder der REM-Schlafmenge beschrieben (Skwerer et al. 1988, Thase 1989, Anderson et al. 1994).

In drei Studien wurde bei Patienten mit SAD eine Frequenzanalyse des Schlaf-EEGs durchgeführt (Brunner et al. 1996, Schwartz et al. 2000, 2001, Koorengevel et al. 2002b). Während Brunner et al. (1996) keine Unter-

Tabelle 1. Schlaf-EEG Befunde bei Patienten mit Winterdepression. Vergleich mit gesunden Kontrollen und/oder Zustand der Remission

	SPT	SEI	SOL	St.1	SWS	REM	REM-Lat	REM-D	SWA
Skwerer et al. (1988)	↑				↓			↑	
Rosenthal et al. (1989)	↑	↓	↓						
Thase et al. (1989)		↓			↓			↑	
Anderson et al. (1994)	↑	↓			↓			↑	
Brunner et al. (1996)	↑								
Palchikov et al. (1997)					↓				
Schwartz et al. (2000/2001)									↑
Kooerengevel et al. (2002)				keine Unterschiede					

SPT Gesamtschlafzeit, *SEI* Schlafeffizienz, *SOL* Einschlafzeit, *ST.1* Stadium 1, *SWS* Tiefschlaf, *REM-L* REM Latenz, *REM-D* REM Dichte, *SWA* Delta Aktivität

schiede zwischen SAD Patienten und gesunden Kontrollen fanden, ergaben sich in der Untersuchung von Schwartz et al. (2000, 2001) bei SAD Patienten im Vergleich zur Kontrollgruppe höhere Delta- sowie Theta- und Alpha-Aktivitäten während des NonREM-Schlafs, aber keine frequenzanalytischen Unterschiede während des REM-Schlafs. In der einzigen Studie, in der das Schlaf-EEG bei SAD Patienten unter einer forcierten Desynchronisation evaluiert wurde, ergaben sich keine Unterschiede zu gesunden Kontrollen (Koorengevel et al. 2002b).

Eine Frequenzanalytische Auswertung des Wach-EEGs von Patienten mit SAD zeigt in zwei Studien anhand der theta-alpha-Aktivität des Wach-EEGs, dass der homöostatische Aufbau von Prozess S während des Schlafentzugs i.R. einer Constant Routine gestört ist (Cajochen et al. 2000, Putilov et al. 2000). Dieser Befund weist darauf hin, dass bei SAD-Patienten primär eine Störung der homöostatischen Komponente der Schlaf-Wach-Regulation vorliegt, die sich jedoch letztlich erst aus der zusätzlichen Evaluation des Wach-EEGs ergibt und sich nicht (Brunner et al. 1996) oder nur eingeschränkt in der homöostatischen Komponente der Schlafregulation (SWA) nachts widerspiegelt (Thase 1989, Anderson et al. 1994, Palchikov et al. 1997).

Die Effekte von Lichttherapie auf das Schlaf-EEG und die Körpertemperatur bei gesunden Probanden

Um die Effekte der Lichttherapie auf die Temperatur und das Schlaf-EEG bewerten zu können, sind zunächst die Wirkungen der Lichttherapie in Studien, die bei gesunden Probanden durchgeführt wurden, zu betrachten. Einflüsse auf die Zielvariablen des Schlaf-EEGs und die Temperatur üben sowohl der Zeitpunkt und die Frequenz der Lichtgabe, wie auch die Dauer und die Dosierung des Lichts aus.

Lichtgabe am Morgen

Die morgendliche Lichtgabe bei gesunden Probanden führte primär zu einer Phasenvorverschiebung der Körperkerntemperatur (Dijk et al. 1991, Gordijn et al. 1999).

Nicht einheitliche Effekte von morgendlichem Licht zeigten sich auf das Schlaf-EEG.

Nach dreistündiger Lichtapplikation (6 bis 9 Uhr) kam es zu einer früheren Beendigung des Nachtschlafs und damit zu einer Verkürzung der Gesamtschlafzeit, wobei dies auf einer Verkürzung des morgendlichen REM-Schlafs beruhte. Der NonREM-Schlaf und die EEG Frequenzbänder im Bereich zwischen 0.25 und 15 Hertz waren nicht verändert (Dijk et al. 1991). In der Studie von Gordijn et al. (1999) führte eine dreitägige Lichtapplikation morgens mit 2500 Lux für drei Stunden ebenfalls zu einer Vorverschiebung der morgendlichen Aufwachzeit sowie zu einer längeren der Dauer der ersten REM-Periode (Gordijn et al. 1999).

Lichtgabe am Abend

Die abendliche Applikation von Licht über mehrere Tage bewirkte in zwei Studien eine Phasennachverschiebung des Temperaturrhythmus (Drennan et al. 1989, Gordijn et al. 1999). In einer weiteren Studie trat nach zweitägiger abendlicher Lichtgabe (2 Stunden 2500 Lux) eine Erhöhung der Ohrtemperatur (Tympanon), aber keine Rhythmusverschiebung auf (Bunnell et al. 1992).

Die Effekte auf das Schlaf-EEG zeigten sich in einer leichten Verlängerung der Einschlafzeit nach dreitägiger abendlicher Lichtexposition (3800–6000 Lux für drei bis fünf Stunden) unmittelbar vor Schlafbeginn in der Studie von Drennan et al. (1989). Zudem wurde eine Verkürzung der ersten REM-Periode (Gordijn et al. 1999) und eine Verlängerung der REM-Latenz sowie der ersten NonREM-Periode beobachtet (Bunnell et al. 1992). Die Aktivitäten im Bereich der niedrigen Frequenzen in den ersten zwei Schlafzyklen sowie des Sigmafrequenzbereichs wurde nach abendlicher Lichtgabe intensiviert (Bunnell et al. 1992).

Während sich aus den Studien, in denen Licht über mehrere Tage appliziert wurde, chronobiotische Effekte primär auf den Temperaturverlauf, und z.T. auf das Schlaf-EEG fanden, zeigten sich nach Einmalexposition mit abendlichem Licht weniger deutliche Effekte auf die cirkadiane Phasenlage. Nur in einer Studie wird eine Nachverschiebung des Temperaturrhythmus berichtet (Cajochen et al. 1998).

Der konsistenteste Befund dieser Studien ist eine Verlängerung der Einschlafzeit bzw. des Einschlafprozesses (van Dijk et al. 1991, Cajochen et al. 1992, 1998, Komada et al. 2000). Zudem wurde eine Zunahme von Stadium 1 und eine Abnahme der SWA im dritten Nachtzyklus nach Applikation von 5000 Lux für drei Stunden beschrieben (Cajochen et al. 1998).

Im Rahmen eines „Constant Routine" Protokolls wurde der Einfluss einer konstanten 36-stündigen Exposition von BL (1000 bis 2000 Lux) auf das Schlaf-EEG in den der „Constant Routine" folgenden Erholungsnächten untersucht (Daurat et al. 1997).

Im Gegensatz zur Kontrollbedingung mit Dämmerlicht kam es unter der BL-Exposition zu einer Verteilung der Akkumulation von Stadium 4 und der Delta Schlaf Aktivität nach Schlafentzug auf beide Erholungsnächte. In der Kontrollgruppe erfolgte die gesamte Akkumulation der SWA in der ersten Erholungsnacht (Daurat et al. 1997). Zudem wurde unter BL eine höhere Temperatur insgesamt, aber keine Phasenverschiebung beobachtet. Aus diesen Resultaten, die keinen Hinweis auf chronobiotische Effekte des Lichts ergaben, schlossen die Autoren auf eine anregende, Arousal steigernde Wirkung von Licht.

Effekte der Lichttherapie bei saisonaler Depression

Auf der Grundlage der Phasenverschiebungshypothese (Lewy et al. 1987) und der Kenntnis, dass Lichtapplikation am Morgen eine Phasenvorverschiebung induziert, wurde BL in der therapeutischen Anwendung zunächst in den Morgenstunden appliziert. Nachdem jedoch nach Lichtapplikation zu anderen Tageszeiten ebenfalls eine Verbesserung der depressiven Symptomatik bei SAD Patienten beobachtet wurde (Wehr et al. 1986, Wirz-Justice et al. 1993, Lafer et al. 1994), finden sich auch Studien, in denen das Schlaf-EEG nach Lichtgabe zu unterschiedlichen Tageszeiten evaluiert wurde (Tabelle 2).

In sechs Studien ergab sich eine Verbesserung der Schlafkontinuität (Sack et al. 1986, Skwerer et al. 1988, Rosenthal et al. 1989, Anderson et al. 1994, Koshaka et al. 1994, Brunner et al. 1996, Palchikov et al. 1997). Nur in einer Studie war die Verbesserung der Stimmung unter Lichttherapie nicht mit einer Verbesserung des Schlafprofils verbunden (Partonen et al. 1993). Die Lichtexposition erfolgte in dieser Studie über fünf Tage morgens für eine Stunde mit ca 3500 Lux. In fünf Studien (Skwerer et al. 1988, Rosenthal et al. 1989, Endo et al. 1993, Anderson et al. 1994, Palchikov et al. 1997) kam es zudem zu einer Intensivierung des Tiefschlafs. In einer Studie wird eine Zunahme des REM-Schlafs unter Lichtapplikation bei SAD Patienten berichtet (Brunner et al. 1996), gleichzeitig kam es in dieser Studie zu einer Zunahme von Stadium 2, aber nicht des Tiefschlafs. Nur in einer Studie wurde bei SAD Patienten nach Lichttherapie bisher ein Einfluss auf die REM-Latenz beschrieben, die sich nach morgendlicher Gabe reduzierte und nach abendlicher Lichtexposition über eine Woche mit 2500 Lux (zwei Stunden) verlängert wurde (Sack et al. 1986). In der Studie von Rosenthal et al. (1989) wurde die REM-Dichte nach Lichtapplikation signifikant reduziert.

Eine frequenzanalytische Evaluation des Schlaf-EEGs nach Licht bei Patienten mit SAD wurde bisher in zwei Studien vorgenommen (Endo et al.

Tabelle 2. Effekte der Lichttherapie auf das Schlaf-EEG bei Patienten mit Winterdepression

	SPT	SEI	St.2	SWS	REM	REM-L	REM-D	SWA	Zeitpunkt der Lichtgabe
Sack et al. (1986)		↑				↓↑			mo vs. ab
Skwerer et al. (1988)		↑	↑						mo
Rosenthal et al. (1989)		↑	↑				↓		nk
Endo et al. (1993)			↑					↑	mo
Partonen et al. (1993)									mo
Anderson et al. (1994)		↑	↑						nk
Koshaka et al. (1994)		↑							mo u. ab
Brunner et al. (1996)	↑	↑		↑				↑	mi
Palchikov et al. (1997)		↑	↑						nk
Kooerengevel et al. (2002)			keine Unterschiede						mo

Legende siehe Tabelle 1; *mo* morgens, *mi* mittags, *ab* abends, *nk* nicht klar

1993, Brunner et al. 1996). Nach der Lichttherapie (mittags 6000 Lux für vier Stunden) kam es zu einer Zunahme der Delta- und Theta-Frequenzen (Brunner et al. 1996). Analoge Veränderungen werden auch nach totalem Schlafentzug beobachtet, wobei diese im Vergleich zu den beobachteten Wirkungen des Lichts jedoch wesentlich ausgeprägter sind. Ebenfalls eine Zunahme der SWA zeigte sich in der Studie von Endo et al. (1993), in der bei fünf Patienten morgens mit 2500 Lux für zwei Stunden behandelt wurde.

Befunde zur Temperatur bei Patienten mit SAD vor und nach Lichttherapie

Aus den bisher durchgeführten Studien, in denen der Temperaturverlauf bei Patienten mit saisonaler Depression erhoben wurde, ergeben sich Hinweise, die für eine Phasennachverschiebung des cirkadianen Rhythmus sprechen (Dahl et al. 1993, Lewy et al. 1998, Avery et al. 1993, 1997, m.E. Wirz-Justice 1996). Es liegen aber auch Befunde vor, in denen eine Reduktion der circadianen Amplitude bei SAD Patienten im Vergleich zu Gesunden sowie im Vergleich zum remittierten Zustand im Sommer beobachtet wurde (Koorengevel et al. 2002a).

In drei Studien konnten keine Unterschiede im circadianen Verlauf der Temperatur (weder eine Phasenverschiebung noch eine Amplitudenreduktion) in Vergleich zu Gesunden gefunden werden (Rosenthal et al. 1990, Eastman et al. 1993, Schwartz et al. 1997).

In den Arbeiten von Rosenthal et al. (1990) und Schwartz et al. (1997) zeigte sich dagegen eine Erhöhung der nächtlichen mittleren Temperatur bei SAD Patienten in den Wintermonaten im Vergleich zu gesunden Probanden und zur Remission dieser Patienten im Sommer. Gleichzeitig wiesen diese Patienten eine niedrigere Hauttemperatur des Gesichts auf. Dies wurde von den Autoren im Zusammenhang mit der Hypothese einer erhöhten Hirntemperatur während des Schlafs bei SAD Patienten interpretiert (Schwartz 1997).

Für die Effekte der Lichttherapie bei Patienten mit SAD finden sich Daten, die eine Phasenvorverschiebung nach Lichttherapie beschreiben (Dahl et al. 1993, Elmore et al. 1993, Endo et al. 1993, Avery et al. 1993, 1997), wobei in der Studie von Elmore et al. (1993) keine Vergleichsdaten zu einer gesunden Kontrollgruppe vorliegen. In all diesen Studien wurde Licht morgens appliziert.

Aus der Arbeitsgruppe von Rosenthal (Rosenthal et al. 1990, Levendosky et al. 1991) wird eine Zunahme der Amplitude und eine Abnahme der erhöhten durchschnittlichen Temperatur nach Lichttherapie beschrieben. Die Abnahme der erhöhten Kerntemperatur findet sich auch bei Schwartz et al. (1997), während in der Studie von Koorengevel et al. (2002a) die reduzierte Amplitude des cirkadianen Temperaturrhythmus trotz klinischer Wirksamkeit der Lichttherapie nicht beeinflusst wurde.

Letztlich ist zu betonen, dass bisher nur in wenigen Studien versucht wurde, den Rhythmus der Körperkerntemperatur unter unmaskierten, Zeitgeber freien Bedingungen, zu untersuchen (Dahl et al. 1993, Avery et al. 1993, 1997, Wirz-Justice 1996, Koorengevel et al. 2002a). Diese Studien resultierten in unterschiedlichen Ergebnissen, indem in den Studien von Dahl et al. (1993) und Avery et al. (1997) eine Phasennachverschiebung auftrat, in der Studie von Koorengevel (2002a) keine Phasenverschiebung, aber eine Reduktion der Amplitude beobachtet wurde und in der Arbeit von Wirz-Justice (1996) nur diskrete Hinweise auf eine Phasennachverschiebung vorlagen, die sich lediglich im morgendlichen Temperaturanstieg zeigten. Auch die Lichttherapie wirkte sich unterschiedlich in diesen Studien aus (s.o.). In der Studie von Wirz-Justice (1996) kam es nach mittags appliziertem Licht zu einer Phasenvorverschiebung des morgendlichen Temperaturabfalls und abendlichen Temperaturanstiegs sowie zu einer Abnahme der Kerntemperatur insgesamt, wie sie auch in zwei weiteren Studien beobachtet wurde (Rosenthal et al. 1990, Schwartz et al. 1997). Eine deutliche Phasenvorverschiebung unter morgendlicher Lichttherapie zeigte sich in der Studie von Avery et al. (1997), kein Effekt einer morgendlichen Lichttherapie (8 bis 11 Uhr) auf die reduzierte Amplitude der SAD Patienten (im Vergleich zu den Sommerwerten und zu gesunden Kontrollen) wurde in der Studie von Koorengevel et al. (2002a) beobachtet.

Zusammenfassung und Bewertung

Die hier beschriebenen Resultate zur Polysomnographie und Temperatur bei SAD und Lichttherapie liefern Argumente, die für jede der diskutierten Hypothesen zur Pathophysiologie der SAD sprechen, jedoch keine dieser Hypothesen belegen. Während sich aus einzelnen Befunden zum Temperaturverlauf Hinweise auf eine cirkadiane Störung ergeben, weisen die Resultate der Schlaf-EEG und Wach-EEG Studien eher auf eine Störung der homöostatischen Komponente hin, die sich in einer Störung der NonREM-Intensität z.T. als Reduktion des Tiefschlafs und der SWA, in einer Studie auch als Intensivierung der NonREM Frequenzen, einschließlich der SWA äußert. In den REM-Schlafvariablen zeigte sich in der überwiegenden Mehrzahl der Studien kein Unterschied zu gesunden Kontrollen. Die bei Patienten mit SAD fehlende Störung des REM-Schlafs grenzt diese Patienten polysomnographisch deutlich von nicht saisonal depressiven Patienten ab (Riemann et al. 2001). Zudem finden sich bei nicht saisonal depressiven Patienten keine Hinweise auf eine Phasenverschiebung oder Amplitudenreduktion in der Körpertemperatur (Monk et al. 1994).

Die Applikation von weißem Licht liefert für den Temperaturverlauf Hinweise für chronobiotische Effekte, insbesondere wenn Licht über mehrere Tage in ausreichender Dosierung gegeben wurde. Die Schlaf-EEG Daten nach Lichtapplikation legen jedoch eine Wirkung auf den Prozess S sowie eine von der Circadianität unabhängige, psychotrope, medikamenten-ähnliche Wirkung des Lichts nahe, indem sich bei SAD Patienten vorwiegend Effekte auf den NonREM-Schlaf sowie den Einschlafprozess fanden. Ähnliche Effekte zeigten sich auch in einer bei nicht saisonal depressiven Patienten durchgeführten Studie, in der es in Kombination mit einer Trimipraminmonotherapie zu einer Zunahme des Tiefschlafs, einer Abnahme der REM-Schlafmenge zu Beginn der Nacht ohne Veränderung der REM-Latenz und zu einer geringeren Schlafeffizienz im Vergleich zur Kontrollgruppe ohne Lichttherapie kam (Holsboer-Trachsler et al. 1994, Hemmeter et al. 1996).

Die Bewertung und Vergleichbarkeit der bisher vorliegenden Daten ist durch die meist recht unterschiedliche Methodik zur Evaluation von Schlaf und Temperatur bei Patienten mit SAD, v.a. aber durch die unterschiedlichen Modalitäten der Anwendung der Lichttherapie, sowie durch die meist geringen Probanden- bzw. Patientenzahlen in diesen Studien eingeschränkt. Die wesentliche Problematik der Bewertung ergibt sich durch die komplexe Interaktion von cirkadianen und homöostatischen Einflüssen.

Die hier dargestellten Befunde können somit nur Hinweise für die grundlegenden Mechanismen und Zusammenhänge liefern, die durch zukünftige systematische und vergleichbare Forschung an dieser komplexen Problematik weiter aufzuklären sind.

Literatur

Anderson JL, Rosen LN, Mendelson WB, Jacobsen FM, Skwerer RG, Joseph-Vanderpool JR, Duncan CC, Wehr TA (1994) Sleep in fall/winter seasonal affective disorder: effects of light and changing seasons. J Psychosom Res 38 (4): 323–337

Avery DH, Bolte MA, Dager SR, Wilson LG, Weyer M, Cox GB, Dunner DL (1993) Dawn simulation treatment of winter depression: a controlled study. Am J Psychiatry 150 (1): 113–137

Avery DH, Dahl K, Savage MV, Brengelmann GL, Larsen LH, Kenny MA, Eder DN, Vitiello MV, Prinz PN (1997) Circadian temperature and cortisol rhythms during a constant routine are phase-delayed in hypersomnic winter depression. Biol Psychiatry 41 (11): 1109–1123

Borbély AA (1982) A two process model of sleep regulation. Human Neurobiol 1: 195–204

Benca RM, Obermeyer WH, Thisted RA, Gillin CH (1992) Sleep and psychiatric disorders. Arch Gen Psychiatry 49: 651–668

Brunner DP, Krauchi K, Dijk DJ, Leonhardt G, Haug HJ, Wirz-Justice A (1996) Sleep electroencephalogram in seasonal affective disorder and in control women: effects of midday light treatment and sleep deprivation. Biol Psychiatry 40 (6): 485–496

Bunnell DE, Treiber SP, Phillips NH, Berger RJ (1992) Effects of evening bright light exposure on melatonin, body temperature and sleep. J Sleep Res 1 (1): 17–23

Cajochen C, Dijk DJ, Borbély AA (1992) Dynamics of EEG slow-wave activity and core body temperature in human sleep after exposure to bright light. Sleep 15 (4): 337–343

Cajochen C, Krauchi K, Danilenko KV, Wirz-Justice A (1998) Evening administration of melatonin and bright light: interactions on the EEG during sleep and wakefulness. J Sleep Res 7 (3): 145–157

Cajochen C, Brunner DP, Krauchi K, Graw P, Wirz-Justice A (2000) EEG and subjective sleepiness during extended wakefulness in seasonal affective disorder: circadian and homeostatic influences. Biol Psychiatry 47 (7): 610–617

Campbell SS, Dijk DJ, Boulos Z, Eastman CI, Lewy AJ, Terman M (1995) Light treatment for sleep disorders: consensus report. III. Alerting and activating effects. J Biol Rhythms 10 (2): 129–132

Czeisler CA, Weitzman E, Moore-Ede MC, Zimmerman JC, Knauer RS (1980) Human sleep: its duration and organization depend on its circadian phase. Science 210 (4475): 1264–1267

Czeisler CA, Kronauer RE, Mooney JJ, Anderson JL, Allan JS (1987) Biologic rhythm disorders, depression, and phototherapy. A new hypothesis. Psychiatr Clin North Am 10 (4): 687–709

Dahl K, Avery DH, Lewy AJ, Savage MV, Brengelmann GL, Larsen LH, Vitiello MV, Prinz PN (1993) Dim light melatonin onset and circadian temperature during a constant routine in hypersomnic winter depression. Acta Psychiatr Scand 88 (1): 60–66

Daurat A, Aguirre A, Foret J, Benoit O (1997) Disruption of sleep recovery after 36 hours of exposure to moderately bright light. Sleep 20 (5): 352–358

Dijk DJ, Cajochen C, Borbély AA (1991) Effect of a single 3-hour exposure to bright light on core body temperature and sleep in humans. Neurosci Lett 121 (1–2): 59–62

Dijk DJ, Czeisler CA (1994) Paradoxical timing of the circadian rhythm of sleep propensity serves to consolidate sleep and wakefulness in humans. Neurosci Lett 166 (1): 63–68

Dijk DJ, Boulos Z, Eastman CI, Lewy AJ, Campbell SS, Terman M (1995) Light treatment for sleep disorders: consensus report. II. Basic properties of circadian physiology and sleep regulation. J Biol Rhythms 10 (2): 113–125

Drennan M, Kripke DF, Gillin JC (1989) Bright light can delay human temperature rhythm independent of sleep. Am J Physiol 257 (1 Pt 2): R136–141

Endo T, Sasaki M, Suenaga K (1993) Morning bright light effects on circadian rhythms and sleep structure of seasonal affective disorder. In: Hiroshige T, Homma K (eds) Evolution of the circadian clock. Hokkaido University Press, Sapporo

Eastman CI, Gallo LC, Lahmeyer HW, Fogg LF (1993) The circadian rhythm of temperature during light treatment for winter depression. Biol Psychiatry 34 (4): 210–220

Elmore SK, Dahl K, Avery DH, Savage MV, Brengelmann GL (1993) Body temperature and diurnal type in women with seasonal affective disorder. Health Care Women Int 14 (1): 17–26

Gordijn MC, Beersma DG, Korte HJ, van den Hoofdakker RH (1999) Effects of light exposure and sleep displacement on dim light melatonin onset. J Sleep Res 8 (3): 163–174

Hemmeter U, Müller M, Hatzinger M, Seifritz E, Bischof R, Lauer CJ, Holsboer-Trachsler E (1996) Effects of additional bright light therapy on sleep-EEG in depressed patients. Eur Neuropsychopharmacol [Suppl 3]: 138

Holsboer-Trachsler E, Hemmeter U, Hatzinger M, Seifritz E, Gerhard U, Hobi V (1994) Sleep deprivation and bright light as potential augmenters of antidepressant drug treatment – neurobiological and psychometric assessment of course. J Psychiatr Res 28 (4): 381–399

Hume KI, Mills JN (1977) The circadian rhythm of REM sleep proceedings. J Physiol 270 (1): 32P

Komada Y, Tanaka H, Yamamoto Y, Shirakawa S, Yamazaki K (2000) Effects of bright light pre-exposure on sleep onset process. Psychiatr Clin Neurosci 54: 365–366

Koorengevel KM, Beersma DG, den Boer JA, van den Hoofdakker RH (2002) A forced desynchrony study of circadian pacemaker characteristics in seasonal affective disorder. J Biol Rhythms 17 (5): 463–75

Koorengevel KM, Beersma DG, Den Boer JA, Van Den Hoofdakker RH (2002) Sleep in seasonal affective disorder patients in forced desynchrony: an explorative study. J Sleep Res 11 (4): 347–356

Koshaka M, Homma H, Fukuda N, Kobayashi R, Homma K (1994) Does bright light change sleep structures in seasonal affective disorder? Soc Light Treatment Biol Rhythms (Abstr) 6: 32

Lafer B, Sachs GS, Labbate LA, Thibault A, Rosenbaum JF (1994) Phototherapy for seasonal affective disorder: a blind comparison of three different schedules. Am J Psychiatry 151 (7): 1081–1083

Levendosky AA, Josep-Vanderpool JR, Hardin T, Sorek E, Rosenthal NE (1991) Core body temperature in patients with seasonal affective disorder and normal controls in summer and winter. Biol Psychiatry 29 (6): 524–534

Lewy AJ, Sack RL, Miller LS, Hoban TM (1987) Antidepressant and circadian phase-shifting effects of light. Science 235 (4786): 352–354

Lewy AJ, Bauer VK, Cutler NL, Sack RL, Ahmed S, Thomas KH, Blood ML, Jackson JM (1998) Morning vs evening light treatment of patients with winter depression. Arch Gen Psychiatry 55 (10): 890–896

Monk TH, Buysse DJ, Frank E, Kupfer DJ, Dettling J, Ritenour AM (1994) Nocturnal and circadian body temperatures of depressed outpatients during symptomatic and recovered states. Psychiatry Res 51 (3): 297–311

Partonen T, Appelberg B, Partinen M (1993) Effects of light treatment on sleep structure in seasonal affective disorder. Eur Arch Psychiatry Clin Neurosci 242 (5): 310–313

Palchikov VE, Zolotarev DY, Danilenk KV, Putilov AA (1997) Effects of seasons and of bright light administered at different times of the day in patients with SAD. Biol Rythm Res 28: 166–184

Putilov AA, Donskaya OG, Jafarova OA, Danilenko KV (2000) Waking EEG power density in hypersomnic winter depression. Soc Light Treatm Biol Rhythms

Rechtschaffen A, Kales A (eds) (1968) A manual of standardized terminology techniques and scoring system for sleep stages of human subjects. Public Health Service, US Government Printing Office, Washington DC

Riemann D, Berger M, Voderholzer U (2001) Sleep and depression – results from psychobiological studies: an overview. Biol Psychol 57 (1–3): 67–103

Rosenthal NE, Skwerer RG, Levendosky A, Vanderpool J, Jacobson FM, Duncan CC, Gaist PA, Wehr TA (1989) Sleep architecture in SAD: the effects of light therapy and changing seasons. Sleep Res 18: 440

Rosenthal NE, Levendosky AA, Skwerer RG, Joseph-Vanderpool JR, Kelly KA, Hardin T, Kasper S, DellaBella P, Wehr TA (1990) Effects of light treatment on core body temperature in seasonal affective disorder. Biol Psychiatry 27 (1): 39–50

Sack RL, Lewy AJ, Miller LS, Singer CM (1986) Effects of morning versus evening bright light exposure on REM latency. Biol Psychiatry 21 (4): 410–413

Schwartz PJ, Rosenthal NE, Turner EH, Drake CL, Liberty V, Wehr TA (1997) Seasonal variation in core temperature regulation during sleep in patients with winter seasonal affective disorder. Biol Psychiatry 42 (2): 122–131

Schwartz PJ, Rosenthal NE, Kajimura N, Han L, Turner EH, Bender C, Wehr TA (2000) Ultradian oscillations in cranial thermoregulation and electroencephalographic slow-wave activity during sleep are abnormal in humans with annual winter depression. Brain Res 866 (1–2): 152–167

Schwartz PJ, Rosenthal NE, Wehr TA (2001) Band-specific electroencephalogram and brain cooling abnormalities during NREM sleep in patients with winter depression. Biol Psychiatry 50 (8): 627–632

Skwerer RG, Jacobsen FM, Duncan CC, Kelly KA, Sack DA, Tamarkin L, Gaist PA, Kasper S, Rosenthal NE (1988) Neurobiology of seasonal affective disorder and phototherapy. J Biol Rhythms 3 (2): 135–154

Thase ME (1989) Comparison between SAD and other forms of recurrent depression. In: Rosenthal NE, Blehar MC (eds) SAD and phototherapy. Guilford Press, New York, pp 64–78

Webb WB, Agnew HW (1971) Stage 4 sleep: Influence of time course variables. Science 174: 1354–1356

Wehr TA, Jacobsen FM, Sack DA, Arendt J, Tamarkin L, Rosenthal NE (1986) Phototherapy of seasonal affective disorder. Time of day and suppression of melatonin are not critical for antidepressant effects. Arch Gen Psychiatry 43 (9): 870–875

Wirz-Justice A, Graw P, Kräuchi K, Gisin B, Jochum A, Arendt J, fisch HU, Buddeberg C, Pöldinger W (1993) Light therapy in seasonal affective disorder is independent of time of day and circadian phase. Arch Gen Psychiatry 50: 929–937

Wirz-Justice A (1996) Seasonal affective disorder and light therapy. In: Lemmer B (ed) From the biological clock to chronopharmacology. medpharm Scientific Publishers, Stuttgart, pp 189–199

Zulley J (1997) Temperaturmessung. In: Schulz H (ed) Kompendium für Schlafmedizin, Ausbildungsmaterialien der deutschen Gesellschaft für Schlafmedizin. ecomed Verlag, Landsberg, S 1–2

Zulley J, Wever R, Aschoff J (1981) The dependence of onset and duration of sleep on the circadian rhythm of rectal temperature. Pflugers Arch 391 (4): 314–318

Korrespondenz: Dr. Dr. U. M. Hemmeter, Zentrum für Nervenheilkunde, Universitätsklinik für Psychiatrie und Psychotherapie, Rudolf Bultmann Straße 8, D-35039 Marburg, Deutschland, E-mail: hemmeter@mailer.uni-marburg.de

Molekularbiologische Befunde bei saisonal abhängiger Depression

M. Willeit und N. Praschak-Rieder

Centre for Addiction and Mental Health, Toronto, Ontario, Canada

Aus nosologischer Sicht ist die SAD eine Form der rezidivierenden depressiven Störung. Sie wird dementsprechend mit den Codes F 33.x im ICD 10, dem Klassifikationssystem der Weltgesundheitsorganisation, und mit den Codes 296.3x im DSM-IV, dem Diagnosesystem der American Psychiatric Association, codiert. Im DSM-IV (American Psychiatric Association 1994) wird das Vorliegen eines saisonalen Musters als „seasonal pattern specifier" codiert.

Aus der nosologischen Zuordnung lassen sich einige Überlegungen in Bezug auf mögliche Forschungsstrategien zum genetischen Hintergrund der SAD ableiten. Der Grad der Heredität für die rezidivierende Major Depression (MDD) allgemein liegt je nach Studie zwischen etwa 30 und fast 80 Prozent (Sullivan et al. 2000). Wie bei anderen psychiatrischen Erkrankungen liegt auch bei der MDD kein einfacher Mendelscher Erbgang vor. Es ist mittlerweile allgemein anerkannt, dass die MDD polygenetisch vererbt wird. Das heißt, dass im Einzelfall wahrscheinlich eine Kombination mehrerer genetischer Faktoren vorliegt, die bei Einwirkung entsprechender Umwelteinflüsse zum Auftreten eines depressiven Syndroms führen. Das in dieser Hinsicht besondere der SAD besteht darin, dass die Außenfaktoren, die zum Auftreten einer depressiven Phase führen – zumindest auf den ersten Blick hin – relativ leicht festgemacht werden können: Herbst und Winter (aufgrund ihrer Seltenheit wird die von Wehr et al. 1987 beschriebene „inverse SAD", d.h. regelmäßiges Auftreten depressiver Phasen in Frühling und Sommer, hier nicht behandelt werden; es liegen dazu unseres Wissens nach auch keinerlei genetische Befunde vor).

Es kann also davon ausgegangen werden, dass einige der genetischen Faktoren, die mit einem erhöhten Risiko für SAD assoziiert sind, dieselben sind, die auch die Auftretenswahrscheinlichkeit der nicht-saisonal gebundenen Depression erhöhen. Andere genetische Faktoren wiederum dürften spezifisch für die SAD sein.

1. Familiäre Häufung

Es gibt eine Reihe von Studien, die eine Häufung von psychiatrischen Diagnosen bei Verwandten von SAD Patienten beschreiben (Winkler et al. 2002a, Lam et al. 1989, Thompson und Isaacs 1988, Wirz-Justice et al. 1986). Besonders häufig scheinen bei Familienangehörigen von SAD Patienten die SAD selbst (zwischen 13 und 17%) sowie nicht-saisonale affektive Störungen (zwischen 25 und 67%) vorzukommen (Lam et al. 1989, Thompson und Isaacs 1988, Wirz-Justice et al. 1986). Verglichen mit der Häufigkeit von etwa 1% der SAD in der Allgemeinbevölkerung (Partonen und Lönnqvist 1998) weist dies auf eine klare familiäre Häufung hin. Eine gemeinsame methodische Schwäche dieser Studien ist, dass die Angehörigen nicht persönlich untersucht wurden und sich die Diagnosestellung auf die Aussage der Indexpatienten stützt.

In einer methodisch aufwändigeren Studie interviewten Allen und Mitarbeiter (Allen et al. 1993) Angehörige persönlich. Dabei fanden sich bei 65% der SAD Patienten eine oder mehrere psychiatrische Diagnosen in der Verwandtschaft, 27% hatten Angehörige ersten Grades mit einer affektiven Störung. Mit Ausnahme einer erhöhten Prävalenz von Alkoholabhängigkeit waren die Häufigkeiten psychiatrischer Diagnosen in der Verwandtschaft der SAD Patienten vergleichbar mit jenen in der Verwandtschaft einer gleichzeitig untersuchten Gruppe von nicht-saisonal depressiven Patienten. Da bei den Angehörigen jedoch keine Informationen über ein saisonales Verlaufsmuster ihrer psychiatrischen Symptome erhoben wurden, lässt diese Untersuchung keine Aussage darüber zu, ob SAD bei Verwandten von SAD Patienten häufiger ist als die nicht-saisonal rezidivierende Depression.

2. Hereditabilität

Unseres Wissens gibt es bislang noch keine Untersuchungen zur Hereditabilität der SAD an sich. Eine Studie in einer Stichprobe von 4639 australischen Zwillingen (Madden et al. 1996) konnte jedoch zeigen, dass für zumindest 29% der Saisonalität genetische Effekte verantwortlich sind. Als Maß für die Saisonalität diente der Global Seasonality Score (GSS), gemessen mittels des Seasonal Pattern Assessment Questionnaire (Rosenthal et al. 1987). Der GSS misst jahreszeitliche Schwankungen in Stimmung, Antrieb, Essverhalten, Schlafverhalten und Körpergewicht. Am deutlichsten unterlagen die jahreszeitlichen Schwankungen in Stimmung und Antrieb einem genetischen Einfluss. Eine kanadische Studie von Jang und Mitarbeitern (Jang et al. 1997a) an 339 Zwillingspaaren analysierte das Ausmaß der Hereditabilität nach Geschlechtern getrennt und fand einen noch deutlicheren genetischen Einfluss: bei Frauen betrug die Hereditabilität 45%, bei Männern 69%. Das Ausmaß der jahreszeitlichen Schwankungen in den Einzelparametern des GSS ließ sich dabei am besten mit additiven genetischen Faktoren erklären, wobei diese Faktoren offenbar geschlechtsspezifisch sind. Dies könnte eine partielle Erklärung dafür liefern, dass Saisonalität bei Frauen stärker ausgeprägt zu sein scheint (Kasper et al. 1989, Rosen und Rosenthal 1991), depressive Phasen im Rahmen einer SAD aber bei Männern schwerer verlaufen (Blazer et al. 1998).

3. Serotonerge Kandidatengene

In einer ganzen Reihe unterschiedlicher Forschungsparadigmen konnten Hinweise für Veränderungen in der serotonergen Neurotransmission bei Patienten mit SAD gezeigt werden (Neumeister et al. 2001). Polymorphismen für Proteine aus dem serotonergen System sind daher besonders interessante Kandidatengene. Dementsprechend liegen die meisten Ergebnisse von genetischen Untersuchungen der SAD für Polymorphismen aus dem serotonergen System vor.

3.1 Der Serotonin 2a Rezeptor

Bisher gibt es publizierte Daten zu drei Polymorphismen im Serotonin 2a (5-HT2a) Rezeptor Gen. Für einen Polymorphismus (G1438A) in der Promoter Region des 5-HT2a Rezeptor Gens gibt es positive Vorbefunde bei Anorexie und Zwangsstörung (Collier et al. 1997, Enoch et al. 1998). Depressive Patienten mit SAD reagieren auf die Verabreichung des unspezifischen 5-HT Rezeptoragonisten Meta-Chlor-Phenylpiperazin mit Euphorie und einer Steigerung des Antriebs (Schwartz et al. 1997). Angesichts dieser Befunde wurde die Verteilung dieses Polymorphismus auch in einer Stichprobe von 67 Patienten mit SAD und 69 gesunden Kontrollen aus Washington D.C. untersucht (Enoch et al. 1999). Dabei fand sich ein signifikanter Unterschied in der Genotypenverteilung zwischen SAD Patienten und Kontrollen mit einer Häufung des G1438A *A* Allels bei SAD Patienten. Der untersuchte Polymorphismus war jedoch nicht mit dem Merkmal Saisonalität assoziiert. Eine Replikationsstudie in einem größeren schwedischen Sample konnte diesen Zusammenhang allerdings nicht finden (Johansson et al. 2001). Für einen weiteren Polymorphismus im 5-HT2a Rezeptorgen (5-HT2a 45*His/Tyr*) gibt es mittlerweile zwei Untersuchungen mit negativem Ergebnis (Ozaki et al. 1996, Johansson et al. 2001).

Eine Untersuchung in einem nicht für Saisonalität selektierten spanischen Patientenkollektiv (Arias et al. 2001) konnte zeigen, dass ein anderer Polymorphismus, der T102C Polymorphismus im 5-HT2a Rezeptor Strukturgen, mit einer saisonalen Verlaufsform der MDD assoziiert ist. Dabei fand sich kein Hinweis für eine Assoziation des T102C Polymorphismus mit der Diagnose MDD an sich. Träger des C Allels hatten im Vergleich zu T/T homozygoten Patienten jedoch ein 7,6-mal größeres Risiko, an einer MDD mit saisonalem Verlaufsmuster zu leiden. In dieser Studie unterschieden sich Patienten mit einem saisonalen Muster auch in anderen klinischen Parametern von nicht-saisonalen Patienten (früherer Erkrankungsbeginn, schwerer verlaufende Indexepisode, mehr Suizidversuche in der Anamnese, jedoch kürzere Phasendauer). Die Betrachtung von Endophänotypen ist also eine interessante und durchaus erfolgversprechende Forschungsstrategie in der psychiatrischen Genetik, unter anderem weil dadurch eine engere Eingrenzung des zu untersuchenden Merkmals möglich ist.

3.2 Das Serotonintransporter Promoter-Gen (5-HTTLPR)

Der Serotonintransporter (5-HTT) gehört mit dem Noradrenalin- und dem Dopamintransporter zur Gruppe der Na^+/Cl^--abhängigen Monoamintransporter (Barker und Blakely 1994). Er bewirkt die energieabhängige Wiederaufnahme von Serotonin durch die Zellmembran gegen einen Konzentrationsgradienten. Wie bei anderen monoaminergen Systemen ist die Wiederaufnahme von Serotonin aus dem synaptischen Spalt in das präsynaptische Neuron einer der Hauptmechanismen für die Steuerung des postsynaptischen Potentials. Variationen in der 5-HTT Dichte haben daher möglicherweise eine direkte Auswirkung auf Intensität und Dauer des serotonergen Signals. Die Transkription des 5-HTT wird durch einen weitverbreiteten genetischen Polymorphismus in der Steuerungsregion für das 5-HTT-Gen (SLC6A4) beeinflusst (Heils et al. 1996, Lesch et al. 1996). Diese Steuerungsregion oder *5-HT Transporter-gene Linked Polymorphic Region* (5-HTTLPR) liegt etwa 1 kb vor dem 5-HTT Strukturgen und umfasst 16 Repeat-Elemente. Der Polymorphismus besteht aus einer 44 Basenpaare langen Deletion (short allele, *s*) bzw. Insertion (long allele, *l*) im Bereich der Repeat-Elemente 6–8 (Heils et al. 1996). An lymphoblastoiden Zellmodellen konnte gezeigt werden, dass Zellen, die für die lange Variante der 5-HTTLPR homozygot sind (*l/l*), 1,4- bis 1,7-mal so viel 5-HTT mRNA produzieren wie Zellen, die das kurze Allel (*l/s und s/s*) enthalten. Die 5-HT Aufnahme in homozygoten *l/l*-Zellen ist zwischen 1,9- und 2,2-mal so hoch wie in *l/s*- oder *s/s*-Zellen (Lesch et al. 1996).

3.2.1 5-HTTLPR bei SAD

Im Hinblick auf die mögliche funktionelle Bedeutung dieses Polymorphismus führte die Gruppe um Norman Rosenthal 1998 eine Case-Control Studie mit 97 SAD Patienten und 71 gesunden Probanden durch (Rosenthal et al. 1998). Dabei fand sich eine signifikante Häufung der *l/s* und *s/s* Genotypen bei SAD Patienten. Ebenso war die Frequenz des *s* Allels in der Patientengruppe (45,5 Prozent) signifikant höher als in der Kontrollgruppe (32,4 Prozent). Interessant in diesem Zusammenhang sind Ergebnisse einer ^{123}I β-CIT Neuroimaging Studie (Willeit et al. 2000), die eine verminderte 5-HTT Verfügbarkeit im Mittelhirn bei symptomatisch depressiven SAD Patienten zeigen.

In einer von unserer Arbeitsgruppe durchgeführten Untersuchung mit vergleichbaren Einschlusskriterien für SAD Patienten und gesunde Kontrollen (unter anderem ein GSS Score von < 6; Willeit et al., in Druck a) konnte allerdings weder die Assoziation des *s* Allels mit SAD repliziert werden, noch konnte ein Einfluss von 5-HTTLPR auf die Saisonalitätsscores in der Patientengruppe gezeigt werden. Angesichts der größeren Stichprobe unserer Untersuchung (138 Patienten und 146 gesunde Probanden) kann mit großer Wahrscheinlichkeit davon ausgegangen werden, dass 5-HTTLPR in der von uns untersuchten Population keinen wesentlichen Einfluss auf das Auftreten von SAD hat. Ebenso negative Ergebnisse brachte eine Studie in einem skandinavischen Sample (je 82 Patienten und gesunde Kontrollen; Johansson et al. 2001). Eine vor kurzem durchgeführte Metaanalyse über alle bisher für 5-HTTLPR genotypisierten und publizierten Patienten mit SAD (Johansson et al. 2003; Tabelle 1) erbrachte in insgesamt 464 Patienten und 414 gesunden Probanden ein negatives Ergebnis, so dass man davon ausgehen kann, dass 5-HTTLPR keinen nennenswerten Einfluss auf das Auftreten der SAD hat.

Tabelle 1. Metaanalyse der 5-HTTLPR Genotyp-Verteilung bei Patienten mit SAD und gesunden Kontrollen (nach Johansson et al. 2003)

		l/l	s/l	s/s	χ^2 (P-Wert)	OR (95% CI)[a]
Rosenthal et al. (1998)	SAD (n=97)	27 (28%)	53 (55%)	17 (17%)	7.13 (0.028)	2.38 (1.26–4.52)
	Controls (n=71)	34 (48%)	28 (39%)	9 (13%)		
Johansson et al. (2001)	SAD (n=82)	28 (34%)	43 (52%)	11 (13%)	0.06 (0.96)	0.95 (0.50–1.80)
	Controls (n=82)	27 (33%)	43 (52%)	12 (15%)		
Willeit et al. (in Druck a)	SAD (n=138)	44 (32%)	71 (51%)	23 (17%)	1.48 (0.48)	1.15 (0.70–1.88)
	Controls (n=146)	51 (35%)	65 (45%)	30 (20%)		
Johansson et al. (2003)	SAD (n=147)	51 (35%)	69 (47%)	27 (18%)	0.34 (0.84)	0.93 (0.56–1.55)
	Controls (n=115)	38 (33%)	58 (50%)	19 (17%)		
Kombiniertes Sample	SAD (n=464)	150 (32%)	236 (51%)	78 (17%)	1.69 (0.43)	1.20[b] (0.90–1.58)
	Controls (n=414)	150 (36%)	194 (47%)	70 (17%)		

[a] Odds ratios bei Annahme eines funktionell dominanten Effekt des s-Allels. [b] Mantel-Haenszel Schätzwert der kombinierten Odds Ratio. Unter Annahme eines funktionell dominanten Effekts des s-Allels im kombinierten Sample: Logistische Regression: $c^2 = 0.66$, P = 0.42. Unter Annahme eines rezessiven Effekts des s-Allels im kombinierten Sample: M-H OR (95% CI): 1.00 (0.70–1.42).

3.2.2 5-HTTLPR und Saisonalität

In der bereits oben erwähnten Arbeit von Rosenthal und Mitarbeitern hatten für das lange Allel *l* homozygote Patienten niedrigere GSS Scores als *s*-Allel Träger (l/l: 15,3 ± 2,8; l/s und s/s: 17,1 ± 3,4; p < 0,05). Dieses Ergebnis wurde von der selben Gruppe in einem Sample von 209 Individuen aus der Gesamtbevölkerung repliziert (Sher et al. 1999). Auch diesen Befunden stehen jedoch negative Befunde anderer Gruppen (Johansson et al. 2001, 2003, Willeit et al., in Druck a) gegenüber. Die Arbeitsgruppe um Johansson untersuchte einen möglichen Einfluss von 5-HTTLPR anhand eines interessanten Studiendesigns: da die Strategie, den Einfluss eines Genotyps auf einen skalaren – und möglicherweise normalverteilten – Marker nur an einem Ende des Extrems zu untersuchen von vorneherein fragwürdig ist (Patienten mit SAD haben im Vergleich zur Gesamtbevölkerung extrem hohe Saisonalitätsscores), wurden 209 Individuen aus der Gesamtbevölkerung anhand besonders niedriger (GSS < 2) oder hoher (GSS > 10) Saisonalitätsscores ausgewählt und für 5-HTTLPR genotypisiert (Johansson et al. 2003). Dabei zeigte sich bei Zugrundelegen eines funktionell rezessiven Modells für den Einfluss des 5-HTTLPR *s* Allels eine fragliche Assoziation dieses Allels mit hohen GSS Scores. Dieses Ergebnis sollte jedoch mit äußerster Vorsicht interpretiert werden, da bisher verfügbare Daten deutlich für einen funktionell dominanten Effekt des *s* Allels sprechen. Darüber hinaus war dieser Effekt bei Anlegen noch extremerer Auswahlkriterien (Einschluss von Probanden in die Gruppe mit hoher Saisonalität erst bei GSS > 11) nicht mehr sichtbar. Bei Auswertung aller Individuen aus der Metaanalyse, bei denen ein GSS verfügbar war (d.h. gesunde Probanden wie auch SAD Patienten; N = 721; Johansson et al. 2003), konnte keine Assoziation zwischen 5-HTTLPR und Saisonalität festgestellt werden (Tabelle 2). Nach der bisherigen Gesamtdatenlage kann also nicht davon ausgegangen werden, dass 5-HTTLPR einen wesentlichen Einfluss auf das Merkmal Saisonalität hat.

3.2.3 5-HTTLPR und Depressions-Subtypen nach DSM-IV

Vor der Einführung der monistischen Depressionsdiagnostik (Akiskal 1973) unterschied man im Wesentlichen zwei Depressionstypen, welche einerseits mit Begriffen wie endogen, endogenomorph, oder melancholisch, andererseits mit den Begriffen neurotisch, neurotisch-reaktiv oder auch nur reaktiv bezeichnet wurden. Diesen Bezeichnungen implizieren bereits ätiologische Hypothesen: die endogene Depression als eine Erkrankung, die auf einer primären Stoffwechselstörung beruht, die neurotisch-reaktive Depression als Reaktion auf entsprechende Umweltbedingungen bei entsprechend „neurotischer" Persönlichkeitsstruktur. Im DSM-IV (American Psychiatric Association 1994) ist diese dichotome Sichtweise noch insofern erhalten, als es die Möglichkeit gibt, eine major depressive episode je nach Symptomatik mittels eines Specifiers als „melancholisch" oder „atypisch" zu kodieren (*melancholic* oder *atypical subtype*). Der melancholische Subtyp entspricht mit

Tabelle 2. 5-HTTLPR Genotypen und Saisonalitätsscores (GSS)

	l/l	s/l	s/s	Kruskal-Wallis (p-Wert)
Johansson et al. (2001) SAD Patienten (n = 47)	12.7±2.5 (n = 19)	13.9±3.6 (n = 19)	15.0±3.9 (n = 9)	2.36 (0.31)
Willeit et al. (in Druck a) SAD Patienten (n = 128)	16.0±3.6 (n = 41)	16.2±3.6 (n = 65)	15.6±3.9 (n = 22)	0.37 (0.83)
Johansson et al. (2003) SAD Patienten (n = 31)	13.6±2.0 (n = 10)	14.1±2.2 (n = 14)	14.4±2.5 (n = 7)	0.32 (0.85)
Kombiniertes Sample, SAD Patienten (n = 206)[a]	14.7±3.5 (n = 70)	15.5±3.5 (n = 98)	15.3±3.6 (n = 38)	2.55 (0.28)
Kombiniertes Kontrollsample (n = 243)[a]	2.6±2.0 (n = 84)	2.8±2.4 (n = 113)	3.1±2.3 (n = 46)	1.55 (0.46)
Nicht-saisonal depressive Patienten (n = 46; Johansson et al. (2003)	6.0±4.1 (n = 22)	6.5±3.8 (n = 17)	5.3±3.0 (n = 7)	1.00 (0.61)
Gesamtsample (n = 721)[b] Johansson et al. (2003)	7.4±6.1 (n = 253)	7.9±6.4 (n = 341)	8.4±6.1 (n = 127)	2.63 (0.27)

[a] Johansson et al. (2001), Willeit et al. (in Druck a), Johansson et al. (2003). [b] Kombiniertes Sample von Patienten und gesunden Kontrollen aus: Johansson et al. (2001), Willeit et al. (in Druck a), nicht-saisonal depressive Patienten und Individuen mit extrem hohem oder niedrigem GSS aus Johansson et al. (2003)

Symptomen wie fehlender Aufheiterbarkeit der Stimmung, psychomotorischer Verlangsamung, Appetitlosigkeit, Gewichtsabnahme, morgendlichem Früherwachen und Stimmungspessimum der Symptomatik einer endogenen Depression. Der Begriff der neurotisch-reaktiven Depression wurde häufig bei fehlender endogenomorpher Symptomatik gebraucht, die Symptomatik entspricht dem was im DSM-IV ohne Hinweis auf ätiologische Überlegungen als atypische Depression bezeichnet wird: Aufheiterbarkeit der Stimmung, Hypersomnie und Hyperphagie, Tagesmüdigkeit und bleiernes Schweregefühl in den Gliedern. Patienten mit SAD leiden häufig an atypischen Depressionssymptomen, auch die Erstbeschreibung dieses Krankheitsbildes durch Rosenthal (Rosenthal et al. 1984) befasst sich vor allem mit der atypischen Symptomatik. Ein nicht unbeträchtlicher Anteil der Patienten leidet in den Herbst/Wintermonaten jedoch regelhaft an Symptomen einer melancholischen Depression (Winkler et al. 2002b).

Angesichts der bedeutenden Rolle, die Serotonin in der Regulation von Schlaf- und Essverhalten, wahrscheinlich aber auch in der Regulation der zirkadianen Rhythmik, spielt, untersuchten wir das von uns auf 5-HTTLPR genotypisierte Patientensample auf eine Assoziation zwischen 5-HTTLPR und den Depressions-Subtypen nach DSM-IV. Dabei zeigte sich, dass Patienten mit einer melancholischen Symptomatik weit überzufällig häufig homozygot für das lange 5-HTTLPR Allel *l* der Serotonintransporter Steuerungs-

Tabelle 3. 5-HTTLPR[a] Genotyp Verteilung und Allelfrequenzen: Depressions Subtypen nach DSM-IV[b] bei Patienten mit saisonal abhängiger Depression (Willeit et al., in Druck a)

	l/l	l/s	s/s	Frequenz l	Frequenz s
Patienten mit melancholischer Depression (n = 34)	19 (55.9%)	11 (32.4%)	4 (11.8%)	72.1%	27.9%
Patienten mit atypischer Depression (n = 104)	25 (24.0%)	60 (57.7%)	19 (18.3)%	52.9%	47.1

[a] 5-HTTLPR: Serotonin transporter gene linked polymorphic region; [b] DSM-IV: Diagnostic and statistical manual, American Psychiatric Association, 4. Auflage; [c] l vs. l/s vs. s/s: Fisher's Exact test, 2-seitig: p = 0.0038; [d] l/l vs. l/s + s/s: Fisher's Exact test, 2-seitig: p = 0.0012; [e] Allel Verteilung: Fisher's Exact test, 2-seitig: p = 0.007

region waren, während atypisch depressive häufiger homo- oder heterozygot für das funktionell dominante s Allel waren (Tabelle 3; Abb. 1).

In groß angelegten Zwillingsstudien bei nicht-saisonaler Depression wurden Heriditabilität und Familialität für Depressions-Subtypen beschrieben (Kendler et al. 1996), und obschon die melancholische Depression eine gut abgrenzbare klinische Entität ist, sind die Ursachen ihres Auftretens nicht

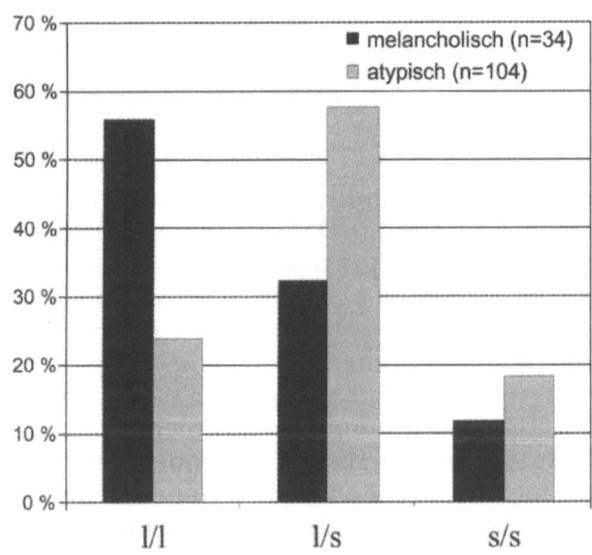

Abb. 1. Häufung des für das 5-HTTLPR lange Allel/homozygoten Genotyps bei Patienten mit melancholischen Subtyp der saisonal abhängigen Depression im Vergleich zu Patienten mit atypischen Subtyp nach DSM-IV (Fisher's Exact Test, 2-seitig: p = 0.0038; Willeit et al., in Druck a). *5-HTTLPR* Serotonin Transporter Linked Polymorphic Region, *l* 5-HTTLPR langes Allel, *s* 5-HTTLPR kurzes Allel, *DSM-IV* Diagnostic and Statistical Manual of Mental Disorders, 4. Auflage, American Psychiatric Association

verschieden von denen der nicht-melancholischen Depression (Kendler et al. 1997). Trotzdem finden sich in einer Reihe von biologischen Paradigmen, unter anderem den Serum-Tryptophanspiegeln, biologische Unterschiede zwischen melancholischer und nicht-melancholischer Depression (Maes et al. 1990). Insgesamt sind diese Daten ein weiterer Hinweis dafür, dass biologische Forschung jenseits der monistischen Depressionsdiagnostik zur Klärung einiger ungelöster Fragen beitragen könnte. Bereits mehrere Untersuchungen konnten ein besseres Ansprechen von 5-HTTLPR l/l homozygoten Patienten auf eine Behandlung mit Serotonin-Wiederaufnahmehemmern beziehungsweise Schlafentzugsbehandlung zeigen (Benedetti et al. 1999, Zanardi et al. 2000, Pollock et al. 2001). Eine entsprechende Untersuchung zum Einfluss des 5-HTTLPR Polymorphismus auf das Ansprechen auf Lichttherapie könnte Vermutungen über monoaminerge Wirkmechanismen der Lichttherapie weiter erhärten.

4. Der G Protein Gβ3 Subunit T825C Polymorphismus

Guanin Nukleotid bindende Proteine (G Proteine) sind Kernelemente in der transmembranen Übertragung einer Vielzahl von Ligand-Rezeptor Interaktionen. Eine Reihe bisher erhobener Befunde verweist auf die Bedeutung G Protein- vermittelter Signaltransduktion für Entstehung und Pathophysiologie affektiver Störungen (Avissar et al. 1999, Avissar and Schreiber 1992, Avissar et al. 1996) Die Wirkungsweise von Lithium und anderen Phasenprophylaktika wurde ebenfalls mit G Protein vermittelter Signaltransduktion in Zusammenhang gebracht (Chen et al. 1999, Avissar und Schreiber 1992). G Proteine bestehen aus 3 Untereinheiten, der α, β und γ Untereinheit (G_α, G_β und G_γ). Für lange Zeit konzentrierte sich die Forschung auf G_α. Unter anderem konnte eine Studie (Avissar et al. 1999) verringerte Mengen von G_α bei symptomatisch depressiven SAD Patienten nachweisen, in Remission nach Lichttherapie normalisierte sich dieser Befund wieder. Im Verlauf der letzten Jahre wurde jedoch klar, dass auch G_β und G_γ eine wichtige Rolle in der intrazellulären Signaltransduktion zukommt (Clapham und Neer 1997).

In Exon 10 des für G_β codierenden Gens wurde ein Single Nucleotid Polymorphismus beschrieben (T825C; Siffert et al. 1998), der zur Transkription einer Splice-Variante des Gβ3 Gens und in der Folge zur Expression einer funktionell aktiven Variante der Gβ3 Untereinheit (Gβ3-s) führt. Gβ3-s exprimierende Zellen zeigen ein verändertes Ansprechen auf G Protein aktivierende Substanzen. Das Gβ3 T825C T Allel (der TT homozygote und TC heterozygote Genotyp) wurde mit Bluthochdruck assoziiert (Siffert et al. 1998). Zill und Mitarbeiter (2000) beschrieben eine Häufung der TT und TC Genotypen bei nicht saisonal gebundener Depression. Eine nachfolgende Studie konnte diese Assoziation jedoch nicht bestätigen (Lin et al. 2001).

Unsere Gruppe genotypisierte 172 Patienten mit SAD und 143 gesunde Probanden für den T825C Polymorphismus und fand eine signifikante Häufung des funktionell dominanten T Allels bei SAD Patienten (Abb. 2; Tabelle 4; Willeit et al. 2003, in Druck b). Die Verteilung der Genotypen unterschied sich ebenso zwischen beiden Gruppen, mit einer signifikanten Häufung der T825C TT und TC Genotypen in der Patientengruppe. Diese Befunde stützen die von Zill et al. beschriebene Assoziation zwischen dem $G_\beta 3$ T825C T Allel und Major Depression (Zill et al. 2000) insofern, als SAD wie bereits erwähnt eine nosologische Unterform der rezidivierenden depressiven Störung darstellt. Wie so häufig in der psychiatrischen Genetik gibt es mittlerweile jedoch auch für die Assoziation zwischen SAD und dem $G_\beta 3$ T825C T Allel einen negativen Befund. In einem unabhängigen schwedisch-finnisch-österreichischen Sample konnte keine Häufung des T825C T Allels in der Patientengruppe nachgewiesen werden (Johansson 2003, in press).

Das fast ubiquitäre Vorkommen G Protein vermittelter Signaltransduktion bringt es mit sich, dass Vermutungen über den genaueren Ort, an dem $G_\beta 3$-s zur Pathogenese der SAD beitragen könnte, notwendigerweise spekulativ sind. Zusätzlich könnte sich das T Allel natürlich auch in einem Koppelungs-Ungleichgewicht (*„linkage dysequilibrium"*) mit anderen Markern befinden, die ihrerseits zum Auftreten von SAD und auch Major Depression beitragen (Zill et al. 2001). Einige Möglichkeiten seien hier trotzdem erwähnt, da sie eine Verbindung zu „klassischen" Theorien zur Pathogenese von depressiven Störungen darstellen, wie etwa die Monoamin-Hypothese, oder, spezifisch für die SAD, die Phototransduktions-Hypothese (Phillips et al. 1992, Terman and Terman 1999) oder auch Überlegungen, die in einer

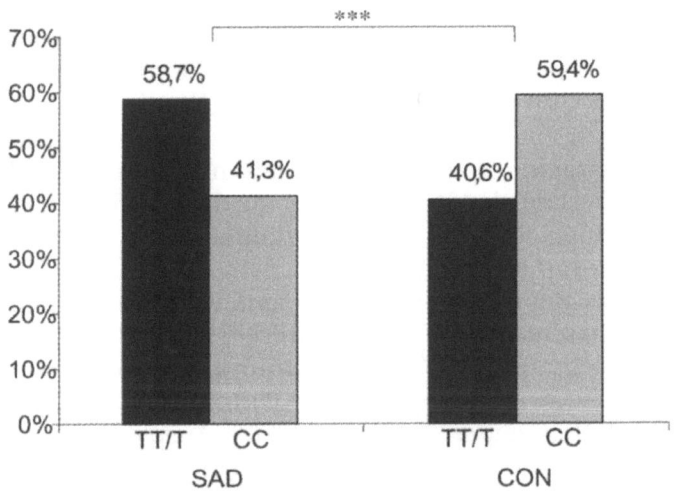

Abb. 2. Häufung der T/T homozygoten und T/C heterozygoten Genotypen des T825C Polymorphismus im Gen für die G Protein$_\beta$3 Untereinheit bei Patienten mit saisonal abhängiger Depression (N = 172) im Vergleich zu gesunden Kontrollen (N = 143; Chi-Quadrat Test: χ^2 = 10,303; df = 1; p = 0.001; Willeit et al., in Druck b). *TT/TC* T825C T-Allel homozygoter und T/C heterozygoter Genotyp, *CC* T825C C-Allel homozygoter Genotyp, *T825C* Thymin/Cytosin Substitution an Position 825 im Gen für die G Protein$_\beta$3 Untereinheit, *SAD* Saisonal Abhängige Depression, *CON* gesunde Probanden

Tabelle 4. Assoziation des G$_\beta$3 T825C Polymorphismus mit SAD (Willeit et al., in Druck b)

	Patienten mit SAD (n = 172)	Gesunde Kontrollen (n = 143)
Genotypen		
TT/TC	101 (58.7%)	58 (40.6%)
CC	71 (41.3%)	85 (59.4%)[a]
Allele		
T	113 (32.8%)	70 (24.5%)
C	231 (67.2%)	216 (75.5%)[b]

[a] Genotyp Verteilung: 2-seitiger Chi-Quadrat Test: χ^2 = 10.303, df = 1, p = 0.001; OR = 2.085; 95% Cl 1.13–3.05; [b] Allel Verteilung: 2-seitiger Chi-Quadrat Test: χ^2 = 5.313, df = 1, p = 0.021

Störung der zirkadianen Rhythmik eine wesentliche pathogenetische Komponente der SAD sehen (Wehr et al. 2001). In der Tat konnte gezeigt werden, dass die G Protein vermittelte β-adrenerge Transmission während depressiver Episoden verändert ist (Avissar et al. 1996). Auch in der serotonergen Neurotransmission, für deren Störung bei SAD eine ganze Reihe von Befunden sprechen (Neumeister et al. 2001), spielt die G Protein- vermittelte Signaltransduktion eine wesentliche Rolle (Bayliss et al. 1997). In Nagetieren wurde G$_\beta$3 sowohl in der Retina als auch im Hypothalamus und den Raphe-Kernen nachgewiesen (Betty et al. 1998), allesamt Strukturen, denen man Bedeutung in der Pathogenese der SAD zuschreibt. Angesichts der veränderten Schwellenwerte, die sich für die Phototransduktion durch retinale Zapfen bei Patienten mit SAD im Winter nachweisen lassen (Terman and Terman 1999) könnte auch die Tatsache interessant sein, dass die in Zapfen vorzugsweise vorkommende G$_\beta$ Untereinheit G$_\beta$3 ist (Peng et al. 1992).

Vor kurzem konnte gezeigt werden, dass die zirkadiane Phase bei Patienten mit SAD, im Gegensatz zu gesunden Probanden, jahreszeitliche Schwankungen aufweist (Wehr et al. 2001). Es gibt eine Reihe von Befunden, die darauf hinweisen, dass der G$_\beta$ Untereinheit eine wichtige Rolle in den neuronalen Netzen zukommt, die wesentlich an der Steuerung zirkadianer Rhythmen und saisonaler Veränderungen beteiligt sind. So bindet G$_\beta$3 beispielsweise an Phosducin. Phosducin kommt in der Retina und der Hypophyse vor, wo es, in Abhängigkeit zu seiner Bindung an G$_\beta$3, die noradrenerge Steuerung der Melatoninausschüttung beeinflusst (Reig et al. 1990, Lolley et al. 1992). Die Bindung der G$_\beta$3 Untereinheit an Phosducin wiederum wird durch Veränderungen in intrazellulären cAMP Spiegeln moduliert. Hypophysäre cAMP Spiegel unterliegen der Steuerung durch PACAP (Pituitary Adenylate Cyclase Activating Peptide; Miyata et al. 1989). PACAP kommt im retino-hypothalamischen Trakt in denjenigen Zellen vor, die auch das „zirkadiane" Photopigment Melanopsin enthalten (Hannibal et al. 2002). Die weitere Beforschung der G Protein vermittelten Signaltransduktion bei SAD bietet also durchaus interessante Perpektiven. Zuvor aber wäre eine Replikation unseres Befundes (Willeit et al. 2003, in Druck b), nach Möglichkeit auch in anderen Designs, wie beispielsweise dem Transmission Dysequilibrium Test (TDT), wünschenswert.

5. Clock gene

Seit langem wird vermutet, dass eine Störung der zirkadianen Rhythmik ein grundlegendes pathogenetisches Moment der SAD ist (Lewy et al. 1987). In der Literatur finden sich eine Reihe von Ergebnissen, die diese Theorie direkt oder indirekt stützen. So konnten einige, nicht aber alle Untersuchungen an SAD Patienten Veränderungen in der zirkadianen Schwankung der Körperkerntemperatur sowie der Kortisol- und Melatoninausschüttung finden (Lam und Levitan 2000). Den bisher direktesten Hinweis für eine Störung in der Regulation der zirkadianen Phase erbrachten Wehr und Mitarbeiter. Sie konnten zeigen, dass Patienten mit SAD, im Gegensatz zu gesunden Probanden, jahreszeitliche Veränderungen in verschiedenen Parametern der nächtlichen Melatoninausschüttung aufweisen (Wehr et al. 2001). Die nächtliche Melatoninausschüttung ist mittlerweile der sicherlich am besten untersuchte Marker für die Position der „inneren Uhr" (engl. *circadian clock*).

Die innere Uhr hat einen Rhythmus von ungefähr 24 Stunden und unterliegt der Steuerung durch Umgebungslicht. Die zentrale neuronale Struktur der inneren Uhr von Säugetieren ist der hypothalamische Nucleus Suprachiasmaticus, dessen intrinsische zirkadiane Aktivität durch Umgebungslicht an den sich verändernden Tag-Nachtrhythmus angepasst wird (Moore und Silver 1998). Seit einiger Zeit ist bekannt, dass physiologische innere Uhren über eine Rückkoppelungsschleife bestimmter Gene mit ihren Produkten gesteuert werden (Dunlap 1999). Die meisten dieser Gene codieren für Transkriptionsfaktoren, die über eine unterschiedliche Anzahl von Schritten auf die Expression eben dieser Gene rückwirken (Sassone-Corsi 1998). Unter anderem scheinen diese Gene dazu beizutragen, ob man „Morgenmensch" oder „Abendmensch" ist (Katzenberg et al. 1998).

Johansson und Mitarbeiter genotypisierten 159 Patienten mit SAD und ebenso viele gesunde Probanden für Polymorphismen in den Genen CLOCK, Period 2, Period 3 und einen für eine Leu/Ser Substitution kodierenden Polymorphismus af Position 471 im Gen NPAS 2 (Johansson et al. 2003). Für die Polymorphismen in den Genen CLOCK, Period 2, Period 3, welche vor alle im Hypothalamus exprimiert werden, zeigte sich keine signifikant unterschiedliche Verteilung zwischen beiden Gruppen. Einen signifikanten Unterschied zwischen Patienten und Probanden gab es dagegen bei NPAS 2. Dieses Gen wird vor allem in limbischen Anteilen des Frontalhirns exprimiert, die genaue biologische Signifikanz des untersuchten Polymorphismus ist derzeit allerdings noch nicht klar. Natürlich bedarf auch dieses Ergebnis noch einer Replikation in einem unabhängigen Sample, insgesamt kann man von der weiteren Beforschung von CLOCK Genen und ihrer Funktion jedoch sicherlich ein tieferes Verständnis der zirkadianen Rhythmen und ihrer Bedeutung für affektive Störungen erwarten.

6. Genetische Untersuchungen zur Komorbidität

Die Prävalenz einiger psychiatrischer Erkrankungen ist bei Patienten mit SAD deutlich höher als in der Allgemeinbevölkerung. Umgekehrt wiederum sind saisonale Stimmungs- und Befindlichkeitsschwankungen bei einigen psychiatrischen Diagnosen deutlich stärker ausgeprägt. Genetische Untersuchungen zur Komorbidität beschränken sich bisher auf den Zusammenhang zwischen Prämenstruell Dysphorischer Störung (PMDS) und SAD (Praschak-Rieder et al. 2002) sowie „Attention Deficit Hyperactivity Disorder" (ADHD) und SAD (Levitan et al. 2002). Zum Zusammenhang zwischen SAD und Essstörungen (Levitan et al. 1994, Ghadirian et al. 1999) gibt es unseres Wissens bislang keine veröffentlichten Daten.

6.1 PMDD und SAD

Praschak-Rieder et al. (2001) konnten eine Prävalenz von 46 Prozent für die Premenstruell Dysphorische Störung (PMDS) bei Patientinnen mit SAD finden, während in der selben Untersuchung die Prävalenz bei gesunden Frauen nur 2 Prozent betrug. Umgekehrt konnte bei Patientinnen mit PMDS eine SAD Prävalenz von 38 Prozent und eine im Vergleich zu einer Kontrollgruppe deutlich stärker ausgeprägte Saisonalität nachgewiesen werden (Maskall et al. 1997). Es liegt daher nahe zu vermuten, dass beiden Erkrankungen gewisse genetische Vulnerabilitätsfaktoren gemeinsam sind. Auch bei der PMDS gibt es eine Reihe von Hinweisen für Alterationen im serotonergen System (Steiner and Perlstein 2000). In einer Untersuchung an 46 Patientinnen mit SAD und 46 gesunden weiblichen Kontrollen mit

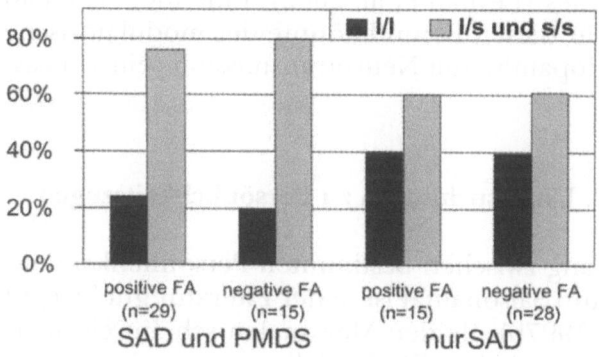

Abb. 3. Familienanamnese für affektive Störungen und Verteilung der 5-HTTLPR Genotypen bei Patientinnen mit Saisonal abhängiger Depression und komorbidem Prämenstruell Dysophorischen Syndrom (PMDS; Logistische Regression: Familienanamnese: z = –2,979; p = 0,0029; Genotyp: z = 2,132; p = 0,033; Praschak-Rieder et al. 2002. *SAD* Saisonal Abhängige Depression, *PMDS* Prämenstruell Dysphorisches Syndrom, *FA* Familienanamnese für affektive Störungen, *5-HTTLPR* Serotonin Transporter Linked Polymorphic Region, *l* 5-HTTLPR langes Allel, *s* 5-HTTLPR Allel

niedrigen Saisonalitätswerten und ohne nennenswerte perimenstruelle Veränderungen in Stimmungslage, Antrieb, Essverhalten und anderen für das PMDS relevanten Parametern konnten Praschak-Rieder und Mitarbeiter zeigen, dass Patientinnen mit SAD, die eine positive Familienanamnese für affektive Erkrankungen aufwiesen und gleichzeitig an einem PMDS litten, öfter homo- oder heterozygot für das kurze Allel des 5-HTTLPR Polymorphismus im Serotonintransporter Promoter Gen (5-HTTLPR) waren (Abb. 3). Dieses Allel könnte also ein gemeinsamer genetischer Vulnerabilitätsfaktor für beide Erkrankungen sein.

6.2 ADHD und SAD

Bei Patienten mit ADHD finden sich im Vergleich zur Allgemeinbevölkerung höhere Saisonalitätswerte und eine höhere Prävalenz der SAD (Levitan et al. 1999). Besonders klar lässt sich dies für das weibliche Geschlecht und den impulsiven Subtypus des ADHD nachweisen. Da auch für das ADHD eine serotonerge Dysfunktion diskutiert wird (Quist et al. 2000), untersuchten Levitan und Mitarbeiter den Einfluss des T102C Polymorphismus im Serotonin Rezeptor 2A (5-HTR2a) auf das retrospektiv diagnostizierte Vorliegen eines ADHD in der Kindheit mittels der Wender-Utah Rating Scale (WURS; Ward et al. 1993). Wie bereits erwähnt wurde der 5-HT2a T102C Polymorphismus mit einem saisonalen Verlaufsmuster in einem hinsichtlich Saisonalität unselektierten Kollektiv stationärer Patienten mit MDD assoziiert (Arias et al. 2001). Levitan et al. konnten zeigen, dass C/C homozygote Patientinnen höhere WURS Scores als heterozygote oder T/T homozygote Patientinnen hatten. Des weiteren konnte bei 38 Prozent der C/C homozygoten Patientinnen retrospektiv ein ADHD diagnostiziert werden, während sich diese Diagnose für keine der T/T homozygoten Patientinnen stellen lies (Levitan et al. 2002). Eine mögliche pathophysiologische Erklärung für diesen Befund könnte der modulatorische Einfluss von 5-HT2a auf die dopaminerge Neurotransmission sein (Lucas und Spampinato 2000).

7. Untersuchungen zu Persönlichkeitszügen

Ein Zusammenhang zwischen bestimmten Persönlichkeitszügen, vor allem Neurotizismus, und Saisonalität ist in der Literatur gut belegt (Murray et al. 1995, Jang et al. 1997b). Beiden Merkmalen scheint ein nicht unbeträchtlicher Anteil der genetischen Einflussfaktoren gemeinsam zu sein Jang et al. 1998). Das Vorliegen neurotischer Persönlichkeitszüge an sich hat dabei jedoch nur einen geringen Einfluss auf die Ausprägung des Merkmals Saisonalität (Jang et al. 1997b). Im Vergleich zu nicht-saisonal depressiven Patienten oder gesunden Kontrollen haben Patienten mit SAD eine höhere Wahrscheinlichkeit, an einer Persönlichkeitsstörung zu leiden (Reichborn-Kjennerud et al. 1994, Schuller et al. 1993). Neben deutlichen Abweichungen in den Temperament and Character Inventory (TCI; Cloninger et al. 1994) Dimensionen Harm Avoidance, Novelty Seeking, Self Directedness und Cooperativeness, konnten Thierry et al. (2003, in Druck) eine Assoziation von Self Directedness mit dem 5-HTTLPR Polymorphismus im Serotonintransporter Promoter Gen Nachweisen. Für das *s* Allel homo- oder heterozygote Patienten hatten in dieser Charakterdimension signifikant niedriger Werte im Vergleich zu *l/l* homozygoten Patienten.

Schlussbemerkung

Insgesamt liegen mittlerweile eine ganze Reihe von genetischen Befunden zur SAD vor. Alle Assoziationen wurden jedoch in *Case-Control* Studien gefunden. Diese Methode hat den Vorteil, das Kandidatengene vergleichsweise einfach auf eine Assoziation mit einem Merkmal hin untersucht werden können. Ein Nachteil dieser Methode ist die relativ hohe Wahrscheinlichkeit für falsch positive Befunde. Andererseits lassen sich diese Mängel durch hinreichend große Stichproben, durch eine sorgfältige Auswahl der untersuchten Phänotypen sowie durch sorgfältige Auswahl des gesunden Vergleichskollektivs minimieren. Auch die SAD ist mit Sicherheit eine polygenetische Erkrankung und ihr Auftreten lässt sich nur teilweise auf erbliche Ursachen zurückführen. Daher sollte man diese Befunde auch als Ausgangspunkt zur Beforschung von Ursache und Pathophysiologie der SAD mit anderen Methoden sehen.

Literatur

Akiskal H, McKinney W (1973) Depressive disorders: toward a unified hypothesis. Science 5 182 (107): 20–29

Allen J, Lam R, Remick R, Sadovnick A (1993) Depressive symptoms and family history in seasonal and nonseasonal mood disorders. Am J Psychiatry 150 (3): 443–448

American Psychiatric Association (1994) Diagnostic and statistical manual of mental disorders, fourth edn. American Psychiatric Association, Washington DC

Arias B, Gutierrez B, Pintor L, Gasto C, Fananas L (2001) Variability in the 5-HT(2A) receptor gene is associated with seasonal pattern in major depression. Mol Psychiatry 6 (2): 239–242

Avissar S, Schreiber G (1992) The involvement of guanine nucleotide binding proteins in the pathogenesis and treatment of affective disorders. Biol Psychiatry 31: 435–459

Avissar S, Barki-Harrington L, Nechamkin Y, Roitman G, Schreiber G (1996) Reduced beta-adrenergic receptor-coupled Gs protein function and Gs alpha immunoreactivity in mononuclear leukocytes of patients with depression. Biol Psychiatry 39: 755–760

Avissar S, Schreiber G, Nechamkin Y, Neuhaus I, Lam GK, Schwartz P, Turner E, Matthews J, Naim S, Rosenthal NE (1999) The effects of seasons and light therapy on G protein levels in mononuclear leukocytes of patients with seasonal affective disorder. Arch Gen Psychiatry 56: 178–183

Barker EL, Blakley RD (1994) Norepinephrine and serotonin transporters: Molecular targets of antidepressant drugs. In: Bloom FE, Kupfer DJ (eds) Psychopharmacology, fourth generation of progress. Raven Press, New York, pp 321–333

Bayliss DA, Li Y, Talley EM (1997) Effects of serotonin on caudal raphe neurons: Activation of inwardly rectifying potassium conductance. J Neurophysiol 77: 1349–1361

Benedetti F, Serretti A, Colombo C, Campori E, Barbini B, Di Bella D, Smeraldi E (1999) Influence of a functional polymorphism within the promoter of the serotonin transporter gene on the effects of total sleep deprivation in bipolar depression. Am J Psychiatry 156 (9): 1450–1452

Betty M, Harnish SW, Rhodes KJ, Cockett MI (1998) Distribution of heterotrimeric G-protein beta and gamma subunits in the rat brain. Neuroscience 85 (2): 475–486

Blazer DG, Kessler RC, Swartz MS (1998) Epidemiology of recurrent major and minor depression with seasonal pattern: the National Comorbidity Survey. Br J Psychiatry 172: 164–167

Chen G, Hasanat KA, Bebchuk JM, Moore GJ, Glitz D, Manji HK (1999) Regulation of signal transduction pathways and gene expression by mood stabilizers and antidepressants. Psychosom Med 61: 599–617

Clapham De, Neer EJ (1997) G protein beta gamma subunits. Annu Rev Pharmacol Toxicol 37: 167–203

Cloninger C (1994) Temperament and personality. Curr Opin Neurobiol 4: 266–273

Collier D, Arranz M, Li T, Mupita D, Brown N (1997) Association between 5-HT2a gene promoter polymorphism and anorexia nervosa. Lancet 350: 412

Dunlap JC (1999) Molecular bases for circadian clocks. Cell 96: 271–290

Enoch M, Kaye W, Rotondo A, Greenberg B, Murphy D, Goldman D (1998) 5-HT2a promoter polymorphism -1438G/A, anorexia nervosa, and obsessive-compulsive disorder. Lancet 351: 1785–1786

Enoch M, Goldman D, Barnett R, Sher L, Mazzanti CM, Rosenthal NE (1999) Association between seasonal affective disorder and the 5-HT2a promoter polymorphism -1438G/A. Mol Psychiatry 4 (1): 89–92

Ghadirian A, Marini N, Jabalpurwala S, Steiger H (1999) Seasonal mood patterns in eating disorders. Gen Hosp Psychiatry 21: 354–359

Hannibal J, Hindersson P, Knudsen SM, Georg B, Fahrenkrug J (2002) The photopigment melanopsin is exclusively present in pituitary adenylate cyclase-activating polypeptide-containing retinal ganglion cells of the retinohypothalamic tract. J Neurosci 22 (1): RC191

Heils A, Teufel A, Petri S, Stober G, Riederer P, Bengel D, Lesch KP (1996) Allelic variation of human serotonin transporter gene expression. J Neurochem 66 (6): 2621–2624

Jang K, Lam R, Harris J, Vernon P, Livesley W (1998) Seasonal mood change and personality: an investigation of genetic co-morbidity. Psychiatry Res 78: 1–7

Jang KL, Lam RW, Livesley WJ, Vernon PA (1997a) Gender differences in the heritability of seasonal mood change. Psychiatry Res 70 (3): 145–154

Jang K, Lam R, Livesley W, Vernon P (1997b) The relationship between seasonal mood change and personality: more apparent than real? Acta Psychiatr Scand 95: 539–543

Johansson C, Smedh C, Partonen T, Pekkarinen P, Paunio T, Ekholm J, Peltonen L, Lichtermann D, Palmgren J, Adolfsson R, Schalling M (2001) Seasonal affective disorder and serotonin-related polymorphisms. Neurobiol Dis 8: 351–357

Johansson C, Willeit M, Levitan R, PartonenT, SmedhC, Del Favero J, Bel Kacem S, Praschak-Rieder N, Neumeister A, Masellis M, Basile V, Zill P, Bondy B, Paunio T, Kasper S, Van Broeckhoven C, Nilsson LG, Lam R, Schalling M, Adolfsson R (2003) The serotonin transporter promoter repeat length polymorphism, seasonal affective disorder and seasonality. Psychol Med 33: 785–792

Johansson C, Willeit M, Smedh C, Ekholm J, Paunio T, Kieseppa T, Lichtermann T, Praschak-Rieder N, Neumeister A, Nilsson LG, Kasper S, Peltonen L, Adolfsson R, Schalling M, Partonen T (2003) Circadian clock related polymorphisms in seasonal affective disorder and their relevance to diurnal preference Neuropsychopharmacology 28: 734–739

Johansson C, Willeit M, Aron L, Smedh C, Ekholm J, Paunio T, Kieseppa T, Lichtermann D, Praschak-Rieder N, Neumeister A, Kasper S, Peltonen L, Adolfsson R, Partonen T, Schalling M (2003) Seasonal affective disorder and the G protein β-3-subunit C 825 T polymorphism. Biol Psychiatry (in press)

Kasper S, Wehr TA, Bartko JJ, Gaist PA, Rosenthal NE (1989) Epidemiological findings of seasonal changes in mood and behavior. Arch Gen Psychiatry 50 (11): 853–862

Katzenberg D, Young T, Finn L, Lin L, King DP, Takahashi JS, Mignot E (1998) A CLOCK polymorphism associated with human diurnal preference. Sleep 21 (6): 569–576

Kendler KS (1997) The diagnostic validity of melancholic major depression in a population-based sample of female twins. Arch Gen Psychiatry 54 (4): 299–304

Kendler KS, Eaves LJ, Walters EE, Neale MC, Heath AC, Kessler RC (1996) The identification and validation of distinct depressive syndromes in a population-based sample of female twins. Arch Gen Psychiatry 53 (5): 391–399

Lam R, Levitan RD (2000) Pathophysiology of seasonal affective disorder: a review. J Psychiatry Neurosci 25: 469–480

Lam R, Buchanan A, Remick R (1989) Seasonal affective disorder – a Canadian sample. Ann Clin Psychiatry 1: 241–245

Lam R, Carter D, Misri S, Kuan AJ, Yatham LN, Zis AP (1999) A controlled study of light therapy in women with late luteal phase dysphoric disorder. Psychiatry Res 30 86 (3): 185–192

Lesch KP, Bengel D, Heils A, Sabol SZ, Greenberg BD, Petri S, Benjamin J, Müller CR, Hamer DH, Murphy DL (1996) Association of anxiety-related traits with a polymorphism in the serotonin transporter gene regulatory region. Science 274: 1527–1531

Levitan RD, Kaplan AS, Levitt AJ, Joffe RT (1994) Seasonal fluctuations in mood and eating behavior in bulimia nervosa. Int J Eat Disord 16 (3): 295–299

Levitan RD, Jain UR, Katzman MA (1999) Seasonal affective symptoms in adults with residual attention-deficit hyperactivity disorder. Compr Psychiatry 40 (4): 261–267

Levitan RD, Masellis M, Basile VS, Lam RW, Jain U, Kaplan AS, Kennedy SH, Siegel G, Walker ML, Vaccarino FJ, Kennedy JL (2002) Polymorphism of the serotonin-2A receptor gene (HTR2A) associated with childhood attention deficit hyperactivity disorder (ADHD) in adult women with seasonal affective disorder. J Affect Disord 71 (1–3): 229–233

Lewy AJ, Sack RL, Miller LS, Hoban TM (1987) Antidepressant and circadian phase-shifting effects of light. Science 235: 352–354

Lin CN, Tsai SJ, Hong CJ (2001) Association analysis of a functional G protein beta3 subunit gene polymorphism (C825T) in mood disorders. Neuropsychobiology 44: 118–121

Lolley RN, Craft CM, Lee RH (1992) Photoreceptors of the retina and pinealocytes of the pineal gland share common components of signal transduction. Neurochem Res 17 (1): 81–89

Lucas G, Spampinato U (2000) Role of striatal serotonin2a and serotonin2c receptors in control of in vivo dopamine outflow in the rat striatum. J Neurochem 74 (2): 693–701

Madden PA, Heath AC, Rosenthal NE, Martin NG (1996) Seasonal changes in mood and behavior. The role of genetic factors. Arch Gen Psychiatry 53 (1): 47–55

Maes M, Maes L, Schotte C, Vandewoude M, Martin M, D'Hondt P, Blockx P, Scharpe S, Cosyns P (1990) Clinical subtypes of unipolar depression, part III. Quantitative differences in various biological markers between the cluster- analytically generated nonvital and vital depression classes. Psychiatry Res 34 (1): 59–75

Maskall DD, Lam RW, Misri S, Carter D, Kuan AJ, Yatham LN, Zis AP (1997) Seasonality of symptoms in women with late luteal phase dysphoric disorder. Am J Psychiatry 154 (10): 1436–1441

Miyata A, Arimura A, Dahl RR, Minamino N, Uehara A, Jiang L, Culler MD, Coy DH (1989) Isolation of a novel 38 residue-hypothalamic polypeptide which stimulates adenylate cyclase in pituitary cells. Biochem Biophys Res Commun 164 (1): 567–574

Moore RY, Silver R (1998) Suprachiasmatic nucleus organization. Chronobiol Int 15: 475–487

Murray G, Hay D, Armstrong S (1995) Personality factors in seasonal affective disorder: is seasonality an aspect of neuroticism? Person Individ Diff 19: 613–618

Neumeister A, Konstantinidis A, Praschak-Rieder N, Willeit M, Hilger E, Stastny J, Kasper S (2001) Monoaminergic function in the pathogenesis of seasonal affective disorder. Int J Neuropsychopharmacol 4: 409–420

Ozaki N, Rosenthal NE, Pesonen U, Lappalainen J, Feldman-Naim S, Schwartz PJ, Turner EH, Goldman D (1996) Two naturally occurring amino acid substitutions of the 5-HT2A receptor: similar prevalence in patients with seasonal affective disorder and controls. Biol Psychiatry 15 40 (12): 1267–1272

Partonen T, Lonnqvist J (1989) Seasonal affective disorder. Lancet 24 352 (9137): 1369–1374

Peng YW, Robishaw JD, Levine MA, Yau KW (1992) Retinal rods and cones have distinct G protein beta and gamma subunits. Proc Natl Acad Sci 89 (22): 10882–10886

Phillips WJ, Wong SC, Cerione RA (1992) Rhodopsin/Transducin interactions II. Influenece of the transducin subunit on the coupling of the transducin subunit to rhodopsin. J Biol Chem 267: 17040–17046

Pollock BG, Ferrell RE, Mulsant BH, Mazumdar S, Miller M, Sweet RA, Davis S, Kirshner MA, Houck PR, Stack JA, Reynolds CF, Kupfer DJ (2001) Allelic variation in the serotonin transporter promoter affects onset of paroxetine treatment response in late-life depression. Neuropsychopharmacology 23 (5): 587–590

Praschak-Rieder N, Willeit M, Neumeister A, Hilger E, Stastny J, Thierry N, Lenzinger E, Kasper S (2001) Prevalence of premenstrual dysphoric disorder in female patients with seasonal affective disorder. J Affect Disord 63 (1–3): 239–42

Praschak-Rieder N, Willeit M, Winkler D, Neumeister A, Hilger E, Zill P, Hornik K, Stastny J, Thierry N, Ackenheil M, Bondy B, Kasper S (2002) Role of family history and 5-HTTLPR polymorphism in female seasonal affective disorder patients with and without premenstrual dysphoric disorder. Eur Neuropsychopharmacol 12 (2): 129–34

Quist J, Barr C, Schachar R, Roberts W, Malone M, Tannock R, Basile V, Beitchmann J, Kennedy J (2000) Evidence for the serotonin 2a receptor gene as a susceptibility factor in attention deficit hyperactivity disorder. Mol Psychiatry 5 (5): 537–541

Reichborn Kjennerud T, Lingjaerde O, Dahl A (1994) Personality disorders in patients with winter depression. Acta Psychiatr Scand 90: 413–419

Reig J, Yu L, Klein DC (1990) Pineal transduction. Adrenergic → cyclic AMP-dependent phosphorylation of cytoplasmic 33-kDa protein (MEKA) which binds beta gamma-complex of transducin. J Biol Chem 265: 5816–5824

Rosen L, Rosenthal NE (1991) Seasonal variations in mood and behavior in the general population: a factor analytic approach. Psychiatry Res 38 (3): 271–283

Rosenthal N, Sack DA, Gillin JC, Lewy AJ, Goodwin FK, Davenport Y, Mueller PS, Newsome DA, Wehr TA (1984) Seasonal affective disorder. A description of the syndrome and preliminary findings with light therapy. Arch Gen Psychiatry 41 (1): 72–80

Rosenthal N, Brandt G, Wehr T (1987) Seasonal pattern assessment questionnaire. National Institute of Mental Health, Bethesda, MD

Rosenthal N, Mazzanti CM, Barnett RL, Hardin TA, Turner EH, Lam GK, Ozaki N, Goldman D (1998) Role of serotonin transporter promoter repeat length polymorphism (5-HTTLPR) in seasonality and seasonal affective disorder. Mol Psychiatry 3 (2): 175–177

Sassone-Corsi P (1998) Molecular clocks: mastering time by gene regulation. Nature 392: 871–874

Schuller D, Bagby R, Levitt A, Joffe R (1993) A comparison of personality characteristics of seasonal and non-seasonal major depression. Compr Psychiatry 34: 360–362

Schwartz P, Murphy D, Wehr T, Garcia-Borreguero D, Oren D, Moul D, Ozaki N, Snelbaker AJ, Rosenthal NE (1997) Effects of meta-chlorophenylpiperazine infusions in patients with seasonal affective disorder and healthy control subjects. Arch Gen Psychiatry 54: 375–385

Sher L, Hordin TA, Greenberg BD, Murphy DL, Li Q, Rosenthal NE (1999) Seasonality associated with the serotonin transporter promoter repeat length polymorphism. Am J Psychiatry 156: 1837

Siffert W, Rosskopf D, Siffert G, Busch S, Moritz A, Erbel R, Sharma AM, Ritz E, Wichmann HE, Jakobs KH, Horsthemke B (1998) Association of a human G-protein beta3 subunit variant with hypertension. Nat Genet 189 (1): 8–10

Steiner M, Pearlstein T (2000) Premenstrual dysphoria and the serotonin system: pathophysiology and treatment. J Clin Psychiatry 61 [Suppl 12]: 17–21

Sullivan P, Neale M, Kendler K (2000) Genetic epidemiology of major depresssion: review and meta-analysis. Am J Psychiatry 157: 1552–1562

Terman JS, Terman M (1999) Photopic and scotopic light detection in patients with seasonal affective disorder and control subjects. Biol Psychiatry 46: 1642–1648

Thierry N, Willeit M, Praschak-Rieder N, Zill P, Hornik K, Neumeister A, Lenzinger E, Stastny J, Hilger E, Konstantinidis A, Aschauer H, Ackenheil M, Bondy B, Kasper S (2003) Serotonin transporter gene polymorphism (5-HTTLPR) and personality in female patients with seasonal affective disorder and healthy controls. Eur Neuropsychopharmacol (in press)

Thompson C, Isaacs G (1988) Seasonal affective disorder-a British sample: symptomatology in relation to mode of referral and diagnostic subtype. J Affect Disord 14 (1): 1–11

Ward M, Wender P, Reimherr F (1993) The Wender Utah Rating Scale: an aid in the retrospective diagnosis of attention deficit hyperactivity disorder. Am J Psychiatry 150 (8): 1280

Wehr TA, Sack DA, Rosenthal NE (1987) Seasonal affective disorder with summer depression and winter hypomania. Am J Psychiatry 144 (12): 1602–1603

Wehr TA, Duncan WC, Sher L, Aeschbach D, Schwartz PJ, Turner EH, Postolache TT, rosenthal NE (2001) A circadian signal of change of season in patients with seasonal affective disorder. Arch Gen Psychiatry 58 (12): 1108–1114

Willeit M, Praschak-Rieder N, Neumeister A, Pirker W, Asenbaum S, Vitouch O, Tauscher J, Hilger E, Stastny J, Brücke T, Kasper S (2000) [123I]-beta-CIT SPECT imaging shows reduced brain serotonin transporter availability in drug-free depressed patients with seasonal affective disorder. Biol Psychiatry 47 (6): 482–489

Willeit M, Praschak-Rieder N, Neumeister A, Stastny J, Zill P, Hilger E, Thierry N, Bondy B, Fuchs K, Lenzinger E, Sieghart W, Aschauer HN, Ackenheil M, Kasper S (2003a) A polymorphism (5-HTTLPR) in the serotonin transporter promoter gene is associated with DSM-IV depression subtypes in seasonal affective disorder. Mol Psychiatry (in press)

Willeit M, Praschak-Rieder N, Zill P, Neumeister A, Ackenheil M, Kasper S, Bondy B (2003b) C825T polymorphism in the G protein β3-subunit gene is associated with seasonal affective disorder Biol Psychiatry 54: 682–686

Winkler D, Willeit M, Praschak-Rieder N, Lucht MJ, Hilger E, Konstantinidis A, Stastny J, Thierry N, Pjrek E, Neumeister A, Möller H, Kasper S (2002a) Changes of clinical pattern in seasonal affective disorder (SAD) over time in a German-speaking sample. Eur Arch Psychiatry Clin Neurosci 252 (2): 54–62

Winkler D, Praschak-Rieder N, Willeit M, Lucht M, Hilger E, Konstantinidis A, Stastny J, Thierry N, Pjrek E, Neumeister A, Möller H, Kasper S (2002b) Saisonal abhängige Depression in zwei deutschsprachigen Universitätszentren: Wien, Bonn. Nervenarzt 73: 637–643

Wirz-Justice A, Bucheli C, Graw P, Kielholz P, Fisch HU, Woggon B (1986) Light treatment of seasonal affective disorder in Switzerland. Acta Psychiatr Scand 74 (2): 193–204

Zanardi R, Benedetti F, Di Bella D, Catalano M, Smeraldi E (2000) Efficacy of paroxetine in depression is influenced by a functional polymorphism within the promoter of the serotonin transporter gene. J Clin Psychopharmacol 20 (1): 105–107

Zill P, Baghai TC, Zwanzger P, Schule C, Minov C, Riedel M, Neumeier K, Rupprecht R, Bondy B (2000) Evidence for an association between a G-protein beta3-gene variant with depression and response to antidepressant treatment. Neuroreport 11 (9): 1893–1897

Korrespondenz: Dr. M. Willeit, Centre for Addiction and Mental Health, 250 College Street, Ontario M5T 1R8, Toronto, Canada, E-mail: matthaeus.willeit@akh-wien.ac.at, mwilleit@camhpet.on.ca

Kohlenhydrate und SAD

K. Kräuchi und A. Wirz-Justice

Zentrum für Chronobiologie, Psychiatrische Universitätsklinik, Basel, Schweiz

Einleitung

Schon früh wurde in der Psychiatrie eine Analogie zwischen dem Winterschlaf bei Tieren und depressivem Verhalten beim Menschen beschrieben (Lange 1928, Giedke 1987). In der Tat erlebt die Diskussion solcher Parallelen mit der nosologischen Klassifizierung der saisonalen Winterdepression (SAD; Rosenthal et al. 1984) in den letzten Jahren eine wahre Renaissance. Eine ausgeprägte SAD ist gekennzeichnet durch regelmäßiges Auftreten depressiver Episoden im Herbst oder Winter mit spontaner Remission im Frühling und Sommer. Die Patienten ziehen sich typischerweise zurück, haben eine verstärkte Tagesmüdigkeit und ein erhöhtes Schlafbedürfnis (Hypersomnie) sowie eben auch Veränderungen in der Nahrungsmittelwahl (Rosenthal et al. 1984). Die Patientinnen, es sind sehr häufig Frauen, berichten während ihrer winterdepressiven Phasen von erhöhtem Appetit, einem unwiderstehlichen Verlangen nach Kohlenhydraten, vermehrter Nahrungsaufnahme und Gewichtszunahme. Diese charakteristischen Symptome im Verlauf einer SAD zu erforschen erscheint insofern besonders sinnvoll, als dies dazu beiträgt, den Zusammenhang zwischen Stimmung, Kohlenhydrataufnahme und metabolischen Funktionen in ihrem jahreszeitabhängigen Rhythmus besser zu verstehen. Das vorliegende Kapitel wird die wichtigsten Studien auf diesem Gebiet zusammenfassen.

Sind saisonale Unterschiede in der Nahrungsaufnahme und in metabolischen Funktionen ein normales Phänomen?

Saisonale Veränderungen in psychologischen und physiologischen Messgrößen sowie im Verhalten wurden bei gesunden Personen häufig beschrieben (Aschoff 1981, Lacoste und Wirz-Justice 1989). Aber auch neurochemische und hormonelle Parameter, die als relevant für affektive Störungen gelten, zeigen jahreszeitabhängige Rhythmen bei Gesunden (Aschoff 1981, Lacoste and Wirz-Justice 1989). Schon in frühen Studien wurde über Variationen im täglichen Kalorienkonsum bei gesunden Erwachsenen und

Kindern berichtet (Debry et al. 1975, Sargent 1954). Dies konnte in späteren Untersuchungen repliziert werden – speziell Kohlenhydrate zeigten eine ausgeprägte Saisonalität (De Castro 1991). So konnten wir in einer repräsentativen Telefonumfrage in der Schweiz zeigen, dass süße und stärkehaltige Kohlenhydrate häufiger im Herbst und Winter konsumiert werden, wohingegen proteinreiche Nahrungsmittel keine jahreszeitliche Veränderungen zeigen (unveröffentlichte Daten). Hingegen wurden widersprüchliche Befunde über saisonale Veränderungen in der Aufnahme anderer Makronahrungsmittel (z.B. Proteine), sowie spezifischer Nahrungsmittelkategorien (z.B. faserhaltige Produkte, Molkereiprodukte) veröffentlicht (Kräuchi und Wirz-Justice 1992, Kräuchi et al. 1993b). Es bleibt unklar, ob diese Diskrepanz eine Folge der Unterschiede in den angewandten Methoden zur Registrierung der Nahrungsaufnahme ist, oder ob – wie auch bei anderen Parametern – eine reelle Abflachung der Amplitude, der saisonalen Rhythmizität über die letzten Jahrzehnte erfolgt ist (Aschoff 1981).

Kohlenhydrataufnahme während einer depressiven Phase

Die charakteristischen Symptome der SAD entsprechen nicht denen einer Major Depression (deshalb auch die häufige Bezeichnung „atypische Depression"). Die meisten Patientinnen und Patienten mit einer Major Depression zeigen eine reduzierte Schlafdauer, verminderten Appetit, geringere Nahrungsaufnahme, Gewichtsreduktion, Geschmacksverlust und eine reduzierte Genussfähigkeit beim Essen (Amsterdam et al. 1987, Davidson and Turnbull 1986, Paykel 1977). Nur etwa 15% berichten von erhöhtem Appetit und einer Gewichtszunahme (Davidson und Turnbull 1986, Paykel 1977). Bei einem direkten Vergleich von Untergruppen der Major Depression mit oder ohne saisonale Periodizität zeigten jedoch 67% bzw. 23% ein unwiderstehliches Verlangen nach Kohlenhydraten („CHO craving") (Garvey et al. 1988). In einer Gruppe von unbehandelten schwer Depressiven wurde zwar ein reduzierter Appetit und verminderte Nahrungsaufnahme registriert; wenn sie jedoch etwas zu sich nahmen, taten sie es häufiger in Form von Kohlenhydraten mit einer Präferenz für Süsses (Kazes et al. 1994). Es wurde angenommen, dass ein erhöhter Kohlenhydratkonsum, speziell in Form von Süßigkeiten, mit der Entwicklung oder Aufrechterhaltung einer Depression in Zusammenhang steht (Christensen und Somers 1996).

In der frühen Kindheit ist der süße Geschmack eines der attraktivsten sensorischen Erlebnisse (Steiner 1979). Süße Flüssigkeiten im Mund führen beim weinenden Neugeborenen schnell zu einer dauerhaften beruhigenden Wirkung und stimulieren zudem Mundsaugbewegungen und vermehrten Hand-Mund-Kontakt (Barr et al. 1999). Aber auch Erwachsene schätzen Süßigkeiten als die Nahrungsmittel ein, die am ehesten Glücksgefühle hervorrufen können, v.a. bei zusätzlich hohem Fettgehalt (Drewnowski und Greenwood 1983). Die vermehrte Kohlenhydrataufnahme während einer saisonal bedingten Depression kann somit als regressives Verhalten interpretiert werden, d.h. als ein Rückgriff auf Essen, das in der frühen Kindheit als

Lösungsstrategie emotionaler Probleme positiv erlebt worden war (regressives Verhalten) (Steiner 1979). All diese Studien lassen vermuten, dass eine vermehrte Kohlenhydrataufnahme nicht nur bei der saisonalen Störung wie der SAD auftritt, sondern generell bei depressiver Stimmung.

SAD und saisonale Rhythmen in der Nahrungswahl und des Stoffwechsels

Die Nahrungsaufnahme und die Veränderungen im Körpergewicht im Verlauf einer SAD wurden anfänglich nur durch retrospektive Selbsteinschätzung untersucht (Kasper et al. 1989, Kräuchi und Wirz-Justice 1992, Rosenthal et al. 1987), oder unter semi-natürlichen Laborbedingungen (Wurtman und Wurtman 1989). Wir haben die Selektivität in der Nahrungsaufnahme bezüglich Makronahrungsmitteln bei Patientinnen mit einer SAD in einer Serie von unabhängigen ambulanten Studien ermittelt (Kräuchi und Wirz-Justice 1992). Die höchste Kohlenhydrataufnahme im Verlauf des Tages erfolgte am Nachmittag und am Abend. Eine erfolgreiche Lichttherapie bewirkte eine selektive Reduktion der Kohlenhydrataufnahme zu dieser Tageszeit. Zusätzlich zeigten diejenigen Patientinnen, die vermehrt Süßes in der zweiten Tageshälfte aufgenommen hatten, auch die beste Erfolgsquote unter Lichttherapie (Kräuchi et al. 1993b).

Bei gesunden jungen Probanden konnten wir kürzlich zeigen, dass sich durch abendliche kohlenhydratreiche Mahlzeiten die circadiane Rhythmik der Körperkerntemperatur und des Herzschlages um ca. eine Stunde nachverschieben lässt (Kräuchi et al. 2002). Da SAD-Patientinnen ja vermehrt Kohlenhydrate in der zweiten Tageshälfte aufnehmen, erscheinen die früheren Befunde, dass eine Phasennachverschiebung des circadianen Systems das biologische Charakteristikum der SAD sei, unter einem ganz neuen Licht. Die Phasennachverschiebung könnte demnach „sekundär" durch die abendlichen kohlenhydratreichen Mahlzeiten induziert sein.

SAD-Patientinnen haben aber nicht nur Störungen der Nahrungsaufnahme und der Körpergewichtsregulation, sondern weisen auch dysfunktionale Essattitüden auf, auch wenn dies nicht so ausgeprägt ist wie bei der Bulimie (Berman et al. 1993). Mit Hilfe eines differenzierten Fragebogens konnten wir das Essverhalten der SAD-Patientinnen genauer charakterisieren. Sie gaben an, vermehrt aus emotionalen Zuständen heraus (z.B. deprimiert sein) zu essen („emotionales Essen") als die Kontrollpersonen und ließen sich auch vermehrt zum Essen verführen („externales Essen") (Kräuchi et al. 1997). Im Gegensatz zur Bulimie und Anorexie zeigten SAD-Patientinnen kein „gezügeltes" Essverhalten. Weitere Items zeigten, dass SAD-Patientinnen Süßigkeiten in bestimmten, und zwar emotional schwierigen Situationen (deprimiert, ängstlich, einsam) aufnahmen (Kräuchi et al. 1993a, Kräuchi et al. 1997). Saisonale Körpergewichtsschwankungen waren bei denjenigen Patientinnen am größten, die eine hohe Faktorladung auf „emotionalem Essen" und „gezügeltem Essen" aufwiesen (multivariate Analyse) und zudem durch ein relatives Übergewicht gekennzeichnet waren (Kräuchi et al. 1997). Dieses Resultat ist folglich im Einklang mit dem Konzept, dass eine Enthemmung des Essens mit Gewichtszunahme in extrem emotionale Situationen (z.B. eine Depression) auftreten kann.

Einige Arbeiten haben den Zusammenhang zwischen depressivem Verhalten und Glukosestoffwechsel untersucht. So wurde in einer Studie bei Patienten mit Diabetes mellitus eine erhöhte Prävalenzrate für Depressionen im Vergleich zur Allgemeinbevölkerung gefunden (Eaton et al. 1996). Umgekehrt wurde auch beschrieben, dass bei depressiven Patienten häufiger eine verminderte Glukose-Kontrolle und diabetische Symptome auftreten (Mueller et al. 1969).

Wir haben das Verhältnis zwischen Stimmung und Glukosemetabolismus bei SAD-Patientinnen in einem kombinierten Glukosetoleranz- und Alliesthesia- Test untersucht. Der Alliesthesia- Test basiert auf der subjektiven Beurteilung von äußeren Stimuli (z.B. süßer Geschmack einer Lösung), die entweder als angenehm oder unangenehm empfunden werden („hedonistischen Beurteilung"), je nach Stärke der physiologischen Signale (z.B. hohe Blut-Glukose-Werte) (Cabanac 1971). Kontrollpersonen empfinden süße Lösungen als unangenehm, wenn sie zuvor eine Zuckerlösung zu sich genommen hatten (hohe Blut-Glukose-Werte). SAD-Patientinnen jedoch schätzten hochkonzentrierte Saccharoselösungen während des depressiven Zustands im Winter als angenehmer ein im Vergleich zum euthymen Zustand nach einer Lichttherapie oder im Sommer (Kräuchi et al. 1999). In anderen Studien wurden saisonale Variationen auch in der Geschmacksempfindung und in Schwellen der Geschmackswahrnehmung bei SAD beschrieben (Arbisi et al. 1996).

Veränderungen in der „hedonistischen Beurteilung" spiegeln sich auch in metabolischen Funktionen wider. Im Glukosetoleranz-Test wiesen SAD-Patientinnen während einer Winterdepression eine verminderte Insulinsensitivität auf, die sich nach einer einwöchigen Lichttherapie und spontan im Sommer wieder normalisierte (Kräuchi et al. 1999). Die beschleunigte post-prandiale Glykämie während der Winterdepression könnte eine verminderte Glukose-Kontrolle bewirken. Die basalen und 2 Stunden postprandial gemessenen Insulin- und Glukose- Plasmawerte lagen aber in allen untersuchten SAD-Patientinnen im normalen nicht-diabetischen Bereich (Kräuchi et al. 1999). Bei einem Patienten, der gleichzeitig einen insulinabhängigen Diabetes mellitus und eine SAD aufwies, konnte die Insulin-Sensitivität parallel zur depressiven Symptomatik unter Lichttherapie verbessert werden (Allen et al. 1992).

All diese Befunde sind Indizien, dass während einer SAD nicht nur ein regressives Essverhalten bezüglich der Kohlenhydrataufnahme, sondern auch ein echtes „metabolisches Verlangen" des Körpers nach Glukose besteht. Der erhöhte Konsum von Kohlenhydraten während einer SAD kann deshalb als ein endogener Selbstheilungsversuch betrachtet werden, der sein physiologisches Korrelat im Glukosestoffwechsel mit seinen spezifischen neurochemischen Auswirkungen im Zentralnervensystem besitzt (detailliertere Diskussion siehe Kräuchi et al. 1993b). Ob eine gezielte kohlenhydratreiche bzw. proteinreiche Diät bei SAD therapeutische Effekte erzielen kann, wird gegenwärtig untersucht (Danilenko et al. 2002).

Literatur

Allen NHP, Kerr D, Smythe PJ, Martin N, Osola K, Thompson C (1992) Insulin sensitivity after phototherapy for seasonal affective disorder. Lancet 339: 1065–1066

Amsterdam JD, Settle G, Doty RL, Abelman E, A W (1987) Taste and smell perception in depression. Biol Psychiatry 22: 1477–1481

Arbisi PA, Levine AS, Nerenberg J, Wolf J (1996) Seasonal alteration in taste detection and recognition threshold in seasonal affective disorder: the proximate source of carbohydrate craving. Psychiatry Res 59: 171–182

Aschoff J (1981) Annual rhythms in man. In: Aschoff J (ed) Handbook of the behavioral neurobiology, vol 4. Plenum Publishing Corperation, New York, pp 475–487

Barr RG, Pantel MS, Young S, Wright JH, Hendricks LA, Gravel R (1999) The response of crying newborns to sucrose: is it a „sweetness" effect? Physiol Behav 66: 409–417

Berman K, Lam RW, Goldner EM (1993) Eating attitudes in seasonal affective disorder and bulimia. J Affect Disord 29: 219–225

Cabanac M (1971) Physiological role of pleasure. Science 173: 1103–1107

Christensen L, Somers S (1996) Comparison of nutrient intake among depressed and nondepressed individuals. Int J Eating Disord 20: 105–109

Danilenko KV, Kräuchi K, Wirz-Justice (2002) Timed carbohydrate-rich or protein-rich meals in SAD: a potential treatment? 14th Annual Meeting, Society for Light Treatment and Biological Rhythms, San Diego

Davidson J, Turnbull CD (1986) Diagnostic significance of vegetative symptoms in depression. Br J Psychiatry 148: 442–446

De Castro JM (1991) Seasonal rhythms of human nutrient intake and meal pattern. Physiol Behav 50: 243–248

Debry G, Bleyer R, Reinberg A (1975) Circadian, circannual and other rhythms in spontaneous nutrient and caloric intake of healthy four-year olds. Diabète & Metabolisme (Paris) 1: 91–99

Drewnowski A, Greenwood MRC (1983) Cream and sugar: Human preferences for high-fat foods. Physiol Behav 30: 629–633

Eaton WW, Armenian H, Gallo J, Pratt L, Ford DE (1996) Depression and the risk for the onset of type II diabetes: a prospective population-based study. Diabetes Care 19: 1097–1102

Garvey MJ, Wesner R, Godes M (1988) Comparison of seasonal and non-seasonal affective disorders. Am J Psychiatry 145: 100–102

Giedke H (1987) Schlaf, Winterschlaf und Depression. In: Hippius H, Rüther E, Schmauss M (Hrsg) Schlaf-Wach-Funktionen. Springer, Berlin Heidelberg New York, S 55–76

Kasper S, Wehr TA, Bartko JJ, Gaist PA, Rosenthal NE (1989) Epidemiological findings of seasonal changes in mood and behavior: a telephone survey of Montgomery County, Maryland. Arch Gen Psychiatry 46: 823–833

Kazes M, Danion JM, Grange D et al (1994) Eating behaviour and depression before and after antidepressant treatment: a prospective, naturalistic study. J Affect Disord 30: 193–207

Kräuchi K, Wirz-Justice A (1992) Seasonal patterns of nutrient intake in relation to mood. In: Anderson GH, Kennedy SH (eds) The biology of feast and famine: relevance to eating disorders. Academic Press, Orlando, pp 157–182

Kräuchi K, Graw P, Wirz-Justice A (1993a) Kohlenhydrataufnahme und SAD. TW Neurol Psychiatrie 7: 492–501

Kräuchi K, Wirz-Justice A, Graw P (1993b) High sweets intake late in the day predicts a rapid and persistent response to light therapy in winter depression. Psychiatry Res 46: 107–117

Kräuchi K, Reich S, Wirz-Justice A (1997) Eating style in seasonal affective disorder: who will gain weight in winter? Compr Psychiatry 38: 80–87

Kräuchi K, Keller U, Leonhardt G, Brunner DP, van der Velde P, Haug H-J (1999) Accelerated post-glucose glycaemia and altered alliesthesia-test in seasonal affective disorder. J Affect Disord 53: 23–26

Kräuchi K, Cajochen C, Werth E, Wirz-Justice A (2002) Alteration of internal circadian phase relationships after morning versus evening carbohydrate-rich meals in humans. J Biol Rhythm 17: 364–376

Lacoste V, Wirz-Justice A (1989): Seasonal variation in normal subjects: an update of variables current in depression research. In: Rosenthal NE, Blehar M (eds) Seasonal affective disorder and phototherapy. Guilford Press, New York, pp 167–229

Lange J (1928) Die endogenen und reaktiven Gemütserkrankungen und die manisch-depressive Konstitution. In: Bumke O (Hrsg) Handbuch der Geisteskrankheiten. Springer, Berlin

Mueller PS, Heninger GR, McDonald RK (1969) Intravenous glucose tolerance test in depression. Arch Gen Psychiatry 21: 470–477

Paykel ES (1977) Depression and appetite. J Psychosom Res 21: 401–407

Rosenthal NE, Sack DA, Gillin JC, et al (1984) Seasonal affective disorder: a description of the syndrome and preliminary findings with light therapy. Arch Gen Psychiatry 41: 72–80

Rosenthal NE, Genhart M, Jacobsen FM, Skwerer RG, Wehr TA (1987) Disturbances of appetite and weight regulation in seasonal affective disorder. Ann NY Acad Sci 499: 216–230

Sargent F (1954) Season and the metabolism of fat and carbohydrate: a study of vestigial. Meteorol Monogr 2: 68–80

Steiner JE (1979) Human facial expressions in response to taste and smell stimulation. Adv Child Dev Behav 13: 257–295

Wurtman RJ, Wurtman JJ (1989) Carbohydrates and depression. Sci Am 260: 68–75

Korrespondenz: Dr. K. Kräuchi, Zentrum für Chronobiologie, Psychiatrische Universitätsklinik, Wilhelm Klein Strasse 27, CH-4025 Basel, Schweiz, E-mail: kurt.kraeuchi@pukbasel.ch

Appendices

Appendix A: Skalen zur SAD

A. Konstantinidis
Klinische Abteilung für Allgemeine Psychiatrie, Universitätsklinik für Psychiatrie, Wien, Österreich

Appendix A: Skalen zur SAD

Seasonal Pattern Assessment Questionnaire, Deutsche Version (SPAQ-D)

1. Name: _____

2. Adresse: _____

HINWEISE ZUM AUSFÜLLEN:
- KREISE immer voll ausfüllen
- FEHLER immer ganz ausradieren
- NUR INNERHALB der vorgegebenen Kästchen ausfüllen
- NICHT ankreuzen
- NICHT falten

DIES IST EIN COMPUTERGERECHTER FRAGEBOGEN. BITTE NICHT FALTEN UND KEINE ZUSÄTZLICHEN BEMERKUNGEN EINTRAGEN.

Beispiel für richtiges Ausfüllen / Beispiele für falsches Ausfüllen

3. Geburtsort:
   Stadt _____
   Land _____

4. HEUTIGES DATUM (Monat / Tag / Jahr)

5. ALTER (IN JAHREN)

6. GEGENWÄRTIGES GEWICHT (IN KG)

7. Ausbildung
   - Weniger als 4 Jahre Grundschule
   - Nur Grundschule
   - Abitur
   - Fachhochschule, Universität

8. Geschlecht
   - Männlich
   - Weiblich

9. Stand
   - Ledig
   - Verheiratet
   - Getrennt/Geschieden
   - Verwitwet

10. Beruf: _____

11. Wie viele Jahre haben Sie in dieser klimatischen Zone gelebt?
    Beispiel: Wenn Sie ein Jahr hier gelebt haben

Mit diesem Fragebogen wollen wir herausfinden, wie sich Ihre Stimmung und das Verhalten im Laufe der Zeit verändert. Bitte füllen Sie in den vorgegebenen Kreisen alles aus, was für Sie zutrifft. Bitte beachten Sie: wir sind daran interessiert, was Sie an sich selbst beobachtet haben und <u>nicht</u> was Sie <u>bei anderen</u> bemerkt haben mögen.

12. In welchem Ausmaß verändern sich die folgenden Bereiche mit den Jahreszeiten? (BITTE NUR EINEN KREIS PRO FRAGE AUSFÜLLEN)

	KEINE VERÄNDERUNG	GERINGE VERÄNDERUNG	MÄSSIGE VERÄNDERUNG	DEUTLICH AUSGEPRÄGTE VERÄNDERUNG	EXTREM AUSGEPRÄGTE VERÄNDERUNG
A. Schlaflänge	○	○	○	○	○
B. Soziale Aktivität	○	○	○	○	○
C. Stimmung (Allgemeines Wohlbefinden)	○	○	○	○	○
D. Gewicht	○	○	○	○	○
E. Appetit	○	○	○	○	○
F. Energie	○	○	○	○	○

Bitte auch die Fragen auf der Rückseite ausfüllen

Norman E. Rosenthal, Gary H. Bradt and Thomas A. Wehr (Übersetzung: Siegfried Kasper)

NCS Trans-Optic® EP01-27686:3

Appendix A: Skalen zur SAD

13. Bei den folgenden Fragen bitte alle Kreise für die zutreffenden Monate ausfüllen. Dies kann entweder nur ein enzelner Monat, z. B. ●, eine aufeinander folgende Reihe von Monaten, z. B. ●●●, oder eine beliebig andere Gruppierung von Monaten sein.

Wann fühlen Sie sich ... J F M A M J J A S O N D

- A. Am besten
- B. Nehmen Sie an Gewicht zu
- C. Haben Sie am meisten sozialen Kontakte
- D. Schlafen Sie am meisten
- E. Essen Sie am meisten
- F. Nehmen Sie an Gewicht ab
- G. Haben Sie am wenigsten soziale Kontakte
- H. Fühlen Sie sich am schlechtesten
- I. Essen Sie am wenigsten
- J. Schlafen Sie am meisten

ODER — Bitte hier markieren, wenn kein bestimmter Monat (keine Reihe von bestimmten Monaten) regelmäßig herausragt

14. Bitte benutzen Sie die unterhalb aufgeführte Skala und geben Sie an, wie Sie Sich bei den verschiedenen Wetterbedingungen fühlen (NUR EINE ANTWORT PRO FRAGE MÖGLICH)

- −3 = sehr schlecht oder ausgeprägt verlangsamt
- −2 = Mäßig schlecht/verlangsamt
- −1 = geringgradig schlecht/verlangsamt
- 0 = kein Effekt
- +1 = Stimmung oder Energie ist geringgradig verbessert
- +2 = Stimmung oder Energie ist mäßig verbessert
- +3 = Stimmung oder Energie ist deutlich verbessert

−3 −2 −1 0 +1 +2 +3   WEIß ICH NICHT

- A. Kaltes Wetter
- B. Heißes Wetter
- C. Feuchtes Wetter
- D. Sonnige Tage
- E. Trockene Tage
- F. Graue, wolkenverhangene Tage
- G. Lange Tage
- H. Hoher Pollengehalt
- I. Tage mit Nebel oder Smog
- J. Kurze Tage

BITTE NICHT IN DIESEN BEREICH SCHREIBEN

15. Wieviel schwankt Ihr Körpergewicht im Laufe des Jahres
- ○ 0–2 kg
- ○ 2–3 kg
- ○ 4–5 kg
- ○ 6–7 kg
- ○ 8–10 kg
- ○ Über 10 kg

16. Wieviele Stunden schlafen Sie (ungefähr) in einer 24 Stunden Zeitspanne in der angegebenen Jahreszeit? (einschließlich Nickerchen)

Anzahl der Stunden, die Sie am Tag schlafen — MEHR ALS 18 STUNDEN

- WINTER (Dez 21 – Mär 20): 0 1 2 3 4 5 6 7 8 9 10 11 12 13 14 15 16 17 18
- FRÜHJAHR (Mär 21 – Jun 20): 0 1 2 3 4 5 6 7 8 9 10 11 12 13 14 15 16 17 18
- SOMMER (Jun 21 – Sep 20): 0 1 2 3 4 5 6 7 8 9 10 11 12 13 14 15 16 17 18
- HERBST (Sep 21 – Dez 20): 0 1 2 3 4 5 6 7 8 9 10 11 12 13 14 15 16 17 18

17. Haben Sie in der Auswahl der Nahrungsmittel jahreszeitliche Unterschiede bemerkt? ○ Nein ○ Ja →   Bitte näher beschreiben:

18. Stellen die Veränderungen, die die verschiedenen Jahreszeiten mit sich bringen ein Problem für Sie dar? ○ Nein ○ Ja

Wenn ja, ist dieses Problem .... GERING MÄSSIG DEUTLICH SCHWER INVALIDISIEREND
○ ○ ○ ○ ○

Dankeschön für das Ausfüllen des Fragebogens.

Kasper S (1991) Jahreszeit und Befindlichkeit in der Allgemeinbevölkerung: eine Mehrebenenuntersuchung zur Epidemiologie, Biologie und therapeutischen Beeinflussbarkeit (Lichttherapie) saisonaler Befindlichkeitsschwankungen. Springer, Berlin Heidelberg New York

Hamilton Depressions Skala

Pat. Initialen: _._ Geburtsdatum: __/__/____ Geschlecht: m w Pat. Kennzahl: __

1. Depressive Stimmung (Gefühl der Traurigkeit, Hoffnungslosigkeit, Hilflosigkeit, Wertlosigkeit)

0 Keine
1 Nur auf Befragen geäußert
2 Vom Patienten spontan geäußert
3 Aus dem Verhalten zu erkennen (z.B. Gesichtsausdruck, Körperhaltung, Stimme, Neigung zum Weinen)
4 Patient drückt FAST AUSSCHLIESSLICH diese Gefühlszustände in seiner verbalen und nicht verbalen Kommunikation aus

2. Schuldgefühle

0 Keine
1 Selbstvorwürfe, glaubt Mitmenschen enttäuscht zu haben
2 Schuldgefühle oder Grübeln über frühere Fehler und "Sünden"
3 Jetzige Krankheit wird als Strafe gewertet, Versündigungswahn
4 Anklagende oder bedrohende akustische oder optische Halluzinationen

3. Suizidgefährdung

0 Keine
1 Lebensüberdruss
2 Todeswunsch, denkt an den eigenen Tod
3 Suizidgedanken oder entsprechendes Verhalten
4 Suizidversuch (jeder ernste Versuch=4)

4. Einschlafstörung

0 Keine
1 Gelegentliche Einschlafstörung (mehr als 1/2 Stunde)
2 Regelmäßige Einschlafstörung

5. Durchschlafstörung

0 Keine
1 Patient klagt über unruhigen oder gestörten Schlaf
2 Nächtliches Aufwachen bzw. Aufstehen (falls nicht nur zur Harn- und Stuhlentleerung)

6. Schlafstörungen am Morgen

0 Keine
1 Vorzeitiges Erwachen, aber nochmaliges Einschlafen
2 Vorzeitiges Erwachen ohne nochmaliges Einschlafen

7. Arbeit und sonstige Tätigkeiten

0 Keine Beeinträchtigung
1 Hält sich für leistungsunfähig, erschöpft oder schlapp bei seinen Tätigkeiten (Arbeit oder Hobbies) oder fühlt sich entsprechend.
2 Verlust des Interesses an seine Tätigkeiten (Arbeit oder Hobbies), muss sich dazu zwingen. Sagt das selbst oder lässt es durch Lustlosigkeit, Entscheidungslosigkeit und sprunghafte Entschlussänderung erkennen.
3 Wendet weniger Zeit für seine Tätigkeiten auf oder leistet weniger. Bei stationärer Behandlung Ziff. 3 ankreuzen, wenn der Patient weniger als 3 Stunden an Tätigkeiten teilnimmt. Ausgenommen Hausarbeiten auf der Station.
4 Hat wegen der jetzigen Krankheit mit der Arbeit aufgehört. Bei stationärer Behandlung ist Ziff. 4 anzukreuzen, falls der Patient an keinen Tätigkeiten teilnimmt, mit Ausnahme der Hausarbeit auf der Station, oder wenn der Patient die Hausarbeit nur unter Mithilfe leisten kann.

8. Depressive Hemmung (Verlangsamung von Denken und Sprache; Konzentrationsschwäche, reduzierte Motorik)

0 Sprache und Denken normal
1 Geringe Verlangsamung bei der Exploration
2 Deutliche Verlangsamung bei der Exploration
3 Exploration schwierig
4 Ausgeprägter Stupor

9. Erregung

0 Keine
1 Zappeligkeit
2 Spielen mit den Fingern, Haaren usw.
3 Hin- und herlaufen, nicht still sitzen können
4 Händeringen, Nägelbeißen, Haarraufen, Lippenbeißen usw.

10. Angst - psychisch

0 Keine Schwierigkeit
1 Subjektive Spannung und Reizbarkeit
2 Sorgt sich um Nichtigkeiten
3 Besorgte Grundhaltung, die sich im Gesichtsausdruck und in der Sprechweise äußert

11. Angst - somatisch: Körperliche Begleiterscheinungen der Angst wie: Gastrointestinale (Mundtrockenheit, Winde, Verdauungsstörungen, Durchfall, Krämpfe, Aufstoßen), kardiovasculäre (Herzklopfen, Kopfschmerzen), respiratorische (Hyperventilation, Seufzen), Pollakisurie, Schwitzen.

0 Keine
1 Geringe
2 Mäßige
3 Starke
4 Externe (Patient ist handlungsunfähig)

12. Körperliche Symptome - gastrointestinale

0 Keine
1 Appetitmangel, isst aber ohne Zuspruch. Schweregefühl im Abdomen.
2 Muss zum Essen angehalten werden. Verlangt oder benötigt Abführmittel oder andere Magen-Darmpräparate

13. Körperliche Symptome - allgemeine

0 Keine
1 Schweregefühl in Gliedern, Rücken oder Kopf. Rücken-, Kopf- oder Muskelschmerzen. Verlust der Tatkraft, Erschöpfbarkeit.
2 Bei jeder deutlichen Ausprägung eines Symptoms 2 ankreuzen.

14. Genitalsymptome wie etwa: Libidoverlust, Menstruationsstörungen, etc.

0 Keine
1 Geringe
2 Starke

15. Hypochondrie 0 Keine 1 Verstärkte Selbstbeobachtung 2 Ganz in Anspruch genommen durch Sorgen um die eigene Gesundheit 3 Zahlreiche Klagen, verlangt Hilfe, etc. 4 Hypochondrische Wahnvorstellungen	**18. Tagesschwankungen** a Geben Sie an, ob die Symptome schlimmer am Morgen oder am Abend sind. Sofern KEINE Tagesschwankungen auftreten, ist 0 (=keine Tagesschwankungen) anzukreuzen. 0 Keine Tageschwankungen 1 Symptome schlimmer am Morgen 2. Symptome schlimmer am Abend
16. Gewichtsverlust (entweder a oder b ankreuzen) a. Aus Anamnese 0 Kein Gewichtsverlust 1 Gewichtsverlust wahrscheinlich in Zusammenhang mit jetziger Krankheit 2 Sicherer Gewichtsverlust laut Patient b. Nach wöchentlichem Wiegen in der Klinik, wenn Gewichtsverlust 0 weniger als 0,5 kg/Woche 1 mehr als 0,5 kg/Woche 2 mehr als 1 kg/Woche	b. Wenn es Schwankungen gibt, geben Sie die Stärke der SCHWANKUNGEN an. Falls es keine gibt, kreuzen Sie 0(=keine) an. 0 Keine 1 Gering 2 Stark
	19. Depersonalisation, Derealisation Wie etwa: Unwirklichkeitsgefühle, nihilistische Ideen 0 Keine 1 Gering 2 Mäßig 3 Stark 4 Extrem (Patient ist handlungsunfähig)
17. Krankheitseinsicht 0 Patient erkennt, dass er depressiv und krank ist 1 Räumt Krankheit ein, führt sie aber auf schlechte Ernährung, Klima, Überarbeitung, Virus, Ruhebedürfnis etc. zurück 2 Leugnet Krankheit ab	**20. Paranoide Symptome** 0 Keine 1 Misstrauisch 2 Beziehungsideen 3 Beziehungs- und Verfolgungswahn
	21. Zwangssymptome 0 Keine 1 Gering 2 Stark

HAMD-Score:_____

Hamilton M (1960) A rating scale for depression. J Neurol Neurosurg Psychiatry 23: 56–62

HDRS-Supplement

Pat. Initialen: _._   Geburtsdatum: __/__/____   Geschlecht: m w   Pat. Kennzahl: ___

1. Müdigkeit (oder geringe Energie oder Schweregefühl, bleierne Gefühle) 0 fühlt sich nicht müder als gewöhnlich 1 fühlt sich müder als gewöhnlich, aber ist davon nicht signifikant beeinträchtigt; weniger betroffen als in (2) 2 müder als gewöhnlich; 1 Stunde pro Tag, 3 Tage /Woche 3 häufige Müdigkeit an vielen Tagen 4 Müdigkeit nahezu immer auftretend	**2. Sozialer Rückzug** 0 Interaktion mit anderen Menschen wie gewöhnlich 1 an der Interaktion mit anderen weniger interessiert, die aber weiterhin aufrechterhalten wird 2 geringere Interaktion mit anderen Menschen in sozialen Situationen 3 geringere Interaktion mit anderen Menschen bei der Arbeit oder in der Familie (d.h., wenn es nötig wäre) 4 deutlicher Rückzug von anderen, in der Familie oder in der Arbeit
3. Appetitzunahme 0 keine Appetitzunahme 1 hat das Bedürfnis, ein wenig mehr als gewöhnlich zu essen 2 hat das Bedürfnis mehr als gewöhnlich zu essen 3 hat das Bedürfnis deutlich mehr als gewöhnlich zu essen	**4. Vermehrtes Essen** 0 Patient ißt nicht mehr als gewöhnlich 1 Patient ißt ein wenig mehr als gewöhnlich 2 Patient ißt mehr als gewöhnlich 3 Patient ißt viel mehr als gewöhnlich
5. Kohlehydrat-Heißhunger (in bezug auf die Gesamtmenge der gewünschten oder gegessenen Nahrungsaufnahme) 0 Keine Veränderung der Nahrungsmittelbevorzugung 1 Patient ißt ein wenig mehr Kohlehydrate (z. B. Teigwaren und Zucker) 2 ißt deutlich mehr Kohlehydrate als früher 3 schwer beherrschbarer Kohlehydrat-Heißhunger	**6. Gewichtszunahme** 0 keine Gewichtszunahme 1 mögliche Gewichtszunahme, die im Zusammenhang mit der gegenwärtigen Erkrankung steht 2 eindeutige Gewichtszunahme (aufgrund der Patientenaussage)
7. Hypersomnie 0 keine Zunahme der Schlafdauer 1 mindestens 1 Stunde Zunahme der Schlafdauer 2 Zunahme der Schlafdauer um 2 Stunden 3 Zunahme der Schlafdauer um 3 Stunden 4 Zunahme der Schlafdauer um 4 Stunden	**8. Abendpessimum betreffend Stimmung oder Energie** 0 kein 1 leicht 2 mittel 3 schwer

HDRS-Supplement Score: _____
HDRS-Score : _____
Gesamt-Score : _____

Rosenthal NE, Genhardt M, Sack DA, Skwerer RG, Wehr TA (1987) Seasonal affective disorder: relevance for treatment and research of bulimia. In: Hudson JI, Pope HG (eds) Psychobiology of bulimia. American Psychiatric Press, Washington DC

HYPOMANIE-FRAGEBOGEN (KASPER ET AL., 1989)

1) **GEHOBENE STIMMUNG**
   0 Nicht vorhanden
   1 Nur auf Befragen angegeben
   2 Wird spontan berichtet
   3 Durch nonverbale Kommunikation erkennbar (d.h., durch Gesichtsausdruck, Stimme, Lachen, Verhalten, etc.)

2) **IRRITIERTE STIMMUNG**
   0 Nicht vorhanden
   1 Nur auf Befragen angegeben
   2 Wird spontan berichtet
   3 Durch nonverbale Kommunikation erkennbar (d.h., durch Gesichtsausdruck, Stimme, Lachen, Verhalten, etc.)

3) **VERMINDERTES SCHLAFBEDÜRFNIS**
   0 Nicht vorhanden
   1 Weniger als 1 Stunde pro Nacht
   2 1-2 Stunden pro Nacht
   3 2-3 Stunden pro Nacht
   4 3-4 Stunden pro Nacht
   5 Mehr als 4 Stunden Schlaf pro Nacht

4) **ARBEITSFÄHIGKEIT**
   0 Keine Veränderung
   1 Milde Energiezunahme, mehr Arbeitseffizienz
   2 Deutliche Energiezunahme oder Arbeitseffizienz
   3 Die Energiezunahme beeinträchtigt die Arbeitseffizienz
   4 Ausgeprägte Beeinträchtigung der Arbeitsfähigkeit aufgrund vermehrter Ablenkbarkeit oder geringerer Gerichtetheit

5) **AKTIVITÄT (vorwiegend motorisch)**
   0 Keine Energie- oder Aktivitätszunahme
   1 Berichtete Energie- oder Aktivitätszunahme
   2 Energie- oder Aktivitätszunahme kann beim Interview beobachtet werden
   3 Interview ist schwierig durchführbar (motorische Unruhe)

6) **KRANKHEITSEINSICHT (wenn hypomanische Zustände vorhanden sind)**
   0 Patient erkennt die leichte Gehobenheit der Stimmung
   1 Patient erkennt die Gehobenheit der Stimmung, aber sieht diese im Zusammenhang mit äußeren Umständen
   2 Patient verneint eine gehobene Stimmung zu haben

7) **SPRACHE**
   0 Keine Beschleunigung der Sprache
   1 Geringe Beschleunigung der Sprache
   2 Mäßige Beschleunigung der Sprache
   3 Deutliche Beschleunigung der Sprache oder Unterbrechung des Interviewers

8) **GEDANKENFLUCHT**
   0 Nicht vorhanden
   1 Mild
   2 Mäßig
   3 Deutlich

9) **KREATIVITÄT**
   0 Keine Vermehrung
   1 Milde Zunahme
   2 Mäßige Zunahme
   3 Deutliche Zunahme

10) **IMPULSIVES VERHALTEN (Geld ausgeben, Sexualität, in Bezug auf Arbeit, in der Entscheidungsfindung)**
    0 Keine Veränderung
    1 Bemerkt an sich Impulsivität, die jedoch nicht ausgelebt wird
    2 Geringes Ausleben der Impulse
    3 Lebt die Impulse aus, und dadurch geringfügige Beeinflussung der Funktionalität des Patienten (sozial, zu Hause, am Arbeitsplatz)
    4 Das Ausleben der Impulse hat die Funktionsfähigkeit des Patienten deutlich beeinflusst (sozial, zu Hause, am Arbeitsplatz)

11) **LIBIDO**
    0 Keine Veränderung
    1 Milde Zunahme
    2 Mäßige Zunahme
    3 Deutliche Zunahme

12) **SOZIALE AKTIVITÄTEN**
    0 Keine Zunahme
    1 Vermehrter Wunsch nach sozialem Kontakt
    2 Der soziale Kontakt hat deutlich zugenommen
    3 Patient ist im sozialen Umgang kritiklos, d.h., er beginnt z.B. mit Fremden eine Konversation

GESAMTPUNKTZAHL:

BEWERTUNG:
Normalwert: < 6
Hypomanie: 7-24
Manie: > 25

Kasper S, Rogers SLB, Yancey A, Skwerer RG, Schulz PM, Rosenthal NE (1989) Psychological effects of light therapy in normals. In: Rosenthal NE, Blehar M (eds) Seasonal affective disorders and phototherapy. Guilford Press, New York London, pp 260–270

Appendix B:
Hersteller und Vertrieb von Lichttherapiegeräten

D. Winkler
Klinische Abteilung für Allgemeine Psychiatrie, Universitätsklinik für Psychiatrie, Wien, Österreich

SML Licht- und Therapiesysteme
Schleidener Straße 138 A
D-52076 Aachen
Tel.: +49 2408 80527
Fax: +49 2408 80851

vertreten in Ö durch Firma:
MTW
Hyrtlgasse 16
A-1160 Wien
Tel.: 0064/504 89 09
Fax: 01/495 34 61 4

Wolff System AG
Bahnhofstraße 47a
CH-4132 Muttenz
Tel.: +41 61 61 00 21
Fax: +49 2408 80851

vertreten in Ö durch Firma:
Leupamed Medizintechnik
Alleeweg 10,
A-2352 Gumpoldskirchen
Tel.: 02252/63 880
Fax: 02252/62 78 04

Waldmann Medizintechnik
GmbH & Co
Postfach 3720
D-78026 Villingen-Schwenningen
bzw. Peter-Henlein-Straße 5
D-78056 Villingen
Tel.: 0049 7720 601 0
Fax: 0049 7720 601 290

vertreten in Ö durch Firma:
Grubholz Medizin Technik (GMT)
Eisslgasse 2
A-8047 Graz
Tel.: 0316/30 26 77
Fax: 0316/30 26 77 7

Ist auch:
METEC Medizin-Technische GmbH
Buttermelcherstraße 15
D-80469 München
Tel.: 0049 89 22 72 71
Fax: 0049 89 22 60 30

Davita Medizinische Produkte
GmbH & Co KG
Postfach 1255,
D-32555 Löhne
Bzw. Königstraße 53,
D-32584 Löhne
Tel.: 0049 5732 10 955-0
Fax: 0049 5732 10 95 62

vertreten in Ö durch Firma:
Leupamed Medizintechnik
siehe oben und
Leupamed Geräte GesmbH
Bundesstraße 149,
A-8071 Dörfla bei Graz
Tel.: 0316/40 34 24
Fax: 0316/40 37 20

Reiher GmbH
Saarbrücknener Straße 254
D-38116 Braunschweig
Tel.: 0049 531 520 81-82
Fax: 0049 531 508 929

vertreten in Ö durch Firma:
Hirsch Medizintechnik
Hans Hirsch
Dornbacher Straße 91, A-1170 Wien
Tel.: 01/48 59 556

Paul Bständig GmbH
Freyung 5
A-1010 Wien
01/4036344, www.bstaendig.at

Korrespondenz: Dr. med. univ. D. Winkler, Klinische Abteilung für Allgemeine Psychiatrie, Universitätsklinik für Psychiatrie, Währinger Gürtel 18–20, A-1090 Wien, Österreich, E-mail: dietmar.winkler@akh-wien.ac.at

Appendix C:
Behandlungszentren für Lichttherapie

D. Winkler

Klinische Abteilung für Allgemeine Psychiatrie, Universitätsklinik für Psychiatrie,
Wien, Österreich

Deutschland

Sächsisches Krankenhaus für
Psychiatrie und Neurologie
Hufelandstraße 15
D-01477 Arnsdorf
Tel.: 035200/26270
Fax: 035200/26222

Bezirkskrankenhaus Augsburg
Dr.-Mack-Straße 1
D-86156 Augsburg
Tel.: 0821/4803135
Fax: 0821/4803133

Klinik Wittgenstein
Klinik für psychotherapeutische
Medizin
Sählingstraße 60
D-57319 Bad Berleburg
Tel.: 02751/810

Paracelsus Roswitha Klinik 2
Hildesheimer Straße 6
D-37581 Bad Gandersheim
Tel.: 05382/740
Fax: 05382/74473

Zentrum für Psychiatrie
Klosterhof I
D-88427 Bad Schussenried
Tel.: 07583/33301
Fax: 07583/33201

Klinik Weisses Haus
Parkstraße 3
D-65812 Bad Soden
Tel.: 06196/2030
Fax: 06196/26060

Niedersächsisches Landes-
krankenhaus Wehnen
Psychiatrie und Psychotherapie
Hermann-Ehlers-Straße 7
D-26160 Bad Zwischenahn
Tel.: 0441/96150
Fax: 0441/691448

Schwarzwald Sanatorium Obertal
Privatklinik für Innere Medizin und
Naturheilverfahren
Rechtmurgstraße 27
D-72270 Baiersbronn
Tel.: 07449/84134
Fax: 07449/84531

Wilhelm-Griesinger-Krankenhaus
Schlaflabor
Brebacher Weg 15
D-12683 Berlin
Tel.: 030/5680283
Fax: 030/5680241

Max-Bürger-Zentrum
I. Psychiatrische Abteilung
Örtlicher Bereich
Griesingerstraße 27–33
D-13589 Berlin
Tel.: 030/37011
Fax: 030/37013502

Freie Universität Berlin
Psychiatrische Klinik und Poliklinik
Interdisziplinäre Schlafmedizin
Eschenallee 3
D-14050 Berlin
Tel.: 030/84458626
Fax: 030/84458393

Evangelisches Johannes
Krankenhaus
Neurologische Klinik
Schildescher Straße 99
D-33611 Bielefeld
Tel.: 0521/8014551
Fax: 0521/8014009

Westfälisches Zentrum für
Psychiatrie und Psychotherapie
Universitätsklinik
Alesandrinenstraße 1–3
D-44791 Bochum
Tel.: 0234/5077202
Fax: 0234/5077235

Rheinische Landesklinik Bonn
Abteilung Allgemeine Psychiatrie I
Kaiser-Karl-Ring 20
D-53111 Bonn
Tel.: 0228/5112281
Fax: 0228/5512484

Sanatorium Dr. Barner –
Klinisches Krankenhaus für
Innere Krankheiten
Psychiatrie und Psychosomatik
Dr. Barner-Straße 1
D-38700 Braunlage
Tel.: 05520/8040
Fax: 05520/3032

Städtisches Klinikum Braunschweig
Salzdahlumer Straße 90
D-38126 Braunschweig
Tel.: 0531/595-2452
Fax: 0531/595-2659

Zentralkrankenhaus Reinkenheide
Klinik für Psychiatrie und
Psychotherapie
Postbrookstraße 103
D-27574 Bremerhaven
Tel.: 0471/2993400
Fax: 0471/2993401

Caritas Krankenhaus
Neurologische Klinik und
Schlafmedizinisches Zentrum
Werkstraße 1
D-66763 Dillingen
Tel.: 06831/708249
Fax: 06831/708321

Bezirksklinikum Kutzenberg
Klinikum für Psychiatrie und
Psychotherapie
D-96250 Ebensfeld
Tel.: 09547/812226
Fax: 09547/812377

Klinikum Erfurt
Klinikum für Psychiatrie und
Psychotherapie
Nordhäuserstraße 74
D-99089 Erfurt
Tel.: 0361/7812171
Fax: 0361/7812172

Psychiatrische Klinik und Poliklinik
der Universität Erlangen
Schwabachanlage 6
D-91054 Erlangen
Tel.: 09131/854160
Fax: 09131/854862

Zentrum für Psychiatrie
Heinrich Hoffmannstraße 10
D-60528 Frankfurt am Main
Tel.: 069/63015419
Fax: 069/63015936

Klinik für Psychiatrie und
Psychotherapie
Postfach 1380
D-36013 Fulda
Tel.: 0661/842241

Zentralkrankenhaus Gauting
Pneumologische Abteilung,
Schlaflabor
Robert-Koch-Allee 2
D-82131 Gauting
Tel.: 089/85791367
Fax: 089/85791495

Psychiatrische Klinik der Universität
Göttingen
Von-Siebold-Straße 5
D-37075 Göttingen
Tel.: 0551/396761
Fax: 0551/396761

Psychiatrisches Krankenhaus Haina
Landgraf-Philipp-Platz
D-35114 Haina (Klöster)
Tel.: 06456/91238
Fax: 06456/91238

Fachkrankenhaus für Psychiatrie,
Psychotherapie, Neurologie
Kliefholzstraße 4
D-39340 Haldensleben
Tel.: 03904/475206
Fax: 03904/475216

Klinik und Poliklinik für Psychiatrie
der Martin-Luther-Universität
Julius-Kühn-Straße 7
D-06097 Halle/Saale
Tel.: 0345/5573651
Fax: 0345/5573607

Medizinische Hochschule
Hannover
Sozialpsychiatrische Poliklinik
Walderseestraße 1
D-30163 Hannover
Tel.: 0511/962900
Fax: 0511/9629023

Medizinische Hochschule
Psychiatrische Poliklinik 1
Konstanty-Gutschow-Straße 8
D-30625 Hannover
Tel.: 0511/5323167
Fax: 0511/5322415

Kreiskrankenhaus Heidenheim
Abteilung für Psychiatrie und
Psychotherapie
Schloßhausstraße 100
D-89522 Heidenheim
Tel.: 07321/332452
Fax: 07321/332453

Hans-Prinzhorn-Klinik
Fachkrankenhaus für Psychiatrie
Postfach 1765
D-58675 Hemer
Tel.: 02372/861224
Fax: 02372/861400

Friedrich-Schiller-Universität
Klinik und Poliklinik für Psychiatrie
und Neurologie
Bachstraße 8, D-07743 Jena
Tel.: 03641/6300

Klinik für Psychiatrie
und Psychotherapie der
Universität zu Köln
Josef-Stelzmann-Straße 9
D-50924 Köln
Tel.: 0221/4784015
Fax: 0221/4785593

Rheinische Landesklinik Köln
Fachklinik für Psychiatrie
Wilhelm-Griesinger-Straße 23
D-51109 Köln
Tel.: 0221/8993628
Fax: 0221/8993593

Michael-Balint-Klinik
Fachklinik für Psychosomatik
und Ganzheitsmedizin
Hermann-Voland-Straße 10
D-78126 Königsfeld
Tel.: 07725/9320
Fax: 07725/932499

Klinik für Psychiatrie und
Psychotherapie der
Landeshauptstadt Hannover
Rhodehof 5
D-30853 Langenhagen/H.
Tel.: 0511/7300500

Krankenhaus für Psychiatrie
und Neurologie des Bezirks
Unterfranken
Am Sommerberg 34
D-97816 Lohr
Tel.: 09352/5030
Fax: 09352/503469

Klinik für Psychiatrie der
Medizinischen Universität Lübeck
Ratzeburger Allee 160
D-23538 Lübeck
Tel.: 0451/5002910
Fax: 0451/5002603

Landesklinik Lübben
Luckauer Straße 17
D-15907 Lübben
Tel.: 03546/29200
Fax: 03546/29242

Landeskrankenhaus Merzig
Abteilung Neurologie
D-66663 Merzig
Tel.: 06861/708311

Privatklinik Somnia
Horst 48
D-41238 Mönchengladbach
Tel.: 02166/86850
Fax: 02166/868532

Psychiatrische Klinik und Poliklinik
der Universität München
Ambulanz für saisonale affektive
Erkrankungen
Nußbaumstraße 7
D-88336 München
Tel.: 089/5160-2760
Fax: 089/5160-4490

Westfälische Wilhelms-Universität
Münster
Klinik und Poliklinik für Psychiatrie
Albert-Schweitzer-Straße 11
D-48129 Münster
Tel.: 0251/836601

Klinikum Nordberg Nord
Klinik für Psychiatrie
Flurstraße 17, D-90419 Nürnberg
Tel.: 0911/3982829
Fax: 0911/3983224

Sankt-Josef-Hospital
Psychiatrische Abteilung
Mülheimer Straße 83
D-46045 Oberhausen
Tel.: 0208/837401
Fax: 0208/837419

Evangelisches und Johanniter
Klinikum
Psychiatrie und Psychotherapie
Steinbrinkstraße 96A
D-46145 Oberhausen
Tel.: 0208/6974101
Fax: 0208/6974103

Landeskrankenhaus Osnabrück
Knollstraße 31
D-49088 Osnabrück
Tel.: 0541/313302
Fax: 0541/313313209

Kinderhospital Osnabrück
Kinder- und Jugendpsychiatrische
Abteilung
Postfach 6063
D-49093 Osnabrück

Psychiatrisches Landeskrankenhaus
Weissenau
Weingartshoferstraße 2
Postfach 2044
D-88190 Ravensburg

BKH Regensburg
Universitätsstraße 84
D-93042 Regensburg
Tel.: 0941/9411500
Fax: 0941/9411505

Zentrum für Psychiatrie –
Depressionsstation
Postfach 300
D-78477 Reichenau
Tel.: 07531/9770
Fax: 07531/932499

Kliniken Sonnerberg – Psychiatrie
Sonnenbergstraße
D-66119 Saarbrücken
Tel.: 0681/8892203
Fax: 0681/8892409

Hephata Klinik
Schimmelpfengstraße 2
D-34613 Schwalmstadt
Tel.: 06691/18260
Fax: 06691/18189

Bürgerhospital der
Landeshauptstadt Stuttgart
Psychiatrische Klinik
Tunzhofer Straße 14-16
D-70191 Stuttgart
Tel.: 0711/2532801
Fax: 0711/2532175

Bezirkskrankenhaus
Taufkirchen/Vils
Psychiatrie und Psychotherapie
Bräuhausstraße 5
D-84416 Taufkirchen/Vils
Tel.: 08084/9340
Fax: 08084/934400

Psychiatrische Klinik der Universität
Tübingen
Osianderstraße 22
D-72076 Tübingen
Tel.: 07071/2982311
Fax: 07071/294141

Krankenhaus St.-Annen-Stift
Psychiatrische Institutsambulanz
St.-Annen-Straße 15
D-27239 Twistringen
Tel.: 04243/1415172
Fax: 04243/415196

Klinikum Niederberg
Psychiatrische Abteilung
Robert-Koch-Straße 2
D-42549 Velbert
Tel.: 02051/9821601
Fax: 02051/9823019

Münsterklinik Zwiefalten –
Depressionsstation
Hauptstraße 9, D-88529 Zwiefalten
Tel.: 07373/100
Fax: 07373/10409

Österreich

Universitätsklinik für Psychiatrie
Auenbruggerplatz 22
A-8036 Graz
Tel.: 0316/3853612
Fax: 0316/3853556

Universitätsklinik für Psychiatrie
Anichstraße 35
A-6020 Innsbruck
Tel.: 0512/5043621
Fax: 0512/5043628

A.Ö. Landeskrankenhaus
Klagenfurt
Zentrum für Seelische Gesundheit
St. Veiter Straße 47
A-9026 Klagenfurt
Tel.: 0463/538-0
Fax: 0463/538-2285

Donauklinik Gugging
Hauptstraße 2
A-3400 Maria Gugging
Tel.: 02243/90555-0
Fax: 02243/90555-318

A.Ö. Krankenhaus der Stadt Linz
Neurologische Abteilung
Krankenhausstraße 9
A-4020 Linz
Tel.: 0732/7806-0
Fax: 0732/7806-3300

Landes-Kinderklinik Linz
Krankenhausstraße 26
A-4020 Linz
Tel.: 0732/6923-0
Fax: 0732/6923-1109

Landes-Nervenklinik
Wagner-Jauregg
Wagner-Jauregg-Weg 15
A-4020 Linz
Tel.: 0732/6921-0
Fax: 0732/6921-5382

A.Ö. Krankenhaus der
Barmherzigen Brüder
Seilerstätte 2, A-4014 Linz
Tel.: 0732/7897-0
Fax: 0732/7897-1099

A.Ö. Krankenhaus der
Barmherzigen Schwestern
Seilerstätte 4
A-4010 Linz
Tel.: 0732/7677-0
Fax: 0732/7677-7200

Landeskrankenhaus Rankweil
Abteilung für Psychiatrie und
Neurologie
Valdunastraße 16
A-6830 Rankweil
Tel.: 05522/403
Fax: 05522/4031

Landes-Nervenklinik Salzburg
Ignaz-Harrer-Straße 79
A-5020 Salzburg
Tel.: 0662/4483-0
Fax: 0662/2222

A.Ö. Krankenhaus der Stadt
St. Pölten
Propst-Führer-Straße 4
A-3100 St. Pölten
Tel.: 02742/300
Fax: 02742/300-2248

Haus der Barmherzigkeit
Vinzenzgasse 2–6
A-1180 Wien
Tel.: 01/40199
Fax: 01/40199-222

Sozialmedizinisches Zentrum Ost
Psychiatrische Abteilung
Langobardenstraße 122
A-1220 Wien
Tel.: 01/28802

Krankenhaus der Stadt Wien –
Rudolfstiftung
Neurologische Abteilung
Juchgasse 25
A-1030 Wien
Tel.: 01/71165-0

Allgemeines Krankenhaus Wien
Klinische Abteilung für Allgemeine
Psychiatrie
Währinger Gürtel 18-20
A-1090 Wien
Tel.: 01/40400-3568
Fax: 01/40400-3099

Schweiz

Psychiatrische Universitätsklinik
Basel
Wilhelm-Klein-Straße 27
CH-4025 Basel
Tel.: 061/3255473

Psychiatrische Universitätspoliklinik
Basel
Petersgraben 4
CH-4031 Basel
Tel.: 061/2655040

Psychiatrische Universitätspoliklinik
Bern
Murtenstraße 21
CH-3010 Bern
Tel.: 031/6328811

Institutions Universitaires de
Psychiatrie Geneve Belide
2 chemin du Petit Belvedere
CH-1225 Chenobourg Geneve
Tel.: 022/3054111

Consultations Jonction
16-18 Bd. St. Georges
CH-1205 Geneve
Tel.: 022/3211422

Policlinique psychiatrique
Universitaire B.
Rue du Tunnel 1
CH-1105 Lausanne
Tel.: 021/3167979

Kantonale Psychiatrische Klinik
Zürcherstraße 30
CH-9500 Wil
Tel.: 071/9131111

Psychiatrische Universitätsklinik
Lenggstraße 31
CH-8029 Zürich
Tel.: 01/3842111

Korrespondenz: Dr. med. univ. D. Winkler, Klinische Abteilung für Allgemeine Psychiatrie, Universitätsklinik für Psychiatrie, Währinger Gürtel 18–20, A-1090 Wien, Österreich, E-mail: dietmar.winkler@akh-wien.ac.at

Autorenverzeichnis

Bailer, U. 41

Czermak, Ch. 3

Eastwood, J. 159

Fey, P. 95

Griesser, B. 111
Grimm, C. 125
Groß, A. 79, 119

Hemmeter, U. 287
Hilger, E. 65, 179
Holsboer-Trachsler, E. 287

Kamo, T. 45
Kasper, S. 23, 33
Köhler, W. 99
Konstantinidis, A. 13, 53, 133, 167, 233, 253, 329
Kräuchi, K. 321
Krupka-Matuszczyk, I. 151
Krzystanek, M. 151
Kunz, D. 213

Lehofer, M. 3

Möller, H. J. 79, 119

Neumeister, A. 53, 167, 233, 253

Pflug, B. 95
Pjrek, E. 23, 33
Praschak-Rieder, N. 273, 301

Remé, C. E. 125
Roenneberg, T. 203
Roth, G.-D. 145

Schläpfer, Th. E. 191
Stastny, J. 53, 167, 233, 253
Steinberger, K. 111

Wedrich, A. 223
Wenzel, A. 125
Willeit, M. 273, 301
Winkler, D. 13, 133, 337, 339
Wirz-Justice, A. 203, 321

Zulley, J. 213

Sachverzeichnis

[^{123}I]-β-CIT Bindung, Darstellung der 278
[^{123}I]-β-CIT, Hypothalamische Serotonin Transporte 255, 264
5-Hydroxyindolessigsäure 243
5-HT 1a 237, 257
5-HT-1a Rezeptor 258
5-HT 1d Rezeptor 238, 258
5-HT 2 237, 257
5-HT 2c 237, 257
5-HT-2a Rezeptor 303
5-HT Agonist 257
5-HT Transporter 257
5-HT Transporter-gene Linked Polymorphic Region (5-HTTLPR) 304, 260, 307
5-HTT, Serotonintransporter 278
5-HTTLPR Genotypen und Saisonalitätsscores (GSS) 307
5-HTTLPR Polymorphismus 309, 314, 280
5-HTTLPR und Depressions-Subtypen nach DSM-IV 306
5-Hydroxytryptophan 237, 257

abendliche Lichttherapie 71
Abendmensch 312
Abendtief 216
Abendtyp 217
Achse, hypothalamische-pituitär-adrenale 258
adrenerges System 226
afferenter Schenkel 225
Akkomodation 224
akzessorisches optisches System (AOS) 225
Alkoholentzugsyndrom 90
Allel, l (lange) 279, 280
Allel, s (kurze) 279, 280
Alliesthesia- Test 324
Alprazolam 184, 185
amakrine Zellen 224
American Psychiatric Association, APA 13

AMPT, Tyrosinhydroxylasehemmer Alpha-Methyl-Para-Tyrosin 265, 244
Angststörung 138
Antidepressiva, selektiv noradrenerg wirksame 187
– tri-und tetrazyklische 187
antidepressive Therapie 7
AOS, akzessorisches optisches System 225
Atenolol 184, 185, 245
Attention Deficit Hyperactivity Disorder (ADHD) 313
atypische Depression (AD) 46, 256
atypische Depression diagnostizierende Skala (ADDS) 47
atypische SAD 7, 20, 72, 138, 306
Augenblinkrate, spontane 263

β-Blocker 245
BDI – Beck Depressions Inventar, Zirkannuale Variation der Befindlichkeit, abgebildet im 218
Befindlichkeit 218, 219
Beleuchtungsstärke 139
Benzodiazepine 184, 185
Betablocker 184
binge eating 90
Binokularsehen 223
biologische Rhythmen 203
bipolar I 47, 57
bipolar II 47, 57
bipolare Depression 84
bipolare Störung 82
blaues Licht 128, 129
Blaufilter 129
Blindheit 228
Breitengrad 26
bright light (BL) 287
Bulimia nervosa 90, 134, 236
Bupropion 182

Calcarina-Furche 225
cAMP Spiegel 311
canalis opticus 225

Candela (cd) 133
Carbidopa 184, 186
carbohydrate craving 17, 90, 322
Challenge Test 233
Character Inventory (TCI) 315
Chiasma opticum 225
Child Depression Rating Scale (CDRS) 116
Chromophore 125
Chromotherapie 3
Chronic Fatigue Syndrom (CFS) 147
Chrono-Ökologie 203
Chronobiologie 102
chronobiologische Rhythmen 4
chronobiologische Forschung 65
chronobiologische Störung 96
Chronohygiene 96
Chronotope 203
Cingulum 194
circadian clock 312
circadian-related Schlafstörung 9
circadiane Rhythmen 65, 70, 95, 151, 192, 203, 211, 213, 225, 289
circadianes System 205, 207
circannualer Rhythmus 209, 213, 218
Clock gene 312
Colliculus superior 225
corpus geniculatum laterale 225
Cortex 273
–, primär visueller 225
–, parietaler 194
–, präfrontaler 194
–, temporaler 194

Daily sleep log and mood/energy rating 55, 58
Dämmerungssimulator 8, 140
Dawn Simulation (DS) 115, 140, 169
Delayed Sleep Phase Syndrome (DSPS) 95, 97, 134
Demenz 89
Depletionsuntersuchung 253
Depression 216
–, bipolare 84
–, endogene 307
–, Lichttherapie bei saisonaler 293
–, neurotisch-reaktive 307
–, nicht-melancholische 309
–, postpartum 134
–, saisonal abhängige 134
–, schlafende 7
–, unipolare 84
Depressionen, atypische (AD) 46
–, subklinische 146
Depressionsinventar für Kinder und Jugendliche (DIKJ) 116

Depressionssymptomatik 112
Depressive Experiences Questionnaire, DEQ-Skala 49
Desynchronisation, forcierte 290
Desynchronisierung, interne 204
Deuteronen 274
Diabetische Retinopathie 227
Diagnostic Interview for Atypical Depression (DIAD) 58
dim light 67
Dopamin 192, 243, 280
Dopamin Transporter (DAT) 263
Dopaminagonist 184, 186
dopaminerges System 193
DSM-III-R 5
DSM-IV 5, 301, 306
DSM-IV-TR 45

Einzelpuls-TMS 192
Elektrokrampftherapie 196
EMG-Ableitung 289
Emissionsspektrum 130
endogener cirkadianer Schrittmacher 289
endogene Depression 307
endogene Tagesuhr 203
endogener Rhythmus 102
Entzugssymptomatik 91
Enucleation 229
Epidemiologie 23
Epidemiologie der SAD 36
Epiphyse 204
Erbgang 301
Erblindungsursachen 227
Essen, emotionales 323
–, externales 323
–, gezügeltes 323
exogene Substitution 229

FDG 275
FDG PET 276
familiäre Häufung und SAD 302
Fast Fourier Transformation (FFT) 289
FDG, 2-Fluoro-2-Deoxyglucose 275
Feature-Specifier 19
Fenfluramin 180, 237, 241, 257, 262
Fluoxetin 180, 181, 183, 241, 262
forcierte Desynchronisation (forced desynchrony protocol) 290
Fovea centralis 224
full spectrum light 66

Ganglionzellen, magnozelluläre und parvozelluläre 225
Genetik 27
genetischer Faktor 301

Genotyp 261
Geschichte, SAD 3
Glaukom 227
Global Seasonality Score (GSS) 16, 23, 54, 302
Glukosemetabolismus 43, 324
Glukosestoffwechsel 324
Glukosetoleranz-Test 324
Glukoseutilisation (cmrglu) 275
goggle 107
Großbritannien, SAD Association in 159
grünes Licht 128
Guanin Nukleotid bindendes Protein (G Protein) 309

Hamilton Depressions Skala (HDRS) 56
Hamilton Ratinginstrument 34
Heliotherapie 3
Hell-Dunkeladaptation 223
helles weißes Licht 287
Herbst-Winter-Depression 13, 42
Hereditabilität der SAD 302
Hippokampus 192
histaminerges System 226
HMPAO-SPECT 276, 277
Homovanillin Säure (HVA) 244, 265
Horizontalzellen 224
Hormone 204, 206
hormonelle Untersuchungen 233
Horror fusionis 223
Hypericum 183, 184
Hypersomnie 236, 256, 291, 307, 321
Hypomania Interview Guide (including Hyperthymia) (HIGH) 55, 57, 58
hypothalamische-pituitär-adrenale Achse 258
Hypothalamus 10, 194, 213, 225, 226, 242

ICD-10 14, 45, 301
innere Uhr 312
International Classification of Sleep Disorders (ICSD) 103
Interviews, strukturierte 53
inverse SAD 301
Ionen-Generator 122
Isotop 274

Jet Lag 9, 220
–, Lichttherapie bei 95
– Syndrom 134
Johanniskraut 126, 145, 183

Kandidatengene, serotonerge 303
Katarakt 227

Katecholamin 233
– Depletion 244, 265
– Hypothese 242, 263
katecholaminerger Mechanismus 186
katecholaminerges System 169, 253
Kerntemperatur 289, 295
Kinder und Jugendliche, Depressionsinventar für (DIKJ) 116
–, Lichttherapie bei 111
–, Prävalenz der SAD bei 113
Kinder- und Jugendalter 114
Kindern, Depressionen bei 148
Klima 27
kognitives Defizit 89
Kohlehydrataufnahme 235
Kohlenhydrat-Craving 236, 255
Kohlenhydrate 322, 323, 324
Kohlenhydratheißhunger 5
Kombinationstherapie 68, 85
Komorbidität 138, 313
Körperkerntemperatur 290
Kortisol 257
Kortisolausschüttung 312
Kortisolsekretion 237
Kortisolspiegel 237
Krebskranke, Depressionsbehandlung bei 149

L-Tryptophan 180
Lampenstandards 125
Leuchtstoffröhre 127
Levodopa 184, 186
Licht, blaues 128, 129
–, grünes 128
–, helles weißes 287
–, weißes 133, 137, 168
–, weißes fluoreszierendes 137, 138
Lichtbox 139
Lichthelm 140
Lichttherapie, Nebenwirkungen der 138
Lichtintensität 65, 66, 135, 139, 168
Lichtstärke 133
lichttherapeutisches Laboratorium 154
Lichttherapie 4, 6, 65, 79, 84, 89, 97, 106, 114, 153, 167, 174, 181, 233, 292
–, abendliche 71
–, Anwendung 133, 139
–, Behandlungszeitpunkt und -dauer der 136
– bei Gesunden 38
– bei Jet-Lag 95
– bei Kinder und Jugendliche 111
– bei nicht-saisonaler Depression 80
– bei S-SAD 37, 68, 69
– bei SAD 7, 8, 9, 67, 69, 293
– bei Schichtarbeit 99

Lichttherapie (Fortsetzung)
-, Effizienz und Dosierung 135
-, Indikationen für 87, 134, 154
-, Lampenstandards für 125
-, morgendliche 71, 168
-, Nebenwirkungen 137, 149, 153
-, ophthalmologische Untersuchungen für 131
-, Placebo Effekt bei 119
-, Prädiktoren des Therapieansprechens 73
-, Praxis des niedergelassenen Arztes 145
-, Schlafentzug und 86
-, Therapieerfolg 72, 138
-, Wellenlänge 137
Lidschlussrate, spontane 243
limbisches System 194, 273
Linse, intraokulare 129
Lipofuszin 126
low vision 227
Lux (lx) 128, 133

Magnetic Seizure Therapy (MST) 196
Magnetresonanz-Spektroskopie 278
Magnetstimulation, transkranielle 133, 191, 194
magnozelluläre Ganglionzellen 225
Major Depression (MDD) 5, 6, 45, 56, 82, 301, 322
Makuladegeneration 130, 227
melancholisch 20, 72, 256, 306
Melanopsin 227
Melatonin 8–10, 105, 151, 204, 206, 209, 229, 246
– -Hypothese 184, 245
– -Sekretion 4, 10, 65, 70, 134, 168, 185, 226, 244, 245, 312
– -Suppression 66, 186, 226
Mesencephalon, rostraler 225
mesopisches (Dämmerungs-)Sehen 223
Meta-Chlorophenylpiperazine (m-CPP) 234, 237, 303
Metergolin 180
MHPG 243, 263
MHPG, 3-methoxy-4-hydroxyphenylethylenglycol 243, 263, 265
Millon Clinical Multiaxial Inventory, MCMI 49
Mini-Mental State Examination (MMSE) 89
Mirtazapin 182, 241, 262
Moclobemid 183
molekularbiologischer Befund 301
molekulares Imaging 277
Monoamin-Hypothese 233, 310

Monoamindepletionsstudie 244, 280
monoaminerges Transmittersystem 10, 179
Monoamintransporter, Na$^+$/Cl$^-$-abhängige 304
Monoamonooxidase-Hemmer 183
Monotherapie 170, 171, 174
Morbus Alzheimer 9, 134
Morgenmensch 312
Morgentief 216
Morgentyp 214, 217
multipler Schlaf-Latenz-Test 103

nervus opticus 224
Netzhaut 224
Netzhautdegeneration 125
Netzhauterkrankung 130
Neurasthenie 4
Neurochemie 253
Neuroimaging 283
neurotisch-reaktive Depression 307
Neurotransmitter 10, 210, 233
Neurotransmitterrezeptor 274
Neurotransmittersystem 253, 280
nicht saisonal abhängige Depression (non-SAD) 45, 48, 79, 134, 170
niedergelassener Arzt, Praxis des 145
NonREM-Schlaf 289, 291
Nonresponder 139
Noradrenalin (NA) 182, 243, 280
noradrenerger Mechanismus 172
Norepinephrin 258, 263
Normalbevölkerung, Saisonalität in der 29
nucleus geniculatum laterale 225
-, medialer 225
Nucleus Suprachiasmaticus (SCN) 186, 192, 204, 213, 225, 312

Occipitallappen 225
Onchozerkiasis 227
Ophthalmologe 125
ophthalmologische Untersuchung 131
Orexin-System, adrenerges, serotoninerges, histamines 226
Oszillator 206, 207

Papille 224
paraventrikulärer Nucleus des Hypothalamus 192
parietaler Cortex 194
Partieller Schlafentzug (PSE) 172
parvozelluläre Ganglionzellen 225
Pathogenese der SAD 241
Pathophysiologie 287
Personal Inventory for Depression and SAD (PIDS) 58

Persönlichkeitsstörung 138
Persönlichkeitszüge und SAD 314
PET, Positronen-Emissions-Tomographie 193, 259
– -Studien 276
– -Radionuklid 275
– -Untersuchungen 282
Pharmakotherapie 8, 85, 170, 171, 174, 179, 187
– der SAD 180, 184
phase advance 70, 97, 106, 172
– Hypothese 217
phase delay 70, 97, 106, 185, 287, 293
– Hypothese 217
phase-response-Kurve 105, 206
phase-shift-Hyopthese 70
Phasenverschiebung (phase delay) 70, 97, 106, 185, 287, 293
Phasenvorverschiebung 296
phasisches magnozelluläres System 224
Photoperiode 244, 245
Photosensibilisatoren 126
Phototransduktions-Hypothese 310
Phytopharmaka 183
Pituitary Adenylate Cyclase Activating Peptide (PACAP) 311
Placebo Effekt 119
Placebo-Licht 67, 122
polnische Medizin, Lichttherapie in der 151
Positron 274
Positronen-Emissions-Tomographie (PET) 193, 239, 259
Postpartum Depression 134
präfrontaler Cortex 194
prämenstruelle dysphorische Störung (PMDS) 134, 313
prämenstruelles dysphorisches Syndrom (PMDS) 19, 46, 87, 147, 313
prätektaler Kern 225
Prävalenz der SAD 24
– Sommer SAD 26
– Winter SAD 25
Prolaktin 234, 257
Prolaktinsekretion 237, 243, 263
Propanolol 184, 185
Proton 274
psychiatrischen Krankenhäusern, SAD in 29
Psychobiologie der SAD 287
Psychopathologie der SAD 235
Psychopharmakotherapie bei SAD-Patienten 48
Pulvinar 225
Pupillenreflex 225

Radionuklid 274
Radiotracer 274, 275
Rapid Cycling 171
Rating-Skala 13, 53–55
Reboxetin 182, 263
recurrent brief depression 7
recurrent-brief-SAD 134
Regionale Zerebrale Durchblutung (rCBF) 275
regions of interest, ROIs 275
REM-Schlaf 288, 291
Repeat-Element 304
repetitive Transkranielle Magnetstimulation (rTMS) 191
Retina 192
retinale Sensitivität 10
Rezeptor, α-noradrenerger (α_2) 237, 257
Rhodopsin 126
Rhythmus, biologischer 203
–, chronobiologischer 4
–, circannuale 209, 213, 218
–, cirkadianer 65, 70, 96, 151, 192, 203, 213, 225, 229, 289
–, endogene 102
–, saisonaler 203, 208, 211
Rhythmusgenerator 207

S-SAD, Lichttherapie bei 37, 65, 68, 69
–, subsyndromale saisonal abhängige Depression 6, 13, 24, 167
SAD Association (SADA) 160
SAD, atypische 7
–, Epidemiologie der 36
–, familiäre Häufung bei 302
–, Geschichte der 3
–, Heredität der 302
–, ICD-10 Forschungskriterien für 14
– in psychiatrischen Krankenhäusern 29
–, inverse 301
– Kriterien nach Rosenthal et al. 14
–, Lichttherapie bei 7–9, 48, 65, 67, 69
–, Monoaminhypothese der 233
–, neurochemische Hypothese der 253
–, Pathophysiologie der 241, 287
–, Persönlichkeitszüge und 314
–, Pharmakotherapie der 48, 180, 184
–, Prävalenz der 24
–, Psychobiologie der 287
–, Psychopathologie der 235
–, Seasonal Affective Disorder (saisonal abhängige Depression) 5, 6, 134, 167, 287, 301
–, subsyndromale 33, 35, 134 (s-SAD)
–, summer-type 13

Saisonal Abhängige Depression (SAD) 133
–, Pharmakotherapie der 179
–, Epidemiologie der 23
–, subsyndromale Form der 23
Saisonal Affektive Störung 233
saisonale Rhythmen 203, 208
saisonale Variationen 234
saisonale Zwangsstörung 88
saisonaler Rhythmus 211
saisonaler Verlaufstyp, DSM-IV Kriterien 14
Saisonalität 33, 210, 254, 306
–, in der Normalbevölkerung 29
Saisonalitätsscores (GSS) 307
Schichtarbeit 100, 101, 105, 106, 134, 220
Schizophrenie, depressive Syndrome bei 89
–, Negativsymptomatik bei 134
Schlaf-EEG 288, 289, 291, 294
Schlaf-Wach-Regulation 287
schlafende Depression 7
Schlafentzug 48, 85, 97, 172, 174, 295
Schlafentzug (PSE), partieller 172
Schlafentzug (TSE), totaler 172
Schlaflabor 287
Schlafregulation, Zwei-Prozess-Modell der 288
Schlafstörung 104
–, circadian-related 9
Schlesische Lichtherapie 154
Schrittmacher, endogener cirkadianer 289
Schwangerschaftsdepression 147, 155
Seasonal Affective Disorder, SAD 5, 6, 13, 134, 167, 287, 301
Seasonal Health Questionaire (SHQ) 56
Seasonal Pattern Assessment Questionnaire (SPAQ) 13, 16, 54, 302
seasonal pattern specifier 301
Sehnervenpathologie 227
Selbstbefragungsbogen 53, 54
Selbsthilfegruppe 159
selektiv noradrenerg wirksame Antidepressiva 187
selektiv serotonerg wirksame Substanz 180
selektive Serotonin-Wiederaufnahme-Hemmer 181
serotonerg-noradrenerg 182, 187
Serotonerge Challenge Studien bei SAD 236, 256
serotonerger Mechanismus 172
serotonerger Substanz 180, 262
serotonerges Neuro Transmittersystem 169, 179, 210, 253

Serotonin (5-HT) 10, 176, 233, 235, 241, 254, 279
– Hypothese 235, 255
– Rezeptor 2a (5-HTR2a) 314
serotonin transporter promoter gene region (5-HTTLPR) 279, 304
Serotonin-Mangel 211
Serotonin-Wiederaufnahme-Hemmer, selektive 181
Serotoninbindungskapazität 8, 9
Serotoninstoffwechsel 146
Serotonintransporter (5-HTT) 278, 304
Sertralin 180, 181, 241, 262
Sicherheitsempfehlungen für Therapielampen 129
SIGH-SAD, Struktured Interview Guide for the Hamilton Depression Rating Scale – Seasonal Affective Disorder Version 56, 59
SIGH-SAD-C 115
SIGH-SAD-P 115
Simultansehen 223
Single Nucleotide Polymorphismus 309
Single Photon Emissions Computertomographie (SPECT) 242
SKID-II, Structured CLinical Interview for ISM-III 49
skotopisches (Nacht-)Sehen 223
Sleep deprivation-phase-advance 97
sleep paralysis 103
Slow Wave Aktivität (SWA) 288
Sommer-SAD 23, 26, 41, 43
Sommerdepression 13
SPAQ, Seasonal Pattern Assessment Questionnaire 13, 16, 23, 33, 54, 59
SPAQ-CA 113
SPAQ-D 13, 33
SPECT, Single Photon Emissions Computertomographie 242, 276, 282
Spektrum 137
Stäbchen 224, 227
Standford Sleepiness Scale 103
stereoskopisches Sehen 223
Störung, bipolare 82
–, chronobiologische 96
–, saisonale affektive 4
Strahlung, α, β und γ 274
Striatum 194
Struktured Clinical Interview for DSM (SCID) 49, 57
Struktured Interview Guide for the Hamilton Depression Rating Scale (SIGH-SAD) 56, 59
subklinische Depression 146

subsyndromale saisonal abhängige Depression (S-SAD) 6, 13, 24, 33, 35, 56, 134, 167
Sumatriptan 258
summer-type, SAD 13
suprachiasmatischer Nucleus (SCN) 192, 226
Slow Wave Aktivität 288
Synchronisation 229
Szintillator 274

Tagesschwankung, Depression 216
Tagesuhr, endogene 203
tektaler Kern 225
Temperaturregulation 243, 263
Temperaturrhythmus, cirkadianer 287
temporaler Cortex 194
Temporallappen 273
Thalamus 192, 242
therapeutischer Schlafentzug bei depressiven Störungen 167, 172
tonisches parvozelluläres System 224
total erblindete Person (TEP) 228
totaler Schlafentzug (TSE) 172
Trachom 227
Tractus opticus 225
transkranielle Magnetstimulation (TMS) 133, 191, 194
transkranielle Magnetstimulation, repetitive (rTMS) 191
Transmission Dysequilibrium Test (TDT) 312
Transmittersystem, katecholaminerges 253
–, monoaminerges 179
–, serotonerges 179
Tranylcypromin 183, 253
tri- und tetrazyklische Antidepressiva 187

Triatale Dopamin Transporter Verfügbarkeit 264
Tryptophan 234, 237, 239, 254, 265
Tryptophan Depletion 239–241, 244, 258, 260, 261, 265
Typus Melancholicus 36
Tyrosinhydroxylasehemmer Alpha-Methyl-Para-Tyrosin (AMPT) 244, 265, 280

unipolare Depression 84
UV-Filter 129
UVA 128
UVB 128

Vitamin A -Mangel 227
Vitamin B12 (Cyanocobalamin) 184, 186
Vitamin D 184, 186
Vitamine 184, 186

Wach-EEG 292
weißes fluoreszierendes Licht 137, 138, 168
Wellenlänge 137, 139
Weltgesundheitsorganisation, WHO 13
Wender-Utah Rating Scale (WURS) 314
Winterblues 6, 113
Wochenbettdepression 90

Xenon Inhalations-SPECT Methode, planare 276

Zapfen 224, 227
Zirbeldrüse 192, 204
Zirbeldrüsenhormon Melatonin 151
Zwangsstörung, saisonale 88, 134
Zyklotron 274

SpringerMedizin

Markus T. Gastpar, Siegfried Kasper, Michael Linden (Hrsg.)

Psychiatrie und Psychotherapie

Zweite, vollständig neu bearbeitete Auflage.
2003. XVIII, 468 Seiten. 54 Abbildungen.
Broschiert **EUR 39,80**, sFr 64,–
ISBN 3-211-83576-8

Die Diagnostik und Therapie psychischer Erkrankungen ist in einer dynamischen Entwicklung begriffen. Sowohl hinsichtlich der differentialdiagnostischen Abgrenzung psychischer Störungen wie auch bezüglich ätiologischer Kenntnisse und nicht zuletzt der somato-, pharmako-, psycho- und soziotherapeutischen Behandlungsoptionen hat es in den letzten Jahren entscheidende Fortschritte gegeben. Das vorliegende Lehrbuch fasst diese Entwicklungen auf aktuellem Stand zusammen. Es gibt Studenten der Medizin und der Psychologie einen Überblick über das gesamte Fach der Psychiatrie und Psychotherapie. Es erlaubt erfahrenen Fachkollegen, sich über den neuesten Stand der Fachentwicklung zu informieren. Neben dem eigentlichen Text fasst ein Randtext die wichtigsten Informationen für den eiligen Leser zusammen wobei inhaltlich und formal besonders auf Prüfungsrelevanz geachtet wurde. Die einzelnen Kapitel sind von renommierten Autoren geschrieben, was die fachliche Genauigkeit im Detail garantiert.

„... Es liefert nicht nur dem Lernenden das unverzichtbare Grundwissen, sondern auch dem Prüfenden eine Hilfe, Pflicht von Kür zu unterscheiden. Das Werk hat die grenzüberschreitende Verbreitung im gesamten deutschsprachigen Raum verdient."

Psychopharmakotherapie

P.O. Box 89, Sachsenplatz 4–6, 1201 Wien, Österreich, Fax +43.1.330 24 26, e-mail: books@springer.at, Internet: **www.springer.at**
Haberstraße 7, 69126 Heidelberg, Deutschland, Fax +49.6221.345-4229, e-mail: orders@springer.de
P.O. Box 2485, Secaucus, NJ 07096-2485, USA, Fax +1.201.348-4505, e-mail: orders@springer-ny.com
Eastern Book Service, 3–13, Hongo 3-chome, Bunkyo-ku, Tokyo 113, Japan, Fax +81.3.38 18 08 64, e-mail: orders@svt-ebs.co.jp

SpringerMedizin

Hans-Jürgen Möller, Norbert Müller (Hrsg.)

Schizophrenie – Moderne Konzepte zu Diagnostik, Pathogenese und Therapie

1998. VIII, 345 Seiten. 72 Abbildungen.
Broschiert **EUR 43,–**, sFr 69,–
ISBN 3-211-83086-3

Das Buch umfasst alle Aspekte des komplexen Krankheitsbildes der Schizophrenie und richtet sich an in Praxis und Klinik tätige Nervenärzte, Psychiater, Psychotherapeuten sowie an andere Berufsgruppen, die Umgang mit schizophrenen Menschen haben. Renommierte Experten, überwiegend aus dem gesamten deutschen Sprachraum, berichten von ihren Spezialgebieten.
Historische diagnostische Konzepte, Differentialdiagnose, Krankheitsverlauf und Versorgungspolitik werden ebenso dargestellt wie Forschungsergebnisse von bildgebenden Verfahren, Neurophysiologie, Genetik, Psychoneuroimmunologie und Neurotransmitter-Untersuchungen.
Breiten Raum nimmt die Therapie der Schizophrenie ein. Das Spektrum der dargestellten Verfahren erstreckt sich von neuen pharmakologischen Möglichkeiten über Verhaltenstherapie, Angehörigenarbeit, Verbesserung der Lebensqualität bis hin zur Langzeitbehandlung.

„Bei der Vielfalt neuer Publikationen sticht dieser Symposiumsband durch seine Aktualität und gleichzeitig durch seine Ausgewogenheit, bestehende Erfahrungen mit neuen Erkenntnissen zu verbinden, hervor. Insbesondere wird jeder klinisch tätige Psychiater aus der Fülle von Daten Anregungen erhalten ..."

Schweizerische Ärztezeitung

SpringerWienNewYork

P.O. Box 89, Sachsenplatz 4–6, 1201 Wien, Österreich, Fax +43.1.330 24 26, e-mail: books@springer.at, Internet: **www.springer.at**
Haberstraße 7, 69126 Heidelberg, Deutschland, Fax +49.6221.345-4229, e-mail: orders@springer.de
P.O. Box 2485, Secaucus, NJ 07096-2485, USA, Fax +1.201.348-4505, e-mail: orders@springer-ny.com
Eastern Book Service, 3–13, Hongo 3-chome, Bunkyo-ku, Tokyo 113, Japan, Fax +81.3.38 18 08 64, e-mail: orders@svt-ebs.co.jp

SpringerMedizin

Siegfried Kasper,
Hans-Jürgen Möller (Hrsg.)

Therapeutischer Schlafentzug

Klinik und Wirkmechanismen

1996. VIII, 269 Seiten. 34 Abbildungen.
Broschiert **EUR 71,–**, sFr 110,50
ISBN 3-211-82746-3

Der Zusammenhang zwischen Schlaf und Stimmung sowie Antrieb ist bereits seit langem bekannt und seit etwa 30 Jahren auch Gegenstand von wissenschaftlichen Untersuchungen. Es zeigte sich, daß der therapeutische Schlafentzug, der von einigen Autoren auch als Wachtherapie bezeichnet wird, mit günstigen antidepressiven Effekten einhergeht, insbesondere wenn er wiederholte Anwendung findet.
Obwohl der therapeutische Schlafentzug bereits breite klinische Anwendung findet, ist der Wirkmechanismus noch nicht eindeutig geklärt. Verschiedene Überlegungen, das zirkadiane System, die Neurotransmitter und die mit diesen verbundenen hormonellen Parameter betreffend, wurden als Erklärungshypothese herangezogen.

P.O. Box 89, Sachsenplatz 4–6, 1201 Wien, Österreich, Fax +43.1.330 24 26, e-mail: books@springer.at, Internet: **www.springer.at**
Haberstraße 7, 69126 Heidelberg, Deutschland, Fax +49.6221.345-4229, e-mail: orders@springer.de
P.O. Box 2485, Secaucus, NJ 07096-2485, USA, Fax +1.201.348-4505, e-mail: orders@springer-ny.com
Eastern Book Service, 3–13, Hongo 3-chome, Bunkyo-ku, Tokyo 113, Japan, Fax +81.3.38 18 08 64, e-mail: orders@svt-ebs.co.jp

*Springer-Verlag
und Umwelt*

ALS INTERNATIONALER WISSENSCHAFTLICHER VERLAG sind wir uns unserer besonderen Verpflichtung der Umwelt gegenüber bewusst und beziehen umweltorientierte Grundsätze in Unternehmensentscheidungen mit ein.

VON UNSEREN GESCHÄFTSPARTNERN (DRUCKEREIEN, Papierfabriken, Verpackungsherstellern usw.) verlangen wir, dass sie sowohl beim Herstellungsprozess selbst als auch beim Einsatz der zur Verwendung kommenden Materialien ökologische Gesichtspunkte berücksichtigen.

DAS FÜR DIESES BUCH VERWENDETE PAPIER IST AUS chlorfrei hergestelltem Zellstoff gefertigt und im pH-Wert neutral.

MIX
Papier aus verantwortungsvollen Quellen
Paper from responsible sources
FSC® C105338

If you have any concerns about our products,
you can contact us on
ProductSafety@springernature.com

In case Publisher is established outside the EU,
the EU authorized representative is:
**Springer Nature Customer Service Center GmbH
Europaplatz 3, 69115 Heidelberg, Germany**

Printed by Libri Plureos GmbH
in Hamburg, Germany